丛书编委会

主　任：温宗军

副主任：岑　文　　谢益民　　周思当

编　委：张训涛　　陈　芳　　唐景阳　　蔡贤榜

　　　　李　莹　　谢晓华　　何红卫

大学预科系列教材

物理

WULI

暨南大学华文学院预科部 编

主 编：李 莹

编 者：（以姓氏笔画为序）

　　　　李 莹 吴步军 张 彪 姚 蓓

暨南大学出版社
JINAN UNIVERSITY PRESS

中国·广州

图书在版编目（CIP）数据

物理／暨南大学华文学院预科部编 . —广州：暨南大学出版社，2024.3
大学预科系列教材
ISBN 978 - 7 - 5668 - 3803 - 2

Ⅰ . ①物…　　Ⅱ . ①暨…　　Ⅲ . ①物理—高等学校—教材　　Ⅳ . ①O4

中国国家版本馆 CIP 数据核字（2023）第 209319 号

物理
WULI

编　　者：暨南大学华文学院预科部

出 版 人：阳　翼
策划编辑：李　战
责任编辑：曾鑫华　彭琳惠
责任校对：刘舜怡　林玉翠　黄晓佳　陈慧妍
责任印制：周一丹　郑玉婷

出版发行：暨南大学出版社（511434）
电　　话：总编室（8620）31105261
　　　　　营销部（8620）37331682　37331689
传　　真：（8620）31105289（办公室）　37331684（营销部）
网　　址：http：//www. jnupress. com
排　　版：广州市新晨文化发展有限公司
印　　刷：佛山市浩文彩色印刷有限公司
开　　本：787mm×1092mm　1/16
印　　张：19.5
字　　数：512 千
版　　次：2024 年 3 月第 1 版
印　　次：2024 年 3 月第 1 次
定　　价：78.00 元

前　言

　　暨南大学华文学院预科部，是暨南大学一个有着悠久历史的教育教学机构，长期以来承担着学校大学预科教学和研究的重任。几十年以来经过大家的不懈努力，预科部向学校及国内其他高校输送了大量合格的港澳台侨青年学生，在人才培养方面取得了极为丰硕的成果。

　　教书育人离不开教材。教材是学科知识体系和能力要求的集中体现，是编写者专业水平和学科智慧的结晶，是课程的核心教学材料，是教师"教"和学生"学"的具体依据。《大学预科系列教材》作为大学预科课程标准的规范文本，除了要符合上述特点外，还须具备一项非常重要的功能：切实贯彻和落实港澳台侨学生教育理念，将他们培养成为我们所需要的人。——编好这样的教材，其重要性不言而喻。

　　我们编写的《大学预科系列教材》，第一版出版于 2000 年，包括《语文》《数学》《历史》《地理》《物理》《化学》《生物》共 7 个科目。在使用十年后的 2010 年，我们又出了第二版。在第一版 7 个科目的基础上，第二版增加了《通识教育读本》和《英语》；原《地理》也改为《中国地理》。现在，又过去了十几年，为实现暨南大学侨校发展战略及"双一流"和高水平大学建设的宏伟目标，结合新形势下对港澳台侨学生教育的要求和各个学科发展的具体情况，我们对第二版《大学预科系列教材》进行了认真的研究和分析，对教材内容进行了必要的增、删、调整或更新。在此基础上，我们出版了这套全新的《大学预科系列教材》。

　　这套新版《大学预科系列教材》，符合港澳台侨预科学生身心发展规律和认知特点，体现了各学科的最新知识和研究成果，在理解和尊重多元文化的同时，力争突出中华优秀文化的源远流长和博大精深，彰显其强大的影响力和感召力。通过这套教材，我们希望进一步加强港澳台侨预科学生的国家、民族和文化认同

教育，为维护"一国两制"和祖国统一，为"一带一路"的文化交流，为粤港澳大湾区的建设，培养具有高度政治素养、文化素养和专业基础素养的合格人才。

这套新版教材，由《语文》《高等数学基础》《英语》《通识教育》《中国历史》《中国地理》《物理》《化学》《生物》9 个科目构成。原来的《数学》在新版改成《高等数学基础》，《通识教育读本》改成《通识教育》，《历史》改成《中国历史》。

这套新版教材的编写工作以预科部教师为主，暨南大学华文学院应用语言学系的部分英语教师也参与了这项工作。对大家在教材编写过程中付出的辛勤劳动，我们在此表示衷心的感谢！

由于时间仓促，书中难免存在问题，希望广大师生能对这套教材提出宝贵的意见。

温宗军

2024 年 3 月

目 录

◆━━━ C O N T E N T S ━━━◆

前　言 ……………………………………………………………………………… 1

第一章　质点运动学 ………………………………………………………………… 1
　　第一节　运动的时空描述 /1
　　第二节　位移、速度、加速度 /4
　　第三节　匀变速直线运动 /10
　　第四节　抛体运动 /14
　　第五节　匀速圆周运动 /16

第二章　质点动力学 ………………………………………………………………… 25
　　第一节　力和物体的平衡 /25
　　第二节　牛顿运动定律 /31
　　第三节　牛顿运动定律的应用举例 /35
　　第四节　功和功率 /43
　　第五节　动能、动能定理 /45
　　第六节　重力做功和重力势能 /48
　　第七节　机械能守恒定律 /49
　　第八节　冲量、动量、动量定理 /52
　　第九节　动量守恒定律及其应用 /55

第三章　机械振动和机械波 ………………………………………………………… 70
　　第一节　简谐振动、单摆 /70
　　第二节　简谐振动的图像 /74
　　第三节　振动的能量、阻尼振动、受迫振动 /75
　　第四节　共　振 /75
　　第五节　机械波 /77
　　第六节　波的图像、波长、频率和波速 /78
　　第七节　波的干涉 /80
　　第八节　波的衍射 /82
　　第九节　驻　波 /82
　　第十节　声波、乐音 /83
　　第十一节　噪声的危害和控制 /86
　　第十二节　超声波及其应用 /86

第四章　热学基础 ································· 92

第一节　分子动理论 /92

第二节　气　体 /98

第三节　能量守恒 /106

第五章　静电场 ································· 116

第一节　库仑定律 /116

第二节　电场强度、电场线 /119

第三节　电势能、电势和电势差 /122

第四节　电场中的导体 /126

第五节　电势差和电场强度的关系 /128

第六节　带电粒子在电场中的运动 /129

第七节　电容器、电容 /131

第六章　稳恒电流 ································· 140

第一节　电　流 /140

第二节　欧姆定律 /141

第三节　电阻定律 /142

第四节　电功和电功率 /144

第五节　焦耳定律 /145

第六节　串联电路 /146

第七节　并联电路 /148

第八节　分压和分流在伏特表和安培表中的应用 /150

第九节　电动势 /151

第十节　闭合电路的欧姆定律 /154

第十一节　电阻的测量 /156

第七章　磁　场 ································· 162

第一节　磁现象 /162

第二节　磁场的方向、磁感应强度、磁感应线 /163

第三节　磁场对运动电荷及通电导线的作用 /168

第四节　电流表的工作原理 /172

第八章　电磁感应、交变电流、电磁波 ································· 178

第一节　电磁感应现象 /178

第二节　法拉第电磁感应定律 /180

第三节　楞次定律 /183

第四节　楞次定律的应用 /184

第五节　自　感 /186

第六节 交变电流 /188
第七节 变压器、远距离输电 /192
第八节 传感器 /194
第九节 电磁波 /196

第九章 光 学 ·· 204
第一节 光的反射 /204
第二节 光的折射 /208
第三节 全反射 /212
第四节 棱 镜 /217
第五节 光的干涉 /219
第六节 光的衍射 /222
第七节 电磁波谱和光谱分析 /224
第八节 光电效应 /227

第十章 原子和原子核 ·························· 239
第一节 放射性的发现 /239
第二节 原子核的组成 /243
第三节 玻尔的原子模型 /249
第四节 放射性元素的衰变 /251
第五节 裂变和聚变 /253

参考答案 ··· 262

附 录 基本实验 ································· 284
实验一 基本测量 /287
实验二 验证动量守恒定律 /289
实验三 用单摆测定重力加速度 /290
实验四 测定金属的电阻率 /292
实验五 伏安法测电阻 /293
实验六 测定电源电动势和内阻 /295
实验七 传感器的简单应用 /296
实验八 用双缝干涉测光的波长 /299

参考文献 ··· 301

后 记 ··· 303

第一章　质点运动学

在自然界变化万千的物质运动中，最简单的运动就是物体的位置随时间而变动，如汽车的行驶、河水的流动、天体的运行等。这种宏观物体之间或物体内各部分之间的相对位置的变动称为机械运动（mechanical motion）。力学（mechanics）的研究对象是机械运动。

本书所指的力学是以牛顿运动定律为理论基础所建立起来的牛顿力学，或称经典力学。通常把力学分为运动学（kinematic）、动力学（dynamics）、静力学（statics）。运动学只描述物体的运动，不涉及引起运动和改变运动的原因；动力学则研究物体的运动与物体间相互作用的内在联系；静力学研究物体在相互作用下的平衡问题。

质点运动学只研究质点的各种运动形式，只讨论质点运动学的基本概念：质点的位移、速度、加速度，并在此基础上研究质点在平面内的简单运动形式：匀变速直线运动、抛体运动、匀速圆周运动。

第一节　运动的时空描述

科学诞生于欧洲的文艺复兴，而西方的传统理性主义和科学精神，在很大程度上溯源于古希腊的自然哲学。古希腊伟大的思想家亚里士多德（Aristotle）在他的著作《物理学》中说："自然是自身具有运动来源的事物的形态或形式。"他认为物理学（即自然哲学）研究的自然是运动的事物的本原和原因，不能脱离运动的事物来研究自然。

亚里士多德运动观的要点是：运动有自然运动和受迫运动两大类。每个物体都有自己的固有位置，偏离固有位置的物体将趋向固有位置。地球上物体的自然运动沿直线进行，轻者上升，重者下降；天体的自然运动永恒地沿圆周进行。受迫运动则是物体在推或拉的外力作用下发生的。没有外力，运动就会停止。显然亚里士多德运动观是错误的。

现代意义上的物理学是由 16 世纪的意大利人伽利略（Galileo Galilei，见图 1-1）创立的。他用斜面研究了物体在重力作用下的运动，定量地得出移动的距离与时间的平方成正比的结论，为"加速度"的概念奠定了基础；确立了落体定律

图 1-1　伽利略·伽利雷

和惯性定律，纠正了流行两千年的亚里士多德运动观的错误。物理学的创立是从研究运动开始的，运动是在时空里进行的，与时空相关的描述运动的物理概念主要有质点、时间、位移、速度、加速度等。

质点　　一般来说，物体都有一定的大小和形状，其各部分的运动状态也不同。所以要详细描述物体的运动并不是一件简单的事情。但是为了使问题简化，突出研究物体的重要性质，可以用"质点"这个抽象的物理模型来代替实际物体。在某些情况下，物体的大小和形状不影响物体的运动状态，可以把物体看作只有质量的点。这种用来代替物体的有质量而无大小和形状的几何点就叫质点（mass point）。今后我们研究的物体，除非所要研究的问题涉及转动，一般都可以将其看作质点。例如，研究汽车在行驶过程中的运动状况时，可以忽略汽车轮胎的转动，把汽车看成质点来研究。但在研究汽车轮子的转动时，就不能将汽车看成质点。

质点是典型的物理模型之一。物理学中常用物理模型来研究问题，把复杂的实际问题进行合理抽象，舍去一些次要因素，突出其主要因素，建立理想化的物理模型。它可以使复杂的、具体的物理过程简化，彰显主要矛盾，便于找出规律，因此，它是一种重要的科学分析方法。运用物理模型，物理学家才能找到更为本质而普遍的规律。例如，把气体看作理想气体，其目的就是便于找出气体的变化规律。

参考系　　描述一个物体的运动或静止必须相对于某一选定的物体而言，也就是说物体的运动具有相对性。研究物体运动时所参照的物体称为参考物，也可以选定彼此不做相对运动的物体系统，称作参考系。例如，我们看到运动员在跑步，运动员是运动的，而地面是静止的，以地面作为参考物。我们说太阳在绕着地球运动，是以地球及其表面上的房屋、山河、大海等物体系统为参考系的。而地球在绕着太阳运动，则以太阳为参考物。参考系的选取原则上是任意的，但是在具体问题中，要根据问题的性质和研究的方便来选择，对于同一物体的运动，由于选取的参考系不同，对某种运动情况的描述也不同。

坐标系　　为了把各个时刻物体相对于所选定的参考系的位置定量地表示出来，还要在该参考系上建立适当的坐标系。例如，我们每天看到太阳从东方升起，从西方落下，就是选择以我们居住地为坐标原点的坐标系。坐标系可以是直角坐标系、自然坐标系和极坐标系等。

通常我们选择直角坐标系。坐标系实质上是由实物构成的参考系的数学抽象，在讨论运动的一般性问题时，常常给出坐标系而不用具体地指出参考物。

时间和时刻　　某一瞬间对应着钟表指示的一个读数，这就是时刻。任意两个时刻之间的间隔称为时间间隔，简称时间。通常时间用 t 来表示，$t = t_2 - t_1$，其中 t_1、t_2 则表示 1 时刻和 2 时刻。在国际单位制中，时间和时刻的单位都是秒，符号为 s。常用的时间单位还有分、时、天等，符号分别为 min、h、d。

时刻的零点如何确定呢？原则上，任何时刻都可以作为时刻零点，我们通常以研究问题的初始时刻作为零点。如每一天通常以凌晨为零点时刻，不同国家（或地区）按照各地区的地理位置，规定了不同的每天的零点时刻，于是就有了北京时间、格林尼治时间等。同一时刻，地球上各地区的时间并不是完全相同的，各地区之间存在时差。如北京时间比格林尼治时间早 8 个小时，比夏令时则早 1 个小时。

位置和距离　　对应每个时刻，运动的物体有个确切的位置，叫作物体的瞬时位置（instantaneous position）；不同时刻运动物体有不同的瞬时位置。为了描述物体的确切位置，

用几何点 P 来代表物体，P 点的位置可用一把刻度尺上的读数 x 表示，即以刻度尺为 x 轴建立坐标系。如图 $1-2$ 所示，在时刻 $t_1 = 3'27''$，P 点的位置在 $x_1 = 11.50$ cm，运动一段时间后，到时刻 $t_2 = 3'30''$，P 点的位置在 $x_2 = 20.20$ cm，在时间 $t = t_2 - t_1 = 3'30'' - 3'27'' = 3''$ 内 P 点所移动的距离（distance）$x = x_2 - x_1 = 20.20$ cm $-$ 11.50 cm $= 8.70$ cm。

图 $1-2$　运动物体的瞬时位置和位移

阅读材料

时间开始的地方

"距离伦敦 8 公里的泰晤士河畔，有座闻名世界的小山峰——格林尼治。从海上经过泰晤士河河口进入伦敦的船只，必须从这里经过。"在著作《时间的由来》中，史密斯这样描述格林尼治。

在此之前，世界各地的时间并不统一，甚至有些地区仍然根据自然界的变化来计算时间。比如生活在北极地区的因纽特人，根据海豹和企鹅等动物的活动时间来判断季节。伴随着城市的兴旺发达，一些地区的公共场所建起了巨大的塔钟，方便每个人都能时刻把握自己的时间。塔钟的建造耗资巨大，成为城市财富的象征和市民的骄傲。有权势的王公贵族也经常把钟表当作礼物送给别人，可见，人们将时间看得多么宝贵。

1884 年，世界经度会议在华盛顿举行。经讨论，国际天文学家代表最后决定，以经过格林尼治的经线为本初子午线，作为计算地理经度的起点，也是世界标准时区的起点，向东为东经，向西为西经，将全球按经线等分为 24 个时区。这一年的 10 月 13 日，格林尼治时间正式被采用为国际标准时间。

20 世纪 90 年代，世界各国对 21 世纪到底应该从 2000 年开始还是从 2001 年开始展开一场争论。最后，还是"德高望重"的格林尼治天文台出面，宣布 21 世纪应始于 2001 年，才算平息了这场风波。

第二次世界大战后，由于天文仪器的发展，格林尼治天文台已经容纳不下大量的现代化仪器。再加上伦敦的空气污染也影响天象气候的观察，格林尼治天文台迁到了东南沿海的苏萨克斯郡，旧址改为英国天文博物馆。

时至今日，格林尼治天文台旧址仍然保留一条混凝土嵌着铜条的"格林尼治子午线"，继续用作零度经线。人们习惯称这里为"时间开始的地方"。

——摘自《中国青年报》

练习一

1. 在什么情况下可以将海上行驶的"福建舰"航空母舰看成质点？在研究羽毛球的运动规律时，能将羽毛球视为质点吗？

2. 在地面上看到雨从天上垂直下落，在向西飞行的飞机上看到雨滴的运动状态是怎样的？

3. 将近 1 000 年前，宋代诗人陈与义乘着小船在惠风和畅的春日出游时曾作诗一首：飞花两岸照船红，百里榆堤半日风。卧看满天云不动，不知云与我俱东。诗人提到了哪些物体的运动？它们分别以谁为参考系？

4. 根据表 1 – 1 中的数据，G6505 列车从广州南到虎门、深圳和香港分别需要多长时间？

表 1 – 1

G6505	站名
8 : 16	广州南
8 : 29 8 : 31	庆盛
8 : 40 8 : 46	虎门
9 : 04 9 : 11	深圳北
9 : 29	香港西九龙

5. 怎样理解"坐标系是实物构成的参考系的数学抽象"？只有参考系而无坐标系能够准确描述物体的运动吗？

第二节　位移、速度、加速度

位移和路程　物体的运动是沿着一定的轨迹进行的，我们用路程来表示质点运动轨迹的长度，但路程不能完全确定机械运动中质点的位置变化。为了准确地描述机械运动中质点的位置变化情况，我们将从质点运动的起点指向运动的终点的有向线段称为位移（displacement）。位移有大小，又有方向，是一个矢量。如图 1 – 3 所示，直线 AB 的长度是质点从 A 点到 B 点的位移，而 AB、ACB 和 $ADEB$ 都是 A 点到 B 点的路程，可以看出 A 点到 B 点位移相同而路程不同。位移是描述质点运动的物理量，符号是 s。在国际单位制中位移和路程的单位都是米，符号为 m，常用的还有千米、厘米、毫米等，符号分别是 km、cm、mm。

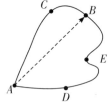

图 1 – 3　位移 AB 的描述

特别需要注意的是，位移和路程是两个不同的物理量。路程是指质点所通过的实际轨迹的长度，只有大小，没有方向，是标量。一般情况下，位移和路程的大小是不相等的，只有做直线运动的质点始终向着同一方向运动时，位移的大小才等于路程。

速度　物体运动的快慢与物体的位移 s 和所用的时间 t 有关，通常的赛跑项目是将位移 s 规范化，如 100 m、200 m、400 m 等，谁用的时间 t 小，谁就跑得快，俗称谁的"速度"快。例如，表 1 – 2 列出的是世界各大洲百米短跑纪录。

表 1 - 2

创纪录时间	创造者	大洲	距离 s/m	世界纪录 t/s	平均速度 $\bar{v}$/(m/s)
2009 年 8 月 17 日	博尔特	北美洲	100	9.58	10.438
2021 年 9 月 18 日	欧曼亚拉	非洲	100	9.77	10.235
2021 年 8 月 1 日	雅各布斯	欧洲	100	9.80	10.204
2021 年 8 月 1 日	苏炳添	亚洲	100	9.83	10.173
2003 年	约翰逊	大洋洲	100	9.93	10.070
1988 年	达席尔瓦	南美洲	100	10.00	10.000

从上表中可以看到，牙买加人博尔特是当今世界上跑得最快的人。苏炳添奥运会创造的 9 秒 83 亚洲新纪录，一度跃居第二位，后被雅各布斯、欧曼亚拉相继超越，目前降到第四位。

也可以规定一个时间 t，谁跑的位移 s 最长，谁就跑得最快。通常说，飞机每小时运动的位移（俗称时速）可达 500 km，汽车每小时运动的位移可达 200 km，火车每小时运动的位移可达 350 km。当然飞机每小时的位移最长，故飞机跑得最快，即飞机的"时速"最大。如果物体的位移 s 和时间 t 都不同，要比较它们的快慢，物理学中惯用的做法就是统一约化成单位时间内所走的位移，称为速度（velocity），再进行比较。如上表，博尔特的速度最大，说明他跑得最快。速度 v 是描述质点运动快慢和运动方向的物理量，其定义公式为 $v = \dfrac{s}{t}$。

在国际单位制中速度的单位是米/秒，符号为 m/s。常用的速度单位还有千米/时，符号为 km/h。

质点在整个运动过程中，运动的快慢可能会发生变化，即速度大小和方向不同。为了更明确地描述质点运动的快慢，一般将速度细分为两种：平均速度（average velocity）和瞬时速度（instantaneous velocity）。

（1）平均速度。

图 1 - 4 中质点的运动，在时刻 t_1 到 t_2，质点从 A 点运动到 B 点，运动的总位移 s 与所用时间 $t = t_2 - t_1$ 的比值称为质点在这段时间 t 内的平均速度。即

$$\bar{v} = \frac{s}{t}$$

平均速度是矢量，其大小就等于线段 AB 的斜率，其方向与位移 s 的方向相同，即由 A 指向 B。

平均速率是标量。在一般情况下，平均速率不等于平均速度的大

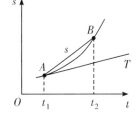

图 1 - 4　速度是 s-t 曲线的斜率

小。例如，质点在 T 时间内完成一个半径为 R 的圆周的路程，则质点在这段时间内的位移为零，质点的平均速度为零，可是质点在这段时间内通过的路程为 $2\pi R$，故质点的平均速率为 $\dfrac{2\pi R}{T}$，不等于零。当质点做匀速直线运动时，平均速率的大小与平均速度的大小相等。

（2）瞬时速度。

平均速度只能粗略地描述质点的运动情况，只反映了质点在一段时间内位移的平均变化情况。要精确地描述质点的运动状况，还需要知道质点在某一时刻或某一位置的运动速度，这个速度叫瞬时速度。在图 1-4 中 A 点的速度就是瞬时速度，其大小就是通过 A 点的斜率，其方向就是 A 点的切线 AT 方向。A 点瞬时速度的公式为：

$$v_A = \lim_{t \to 0} \frac{s}{t} = 切线 AT 的斜率$$

上式中，s 是质点通过的位移，即瞬时速度是当 t 趋近于零时，平均速度的极限值。瞬时速度简称速度。瞬时速度的大小通常叫作速率。速度与速率两者的含义是不同的，速度是矢量，它既表示质点运动的快慢，又表示运动的方向。速率是标量，它只表示质点运动的快慢。但因为当 t 趋于零时位移的大小与路程相等，所以速度的大小与速率相等。速度 v 为恒量的运动就称为匀速运动。

匀速运动中位移公式为：$s = vt$，如图 1-5 所示，匀速运动的图解 $s-t$ 图是一段斜率为 v 的直线，斜率越大，速度越大。$v-t$ 图是一段高度为 v 的水平线。位移 $s = vt$ 则表示以 v 和 t 为边长的矩形的面积。

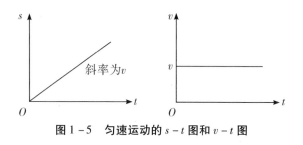

图 1-5　匀速运动的 $s-t$ 图和 $v-t$ 图

加速度　在质点的运动过程中，速度不可能一成不变。在变速运动中，瞬时速度 v 也是时间 t 的函数，从而也有其自身的变化率。对于从 t_1 到 t_2 的一段时间间隔 $t = t_2 - t_1$，速度的变化量（也称为速度的增量）$\Delta v = v_2 - v_1$，则在此时间间隔内的平均变化率为：

$$\overline{a} = \frac{\Delta v}{t} = \frac{v_2 - v_1}{t_2 - t_1}$$

$\overline{a}$ 称为平均加速度（average acceleration）。取 $t \to 0$ 的极限，得到速度的瞬时变化率：

$$a = \lim_{t \to 0} \frac{\Delta v}{t}$$

a 称为瞬时加速度（instantaneous acceleration），用文字来表述，则加速度是单位时间内速度的增加，是描写质点运动变化快慢的物理量。在国际单位制中，加速度的单位为 $m \cdot s^{-2}$。由于速度是矢量，速度的变化包含着速度大小和速度方向的变化，无论是其中哪一个变化，还是两者同时变化，质点都有加速度。以下将从直线运动、曲线运动分别对加速度进行阐述。

质点做直线运动时，用 v_0 表示运动物体开始时刻的速度（初速度），用 v_t 表示经过一段时间 t 的速度（末速度），用 a 表示加速度，那么，

$$a = \frac{v_t - v_0}{t}$$

由上式可以看出，加速度在数值上等于单位时间内速度的变化。在匀变速直线运动中，加速度这一矢量是恒定的，大小和方向都不改变，因此匀变速直线运动也就是加速度恒定的运动。

在质点的直线运动中，取开始运动的方向作为正方向时，v_0 为正值。如果 $v_t > v_0$，a 是正值，表示加速度的方向与初速度的方向相同，质点做匀加速直线运动；如果 $v_t < v_0$，a 是负值，表示加速度的方向与初速度的方向相反，质点做匀减速直线运动；如果 $v_t = v_0$，$a = 0$，质点做匀速直线运动。

质点做曲线运动的过程中，随着时间的改变，速度的大小和方向都会改变，如图 $1-6a$ 所示，t 时刻位于 A 点，速度为 v_A；$t + \Delta t$ 时刻位于 B 点，速度为 v_B。在 Δt 时间内质点速度的增量为：$\Delta v = v_B - v_A$。如将速度矢量 v_A 和 v_B 平移与速度增量 Δv 构成速度矢量三角形，如图 $1-6b$ 所示。可见速度增量既反映了速度大小的变化，也反映了速度方向的变化。加速度是描述速度 v 在大小和方向上随时间变化的快慢，即加速度 a 是速度 v 的时间变化率。

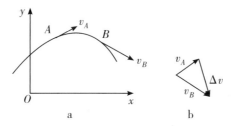

图 1-6　速度变化的矢量图

速度和加速度都是与参考系的选择有关的物理量，一旦参考系选定了，它们就与坐标系的选择无关了。用矢量来描述质点运动的优点是，对于给定的参考系，矢量描述与具体坐标系的选择无关，因此便于做一般性的定义陈述和公式推导。

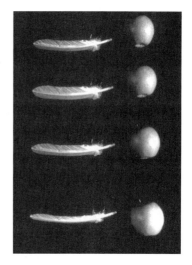

图 1-7　羽毛与苹果在真空中同时下落

重力加速度　　伽利略在《关于两门新科学的对话》中重点讨论了落体运动这个问题。伽利略认为忽略了空气阻力，所有物体以同样的速度下落（见图 $1-7$）。伽利略是这样推论的：取两块轻重不等的石头，用绳子将它们绑在一起。按照亚里士多德的理论，轻石下落慢，重石下落快，因而重石向下拉轻石，轻石向上拖重石，故二石共同运动的快慢介于轻、重石单独下落之间。然而绑在一起的两块石头比重石还重，按亚里士多德的理论，它们应下落得比重石还快。于是逻辑上产生了矛盾，结论只能是所有物体以同样的速度下落。任何人都可以觉察到，物体下落时越走越快。伽利略总结学者艾伯特（Albert）、尼古拉·奥雷姆（Nicole Oresme）、列昂那多·达芬奇（Leonardo da Vinci）等的研究成果，结合自己的斜面实验，推算出：下落的物体在做速度越来越快，但加速度不变的运动。在此基础上，伽利略建立了落体定律：在忽略空气阻力的情况下，所有物体以同样的加速度匀变速下落。这个共同的加速度是地心引力所致的，称为重力加速度

（acceleration of gravity），通常用 g 表示。重力加速度 g 的方向总是竖直向下的，它的大小可以用实验的方法来测定。

精确的实验发现，在地球上不同的地方，重力加速度 g 的大小是不同的。在赤道 $g = 9.780\ \text{m/s}^2$，在北极 $g = 9.832\ \text{m/s}^2$，在北京 $g = 9.801\ \text{m/s}^2$。在通常的计算中，可以把 g 取 $9.80\ \text{m/s}^2$。在粗略的计算中，还可以把 g 取 $10\ \text{m/s}^2$。

例题 1　有一个人骑自行车沿着坡路下行，在第 1 s 内通过 1 m，在第 2 s 内通过 3 m，在第 3 s 内通过 5 m，在第 4 s 内通过 7 m。求最初两秒内、最后两秒内以及全部运动时间内的平均速度。

解析： 由 $v = \dfrac{s}{t}$ 可知：

最初两秒内的平均速度 $\bar{v}_{12} = \dfrac{s_1 + s_2}{t_1 + t_2} = \dfrac{1 + 3}{1 + 1}\ \text{m/s} = 2\ \text{m/s}$；

最后两秒内的平均速度 $\bar{v}_{34} = \dfrac{s_3 + s_4}{t_1 + t_2} = \dfrac{5 + 7}{1 + 1}\ \text{m/s} = 6\ \text{m/s}$；

全部运动时间内的平均速度 $\bar{v} = \dfrac{s_1 + s_2 + s_3 + s_4}{t_1 + t_2 + t_3 + t_4} = \dfrac{1 + 3 + 5 + 7}{1 + 1 + 1 + 1}\ \text{m/s} = 4\ \text{m/s}$。

例题 2　一辆飞机做匀变速直线运动，在 20 s 内速度从 10 m/s 增加到 30 m/s，加速度是多少？汽车急刹车时做匀变速直线运动，在 3 s 内速度从 12 m/s 减小到零，加速度是多少？

解析： 取初速度的方向为正方向。

飞机的加速度 a_1 是

$$a_1 = \frac{30 - 10}{20}\ \text{m/s}^2 = 1\ \text{m/s}^2$$

加速度 a_1 是正值，表示加速度的方向跟速度的方向相同。

汽车的加速度 a_2 是

$$a_2 = \frac{0 - 12}{3}\ \text{m/s}^2 = -4\ \text{m/s}^2$$

加速度 a_2 是负值，表示加速度的方向跟速度的方向相反。

例题 3　A、B 两辆车在同一条公路上行驶，$t = 0$ s 时刻 A 车在 40 m 处，以速度 4 m/s 匀速前进。$t = 10$ s 时刻 B 车在 0 m 处，以速度 6 m/s 匀速前进。问：

（1）B 车何时超过 A 车？

（2）B 车在什么地点超过 A 车？

（3）B 车超车时，A 车相比 $t = 0$ s 时刻前进了多远？

解析：方法一：图像法

如图 1-8 所示，在 $s - t$ 图中的点（0，40）做斜率是 4 m/s 的直线代表 A 车的运动；过点（10，0）做斜率是 6 m/s 的直线代表 B 车的运动。两条直线交于点（50，240）处。即可知

（1）$t = 50$ s 时刻 B 车超过 A 车；

（2）B 车在位移 $s = 240$ m 处超过 A 车；

（3）B 车超车时，A 车从 $t = 0$ s 时刻前进了 200 m。

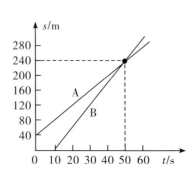

图 1-8　B 车超过 A 车的 $s - t$ 图

方法二：代数法

设两车 t s 后相遇，然后 B 车超过 A 车。

$s_A = s_{0A} + v_A (t - t_{0A})$

$s_B = s_{0B} + v_B (t - t_{0B})$

$\because s_A = s_B = s$，即 $s_{0A} + v_A (t - t_{0A}) = s_{0B} + v_B (t - t_{0B})$

代入数据得：$40 + 4 \times (t - 0) = 0 + 6 \times (t - 10)$

$\therefore t = 50$ s

　　$s = (40 + 4 \times 50)$ m $= 240$ m

故（1）在 50 s 时刻 B 车超过 A 车；

　（2）B 车在位移 240 m 处超过 A 车；

　（3）B 车超车时，A 车从 $t = 0$ s 时刻前进了 $\Delta s_A = s - s_{0A} = (240 - 40)$ m $= 200$ m。

阅读材料

速度和加速度的区别

　　速度和加速度是描述质点运动的两个重要的物理量。清楚地理解它们的意义及其区别，才能很好地掌握质点运动规律。

　　速度是描述质点运动快慢的物理量，即描述质点位置变化快慢的物理量。速度越大，表示质点运动得越快，或者说质点位置变化得越快。加速度是描述速度变化快慢的物理量，加速度越大，表明速度变化得越快。速度等于位移和时间的比值，因而速度是位置对时间的变化率。加速度等于速度的变化和时间的比值，因而加速度是速度对时间的变化率。所谓某一个量对时间的变化率，是指单位时间内该量变化的数值。变化率表示变化的快慢，不表示变化的大小。

　　速度的大小决定于位移和发生这段位移所用的时间，位移大，速度并不一定大，因为发生这段位移所用的时间可能很长。加速度的大小决定于速度变化的大小和发生这一变化所用的时间，而不决定于速度本身的大小以及速度变化的大小。汽车启动时虽然速度很小，但加速度较大。汽车在正常行驶时，速度很大，加速度却很小，甚至为零。

　　速度和加速度都是矢量。在质点的直线运动中，速度的方向就是位移的方向，而加速度的方向可能跟速度方向相同，也可能跟速度方向相反。当加速度的方向跟速度方向相同时，速度在增大；当加速度的方向跟速度方向相反时，速度在减小。

　　　　　　　　　　　　　　　　　　　　　　——摘自《高级中学物理读本》

练习二

1. 质点做什么运动，位移的大小才等于路程？

2. 火车以 200 km/h 的速度经过潮汕站，子弹以 600 m/s 的速度从枪筒射出。这两个数据指的是什么速度？

3. 有人说：速度越大表示加速度也越大。这种说法对吗？为什么？

4. 以 10 m/s 的速度行驶的火车，制动后经 20 s 停止，求火车的加速度。

5. 小球做自由落体运动，经过 A 点的速度是 6 m/s，经过 B 点的速度是 26 m/s，求 A、B 两

点的距离和物体从 A 点到 B 点所用的时间。(g 取 10 m/s^2)

6. 汽车的加速性能是反映汽车质量的重要标志。汽车从一定的初速度 v_0 加速到一定的末速度 v_t，用的时间越少，表明它的加速性能越好。表 1-3 是三种型号汽车的加速性能的实验数据，求它们的加速度。

表 1-3

汽车型号	初速度 v_0/(km/h)	末速度 v_t/(km/h)	时间 t/s	加速度 a/(m/s^2)
比亚迪－汉	0	100	3.9	
某型号 4 吨汽车	30	150	18	
某型号 8 吨汽车	20	260	30	

第三节　匀变速直线运动

质点的运动轨迹是直线的运动，称为直线运动。直线运动可以用一维坐标来描述。

质点在一条直线上运动，如果在相等的时间里的位移不相等，这种运动就叫作变速直线运动，简称变速运动；如果在相等的时间里速度的变化相等，即加速度 $a =$ 常量，这样的质点运动就叫作匀变速直线运动，简称匀变速运动。如落体运动就是 $a = g$ 的匀变速直线运动。

常见的许多变速运动实际上并不是匀变速运动，可是不少变速运动很接近于匀变速运动，可以当作匀变速运动来处理。火车、汽车等交通工具开动后、停止前一段时间内的运动，竖直向上抛出的石块的运动等，都可以看作匀变速直线运动。

一个质点以 v_0 的初速度开始做加速度为 a 的匀变速直线运动，匀变速直线运动的速度公式和位移公式如下：

$$v_t = v_0 + at$$

$$s = v_0 t + \frac{1}{2}at^2$$

匀变速直线运动的图解如图 1-9 所示，s-t 图是一条二次曲线（抛物线），v-t 图是一段斜率为 a 的直线，a-t 图是一段高度为 a 的水平线。

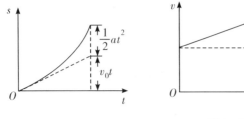
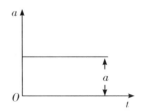

图 1-9

应用位移公式和速度公式可以解决匀变速直线运动的各种问题。从质点匀变速运动的两个基本公式出发，我们可以得出两个有用的推论。

第一个推论是速度和位移的关系：

由公式 $a = \dfrac{v_t - v_0}{t}$ 推出 $t = \dfrac{v_t - v_0}{a}$

把 t 代入公式 $s = v_0 t + \dfrac{1}{2} a t^2$，

就得到速度和位移的关系式（简称速度位移公式）：$v_t^2 - v_0^2 = 2as$。

第二个推论是匀变速运动的平均速度：

利用速度公式 $v_t = v_0 + at$，

由位移公式 $s = v_0 t + \dfrac{1}{2} a t^2$，可以写为 $s = \left(v_0 + \dfrac{1}{2} at \right) t$

$$\bar{v} = \frac{s}{t} = v_0 + \frac{1}{2}at = \frac{1}{2}\left(v_0 + v_0 + at \right) = \frac{1}{2}\left(v_0 + v_t \right)$$

匀变速运动的平均速度：$\bar{v} = \dfrac{v_0 + v_t}{2}$。

用这两个推论来解题有时比较简便。

例题 1　一辆汽车的速度为 12 m/s，从某一时刻开始刹车，汽车做匀减速直线运动，加速度为 -2 m/s^2，问刹车 10 s 后，汽车离开始刹车点距离是多少？

解析：方法一：设汽车从开始刹车到停下来所经历的时间为 t。

$$\because v_t = v_0 + at$$
$$\therefore 0 = 12 - 2t, \ t = 6 \text{ s} < 10 \text{ s}$$
$$s = v_0 t + \frac{1}{2}at^2 = \left(12 \times 6 - \frac{1}{2} \times 2 \times 36 \right) \text{ m} = 36 \text{ m}$$

可见，10 s 后汽车离刹车点的距离，就是汽车到停止时所达到的最大位移。

方法二：直接用推导式，$v_t^2 - v_0^2 = 2as$

$$0 - 12^2 = 2 \times (-2)s, \ s = 36 \text{ m}$$

例题 2　如图 1 − 10 所示，航母上有帮助飞机起飞的弹射系统，将所有运动视为匀变速直线运动，则有

（1）已知"歼 15"型战斗机在跑道上加速时，产生的加速度为 4.5 m/s^2，起飞速度为 50 m/s，若"歼 15"滑行 100 m 时起飞，则弹射系统必须使"歼 15"具有的初速度为多少？

图 1 − 10

（2）"歼 15"在航母上降落时，需用阻拦索使其迅速停下来。若某次"歼 15"着舰时的速度为 60 m/s，勾住阻拦索后滑行 90 m 停下来。此过程中"歼 15"加速度 a 的大小及此过程中"歼 15"运动的时间各是多少？

解析：（1）根据速度位移公式 $v_t^2 - v_0^2 = 2as$，

代入数据，解得 $v_0 = 40$ m/s。

（2）根据速度位移公式 $s = \dfrac{v_0^2}{-2a}$，

解得 $a = -20 \text{ m/s}^2$，即加速度 a 的大小为20 m/s²，负号代表跟初速度方向相反。

根据速度时间公式，得 $t = \dfrac{v_0}{a}$，

解得 $t = 3 \text{ s}$。

自由落体运动　物体只在重力作用下从静止开始下落的运动是自由落体运动。在同一地点，从同一高度同时静止下落的物体，同时到达地面。一切物体在自由落体运动中的加速度都相等，这个加速度叫作自由落体加速度，通常叫作重力加速度（acceleration of gravity），通常用 g 来表示。

自由落体运动是初速度为零，加速度 $a = g$ 的匀加速直线运动。所以匀变速运动的基本公式以及它们的推论都适用于自由落体运动，只要把这些公式中的 v_0 取为零，并且用 g 来代替加速度 a 就行了，用 h 来代表自由落体运动的位移，则自由落体运动的运动规律为：

$$v_t = gt$$
$$h = \frac{1}{2}gt^2$$

例题 3　如图 1 - 11 所示，水滴自屋檐由静止落下，经过高为 1.8 m 的窗口历时 0.2 s，若空气阻力不计，屋檐离窗台多高？（$g = 10 \text{ m/s}^2$）

解析：设屋檐离窗台为 H，水滴自屋檐由静止落下到窗台所用时间为 t，由自由落体的位移公式 $h = \dfrac{1}{2}gt^2$

则有 $H = \dfrac{1}{2} \times 10t^2$ 　　　　　　　　　①

同理 $(H - 1.8) = \dfrac{1}{2} \times 10 \, (t - 0.2)^2$ 　　②

①式代入②式：$5t^2 - 1.8 = 5t^2 - 5 \times 2 \times 0.2t + 5 \times 0.2^2$

$2t = 0.2 + 1.8$

$t = 1 \text{ s}$

代入①式：$H = \dfrac{1}{2} \times 10 \times 1^2 \text{ m} = 5 \text{ m}$。

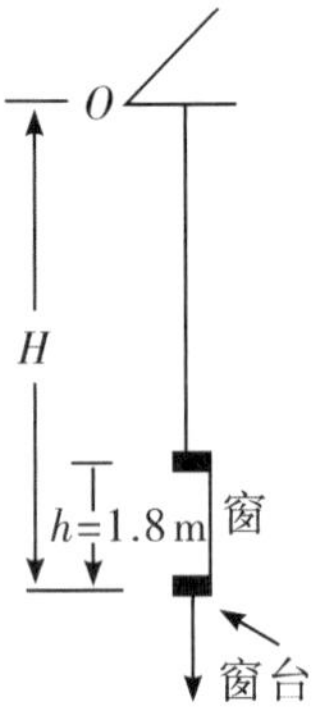

试想一想还有没有其他解题方法。

图 1 - 11

竖直上抛运动　将物体用一定的初速度沿竖直方向向上抛出去，物体所做的运动就是竖直上抛运动。物体开始做竖直上抛运动时，加速度的方向跟速度的方向相反，是竖直向下的；当速度减少到零的时候，物体上升到最大高度。然后物体从这个高度开始做向下的运动，加速度的方向与速度的方向相同，也是竖直向下的。如果不考虑空气的阻力，整个运动过程的加速度都是重力加速度 g。分析竖直上抛运动全过程，可分为上升运动过程和下落运动过程。因此，在处理竖直上抛运动的问题时，可以分两步进行计算：上升运动过程用初速度不为零的匀减速直线运动公式来计算，下落运动过程用自由落体公式来计算，且上升运动过程和下落运动过程所用时间是一样的。

由于上升运动和下落运动的加速度矢量是相同的，我们也可以把竖直上抛运动看作一个统一的匀变速直线运动，而上升运动和下降运动不过是这个统一运动的两个过程。这样，我们就可以用匀变速运动速度公式和位移公式来统一讨论竖直上抛运动。在讨论这类问题时，我们习惯上总是取竖直向上的方向作为正方向，重力加速度 g 总是取其绝对值。这样，竖直

上抛运动速度公式和位移公式通常就写作：

$$v_t = v_0 - gt$$

$$s = v_0 t - \frac{1}{2}gt^2$$

注意：上面公式中的 t 是从抛出时刻开始计时的，s 是运动物体相对抛出点的位移。而且 v 和 s 可以是正值，也可以是负值。上升运动过程和下落运动过程中，同位移处物体的速度大小相等，方向相反。

例题 4 在 33 m 高的楼房的阳台上，有人以 4 m/s 的初速度竖直上抛一个石子（见图 1 – 12），求：

（1）石子上升的时间；

（2）石子上升的高度；

（3）经过 2 s 后，石子离地面的高度；

（4）石子到达地面的时间。（计算时可取 $g = 10$ m/s^2）

解析：由题意，取向上为正方向，$v_0 = 4$ m/s，$a = -g = -10$ m/s^2

（1）上升到最高点时 $v_t = v_0 - gt = 0$ m/s，

故上升时间 $t = \dfrac{v_0}{g} = \dfrac{4}{10}$ s $= 0.4$ s

（2）石子上升的高度 $-2gH = v_t^2 - v_0^2$

$$H = \frac{v_0^2}{2g} = \frac{4^2}{2 \times 10} \text{ m} = 0.8 \text{ m}$$

（3）用位移的公式来计算：

$$s = v_0 t - \frac{1}{2}gt^2$$

$$= \left(4 \times 2 - \frac{1}{2} \times 10 \times 4\right) \text{ m}$$

$$= -12 \text{ m}$$

离地面的高度是（33 – 12）m $= 21$ m。

（4）用位移的公式来计算：

据 $h = v_0 t - \dfrac{1}{2}gt^2$，

$-33 = 4t - \dfrac{1}{2} \times 10\, t^2$，即 $5t^2 - 4t - 33 = 0$

石子到达地面的时间 $t = 3$ s。

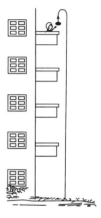

图 1 – 12

练习三

1. 汽车做匀变速直线运动，经过 A 点时的速度为 3 m/s，2 s 后经过 B 点，A、B 两点相距 10 m，求汽车运动的加速度和经过 B 点时的速度。

2. 子弹射中墙壁前的速度是 400 m/s，射到墙壁后进入墙壁 20 cm。子弹在墙内的运动可以看作匀变速运动，求子弹在墙壁内的加速度和运动时间。

3. 一列火车以 10 m/s 的速度行驶 2 s 后加速 3 s，加速度为 1 m/s^2，然后又做 4 s 的匀速运动。试求最后的匀速运动的速度，并画出整个过程的 $v - t$ 图像。

4. 一个物体从 22.5 m 高的地方自由下落，到达地面时的速度是多大？下落最后 1 s 内的位移是多大？

5. 中国国家航天局公布了由"祝融号"火星车拍摄的着陆点全景、火星地形地貌、"中国印迹"和"着巡合影"等影像图。经理论计算，在火星上完成自由落体运动实验：让一个物体从一定的高度自由下落，应测得在第 6 s 内的位移是 22 m，则物体在第 2 s 末的速度是多少？

6. 竖直上抛的物体，初速度是 30 m/s，经过 2.0 s、3.0 s、4.0 s，物体的位移分别是多大？经过的路程分别是多长？各秒末的速度分别是多大？（g 取 10 m/s^2）

第四节　抛体运动

质点不做直线运动，其运动轨迹一般就是曲线。这里只研究在一个平面上的曲线运动，用二维的直角坐标系进行描述。

平抛物体的运动　图 1 – 13 的闪频照片所示的实验装置内并排放着两个相同的滚珠，左边一个由电磁铁吸着吊在那里，右边一个放在有水平槽的小平台上。当电磁铁断电时，左球脱落，与此同时触发机关，将右球沿水平方向弹出。左球做自由落体运动，它以加速度 g 匀加速下落。右球做平抛运动，从照片上显示，右球各时刻在竖直方向达到的位置与左球是一样的，在水平方向位移的距离则与时间本身成正比，这相当于匀速运动。右球所做的平抛运动，实际上可以分解为两个分运动：一个是水平方向小球由于惯性而保持的匀速直线运动，其速度等于平抛物体的初速度 v_0；另一个是竖直方向小球做自由落体运动。

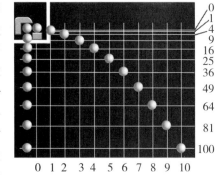

图 1 – 13　平抛运动与自由落体运动的比较

如图 1 – 14 所示，在平抛运动的轨迹上，取抛出点为原点，以水平方向为 x 轴，正方向与初速度 v_0 的方向相同；取竖直方向为 y 轴，正方向向下；加速度 g 方向与 y 轴正方向相同，所以是正值，即 $a = g$。这样就可以分别算出任何时刻 t 右球的位置坐标 x 和 y。右球在任何时刻的速度 v 都可以分解为两个分量。分别按匀速运动和匀加速运动的公式：

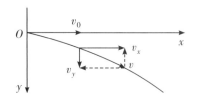

图 1 – 14　平抛运动的分解

速度公式：$v_x = v_0$，$v_y = gt$；

右球的速度大小：$v = \sqrt{v_x^2 + v_y^2}$；

位移公式：$x = v_0 t$，$y = \dfrac{1}{2} g t^2$；

右球的位移大小：$s = \sqrt{x^2 + y^2}$。

例题　飞机在离地面 1 620 m 的高空以 250 km/h 的水平速度飞行，为使飞机上投下的物体能降落在指定的地点，应在离指定地点水平距离多远之前的地方投掷？

解析： 如图 1-15 所示，从水平飞行的飞机投下的物体做平抛运动。

由公式
$$y = \frac{1}{2}gt^2$$
$$t = \sqrt{\frac{2y}{g}}$$

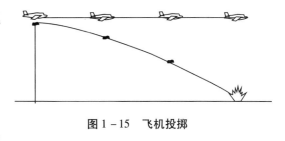

图 1-15　飞机投掷

物体以飞机的速度为初速度在水平方向上匀速前进，

$$x = v_0 t = v_0\sqrt{\frac{2y}{g}} = 2.5 \times 10^5 \div 3\,600 \times \sqrt{\frac{2 \times 1\,620}{10}}\ \text{m} = 1\,250\ \text{m}$$

即飞机应该在指定地点前 1 250 m 投掷才能命中目标。

斜抛物体的运动　　将物体用一定的初速度向斜上方抛出去，物体所做的运动叫作斜抛运动。运动场上的篮球、标枪、铁饼、铅球，战场上的手榴弹、子弹、炮弹，它们的运动都是斜抛运动。斜抛运动可以看作下面两个分运动的合运动：一个是水平方向的匀速直线运动，另一个是竖直方向的竖直上抛运动。

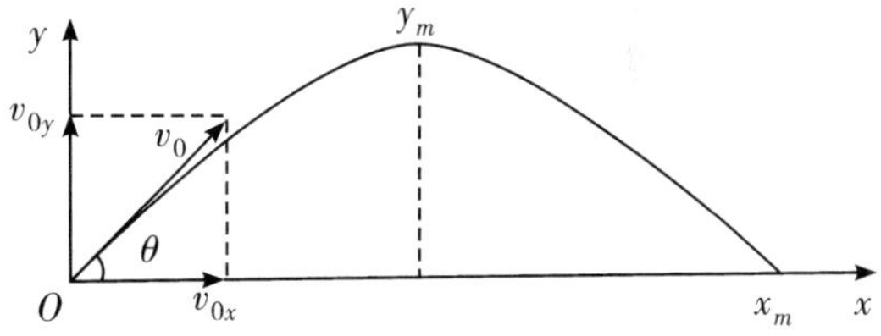

在图 1-16 中的斜抛运动，物体以初速度 v_0 斜向上抛出，选物体的抛出点为坐标原点；取水平方向为 x 轴，正方向与初速度的方向成锐角 θ；竖直方向为 y 轴，正方向向上；加速度总与 y 轴正方向相反，则有：

图 1-16　斜抛运动

速度公式　$v_x = v_{0x} = v_0\cos\theta$
$$v_y = v_{0y} - gt = v_0\sin\theta - gt$$

位移公式
$$x = v_{0x}t = v_0\cos\theta t$$
$$y = v_{0y}t - \frac{1}{2}gt^2 = v_0\sin\theta t - \frac{1}{2}gt^2$$

根据这两个公式可求出任何时刻物体的位置，得出斜抛运动的轨迹是一条抛物线。竖直上抛运动和平抛运动都可以看作斜抛运动的特殊情况。当抛射角 $\theta = 90°$ 时，物体的运动就是竖直上抛运动。当抛射角 $\theta = 0°$ 时，从某一高度抛出的物体的运动就是平抛运动。

在斜抛运动中，轨迹最高点的高度叫作射高 Y，物体被抛出的地点到落地点的水平距离叫作射程 X。设斜抛物体的初速度为 v_0，抛射角为 θ。利用竖直上抛运动的知识，可以求出斜抛运动的物体从被抛出到落地所用的时间，即飞行时间 T：

$$T = t_m = \frac{2v_{0y}}{g} = \frac{2v_0\sin\theta}{g}$$

得到射高 Y：

$$Y = y_m = \frac{v_{0y}^2}{2g} = \frac{v_0^2\sin^2\theta}{2g}$$

已知飞行时间 T，代入公式 $x = v_0\cos\theta \cdot t$
则射程 X 为：

$$X = x_m = v_0\cos\theta t_m = \frac{2v_0^2\cos\theta\sin\theta}{g} = \frac{v_0^2\sin2\theta}{g}$$

现在来讨论人们最关心的射程问题。斜抛物体的射程 X 跟初速度 v_0 和抛射角 θ 有关系。

射程 X 跟初速度 v_0 的大小正相关，当 $\sin 2\theta = 1$ 时，射程有极大值，此时 $\theta = 45°$，且对于该点对称。故对于给定大小的初速度 v_0，沿 $\theta = 45°$ 方向抛射时射程最大，而且在其两侧仰角与它相差相同角度的方向，也就是说，两个抛射角 θ_1 和 θ_2 互为余角，即 $\theta_1 + \theta_2 = 90°$，二者的射程就相同。如图 1-17 所示中的 30° 和 60°、20° 和 70° 射程相等。

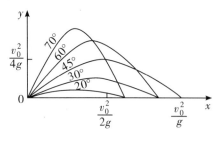

图 1-17　斜抛运动的射程与仰角的关系

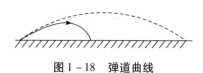

图 1-18　弹道曲线

在以上讨论中，我们没有考虑空气阻力。实际上，在抛体运动中，特别是初速度很大时（如射出的枪弹、炮弹），空气阻力的影响是很大的。用 20° 角射出的初速度是 600 m/s 的炮弹，假如没有空气阻力，射程可以达到 24 000 m，由于空气阻力的影响，实际射程只有 7 000 m，射高也减小了，轨迹不再是抛物线，而变成如图 1-18 所示的实线表示的弹道曲线。

练习四

1. 用 v_0、h 分别表示做平抛运动物体的初速度和抛出点离水平地面的高度，不考虑空气阻力，下列物理量是由上述哪些物理量所决定的？为什么？
   A. 物体在空中运动的时间
   B. 物体在空中运动的水平位移
   C. 物体落地时瞬时速度的大小、方向
2. 一个小球从 1 m 高的平台上水平抛出，落到地面的位置离平台的边缘 2.4 m，小球离开平台边缘时的初速度是多少？（g 取 10 m/s²）
3. 在 20 m 高的楼上以 1.0 m/s 的速度水平扔出一足球，足球落地时的速度多大？方向是否与地面垂直？足球飞行的水平距离是多少？（g 取 10 m/s²）
4. 在斜抛运动中，射高 Y 和飞行时间 T 是由哪个分运动决定的？
5. 在《关于两门新科学的对话》一书中，伽利略写道："仰角（即抛射角）比 45° 增大或减小一个相等的角度的抛体，其射程是相等的。"你能证明吗？
6. 炮弹从炮筒中射出时的速度是 1 000 m/s。当炮筒的仰角是 30°、45°、60° 时，炮弹的射高和射程有何不同？

第五节　匀速圆周运动

轨迹是圆周的运动叫圆周运动。圆周运动是比抛体运动更经典的一种曲线运动。质点做圆周运动时，如果速度的大小保持不变，就称为匀速圆周运动。

周期和频率　　质点沿圆周匀速旋转，质点每转过一圈所用时间称作周期（period），用符号 T 表示，单位为秒（s）。有时质点旋转得很快，我们就用 1 s 质点转过的圈数来表示，称为频率 f，$f = \dfrac{1}{T}$，单位为赫兹（Hz）。频率越大，质点做匀速圆周运动就越快。

线速度和角速度 曲线运动的速度方向总是沿曲线的切线方向。圆周运动的速度方向也是沿切线方向的。用 v 代表圆周运动速度的大小，一般其数值是变化的，如果 v 为常量，这样的圆周运动就是匀速圆周运动。

我们用线速度（linear velocity）和角速度（angular velocity）来描述匀速圆周运动的快慢，线速度 v 的大小就是匀速圆周运动速度的大小，是一个常量，线速度方向沿着圆周的切线方向时刻改变。线速度的定义是质点通过的弧长 Δs 跟所用时间 Δt 之比，v 在数值上等于质点在单位时间内通过的弧长的长度。令圆周的半径为 r，圆周周长为 $2\pi r$，则线速度的大

小为：$v = \dfrac{\Delta s}{t} = \dfrac{2\pi r}{T}$。

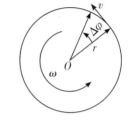

如图 1-19 所示，沿圆周运动的质点，在 Δt 时间里以圆心 O 为起点的半径矢量 r 绕圆心转过一个角度 $\Delta\varphi$。显然，质点沿圆周运动得越快，在相同的时间里质点通过的圆弧就越长，半径转过的角度也就越大。半径转过的角度 $\Delta\varphi$ 跟所用时间 Δt 之比是个定值，这就是角速度 ω，写成公式就是：$\omega = \dfrac{\Delta\varphi}{\Delta t} = \dfrac{2\pi}{T}$。

图 1-19 匀速圆周运动的线速度和角速度

角速度的单位为弧度/秒（rad/s）。由于与角位移 $\Delta\varphi$ 对应的弧长 $\Delta s = r\Delta\varphi$，由线速度和角速度的定义则可以得到线速度和角速度的关系：$v = \omega r$ 或 $\omega = \dfrac{v}{r}$。

线速度的方向始终都沿圆周的切线方向，在圆周运动的平面内，角速度的方向则有顺时针方向和逆时针方向两种情形。

向心加速度 在图 1-20a 中，设质点沿半径为 r 的圆周做匀速圆周运动，在某时刻它处于 A 点的速度是 v_A，经过较短时间 t 后运动到 B 点，速度是 v_B，我们把速度矢量 v_A 和 v_B 的始端画出，研究其速度矢量的变化量 Δv，如图 1-20b，$\Delta v = v_B - v_A$，比值 $\dfrac{\Delta v}{t} = \dfrac{v_B - v_A}{t} = a$，就是质点在 t 时间内的加速度，Δv 方向就是加速度的方向。因为质点做匀速圆周运动，速度的大小不变，即 v_A

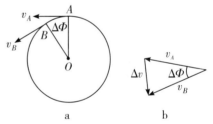

图 1-20 向心加速度

和 v_B 的大小相等，故 v_A、v_B 和 Δv 三矢量构成一个等腰三角形。又因 $v_A \perp \overline{OA}$，$v_B \perp \overline{OB}$，所以它们之间所对应的顶角相等（用 $\Delta\Phi$ 表示），所以等腰三角形 $\triangle OAB$ 与 v_A、v_B 和 Δv 三矢量构成的等腰三角形相似。令 ΔL 为 AB 的弦长，由相似三角形得出如下比例关系：

$$\dfrac{|\Delta v|}{v} = \dfrac{\Delta L}{r}$$

所以

$$\dfrac{|\Delta v|}{t} = \dfrac{v}{r} \cdot \dfrac{\Delta L}{t}$$

当 $t \to 0$，B 点 $\to A$ 点，弦长 $\Delta L \to$ 弧长 AB（$\Delta\hat{s}$），于是

A 点的加速度

$$a = \lim_{t \to 0} \dfrac{\Delta v}{t} = \lim_{t \to 0} \dfrac{v}{r} \cdot \dfrac{\Delta\hat{s}}{t} = \dfrac{v^2}{r},$$

再由于 $\qquad v = \omega r,$

a 的大小： $\qquad a = \dfrac{v^2}{r} = \omega^2 r$

当 t 趋近于零时，$\Delta\Phi$ 也趋近于零，这时 $a \perp v_A$，所以 a 的方向是沿着半径指向圆心。可见，质点做匀速圆周运动时，它在任一点的加速度都是沿着半径指向圆心的。因此，我们称这种加速度为向心加速度。向心加速度只改变线速度的方向，不改变线速度的大小。

在匀速圆周运动中由于 r、v 和 ω 是不变的，因此向心加速度的大小不变；但是向心加速度的方向却时刻在改变，在圆周上不同点处，向心加速度的方向，沿着该点的半径指向圆心。而加速度是既有大小又有方向的矢量，所以匀速圆周运动是一种匀变加速度运动。

例题 1 地球半径 $R = 6.4 \times 10^6$ m，地球赤道上的 A 点物体随地球自转的周期、角速度和线速度各是多大？在北纬 $30°$ 的 B 点物体的向心加速度是多少？

解析： 如图 1-21 所示，A 为赤道上的一点，$\angle AOB = 30°$，A 点、B 点的物体都绕自转轴做匀速圆周运动，地球自转的周期为一天，即 $T = 24 \times 60 \times 60$ s $= 86\,400$ s，对于地球赤道上的 A 点物体：

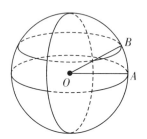

图 1-21　地球的自转

$$\omega = \frac{2\pi}{T} = \frac{2 \times 3.14}{86\,400} \text{ rad/s} = 7.27 \times 10^{-5} \text{ rad/s}$$

$$v = \omega R = (7.27 \times 10^{-5} \times 6.4 \times 10^6) \text{ m/s}$$
$$= 465 \text{ m/s} = 1\,674 \text{ km/h}$$

对于 B 点物体：$a = \omega^2 r = \omega^2 R\cos 30°$

$$a = (7.27 \times 10^{-5})^2 \times 6.4 \times 10^6 \times 0.866 \text{ m/s}^2 = 0.029\,3 \text{ m/s}^2$$

例题 2 图 1-22 是一皮带传动装置，O_1 为 A、C 两轮的共同轴，由转动轴为 O_2 的 B 轮带动。已知 $R_B : R_A = 3 : 2$，$R_A : R_C = 1 : 2$，假若皮带不打滑，求分别在三个轮边缘的 A、B、C 三点向心加速度大小之比。

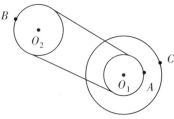

图 1-22　皮带传动

解析： 由题意 $\omega_A = \omega_C$，$v_A = v_B$

$$a_A : a_B = \frac{v_A^2}{R_A} : \frac{v_B^2}{R_B} = R_B : R_A = 3 : 2$$

$$a_A : a_C = R_A\omega_A^2 : R_C\omega_C^2 = R_A : R_C = 1 : 2$$

故 $a_A : a_B : a_C = 3 : 2 : 6$

练习五

1. 从向心加速度公式 $a_N = \omega^2 r$ 来看，a_N 跟 r 成正比，但从 $a_N = \dfrac{v^2}{r}$ 来看，a_N 又与 r 成反比。

   那么向心加速度的大小跟半径是成正比还是成反比呢？

2. 走时准确的大挂钟和手表，它们的分针的周期、角速度、线速度的大小都相等吗？

3. A、B 两质点同时开始做匀速圆周运动，它们的圆周半径之比是 $1 : 2$。当 A 转 75 转，B 转 45 转，求它们的向心加速度之比。

4. 两个做匀速圆周运动的质点，在下列情况下，它们的向心加速度之比分别是多少？

①两圆周半径相同，线速度之比是 $1:2$；

②线速度相同，半径之比是 $1:2$；

③角速度相同，半径之比是 $1:2$；

④线速度之比是 $1:2$，角速度之比是 $2:3$。

5. 在空间站中，宇航员长期处于失重状态。为缓解这种状态带来的不适，科学家设想建造一种环形空间站，圆环绕中心匀速旋转，宇航员站在旋转舱内的侧壁上，可以受到与他站在地球表面时相同大小的支持力。已知地球表面的重力加速度为 g，圆环的半径为 r，宇航员可视为质点，为达到目的，旋转舱绕其轴线匀速转动的角速度应为多大？

思考题

1. 时刻和时间有什么区别？单位相同吗？

2. 位移和路程有什么不同？在何种情形下两者的量值相同？

3. 在圆周运动中，加速度的方向是否一定指向圆心，为什么？

4. 匀加速运动是否一定是直线运动？匀速圆周运动是不是匀加速运动？

5. 试分析向心加速度与半径的关系。

6. 试举例分析下列情况是否可能：

（1）物体速度为零，而加速度不为零，或者相反。

（2）速率不变而速度在变，或者速度不变而速率在变。

（3）平均速率不为零，而平均速度为零。

（4）加速度很大，而速度的大小不变。

（5）速度、加速度的大小、方向均不断变化。

习题一

一、选择题

1. 下列各运动的物体，可以看作质点的是（　　　）。

①做花样滑冰动作的运动员　　　②绕地球运转的人造卫星

③正被运动员切削后旋转过网的乒乓球　④沿索道上行的观光吊车

A. ②③　　　　　　B. ②④　　　　　　C. ①②　　　　　　D. ①③

2. 关于位移，下述说法中正确的是（　　　）。

A. 直线运动中位移的大小必和路程相等

B. 若质点从某点出发后又回到该点，无论怎么走位移都为零

C. 质点做不改变方向的直线运动时，位移和路程完全相同

D. 两次运动的路程相同时，位移也必相同

3. 关于平均速度，下述说法中正确的是（　　　）。

A. 某运动物体第 3 s 末的平均速度大小为 5 m/s

B. 某段时间的平均速度为 5 m/s，该时间里物体每秒内位移不一定都是 5 m

C. 某段运动的平均速度都等于该段运动的初速度和末速度之和的一半

D. 汽车司机仪表盘速度计上指示的数值是平均速度

4. 关于加速度，下列说法中正确的是（　　）。

   A. $-10\ \text{m/s}^2$ 比 $+2\ \text{m/s}^2$ 小

   B. 加速度不断增大时，速度也一定不断增大

   C. 速度均匀增大时，加速度也均匀增大

   D. 速度不断增大时，加速度也可能不断减小

5. 汽车从甲站出发沿直线行驶，先以速度 v 匀速行驶了全程的一半，接着匀减速行驶后一半路程，抵达乙车站时速度恰好为零，则汽车在全程中运动的平均速度是（　　）。

   A. $\dfrac{v}{3}$　　　　　　B. $\dfrac{v}{2}$　　　　　　C. $\dfrac{2v}{3}$　　　　　　D. $\dfrac{3v}{2}$

6. 甲、乙、丙三物体同时同地同向出发运动到 P，$s-t$ 关系如图 1-23 所示，则（　　）。

   A. 甲的位移最大，乙的位移最小

   B. 甲的路程最大，乙的路程最小

   C. 乙、丙两物体路程相等

   D. 甲、丙两物体位移大小相等，方向相反

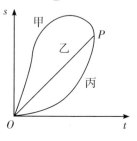

图 1-23

7. 电动玩具车做匀减速直线运动，其加速度大小为 $2\ \text{m/s}^2$，那么它从速度为 $4\ \text{m/s}$ 到停止所需要的时间为（　　）。

   A. 1 s　　　　　　B. 2 s　　　　　　C. 3 s　　　　　　D. 4 s

8. 小球从空中自由下落，与水平地面相碰后弹到空中某一高度，其 $v-t$ 图像如图 1-24 所示，则由图可知下列说法错误的是（　　）。

   A. 小球下落的最大速度为 $5\ \text{m/s}$

   B. 小球第一次反弹初速度的大小为 $3\ \text{m/s}$

   C. 小球能弹起的最大高度为 $0.45\ \text{m}$

   D. 小球能弹起的最大高度为 $1.25\ \text{m}$

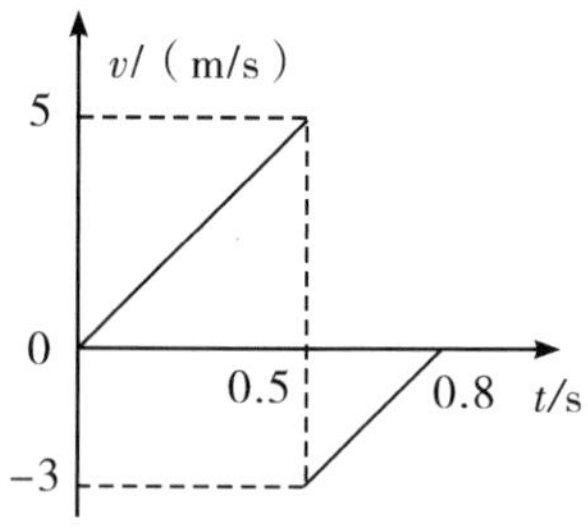

图 1-24

9. 火车初速度为 $10\ \text{m/s}$，关闭油门后前进 $150\ \text{m}$，速度减为 $5\ \text{m/s}$，再经过 30 s，火车前进的距离为（　　）。

   A. 50 m　　　　　　B. 37.5 m　　　　　　C. 150 m　　　　　　D. 43.5 m

10. 物体从 A 点静止出发，做匀加速直线运动，紧接着又做匀减速直线运动，到达 B 点时恰好停止。在先后两个运动过程中（　　）。

    A. 物体通过的路程一定相等　　　　　　B. 两次运动的加速度大小一定相同

    C. 平均速度大小一定相等　　　　　　D. 所用的时间一定相同

11. 某位老师在家中利用手机的加速度传感器和相应的软件测量重力加速度，为了保护手机的安全，该老师在软沙发上方举起手机，而后静止释放，得到的实验数据如图 1-25 所示，则下列说法错误的是（　　）。

    A. 从图中可以看出，该软件选取竖直向上为加速度的正方向

    B. 图中 B 段数据大致对应手机自由落下的过程

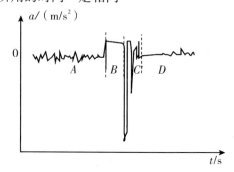

图 1-25

C. 图中 A 段数据大致对应手机被举起的过程，D 段数据大致对应手机在沙发上稳定停留的一段时间

D. 图中数据表明，手机落在沙发上之后，出现了多次上下弹跳的过程

12. 两个质点甲与乙，同时由同一地点向同一方向做直线运动，它们的 v–t 图像如图 1–26 所示。则下列说法中正确的是 （ ）。

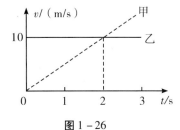

图 1–26

A. 在第 4 s 末，甲、乙将会相遇

B. 在第 2 s 末，甲、乙将会相遇

C. 在 2 s 内，甲的平均速度比乙的大

D. 在第 3 s 末，甲、乙相距最远

13. 正在 5 000 m 高空水平匀速飞行的飞机，每隔 1 s 释放一个小球，先后共释放 5 个，不计空气阻力，则（ ）。

A. 这 5 个小球在空中排成一条直线

B. 这 5 个小球在空中处在同一抛物线上

C. 在空中，第 1、2 两个球间的距离保持不变

D. 相邻两球的落地间距相等

14. 有一个物体在 h 高处，以水平初速度 v_0 抛出，落地时的速度为 v_t，竖直分速度为 v_y，下列公式不能用来计算该物体在空中运动时间的是 （ ）。

A. $\dfrac{\sqrt{v_t^2 - v_0^2}}{g}$ B. $\dfrac{v_t - v_0}{g}$ C. $\sqrt{\dfrac{2h}{g}}$ D. $\dfrac{2h}{v_y}$

15. 从 1.8 m 高处水平抛出一个物体，初速度 3 m/s，不计空气阻力（$g = 10$ m/s^2），则物体落地点与抛出点之间的水平距离是 （ ）。

A. 2 m   B. 2.1 m   C. 1.8 m   D. 0.6 m

16. 如图 1–27 所示，从同一竖直线不同高度 A、B 两点分别以速度 v_1、v_2 同时同向水平抛出两个小球，从抛出到第一次着地的过程中（ ）。

图 1–27

A. 只有 $v_1 = v_2$ 时，两球才可能在空中相遇

B. 只有 $v_1 > v_2$ 时，两球才可能在空中相遇

C. 只有 $v_1 < v_2$ 时，两球才可能在空中相遇

D. 两球在空中绝不会相遇

17. 一人在指定的地点放烟花庆祝农历新年，如图 1–28 所示。某一瞬间两颗烟花弹同时从盒子中飞出，烟花弹 a 的初速度方向竖直向上，烟花弹 b 的初速度方向斜向右上方，如果两颗烟花弹到达的最大高度相等，忽略空气阻力，则 （ ）。

图 1–28

A. 两颗烟花弹初速度大小相等

B. 烟花弹 b 在最高点速度为零

C. 烟花弹 b 上升过程中运动的时间更长

D. 在空中运动的过程中，两颗烟花弹的速度变化率相同

18. 如图 1-29 所示，A、B 为某小区门口自动升降杆上的两点，杆从水平位置匀速转至竖直位置的过程中，A、B 两点的角速度、线速度和加速度之间的大小关系正确的是（　　）。

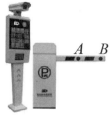

A. $w_A = w_B$　$v_A < v_B$　$a_A < a_B$

B. $w_A = w_B$　$v_A > v_B$　$a_A < a_B$

C. $w_A = w_B$　$v_A = v_B$　$a_A > a_B$

D. $w_A > w_B$　$v_A < v_B$　$a_A = a_B$

图 1-29

19. 如图 1-30 所示，用皮带轮传动的两个轮子（设皮带不打滑）若 $r_2 = 2r_1$，A 点为轮子 O_1 边缘处一点，B 点为轮子 O_2 边缘处一点，C 点为轮子 O_2 上某半径的中点，则 A 和 C 两点线速度之比 $v_A : v_C$ 和角速度之比 $\omega_A : \omega_C$ 应该是（　　）。

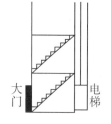

A. $1 : 2$ 和 $1 : 2$

B. $2 : 1$ 和 $2 : 1$

C. $1 : 2$ 和 $2 : 1$

D. $2 : 1$ 和 $1 : 2$

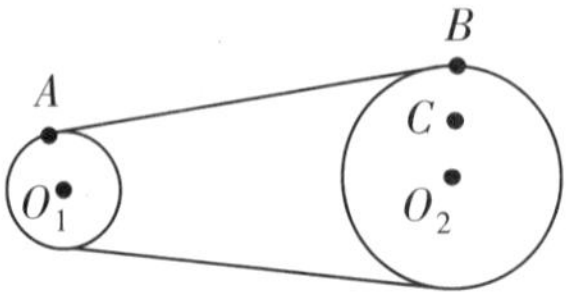

图 1-30

20. 甲、乙两个做匀速圆周运动的质点，它们的角速度之比为 $3 : 1$，线速度之比为 $2 : 3$，那么，下列说法正确的是（　　）。

A. 它们的半径之比是 $1 : 9$　　　　　　B. 它们的半径之比是 $1 : 2$

C. 它们的向心加速度之比是 $2 : 1$　　　D. 它们的周期之比是 $1 : 3$

二、填空题

21. 某大楼的楼梯和电梯位置如图 1-31 所示，设每层楼高相同，楼梯倾斜的角度为 $45°$，升降电梯的门面向大门方向开，如果甲同学从大门进入后乘电梯到达三楼，乙同学从大门进入后沿楼梯走到三楼，则甲、乙两同学的位移大小之比为_____，路程之比为_____。

22. 伽利略研究自由落体的斜面实验，有如下步骤和思维过程：

A. 若斜面光滑，小球在第二个斜面将上升到原来的高度

B. 让两个斜面对接，小球从第一个斜面上 h_1 高处静止释放

C. 若第二个斜面变成水平面，小球再也达不到原来的高度，而沿水平面持续运动下去

D. 小球在第二个斜面上升的高度为 h_2（$h_2 < h_1$）

E. 减小第二个斜面的倾角，小球到达原来的高度 h_1 将通过更长的路程

F. 改变斜面的光滑程度，斜面越光滑，h_2 越接近 h_1

上述实验和想象实验的合理顺序是_____（填选项字母）。

图 1-31

23. 出租车上安装有里程表、速度表和时间表，载客后，从 10 点 05 分 20 秒开始做匀加速运动，到 10 点 05 分 30 秒时，速度表显示如图 1-32 所示，该出租车启动加速度为_____ m/s²，计价器里程表应指示为_____ km。

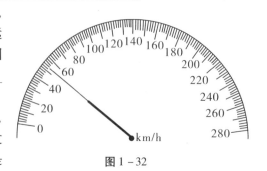

24. 一个由静止出发做匀加速直线运动的物体，它在第 1 s 内发生的位移是 4 m，则第 2 s 内发生的位移是_____ m，前 3 s 内的平均速度是_____ m/s。

图 1-32

25. 物体沿直线以 3 m/s 的速度走了 30 m，又以 6 m/s 的速度在同一方向走了 30 m，则它在这 60 m 内的平均速度是_____。

26. 已知长为 L 的光滑斜面，物体从斜面顶端由静止开始以恒定的加速度下滑，当物体的速度是到达斜面底端速度的一半时，它沿斜面下滑的位移是_____。

27. 让一个小石子从井口自由下落，可测出井口到井里水面的深度，若不考虑声音传播所用时间，经 2 s 后听到石块落到水面的声音，则井口到水面的大约深度为_____。

28. 一杂技演员用一只手抛球、接球。他每隔 Δt 时间抛出一球，接到球便立即将球抛出（小球在手中停留时间不计），总共有 5 个球。如将球的运动看作竖直上抛运动，不计空气阻力，每个球的最大高度都是 5 m，那么 $\Delta t =$ _____。（g 取 10 m/s^2）

29. 从 30 m 高的山崖上，以 5 m/s 的速度将一石块水平抛出，不计空气阻力，石块落地时的速度大小是_____。（g 取 10 m/s^2）

30. 由于地球自转，地球上的物体都绕自转轴做匀速圆周运动，对位于赤道的 A 物体和北纬 60° 的 B 物体，它们的角速度之比是_____，线速度之比是_____，向心加速度之比是_____。

31. 甲、乙两个做匀速圆周运动的质点，它们的半径之比为 3:2，周期之比为 1:2，则按甲比乙的顺序它们的线速度之比是_____。

三、计算题

32. 一个小球做匀加速度直线运动，在相邻的两个 1 s 内通过的位移分别为 1.2 m 和 3.2 m，如图 1-33 所示。求小球的加速度和上述各秒始末的速度。

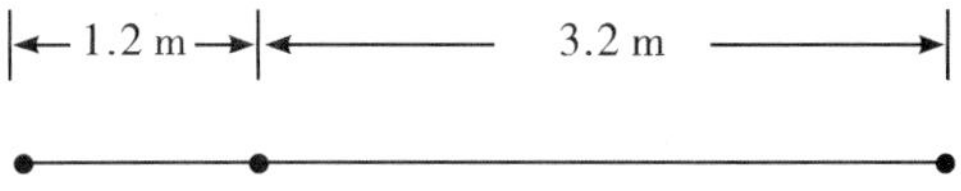

图 1-33

33. 汽车以 10 m/s 的速度行驶 5 min 后突然刹车。如刹车过程是做匀变速运动，加速度大小为 5 m/s^2，则刹车后 3 s 内汽车所走的距离是多少？

34. A、B 两地相距 2 km，汽车由 A 地出发，以加速度 $a_1 = 2$ m/s^2 做匀加速直线运动，当速度达到 20 m/s 时开始匀速行驶了一段时间，最后以 $a_2 = 1$ m/s^2 的加速度做匀减速直线运动，到达 B 地恰好停止。求：

（1）汽车由 A 地到 B 地所用的时间是多少？

（2）如果 a_1、a_2 保持一定，汽车由 A 地行驶至 B 地所用最短时间是多少？行驶中所达到的最大速度是多少？

35. 东西向的公路长 100 m，A、B 两辆自行车同时从公路的两端沿公路做相向匀加速直线运动，如果 A 的初速度为向西 4.5 m/s，加速度为向西 0.2 m/s^2，B 的初速度为向东 4 m/s，加速度为向东 0.1 m/s^2，问两车何时相会？

36. 车从静止开始以 1 m/s^2 的加速度前进，离车 25 m 处，与车开始启动的同时，某人开始以 6 m/s 的速度匀速追车，能否追上？如果追不上，求人与车之间的最小距离。

37. 经检测汽车 A 的制动性能：以标准速度 20 m/s 在平直公路上行驶时，制动后 40 s 停下来。现 A 在平直公路上以 20 m/s 的速度行驶时，发现前方 180 m 处有一货车 B 以 6 m/s 的速度同向匀速行驶，司机立即制动，是否发生撞车事故？

38. 一个物体从塔顶落下，在到达地面前最后一秒内通过的位移为整个位移的 $\frac{9}{25}$，求塔高。（g 取 10 m/s^2）

39. 从高度 H_1 处自由下落物体 A，1 s 后从高度为 H_2 处自由下落物体 B，A 下落了 45 m 时追上了 B，再过 1 s，A 落到地面，求 B 从下落至到达地面所用的时间。

40. 气球以 10 m/s 的速度匀速竖直上升，从气球上掉下一个物体，经 17 s 后到达地面。求物体刚脱离气球时气球的高度。（g 取 10 m/s²）

41. 从同一地点以 30 m/s 的速度先后竖直上抛两个物体，抛出时刻相差 2 s，不计空气阻力，两物体何时相遇？（g 取 10 m/s²）

42. 如图 1－34 所示，一架飞机以 $v = 200$ m/s 的速度在高空水平飞行，每间隔时间 $T = 2$ s 落下一个物体。若第 $n = 6$ 个物体离开飞机时，第一个物体刚好着地，试计算：
    （1）这时各个物体在空中的间距是多少？
    （2）各物体均落至水平地面时，距第一个物体着地点多远？

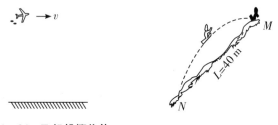

图 1－34 飞机投掷物体　　　图 1－35 滑雪平跳

43. 一位跳台滑雪运动员由 M 点沿水平方向跃起，到 N 点着陆（见图1－35）。测得 MN 间距离 $L = 40$ m，山坡倾角 $\theta = 30°$。试计算运动员起跳的速度和他在空中飞行的时间。（不计空气阻力，g 取 10 m/s²）

44. 如图 1－36 所示，一组皮带传动装置，其大轮半径是小轮半径的 2 倍，在大轮和小轮边缘上的点分别为 A、B，大轮上的一点为 C，O_1C 等于大轮半径的一半。那么，当皮带传动时，A、B 和 C 点的向心加速度之比是多少？

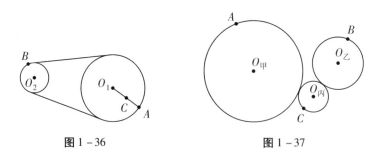

图 1－36　　　　　　　　图 1－37

45. 如图 1－37 所示的摩擦传动中，甲、乙、丙的任意两个轮之间不打滑，已知轮上 A、B、C 三点到圆心的距离分别是 $R_A = 2R_B = 4R_C$。求：
    （1）这三点的线速度之比；
    （2）这三点的角速度之比。

第二章　质点动力学

　　质点动力学研究物体间相互作用引起的物体运动状态变化的规律，它揭示了质点运动学中各种规律形成的原因。本章主要讨论力和物体的平衡、牛顿运动定律、万有引力与天体运动、动能定理、机械能守恒定律、动量定理、动量守恒定律等基础理论，并在此基础上研究质点的运动与力的关系等基本问题。

第一节　力和物体的平衡

　　力　　力（force）是物体对物体的相互作用。只要有力的发生就一定有受力物体和施力物体。通常为了方便只说物体受到了力，虽没有指明施力物体，但施力物体一定是存在的。在国际单位制中，力的单位是牛顿，简称牛，国际符号是 N。日常生活和生产中，常用的力的单位是千克力。牛顿和千克力的关系是：1 千克力 $=9.8$ 牛顿。

　　力是矢量，有大小，有方向。常常用一根带箭头的线段来表示力。如图 2－1 所示，代表汽车受到的牵引力是 200 N。力的大小、方向和作用点通常称为力的三要素。

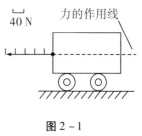

图 2－1

　　力的分类有两种：一种是根据力的性质来分类的，即从力产生的原因来看，如重力、弹力、摩擦力、分子力、电磁力等；另一种是根据力的效果来分类的，如拉力、压力、支持力、动力、阻力、向心力等。拉力、压力、支持力实际上都是弹力，只是效果不同。无论是什么性质的力，只要效果是加快物体的运动，就称它为动力；如果它阻碍物体的运动，则称它为阻力；如果它使物体做圆周运动，则称它为向心力。

　　从力的性质来看，我们研究的常见的力有：重力、弹性力、摩擦力。

　　重力　　在地球上的一切物体都受到地球的吸引作用，我们称为重力（gravity）。对地面而言，重力的方向总是竖直向下的。质量为 m 的物体的重力大小 $G = mg$（g 是重力加速度），可以用弹簧秤测出。如图 2－2a 所示，将待测的物体静止地挂在弹簧秤（也称为测力计）下面，这时此物体受到两个力：重力 G 和弹簧秤给它的向

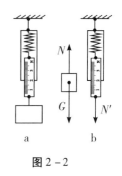

图 2－2

上拉力 N，一个向下、一个向上，达到平衡时大小相等（见图 2 - 2b），即物体对弹簧秤的拉力的大小等于物体受到的重力的大小。弹簧秤的读数也就表示物体受到的重力。物体的各个部分都要受到地球对它的作用力，从效果上看，我们可以认为重力的作用集中于一点，这一点就是重力的作用点，就叫物体的重心。

对于质量分布均匀的物体，重心的位置只跟物体的形状有关。如果物体的形状是中心对称的，对称中心就是物体的重心。例如，均匀直棒的重心在它的中心，均匀球体的重心在球心，均匀圆柱体的重心在轴线的中心，等等。质量分布不均匀的物体，重心的位置除跟物体的形状有关外，还跟物体质量的分布情况有关。例如，载重汽车的重心随所装货物的重量多少和装载位置等具体情况而变化；起重机的重心随着提升重物的质量和高度而变化。

弹性力　物体由于受到力的作用，发生形变而产生的恢复原来形状的力，称为弹性力（elastic force）。

弹簧在形变不超过一定的限度时，弹性力 F 的大小与偏离平衡位置的位移 x 成正比，即

$$F = -kx$$

称为胡克定律（Hooke's law）。式中的比例常量 k 称为弹簧的劲度系数（stiffness coefficient）或倔强系数，负号表示力 F 与位移 x 的方向相反。弹性力 F 方向总是指向平衡位置 O 点，如图 2 - 3 所示。

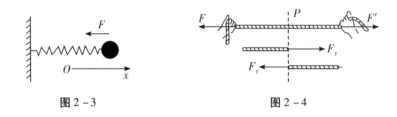

图 2 - 3　　　　　　　　　　图 2 - 4

在受到拉伸的绳子内部，会出现弹性张力（elastic tension）。如图 2 - 4 所示，过 P 点作一假想的平面将绳子分为两段，它们在此处相互施加一对拉力 F 与 F'。拉力的大小为绳子在该点弹性力 F_r，方向与绳子在该点的切线平行，即总是沿着绳子收缩的方向。

放在水平桌面上的物体，桌面对书的支持力 N 也是弹性力。书与桌面接触后，书和桌面同时发生微小的形变（见图 2 - 5a）。书对桌面有压力 P（见图 2 - 5b）。书的压力使桌面发生微小的形变，桌面由于发生形变，而对书产生垂直于书向上的弹性力，这就是桌面对书的支持力（见图 2 - 5c）。支持力的方向总是垂直于支持面并指向被支持的物体。可见，通常所说的压力和支持力都属于弹性力。

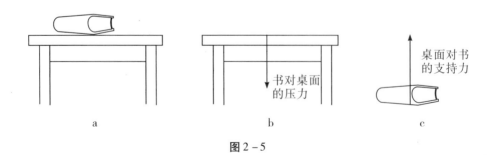

a　　　　　　　　　　b　　　　　　　　　　c

图 2 - 5

摩擦力 两个相互接触的物体做相对运动或有相对运动趋势时，在接触面上产生的阻碍它们相对运动的作用力，称为摩擦力（friction force）。

相互接触的物体在外力作用下有相对运动的趋势时，产生的摩擦力，称为静摩擦力（static friction force）。如两个互相接触的物体 A、B，当物体 A 受到外力 F 作用时，物体 A 不动，说明这时物体 B 对物体 A 的静摩擦力 f 与外力 F 大小相等，方向相反。当外力 F 逐渐增大时，静摩擦力 f 也随之增大。但是，当外力达到某一数值时，物体 A 就开始运动了，这时的静摩擦力称为最大静摩擦力，用 f_{max} 来表示。静摩擦力的范围是：$0 < f \leqslant f_{max}$。静摩擦力是很常见的。例如，拿在手中的瓶子、钢笔不会滑落，就是静摩擦力作用的结果。皮带运输机就是靠货物和传送皮带之间的静摩擦力把货物送往其他地方。静摩擦力的方向总是跟接触面相切，并且跟物体相对运动趋势的方向相反。

当外力 $F > f_{max}$ 时，两个物体之间有相对滑动，这时的摩擦力称为滑动摩擦力（sliding friction force）。滑动摩擦力的大小不仅与物体的材料、表面光滑情况有关，还与正压力有关。正压力是在两个物体接触面间垂直于接触面的压力，滑动摩擦力的方向与物体相对运动的方向相反，如图 2-6 所示。滑动摩擦力的大小 f 与正压力 N 的关系可以表示为

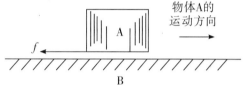

图 2-6

说明：箭头表示滑动摩擦力 f 的方向。为了清楚地表示摩擦力，此图把相互接触的两个物体画得隔开一些。

$$f = \mu N$$

式中，μ 叫作滑动摩擦系数。它的数值既跟相互接触的两个物体的材料有关，又跟接触面的情况即光洁度有关。在相同的正压力下，滑动摩擦系数越大，滑动摩擦力就越大。滑动摩擦系数是两个力的比值，没有单位。表 2-1 列出了在通常情况下几种材料间的滑动摩擦系数。

表 2-1 几种材料间的滑动摩擦系数 μ

材料	钢—钢	木—木	木—金属	皮革—铸铁	钢—冰	木头—冰	橡皮轮胎—干燥的路面
μ	0.25	0.30	0.20	0.28	0.02	0.03	0.71

在一般教材中，常以"光滑"作为无摩擦的代名词。在这里，"光滑"不是狭义地描述接触面的光洁度，应理解为"摩擦力可不计"。

例题 1 如图 2-7 所示，质量为 10 kg 的物体置于水平桌面上，它与桌面之间的滑动摩擦系数为 0.2，最大静摩擦力是 24 N，现用倔强系数为 300 N/m 的弹簧水平拉物体，当弹簧的伸长量为 0.05 m 时，物体与桌面间摩擦力为多大？当拉力变为 50 N 时，物体与桌面间的摩擦力为多大？（g 取 10 m/s²）

解析： 物体在垂直方向受到重力和桌面对物体的支持力的作用。这时正压力 $N = mg$，物体在水平方向受到两个力的作用，一个是向右的弹簧拉力 F，另一个是向左的摩擦力 f。

当 $x = 0.05$ m 时，$F = kx = 300 \times 0.05$ N $= 15$ N。

$\because f_{max} = 24$ N，$F < f_{max}$

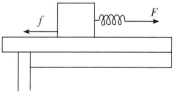

图 2-7

∴ 物体保持静止，这时的静摩擦力就是所受的拉力，$f = 15$ N

当 $F = 50$ N 时，由于 $F > f_{max}$，这时物体发生了相对运动，所受的摩擦力为滑动摩擦力

$$f = \mu N = \mu mg = 0.2 \times 10 \times 10 \text{ N} = 20 \text{ N}$$

物体受力情况的初步分析　研究质点动力学的问题常常要对物体进行受力分析。分析物体受力情况对于解决问题非常重要，如何对物体进行受力分析呢？下面先讨论几个具体例子。

（1）在水平面上的物体。

如图 2-8 中，物体静止在水平面上，这时物体受到一个向下的重力 G，一个水平面对物体的支持力 N，因为物体是静止的，所以 G 和 N 是一对平衡力，它们大小相等，方向相反。

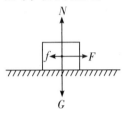

图 2-8

在图 2-8 中，如果物体在水平面上运动，运动越来越慢，最后停下来。在这个过程中，物体同样受到重力 G 和支持力 N 的作用，还受到滑动摩擦力 f 的作用。如果用水平的绳子拉着物体在水平面上运动，那么物体除了同样受到重力 G、支持力 N 和滑动摩擦力 f 的作用外，还受到绳子的拉力 F 的作用，这样物体一共受到四个力的作用。如果物体做匀速运动，重力 G 和支持力 N 同样还是一对平衡力，而 F 和 f 也是一对平衡力，它们大小相等，方向相反。

（2）在斜面上运动的物体。

一个木块沿着光滑的斜面下滑，木块受到重力 G 和垂直于斜面并指向被支持木块的支持力 N 的作用。如果斜面不是光滑的，那么，木块沿着斜面下滑时，除了受到重力 G 和支持力 N 的作用以外，还受到滑动摩擦力 f 的作用，它的方向与木块的运动方向相反，沿着斜面向上。木块的受力如图 2-9 所示。

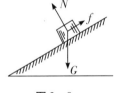

图 2-9

从上述两个例子可以知道，对物体进行受力分析是解决质点动力学问题的关键。

在分析物体的受力情况时，要把它从周围物体中隔离出来，分析周围有哪些物体对它施加力的作用，各是什么性质的力，力的大小、方向如何，并将它们一一画在受力图上。这就是对物体进行受力分析常用的隔离法。

注意：分析时只考虑研究物体的受力，不考虑它的施力；只考虑其所受的外力，不考虑它的内力；不要漏掉一些确实存在的力，也不要凭空想象出并不存在的力，对于所分析出的每一个力，都应能找到施力物体。

物体的平衡　物体处于静止或匀速直线运动状态叫作平衡状态。已知物体所受的力，要使物体保持平衡状态，作用在物体上的力必须满足一定条件，这个条件叫作平衡条件。在共点力作用下的物体，物体所受的合外力为零，物体才能保持平衡状态。所以，在共点力作用下的物体，其平衡条件是合力等于零。写成公式就是：

$$F_{合} = 0$$

转动是一种常见的运动，物体在转动的时候，它的各点都做圆周运动，这些圆周的中心在同一直线上，这条直线叫作转动轴；力和转动轴之间的距离，也就是从转动轴到力的作用线的垂直距离，叫作力臂。图 2-10 表示有两个力 F_1 和 F_2 作用在杠杆上，杠杆的转动轴垂直于纸面，L_1 是力 F_1 的力

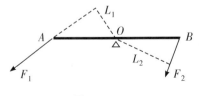

图 2-10

臂，L_2 是力 F_2 的力臂。力和力臂的乘积叫作力对转动轴的力矩。如果用 F 表示力，用 L 表示力臂，用 M 表示力矩，那么

$$M = FL$$

力矩可以使物体向不同的方向转动。开门和关门，转动方向是相反的。可见，仅仅知道力矩的大小是不够的，还必须知道力矩使物体转动的方向。一般规定使物体向逆时针方向转动的力矩是正的，使物体向顺时针方向转动的力矩是负的。图 2 – 10 中 F_1 的力矩是正的，F_2 的力矩是负的。

如果有几个力同时作用在物体上，它们对物体的转动作用决定于其力矩的代数和。在几个力作用下的共转动轴物体，其平衡条件是合力矩为零。

$$M_合 = 0 \ 或 \ M_{顺时针} = M_{逆时针}$$

例题 2　　AB 是一根质量为 3 kg 的匀质细长棒，如图 2 – 11 所示，支点 O 与 B 端的距离为全长的 $\dfrac{1}{3}$。若想在棒上作用一个最小的力使棒保持水平静止，则这个最小力为多大？

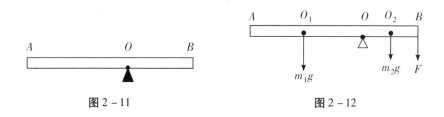

图 2 – 11　　　　　　　　　　　　图 2 – 12

解析：受力情况如图 2 – 12 所示，O_1 是 AO 的中心点，O_2 是 OB 的中心点，AO 棒的质量是 AB 棒质量的 $\dfrac{2}{3}$，即 $m_1 = 2$ kg，OB 棒的质量是 $m_2 = 1$ kg。$AB = L$。

假设在 B 端加一个力 F 方向向下可使系统平衡，由共转动轴平衡条件：

$$m_1 g OO_1 = m_2 g OO_2 + F OB$$

$$F = \frac{m_1 g OO_1 - m_2 g OO_2}{OB}$$

$$= \frac{\left(2 \times 10 \times \dfrac{1}{3} L - 1 \times 10 \times \dfrac{1}{2} \times \dfrac{1}{3} L \right)}{\dfrac{1}{3} L} \ \text{N}$$

$$= 15 \ \text{N}$$

如果在 A 端加 F' 方向竖直向上，由共转动轴平衡条件：

$$m_1 g OO_1 = m_2 g OO_2 + F' OA$$

$$F' = \frac{(m_1 g OO_1 - m_2 g OO_2)}{OA}$$

$$= \frac{\left(2 \times 10 \times \dfrac{1}{3} L - 1 \times 10 \times \dfrac{1}{2} \times \dfrac{1}{3} L \right)}{\dfrac{2}{3} L} \ \text{N}$$

$$= 7.5 \ \text{N}$$

最小的力的大小为 7.5 N，方向竖直向上，作用在棒的 A 端。

练习一

1. 一个测力计放在水平面上，两端受 F_1 和 F_2 两个力，$F_1 = 5$ N，方向向左；$F_2 = 5$ N，方向向右。问这时测力计的读数是多少？

2. 如图 2-13 所示，一根弹簧其自由端 B 在未悬挂重物时指针正对刻度 5，在弹性限度内，当挂上 80 N 重物时指针正对刻度 45。若要指针正对刻度 20，应悬挂的重物的重量是多少？

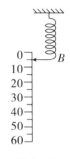

图 2-13

3. 汽车的后轮是主动轮，即汽车的发动机是带动后轮转动的，而前轮是被动轮。在启动时，前轮和后轮所受的摩擦力是哪种摩擦力，它们的方向如何？汽车做匀速直线运动时，车轮所受的摩擦力是哪种摩擦力？

4. 重量为 200 N 的物体放在水平地面上，它与水平地面的滑动摩擦系数为 0.25，最大静摩擦力为 60 N，如图 2-14 所示，用一个水平拉力 F 作用在物体上，当 F 的大小由 0 N 增至 56 N 时，地面所受的摩擦力是多大？当 F 的大小由 70 N 减小到 56 N 时，地面受到的摩擦力又是多大？

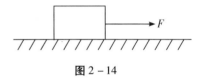

图 2-14

5. 画出图 2-15 中各个 A 物体的受力分析图。

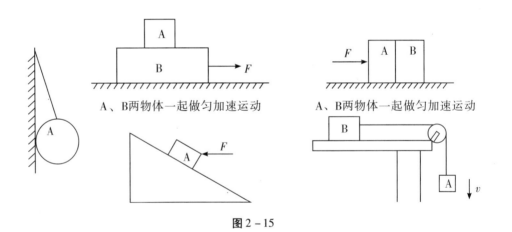

A、B两物体一起做匀加速运动

A、B两物体一起做匀加速运动

图 2-15

6. 如图 2-16 所示，质量为 m 均匀分布的木杆，上端可绕固定光滑轴 O 转动，下端搁在一木板上，木板置于光滑水平地面上，杆与竖直线间夹角 $\theta = 45°$，杆与木板间的滑动摩擦系数为 0.5，为使木板向右匀速运动，水平拉力 F 应等于多少？

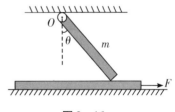

图 2-16

第二节　牛顿运动定律

牛顿（Newton，见图 2 - 17）在伽利略（G. Galilei）等人的研究基础上，对质点运动做进一步深入研究，于 1687 年在他的名著《自然哲学的数学原理》中，发表了三条运动定律，被称为牛顿运动定律。

牛顿第一定律（Newton's first law）　任何物体，只要没有外界因素的作用，便会永远保持匀速直线运动状态或静止状态。

牛顿第一定律是在大量事实基础上推论得出的。因为研究的物体没有不受其他物体作用的，所以不能直接用实验严格地证明。物体总保持原来匀速直线运动状态或静止状态的性质称为惯性（inertia）。牛顿第一定律也称为惯性定律（law of inertia）；另外，它指出了物体要改变其运动的速度，必须受到其他物体的作用，即力是改变速度的原因，而不是维持运动的原因，力是产生加速度的原因。

图 2 - 17　牛顿（1643—1727）

当汽车突然开动的时候，汽车里的乘客会向后倾倒，这是因为汽车已经开始前进，乘客的下半身随车前进了，而上半身由于惯性还要保持静止状态。匀速前进的汽车，如果没有外力的作用是不会停下来的。所以要想汽车停下，必须刹车，给车一个制动力，才能使汽车停下来，即力是改变速度的原因。一切物体都具有惯性，惯性是物体的固有性质，物体的运动并不需要力来维持，而力是改变运动状态的根本原因。图 2 - 18 是伽利略论证惯性运动的理想实验。如果轨道斜面是光滑的，小球上升的高度与下滑时的高度差不多。如果右边的斜面不断改变角度直至成水平面，这样小球会在光滑的水平面一直滚下去，直到有外力阻止它的运动为止。

图 2 - 18　伽利略论证惯性运动的理想实验

当我们用相同的方式投掷质量不同的两个石块时，让它们获得相同的速度，需要的力就不同。质量大的石块需要的力大。又如，让摆动的大沙袋停下就比让摆动的小球停下费力得多。大量事例说明，改变质量不同的物体运动状态的难易程度不同，或者说它们的惯性大小不同。质量大的物体，运动状态难改变，惯性大；质量小的物体，运动状态容易改变，惯性小。由此可见，质量是物体惯性大小的量度。

牛顿第二定律（Newton's second law）　当物体受到外力作用时，物体所获得的加速度大小与外力矢量和的大小成正比，并与物体的质量成反比，加速度的方向与外力矢量和的方向相同。

用公式表示，则有

$$a = \frac{F}{m}$$

即

$$F = ma$$

式中，F 表示物体所受的外力的矢量和，即作用在质点上所有外力的矢量和；m 表示物体质量；a 表示加速度。从公式中可以看到，牛顿第二定律表示的是力与加速度间的瞬时关系：外力的矢量和恒定不变时，加速度恒定不变，物体就做匀变速运动；外力的矢量和随着时间改变时，加速度也会随时间改变，物体就做变速运动；外力的矢量和为零时，加速度为零，物体就处于静止状态或做匀速直线运动。

质量是指物体含有物质多少。质量是没有方向性的，是标量，其单位是千克（kilogram），符号是 kg。1889 年第一届国际计量大会决定，1 kg 的实物基准是保存在巴黎国际计量局中的一个特制的铂铱合金圆柱体，称为国际千克原器（见图 2-19），其他各个国家都有它的复制品。重量（weight）是由于地球吸引而产生的，在地面实际测得物体的重量，实际上就是物体在所在地所受的重力，是矢量，它的单位是牛顿（简称牛），符号为 N。所以质量和重量是两个不同的物理量。通常用 G 表示物体的重量，用 m 表示物体的质量，由牛顿第二定律可知它们的关系是：

图 2-19　千克原器

$$G = mg$$

式中，g 是物体所在地的重力加速度。

一个物体无论在什么地方，其质量是相同的，物体的质量是一个恒量。由 $G = mg$ 可以知道，因为地球上不同的地方，重力加速度 g 是不同的，所以同一个物体，在地球上不同地方的重量是不同的，即物体的重量不是一个恒量。这是由于地球在不停地自转，地球上的一切物体都随着地球自转而绕地轴做匀速圆周运动。在不同纬度的地方，重力加速度 g 是不同的，它随着纬度的增加而变大，即 g 的数值从赤道到两极是渐渐增大的。在同一纬度的地方，物体的重量和重力加速度 g 的数值还随着离地面的高度的增加而减小。

牛顿第二定律可以解决许多实际问题，是质点动力学中最常用的定律之一。

例题 1　如图 2-20 所示，有一质量 $m = 1$ kg 的物块，以初速度 $v_0 = 6$ m/s 从 A 点开始沿水平面向右滑行。物块运动中始终受到大小为 2 N、方向水平向左的力 F 作用，已知物块与水平面间的动摩擦因数 $\mu = 0.1$，取 $g = 10$ m/s^2。求：

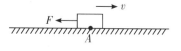

图 2-20

（1）物块向右运动时的加速度大小 a；

（2）物块向右运动到最远处的位移大小 x。

解析：（1）物块所受的摩擦力为 $f = \mu F_N = \mu mg = 1$ N

那么物块向右运动时的加速度为

$$a = \frac{F + f}{m} = \frac{2 + 1}{1} \text{ m/s}^2 = 3 \text{ m/s}^2$$

（2）由 $v^2 - v_0^2 = 2ax$ 代入数据解得 $x = 6$ m

例题 2　2022 年冬奥会在北京召开，如图 2-21 所示，质量为 50 kg 的滑雪运动员，在倾角为 30°的斜坡顶端从静止开始匀加速下滑 100 m 到达坡底，用时 10 s，求：

（1）运动员到达坡底时的速度大小；

（2）运动员下滑过程中所受阻力的大小。

图 2-21

解析：（1）根据平均速度公式有

$$\frac{v}{2} = \frac{l}{t}$$

解得

$$v = 20 \text{ m/s}$$

（2）根据牛顿第二定律可知

$$mg\sin 30° - f = ma$$

$$v = at$$

解得

$$f = 150 \text{ N}$$

牛顿第三定律（Newton's third law） 两物体之间的作用力和反作用力总是大小相等，方向相反，作用在一条直线上。用公式表示：

$$f_{12} = -f_{21}$$

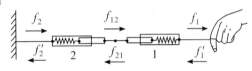

上式中的作用力和反作用力分别作用在两个不同的物体上，它们分别对这两个物体产生的作用效果不能互相抵消，所以作用力与反作用力之间根本不存在相互平衡的问题。如图 2 – 22 中，若称 f_{12} 为作用力，则 f_{21} 为反作用力，反之亦然。

图 2 – 22　作用力和反作用力

作用力和反作用力总是成对出现的，即同时产生、同时存在、同时消失，它们是属于同种性质的力。在分析物体受力情况时，切勿把两个平衡力同一对作用力和反作用力相混淆。

牛顿第三定律在生活、生产和科学技术中应用很广泛。人走路时用脚蹬地，脚对地面施加一个作用力，地面同时给脚一个反作用力，使人前进。火箭在燃料被点燃后喷出气体时，喷出的气体同时给火箭一个反作用力，推动火箭前进。

例如，图 2 – 23 表示出了用绳子把桶悬挂在天花板上时的两对作用力和反作用力：G 和 G'、F 和 F'。

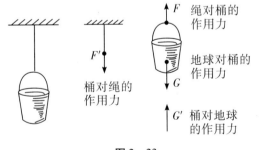

图 2 – 23

根据牛顿第三定律，其中每一对作用力和反作用力都是大小相等、方向相反、分别作用在不同的物体上的。在平衡情况下，G 和 F 也是大小相等、方向相反，但它们不是一对作用力和反作用力，而是作用在同一物体上的两个平衡力。它们大小相等、方向相反的根据不是牛顿第三定律，而是牛顿第二定律，由于桶的加速度为零，合外力必为零，所以 $G = -F$。

练习二

1. 请思考下列问题：

    (1) 运动员冲到终点后，为什么不能马上停住，还要向前跑一段距离？

    (2) 飞机投弹时，如果当目标在飞机的正下方时投下炸弹，能击中目标吗？为什么？

    (3) 锤头松动的时候，为什么把锤子倒立，把锤柄末端向地上磕一磕，锤头就安牢了？

    (4) 地球自西向东转动，为什么人向上跳起来以后还落回原地，而不落到原地的西边？

2. 放在光滑水平面上的物体受三个平行于水平面的共点力作用而处于静止状态，如图 2 - 24 所示，已知 F_2 与 F_3 垂直，三个力中如果去掉 F_1 可以产生 2.5 m/s² 的加速度。如果去掉 F_2 可以产生 1.5 m/s² 的加速度，如果去掉 F_3，则物体的加速度是多少？

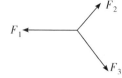

图 2 - 24

3. 小迈说："我记得在初中学过，如果两个力的大小相等、方向相反，这两个力就会互相平衡，看不到作用的效果了。既然作用力和反作用力也是大小相等、方向相反的，它们也应该互相平衡呀！"应该怎么解答小迈的疑问？

4. 如图 2 - 25 所示，油桶放于汽车上，汽车停在水平地面上。涉及油桶、汽车、地球三个物体之间的作用力和反作用力一共有几对？这些力中，哪两个力是一对平衡的力？

图 2 - 25

图 2 - 26

5. 目前，无人机得到了广泛的应用，如图 2 - 26 所示为送餐无人机，它是一种能够垂直起降的小型遥控飞行器，无人机（包括外卖）的质量 $m = 2$ kg。若无人机在地面上由静止开始以最大升力竖直向上起飞，经时间 $t = 4$ s 时离地面的高度 $h = 48$ m，已知无人机动力系统所能提供的最大升力为 36 N，假设无人机（包括外卖）运动过程中所受空气阻力的大小恒定，g 取 10 m/s²。求无人机（包括外卖）运动过程中所受空气阻力的大小。

6. 如图 2 - 27 所示，大人跟小孩掰手腕，很容易把小孩的手压到桌面上。若大人对小孩的力记为 F_1，小孩对大人的力记为 F_2，则 F_1 和 F_2 相比较哪个力更大一些？为什么？

图 2 - 27

7. 在"互联网 +"时代，网上购物已经成为一种常见的消费方式，网购也促进了快递业发展。如图 2 - 28 所示，一快递小哥在水平地面上拖拉一个货箱，货箱的总质量为 15 kg，货箱与地面间的动摩擦因数 $\mu = \dfrac{\sqrt{3}}{3}$。若该小哥用大小为 100 N、方向与水平面成 60°角的拉力拉货箱，取 $g = 10 \text{ m/s}^2$，则拉货箱的加速度是多少？

图 2 - 28

第三节 牛顿运动定律的应用举例

应用牛顿运动定律解质点力学问题通常有两大类。一是已知质点的运动情况，求作用在质点上的力的规律。如做匀加速运动的汽车，已知初、末速度和位移等运动情况，分析是什么力使汽车运动的，是什么力阻止汽车运动的等。二是已知质点的受力情况，求质点的运动情况。如分析汽车在转弯时的已知受力情况，寻求汽车转弯时的极限速度。

应用牛顿运动定律解质点力学问题的基本步骤如下：

（1）根据题意，确立研究对象，并将其看成一个质点隔离出来。

（2）分析质点的受力情况，画出受力分析图。

（3）分析运动状况与力的关系，建立合适的坐标系。若物体所受外力在一条直线上，可建立直线坐标；若物体所受外力不在一条直线上，应建立适当的直角坐标系，并以加速度的方向为其中的一个坐标轴的正方向，然后向两轴正交分解外力。

（4）根据牛顿第二定律列出方程：

$$F_x = ma_x$$
$$F_y = ma_y$$

（5）求解方程。

（6）检验结果。

超重和失重 图 2 - 29 中，在有竖直加速度 a 的升降机中有一个举重运动员站在台秤上。这时举重运动员受到的重力是 $G = mg$，而台秤上反映出他的体重还是 mg 吗？台秤的读数等于它受到人给它的压力 N，N 的反作用力是台秤给人的支持力 N'。这时举重运动员共受到 mg 和 N' 两个力，同时他也与升降机一起具有加速度 a，按照牛顿第二定律：

$$F_{合} = mg + N' = ma$$
$$N' = ma - mg$$

那么台秤上的读数为

$$N = N' = mg - ma = m(g - a)$$

当加速度 a 的方向与 g 方向相同，即

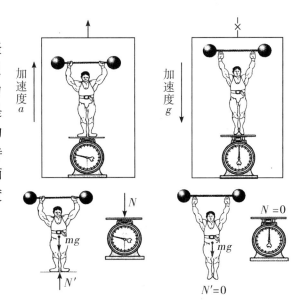

图 2 - 29 升降机里的超重和失重现象

a 向下为正，若升降机的加速度方向向上，那么 $a = -|a| < 0$，$N = m(g + |a|) > mg$，台秤的读数大于重力，这种现象叫作超重（overweight）。若升降机的加速度向下，$a > 0$，台秤的读数就小于重力，这种现象叫作失重（weightlessness）。如果升降机处于自由落体状态，$a = g$，台秤读数 $N = 0$，这种现象叫作完全失重。

超重和失重现象是升降机的加速度引起的。这时地球作用于物体的重力始终存在，大小也没有发生变化，只是物体对支持物体的压力发生了变化，故而台秤上的读数发生了变化。

例题 1   质量为 60 kg 的人站在升降机中的台秤上，升降机以 2 m/s 的速度垂直下降，此人突然发现台秤的示数变为 630 N，并持续 2 s，求升降机在这两秒内下降了多少米？（g 取 10 m/s²）

解析： 当升降机以 2 m/s 的速度垂直下降时，这时台秤上的读数是 mg，即 $mg = 60 \times 10$ N $= 600$ N，当台秤上的示数突然变为 630 N，这时人处于超重状态。以人为研究对象，如图 2-30 所示，m 表示人的质心，x 表示升降机的运动方向，人受到两个力：重力 mg 和地板对他的支持力 N。由牛顿第三定律可知，支持力的反作用力就是人对地板的压力，即台秤的示数。当 $N > mg$ 时，人就处于超重状态，这时 $a < 0$；当 $N < mg$ 时，人就处于失重状态，则 $a > 0$。

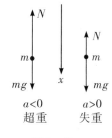

图 2-30

以升降机的运动方向为正方向：$mg - N = ma$

$$\therefore a = \frac{mg - N}{m} = \frac{600 - 630}{60} \text{ m/s}^2 = -0.5 \text{ m/s}^2$$

$$s = v_0 t + \frac{1}{2}at^2 = \left(2 \times 2 - \frac{1}{2} \times 0.5 \times 2^2\right) \text{ m} = 3 \text{ m}$$

即升降机在这两秒内下降了 3 米。

向心力与离心运动   物体做匀速圆周运动具有向心加速度，由牛顿第二定律，向心加速度一定是由于它受到了指向圆心的合力的作用，这个合力叫作向心力（centripetal force）。向心力的方向与向心加速度的方向相同，始终指向圆心。把向心加速度的表达式代入牛顿第二定律，可得向心力的大小：

$$F = m\frac{v^2}{r} = m\omega^2 r$$

向心力是以力的作用效果来命名的，凡是产生向心加速度的力，不管是属于哪种性质的力，都可以用来提供向心力。如图 2-31 所示，在修筑铁路时，根据弯道的半径和规定行驶的速度，适当选择外轨高于内轨的高度差，使转弯时所需要的向心力几乎完全由重力和支持力的合力提供。这就减轻了外轮轮缘与外轨的挤压，不会使外轨发生弹性形变，延长铁轨的使用时间。

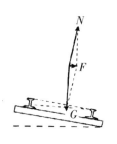

图 2-31

公路上的拱形桥是常见的，汽车过桥时的运动也可看作圆周运动。下面我们通过例题来研究汽车对拱形桥的压力情况。

例题 2　质量为 m 的汽车在拱形桥上以速度 v 前进，若桥面的圆弧半径为 R，求汽车通过最高点时对桥的压力。

解析：汽车的受力分析图如图 2 - 32 所示，汽车在竖直方向上受到重力 G 和桥的支持力 F_N，它们的合力就是使汽车做圆周运动的向心力 F，

即

$$F = G - F_N$$

$$m \frac{v^2}{R} = G - F_N$$

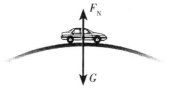

图 2 - 32　汽车通过拱形桥

$$\therefore F_N = G - m \frac{v^2}{R}$$

由于汽车给桥的压力 F_N' 与桥给汽车的支持力 F_N 是一对作用力和反作用力，因此压力的大小为 $F_N' = G - m \frac{v^2}{R}$，方向竖直向下。由此可以看出，汽车对桥的压力小于汽车的重量，而且汽车的速度越大，对桥的压力越小。

由于有向心力拉住做圆周运动的物体，因此一旦向心力突然消失，物体就沿切线方向飞出去。在合力不足以提供所需的向心力时，物体虽不会沿切线飞出，也会逐渐远离圆心（见图 2 - 33）。物体的这种运动叫作离心运动。洗衣机脱水就是利用离心运动把附在物体上的水分甩掉。在炼钢厂中把熔化的钢水浇入圆柱形模子，模子沿圆柱的中心轴线高速旋转，钢水由于离心运动趋于周壁，冷却后就形成了无缝钢管。医务工作者借助离心机，可以从血液中分离出红细胞和血浆（见图 2 - 34）。

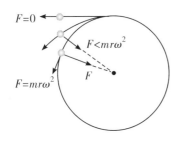

图 2 - 33　物体的离心运动与受力

图 2 - 34　医务工作者用离心机分离血液

在水平公路上行驶的汽车，转弯时所需的向心力是由车轮与路面间的静摩擦力提供的。如果转弯时速度过大，所需向心力很大，大于最大静摩擦力，汽车将做离心运动而造成交通事故。所以在公路的弯道上，有限速标志，不允许车辆超过规定速度，以确保车辆的安全行驶。同样为了避免离心运动带来的危害，高速转动的砂轮、飞轮等，都不得超过允许的最大转速。转速过高时，砂轮、飞轮内部分子间的相互作用力不足以提供所需的向心力，离心运动会使它们破裂、粉碎，造成事故。

万有引力和天体运动　在地面上的物体都受到地球的吸引作用，不只是地球对它周围的物体有吸引作用，任何两个物体之间都存在这种吸引作用。物体之间的这种吸引作用普遍存在于宇宙万物之间，称为万有引力。

万有引力是由于物体具有质量而在物体之间产生的一种相互作用。它的大小和物体的质量以及两个物体之间的距离有关。物体的质量越大，它们之间的万有引力就越大；物体之间

的距离越远，它们之间的万有引力就越小。长期的研究结果表明，太阳对行星的引力，行星对卫星的引力，以及地球对地面上物体的引力，都遵循同样的规律，是同一种性质的力。于是，牛顿把这种引力规律做了合理的推广，在1687年正式发表了万有引力定律：

　　任何两个物体都是相互吸引的，引力的大小跟两个物体的质量的乘积成正比，跟它们的距离的平方成反比。

如果用 m_1 和 m_2 表示两个物体的质量，用 r 表示它们的距离，那么万有引力定律可以用下面的公式来表示：

$$F = G \frac{m_1 m_2}{r^2}$$

万有引力定律中两个物体的距离，对于相距很远可以看作质点的物体，就是指两个质点间的距离，对于均匀的球体，就是指两个球心间的距离。公式中的比例常数 G 是适用于任何两个物体的普适恒量，叫作万有引力恒量（gravitational constant）。$G = 6.67 \times 10^{-11}$ N·m²/kg²。

万有引力定律的发现，是人类在认识自然规律方面取得的一个重大成果。它揭示了自然界物体间普遍存在着一种基本的相互作用——引力作用的规律，它把地球上的力学推广到天体上（见图2-35），创立了将天体运动和地面物体的运动统一起来的理论，对以后物理学和天文学的发展有很大的影响，对人类文化历史的发展有重要的意义。

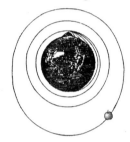

图2-35　从苹果到月球，从重力到万有引力

万有引力定律可以用来计算天体的质量。天体的运动可以近似看作匀速圆周运动。假设 M 是某个天体的质量，m 是它的一个行星的质量，r 是它们之间的距离，a_n 是行星的向心加速度，T 是行星围绕天体运动的周期。这个天体对它的行星的引力就是行星围绕天体运动的向心力，则有：

$$\frac{GMm}{r^2} = ma_n = \frac{4\pi^2 mr}{T^2}$$

由上式可得：

$$M = \frac{4\pi^2 r^3}{GT^2}$$

测出 r 和 T，就可以算出天体质量 M 的大小。

例题3　2021年5月15日7时18分，"天问一号"火星探测器成功着陆于火星乌托邦平原南部预选着陆区，我国成为第二个成功着陆火星的国家。若"天问一号"火星探测器被火星捕获后，环绕火星做"近火"匀速圆周运动 N 圈，用时为 t。已知火星的半径为 R，引力常量为 G，求：

（1）火星的质量 M；

（2）火星表面的重力加速度 g。

解析：（1）"天问一号"火星探测器做圆周运动的周期

$$T = \frac{t}{N}$$

根据万有引力提供向心力，有

$$G \frac{Mm}{R^2} = m \frac{4\pi^2 R}{T^2}$$

联立解得

$$M = \frac{4\pi^2 R^3 N^2}{Gt^2}$$

（2）在火星表面，万有引力等于重力，有

$$G\frac{Mm}{R^2}=mg$$

解得

$$g=\frac{GM}{R^2}=\frac{4\pi^2RN^2}{t^2}$$

人造地球卫星的运动也可以近似看作匀速圆周运动。地球对卫星的万有引力提供匀速圆周运动的向心力，根据牛顿第二定律则有：

$$G\frac{Mm}{r^2}=m\omega^2r=m\frac{v^2}{r}=m\frac{4\pi^2}{T^2}r=m\left(2\pi n\right)^2r=ma_{向}=mg$$

根据以上各个等式，我们可以知道卫星运行的线速度、角速度、周期及向心加速度与卫星轨道半径的关系，也可以求出发射地球卫星的三种宇宙速度。

（1）第一宇宙速度：$v=7.9\ \mathrm{km/s}$，是人造地球卫星的最小发射速度，也是人造卫星环绕地球运行的最大速度，又叫作最大环绕速度。

（2）第二宇宙速度：$v=11.2\ \mathrm{km/s}$，又叫作脱离速度，是物体克服地球引力脱离地球绕太阳公转的速度。

（3）第三宇宙速度：$v=16.7\ \mathrm{km/s}$，又叫作逃逸速度，是物体挣脱太阳引力的束缚、飞向太阳系外的速度。

例题 4　计算同步卫星离地面的高度和速度，地球的质量是 $5.98\times10^{24}\ \mathrm{kg}$，地球的半径是 $6.4\times10^3\ \mathrm{km}$。

解析： 同步卫星的特点是轨道周期与地球自转的周期相同。

$$F_{万}=F_{向}\qquad\qquad G\frac{M_{地}\,m_{卫}}{r^2}=m_{卫}\left(\frac{2\pi}{T}\right)^2r$$

$$r=\sqrt[3]{\frac{GM_{地}\,T^2}{4\pi^2}}$$

$$=\sqrt[3]{\frac{6.67\times10^{-11}\times5.98\times10^{24}\times(86\ 400)^2}{4\times3.14^2}}\ \mathrm{m}$$

$$=4.23\times10^7\ \mathrm{m}$$

$$h=r-R=4.23\times10^7-6.4\times10^6\ \mathrm{m}=3.59\times10^7\ \mathrm{m}$$

$$v=r\omega=r\left(\frac{2\pi}{T}\right)=3.08\times10^3\ \mathrm{m/s}$$

例题 5　2022 年 6 月 5 日 17 时 42 分，神舟十四号载人飞船成功对接于天和核心舱，构成多舱组合体，见图 2-36。已知多舱组合体在地球上空 h（约 400 公里）高度处圆轨道上运行，地球半径为 R，地球表面处重力加速度为 g。则多舱组合体在轨运行时（　　　）。

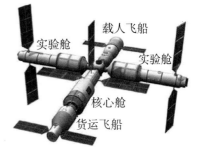

A. 向心加速度小于 g　　　B. 线速度大于 $7.9\ \mathrm{km/s}$

C. 角速度为 $\sqrt{\dfrac{g}{R+h}}$　　　D. 周期为 24 小时

图 2-36

解析：A 正确。在地球表面附近，物体的重力近似等于地球的引力，有

$$mg = G\frac{Mm}{R^2}$$

设多舱组合体在地球上空 h 处的向心加速度为 a，由牛顿第二定律得

$$G\frac{Mm}{(R+h)^2} = ma$$

由此可知 $a < g$，故 A 正确；

多舱组合体做匀速圆周运动的向心力由地球引力提供，则有

$$G\frac{Mm}{(R+h)^2} = m\frac{v^2}{R+h}$$

得

$$v = \sqrt{\frac{GM}{R+h}}$$

地球的第一宇宙速度 $v_1 = \sqrt{\dfrac{GM}{R}} = 7.9\ \text{km/s}$，$v < v_1$，故 B 错误；

地球引力提供向心力，则有

$$G\frac{Mm}{(R+h)^2} = m\omega^2(R+h)$$

又有"黄金代换"

$$GM = gR^2$$

得

$$\omega = \frac{R}{R+h}\sqrt{\frac{g}{R+h}}$$

故 C 错误；

地球同步卫星的周期是 24 小时，其轨道距地面的高度约为 $3.59 \times 10^4\ \text{km}$，多舱组合体的轨道距地面高度约为 400 km，由 $T = 2\pi\sqrt{\dfrac{r^3}{GM}}$ 可知，多舱组合体在轨道运行周期小于 24 小时，故 D 错误。

连接体的内力　　几个连接在一起的物体叫作连接体。把连接体看成一个整体，这个整体内部不同部分之间的相互作用力，叫作内力。在实际问题中，还常常碰到几个物体连接在一起，在外力作用下的运动，称为连接体的运动。在直接用牛顿第二定律列出的方程中，所涉及的力都是外力，故求不出连接体内部的相互作用力。一般涉及求解连接体内部的相互作用力时，先将连接体看成一个质点，应用牛顿第二定律解出整体的运动状况（如加速度等），然后再把各个物体从整体中隔离起来，单独分析每个物体的受力情况，结合整体的运动状况，分别应用牛顿第二定律列出方程再求解。

（例题 6）　如图 2-37 所示，小车上有一固定的水平横杆，横杆左边有一轻杆与竖直方向成 θ 角并与横杆固定，下端连接一质量为 m_1 的小球，横杆右边用一根细线吊一质量为 m_2 的小球（$m_1 \neq m_2$），当小车向右做加速运动时，细线保持与竖直方向成 α 角，若 $\theta < \alpha$，则下列说法正确的是（　　）。

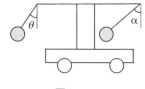

图 2-37

A. 轻杆对小球的弹力方向沿着轻杆方向向上

B. 轻杆对小球的弹力方向与细线平行

C. 轻杆对小球的弹力与细线对小球的弹力大小相等

D. 此时小车的加速度为 $g\tan\alpha$

解析： 因为两个小球的加速度相同，均等于小车的加速度，对右边小球的受力分析如图 2-38 所示。

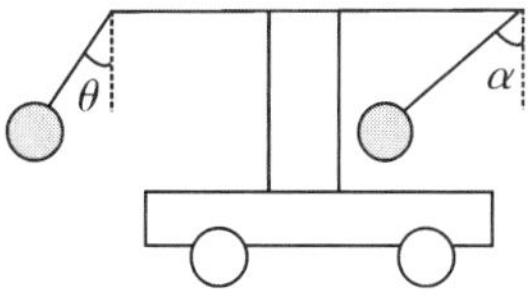

则加速度为

$$a = \frac{m_2 g\tan\alpha}{m_2} = g\tan\alpha$$

$$T = \frac{m_2 g}{\cos\alpha}$$

图 2-38

对于左边的小球，重力为 $m_1 g$，合力为

$$F = m_1 g\tan\alpha$$

根据平行四边形定则可知，该小球所受的弹力方向与细线的拉力方向一致，可知轻杆对该小球的弹力方向与细线方向平行，大小为

$$N = \frac{m_1 g}{\cos\alpha}$$

故 BD 正确，AC 错误，故选 BD。

从以上的例题可以得出结论：应用牛顿运动定律和运动学的公式解题时，对研究对象进行正确的受力分析是解题的关键，找出加速度就找到了解题的钥匙。

例题 7 如图 2-39，在倾角为 θ 的固定斜面 C 上叠放着质量分别为 m_A、m_B 的物体 A 和 B。A、B 间摩擦系数为 μ_1，A、C 间摩擦系数为 μ_2，如 A、B 没有相对滑动而共同沿着斜面下滑，A、B 摩擦力之值应为下列答案中的哪个？（　　）

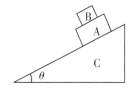

A. 0　　　　　　B. $\mu_1 m_B g\cos\theta$

C. $\mu_2 m_B g\cos\theta$　　D. $\mu_2 m_A g\sin\theta$

图 2-39

甲说：由 $f=\mu_N$，B 对 A 的压力之值为 $m_B g\cos\theta$，A、B 间摩擦系数为 μ_1，所以 $f=\mu_1 m_B g\cos\theta$。因而，B 是正确的。乙说：A、B 间没有相对运动，不会有摩擦力产生，应该是 A 正确。究竟谁说的是正确的呢？这是一个典型的连接体的问题。

解析： 以 A、B 整体为研究对象，受力情况如图 2-40a 所示，将力正交分解到平行斜面与垂直斜面方向上，有：$N=(m_A+m_B)g\cos\theta$。

f_{AC} 为滑动摩擦力，所以 $f_{AC}=\mu_2 N$，

$(m_A+m_B)g\sin\theta - \mu_2(m_A+m_B)g\cos\theta = (m_A+m_B)a$

$$a = (\sin\theta - \mu_2\cos\theta)g$$

再以 B 为研究对象，受力如图 2-40b 所示，

因为 $a < g\sin\theta$，所以 f_{AB} 的方向沿斜面向上，将力正交分解后，在沿斜面方向上应有：

$$m_B g\sin\theta - f_{AB} = m_B a = m_B(\sin\theta - \mu_2\cos\theta)g$$

$\therefore f_{AB} = \mu_2 m_B g\cos\theta$，故 C 是正确的。

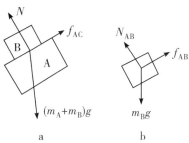

图 2-40

练习三

1. 火箭发射时，航天员要承受超重的考验。已知某火箭发射的过程中，其中有一段时间的加速度为 $3.5g$，g 为重力加速度，取 $10\ \text{m/s}^2$。平时重力为 $10\ \text{N}$ 的体内器脏，在该超重过程中需要受到的支持力有多大？

2. 如图 $2-41$ 所示，斜面体 ABC 放在粗糙的水平地面上。滑块在斜面底端以初速度 $v_0 = 9.6\ \text{m/s}$ 沿斜面上滑。斜面倾角 $\theta = 37°$，滑块与斜面间的动摩擦因数 $\mu = 0.45$。整个过程斜面体保持静止不动，已知滑块的质量 $m = 1\ \text{kg}$，$\sin 37° = 0.6$，$\cos 37° = 0.8$，g 取 $10\ \text{m/s}^2$。试问滑块回到出发点时的速度大小是多少？

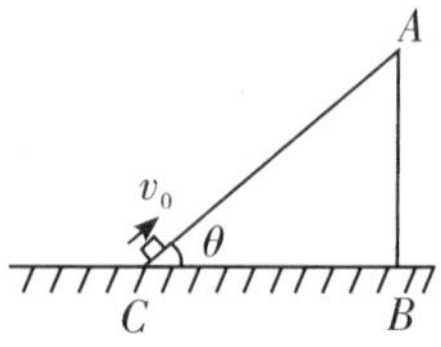

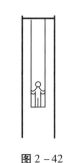

图 $2-41$

3. 秋千是我国古代北方少数民族创造的一项运动，因为它设备简单，容易学习，所以深受人们的喜爱。如图 $2-42$ 所示秋千架高 $12\ \text{m}$，在两架杆的顶端架起一根横木，系上两根长 $9\ \text{m}$ 的平行绳索，绳索底部与踏板连接。在某次比赛中，质量为 $50\ \text{kg}$ 的运动员站在踏板上，重心距踏板 $1\ \text{m}$，且保持不变，运动员到达最低点时的最大速度 $v_m = 4\sqrt{5}\ \text{m/s}$，不计踏板的质量，取 $g = 10\ \text{m/s}^2$，求运动员到达最低点时每根绳的最大拉力 T_m。

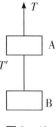

图 $2-42$

4. 假设地球自转的速度达到使赤道上的物体能"飘"起来（完全失重）。试估算一下，此时地球上的一天等于多少小时？（地球的半径取 $6.4 \times 10^6\ \text{m}$，$g$ 取 $10\ \text{m/s}^2$）

5. 你所受太阳的引力有多大？与你所受地球的引力相比较，可得出什么样的结论？已知太阳的质量取 $2.0 \times 10^{30}\ \text{kg}$，地球到太阳的距离取 $1.5 \times 10^{11}\ \text{m}$，地球的质量取 $6.0 \times 10^{24}\ \text{kg}$，地球的半径取 $6.4 \times 10^6\ \text{m}$，设你的质量为 $60\ \text{kg}$。再进一步，一人站在体重秤（弹簧秤）上，有人问："此人一方面受地球的引力，同时也受太阳的引力，这样秤上的示数将是白天的示数大还是晚上的示数大？"设地球上各点到太阳的距离都可视为相等。

6. 假如你将来成为一名宇航员，你驾驶一艘宇宙飞船飞临一未知星球，你发现当你关闭动力装置后，你的飞船贴着星球表面飞行一周用时为 t 秒，而飞船仪表盘上显示你的飞行速度大小为 v。已知引力常量为 G。问该星球的质量 M 多大？表面重力加速度 g 多大？

7. 如图 $2-43$ 中 A 上面和 A、B 间的两绳子都处于竖直状态，如果 A、B 的质量分别为 $m_A = 2\ \text{kg}$，$m_B = 3\ \text{kg}$，图中拉力 T 为 $300\ \text{N}$，求 A、B 间绳的拉力 T'。（绳的质量可略）

图 $2-43$

第四节　功和功率

功　功（work）的概念是人类在使用各种机械的过程中形成的，它是物理学和工程技术中的一个重要概念。如图 2 - 44 所示，物体在力 F 的作用下，发生一段位移 s，物理学就称力 F 对这个物体做了功，用 W 表示力所做的功，则有

$$W = Fs\cos \alpha$$

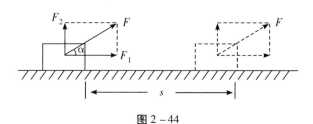

图 2 - 44

式中，α 是力 F 和位移 s 的夹角，由公式可以看出，力对物体所做的功，等于力的大小、位移的大小、力和位移的夹角的余弦三者的乘积。功没有方向，是一个标量，但有正功和负功之分。在国际单位制中，功的单位是焦耳，简称焦，国际符号为 J。

现在我们讨论一下功的公式 $W = Fs\cos \alpha$。如果 $0 \leqslant \alpha < 90°$，那么 $\cos \alpha > 0$，$W > 0$，即力对物体做正功。人推车前进的时候，$\alpha < 90°$，人的推力对车做正功。

当 $\alpha = 90°$ 时，$\cos \alpha = 0$，$W = 0$ 即力对物体不做功。当物体在水平方向做直线运动的时候，重力对物体不做功（见图 2 - 45）。

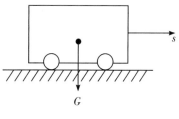

图 2 - 45

如果 $90° < \alpha < 180°$，那么 $\cos \alpha < 0$，$W < 0$，即力对物体做负功。

前进的车在摩擦力作用下逐渐停下来，这时 $\alpha = 180°$，$\cos \alpha = -1$，摩擦力对车做负功（见图 2 - 46）。一个力对物体做了负功，也说成物体克服这个力做了功。比如，一个力对物体做了 - 10 J 的功，也可以说，物体克服这个力做了 10 J 的功。前进的车在摩擦力作用下逐渐停下来，摩擦力对车做负功，也可以说，物体克服摩擦力做了功。

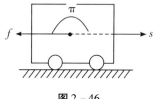

图 2 - 46

物体实际中通常会受到多个力的作用。当一物体在多个力的共同作用下运动一段位移时，这几个力对物体所做的总功，是各个力分别对物体所做功的代数和。可以证明，它也等于这几个力的合力对物体所做的功。

功率　在物理学中用功率（power）来表示做功的快慢。功 W 跟完成这些功所用时间 t 的比值，叫作功率。用 P 表示功率、W 表示功、t 表示时间，则有

$$P = \frac{W}{t}$$

在国际单位制中，功率的单位是瓦特，简称瓦，国际符号是 W。1 W = 1 J/s，技术上常用 kW（千瓦）来表示功率的单位。1 kW = 1 000 W。1（匹）马力 ≈ 0.735 kW。

功率也可以用力和速度来表示。在作用力方向和位移方向相同的情况下，$W = Fs$。把它代入功率的公式中，得到 $P = \dfrac{Fs}{t}$，因为速度 $v = \dfrac{s}{t}$，所以

$$P = Fv$$

因此，力 F 的功率等于力 F 和物体运动速度 v 的乘积。物体做变速运动时，上式中的 v 表示在时间 t 内的平均速度，P 表示力 F 在这段时间 t 内的平均功率。如果时间 t 趋近于零，则上式中的 v 表示在某一时刻的瞬时速度，P 表示该时刻的瞬间功率。

当汽车、火车等交通工具的发动机功率一定时，物体的速度越大，牵引力越小，即牵引力与速度成反比。汽车上坡的时候，需要较大的牵引力，汽车司机必须用换挡的办法减小速度，从而得到较大的牵引力。每个发动机都有一个额定功率（rated power），额定功率是发动机正常工作时的最大功率，通常的情况下发动机的输出功率可以看成额定功率。

例题 一辆质量为 1 000 kg、发动机额定功率为 60 kW 的无人驾驶汽车，一直以额定功率在水平路面上行驶，受到的阻力恒为其重力的 0.2 倍。重力加速度大小取 $g = 10 \ \text{m/s}^2$。求：

（1）该汽车行驶的最大速度；

（2）该汽车的车速为 15 m/s 时加速度的大小。

解析： 设无人驾驶汽车额定功率为 P。行驶速度为 v，那么 $P = Fv$。无人驾驶汽车刚好开动时，行驶速度 v 较小，牵引力 F 较大。这时 $F > f$，无人驾驶汽车加速度行驶。随着 v 的增大，F 减小，f 不变，加速度减小。当 $F = f$ 时，卡车以最大速度 v_m 匀速行驶。

（1）当汽车达到最大速度，阻力等于牵引力，由瞬时功率表达式

$$P = f v_\text{m}$$

解得

$$v_\text{m} = 30 \ \text{m/s}$$

（2）由牛顿第二定律和瞬时功率表达式

$$F - 0.2 \, mg = ma, \quad P = Fv$$

联立解得

$$a = 2 \ \text{m/s}^2$$

当发动机的输出功率小于额定功率时，无人驾驶汽车匀速行驶的速度小于最大速度。飞机、轮船、卡车等交通运输工具匀速行驶的最大速度受额定功率的限制。所以要提高最大速度，就必须提高发动机的额定功率。这就是高速火车和汽车需要大功率发动机的原因。

练习四

1. 如图 2 – 47 所示，质量为 m 的物体静止在倾角为 θ 的斜面上，物体与斜面间的动摩擦因数为 μ，现使斜面水平向左匀速移动距离 l。则此过程斜面对物体的支持力 _____（选填"做正功""做负功"或"不做功"），物体克服摩擦力做的功为 _____。（重力加速度为 g）

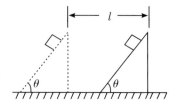

图 2 – 47

2. 将 20 kg 的物体以 2 m/s 的速度匀速提升 10 m，需要做＿＿＿＿＿＿ J 的功，做功的功率为＿＿＿＿＿＿ W；若将它从静止开始以 2 m/s² 的加速度提升 10 m，需要做＿＿＿＿＿＿ J 的功，做功的平均功率为＿＿＿＿＿＿ W。

3. 质量为 1 kg 的物体从倾角为 30° 的光滑斜面上由静止开始下滑。重力在前 2 s 内做的功为＿＿＿＿＿＿ J，平均功率为＿＿＿＿＿＿ W；重力在第 3 s 内做的功是＿＿＿＿＿＿ J，平均功率为＿＿＿＿＿＿ W；重力在第 3 s 末的即时功率是＿＿＿＿＿＿ W。

4. 一种氢气燃料的汽车，质量为 $m = 2.0 \times 10^3$ kg，发动机的额定输出功率为 80 kW，行驶在平直公路上时所受阻力恒为车重的 0.1 倍。若汽车从静止开始先匀加速启动，加速度的大小为 $a = 1.0$ m/s²。达到额定功率后，汽车保持功率不变又加速行驶了一段距离，直到获得最大速度后才匀速行驶。求汽车的最大行驶速度以及汽车匀加速启动阶段结束时的速度大小。

5. 飞机所受的空气阻力与其速度有关，当速度很大时，阻力与速度的平方成正比。试证明：这时要把飞机的最大速度增大到 2 倍，发动机的额定功率要增大到 8 倍才行。

第五节　动能、动能定理

物体在力的作用下发生位移的过程中，力对物体做功；另外，物体在力的作用下，会引起物体速度的改变。这使人们联想到，物体运动状态的改变可能与功之间有联系，可能还存在着另外的描述物体运动状态的物理量。

功与能　一个物体能够对外做功，就可以说这个物体具有能量。风能够推动风车做功，风就具有能量。举到高处的重物下落时能够把木桩打进地里而做功，举高的重物就具有能量。拉弯的弓放开时能将箭射出而做功，拉开的弓也具有能量。

各种不同形式的能量可以相互转化，而且在转化过程中守恒。在这种转化过程中，都离不开做功这个物理过程。做功的过程就是能量转化的过程，做了多少功，就有多少能量发生转化。所以，功是能量转化的量度。通过做功的多少，可以定量地研究能量及其转化的问题。

动能　物体由于运动而具有的能叫作动能（kinetic energy）。运动着的子弹、下落的重锤、流动的河水等都具有动能。一个重锤，它的速度越大，能做的功越多。在速度相同的情况下，重锤的质量越大，能够做的功越多。可见，动能跟物体运动的速度和质量都有关系，速度越大，质量越大，动能就越大。

现在从牛顿第二定律和功的定义出发来研究物体运动状态与功之间的关系。质量为 m 的物体，在恒定的外力 F 的作用下，从初始状态速度 v_1，发生一段位移 s 后，变为末状态速度 v_2。在这个过程中，设外力方向与运动方向相同，外力 F 对物体所做的功 $W = Fs$。

根据牛顿第二定律 $F = ma$，再根据运动学公式 $v_2^2 - v_1^2 = 2as$，可以得到 $s = \dfrac{v_2^2 - v_1^2}{2a}$，代入

$W = Fs$，则有 $W = Fs = ma \times \dfrac{v_2^2 - v_1^2}{2a}$

即

$$W = \frac{1}{2}mv_2^2 - \frac{1}{2}mv_1^2$$

从上式可以看到，力 F 所做的功等于 $\frac{1}{2}mv^2$ 这个物理量的变化。在物理学中就用 $\frac{1}{2}mv^2$ 这个量来表示物体的动能。动能用 E_k 来表示，即 $E_k = \frac{1}{2}mv^2$。

这就是说，物体的动能等于物体质量与速度的二次方的乘积的一半。动能和功一样，也是标量。动能的单位跟功的单位相同，在国际单位制里都是焦耳（J）。这是因为

$$1 \text{ kg} \cdot \text{m}^2/\text{s}^2 = 1 \text{ N} \cdot \text{m} = 1 \text{ J}$$

动能定理   用动能这个物理量的定量表示 $W = \frac{1}{2}mv_2^2 - \frac{1}{2}mv_1^2$，上式就可以写成

$$W = E_{k2} - E_{k1}$$

其中 E_{k2} 表示末动能 $\frac{1}{2}mv_2^2$，E_{k1} 表示初动能 $\frac{1}{2}mv_1^2$。

上式表示外力所做的功等于动能的变化。当外力做正功时，末动能大于初动能，动能增加；当外力做负功时，末动能小于初动能，动能减少。

如果物体受到几个力的共同作用，则式中的 W 表示各个力做功的代数和，即合力所做的功。

归纳总结可得：合力对物体所做的功等于物体动能的变化。这个结论称为动能定理（theorem of kinetic energy）。

如果外力方向与运动方向相反，这时外力做的功是负值，而物体的运动速度减小，动能的增加也是负值。因此，也可以说物体克服阻力所做的功等于动能的减少。例如，在粗糙平面上运动的小车，在滑动摩擦力的作用下速度减小，这时动能的减少就等于它克服摩擦力所做的功。由于动能定理中所指的功，既可以是重力做的功，也可以是摩擦力做的功；既可以是恒力做功，也可以是变力做功。所以它得到了广泛应用，经常用来解决相关的力学问题。

例题   如图 2-48a 所示是广州新造某农场的轮胎滑行娱乐项目，人坐在轮胎上，沿斜面下滑，紧张刺激。简化后如图 2-48b 所示，斜面 AB 和水平面 BC 上铺有安全垫，安全垫与轮胎间的动摩擦因数均为 μ，已知斜面 AB 的倾角为 θ，顶端高度为 h，底端与水平面平滑连接，一儿童乘坐轮胎从斜面的顶端由静止滑下。

（1）求儿童到达 B 点时的速度；

（2）为保证安全，水平地面上安全垫至少要多长？

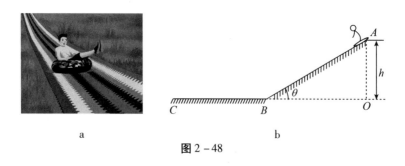

a   b

图 2-48

解析：（1）从 A 到 B，由动能定理得

$$mgh - \mu mg\cos\theta\frac{h}{\sin\theta} = \frac{1}{2}mv_B^2$$

解得

$$v_B = \sqrt{2gh - \frac{2\mu gh}{\tan\theta}}$$

（2）为确保儿童的安全，BC 段的长度 x_0 的最小值是当儿童到达 C 点时速度为零，从 B 到 C 由动能定理得

$$\mu m g x_0 = \frac{1}{2} m v_B^2$$

解得

$$x_0 = \frac{h}{\mu} - \frac{h}{\tan\theta}$$

此题如果对人的两段运动分别应用牛顿第二定律和运动学公式列方程，也可以解出来，但过程较烦琐，若用动能定理就简单多了。

练习五

1. 一架飞机的质量为 5.0×10^3 kg，起飞过程中受到的推力为 1.8×10^4 N，受到的阻力是飞机重的 0.02 倍，起飞速度为 60 m/s，求起飞过程中滑跑的距离。

2. 如图 2-49 所示，某物体以初动能 E_0 从倾角 $\theta = 37°$ 的斜面底 A 点沿斜面上滑，物体与斜面间的摩擦系数 $\mu = 0.5$，而且 $mg\sin\theta > \mu mg\cos\theta$。当物体滑到 B 点时动能为 E，滑到 C 点时动能为 0，物体从 C 点下滑到 AB 中点 D 时动能又为 E。已知 $AB = s$，求 BC 的长度。

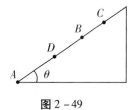

图 2-49

3. 质量是 3.0 g 的子弹，以 300 m/s 的速度水平射入厚度是 6 cm 的木板，射穿后的速度是 100 m/s。子弹受到的平均阻力是多大？

4. 把质量为 0.5 kg 的石块从离地面高为 10 m 的高处以 30° 角斜向上方抛出，石块落地时的速度大小为 15 m/s，求石块抛出的初速度大小。（g 取 10 m/s²）

5. 质量为 m 的物体以初速度 v_0 沿水平面向左开始运动，起始点 A 与一轻弹簧 O 端相距 s，如图 2-50 所示。已知物体与水平面间的动摩擦因数为 μ，物体与弹簧相碰后，弹簧的最大压缩量为 x，重力加速度大小为 g，则从开始碰撞到弹簧被压缩至最短，弹簧弹力对物体所做的功为（　　）。

A. $-\frac{1}{2}mv_0^2 + \mu mg(s + x)$

B. $\frac{1}{2}mv_0^2 - \mu mg(s + x)$

C. $\mu mg(s + x)$

D. $-\frac{1}{2}mv_0^2 - \mu mg(s + x)$

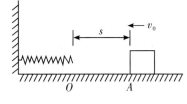

图 2-50

第六节　重力做功和重力势能

重力势能　　运动的物体具有动能，被举到一定高度的物体，它也具有某种潜在的能量——势能（potential energy）。这种势能只跟它所在的高度有关，地球上的物体具有跟它高度有关的势能叫作重力势能（gravity potential energy）。

把物体举高，物体克服重力做功，同时，物体的重力势能增加。同样，物体从高处落下，重力做功，同时，物体重力势能减小。所以重力势能与重力做功有密切关系。

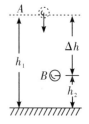

把质量为 m 的物体从高度为 h_2 的 B 点上升到高度为 h_1 的 A 点（见图 2-51），在这个过程中物体克服重力做功

$$W_G = mg(h_1 - h_2) = mgh_1 - mgh_2$$

从上式可以看到，重力所做的功等于 mgh 这个物理量的变化。在物理学中就用 mgh 这个量来表示物体的重力势能。重力势能用 E_p 来表示，即

图 2-51

$$E_p = mgh$$

所以物体的重力势能等于物体的重力和它的高度的乘积。重力势能也是标量，它的单位也和功、动能的单位相同，在国际单位制中都是焦耳，符号是 J。

重力做功和重力势能　　由这个重力势能物理量的定量表示，物体从 B 点上升到 A 点的过程中，物体克服重力做功 $W = mgh_1 - mgh_2$

$$W_G = E_{p1} - E_{p2}$$

其中 $E_{p1} = mgh_1$ 表示初位置的重力势能，$E_{p2} = mgh_2$ 表示末位置的重力势能。

这表示物体克服重力做功（重力做负功）时，物体的重力势能增加，增加的重力势能等于克服重力做的功。当物体由高处运动到低处时，重力做正功，$W_G > 0$，$E_{p1} > E_{p2}$。

在上面的讨论中，物体做直线运动，路径是由初位置到达末位置的。可以证明：重力所做的功，只跟初位置的高度 h_1 和末位置的高度 h_2 有关，而跟物体的运动路径无关。只要起点和终点的位置相同，则无论物体沿着怎样的路径，重力所做的功都是相同的，且等于物体重力势能的变化。

重力势能的相对性　　高度 h 这个物理量是相对的，即相对某一个水平面而言的。将这个水平面的高度取作零。例如，平时我们说珠穆朗玛峰的高度是海拔 8 844 m。这时 8 844 m 就是相对海平面来说的，将海平面的高度取作零。和高度一样，重力势能 mgh 也是相对于某一个水平面而言的，将这个水平面的高度取作零，重力势能也是零。这个水平面叫作参考平面，它可根据研究问题的需要而确定。通常在研究地面上的物体的重力势能变化时，取地面为零势面。

重力势能的改变是由重力做功来确定的，而重力是地球和物体之间的相互作用力，重力做功涉及的是地球和物体的相对位置，所以严格来说，重力势能是地球和物体共有的，而不是物体单独具有的。重力势能属于地球和物体所组成的这个系统。通常所说的物体具有多少重力势能，只能理解为一种简略的说法。

弹性势能　　发生形变的物体，在恢复原状时能够对外界做功，因而具有能量，这种能量称为弹性势能。被拉伸或压缩的弹簧、拉弯了的弓、击球时的网球拍或羽毛球拍，都具有

弹性势能。

弹性势能跟形变的大小有关系。例如，弹簧的弹性势能跟弹簧被拉伸或压缩的长度有关，被拉伸或压缩的长度越长，恢复原状时对外做的功就越多，弹簧的弹性势能就越大。

势能也叫位能，是由相互作用的物体的相互位置决定的。重力势能是由地球和地面上物体的相对位置决定的，弹性势能是由发生弹性形变的物体各部分的相对位置决定的。今后还会学到其他形式的势能。

练习六

1. 以下关于重力做功和重力势能变化的四种说法，你认为哪些是正确的？
   A. 物体向下运动时重力做正功，物体的重力势能减小
   B. 物体克服重力做功时，物体的重力势能一定增加，动能有可能不变
   C. 一个物体的重力势能从 −5 J 变化到 −3 J，重力势能减少了
   D. 重力势能为负值说明其方向与规定的正方向相反
2. 试证明在高度相同而倾角不同的几个斜面上，将质量相同的物体沿斜面由静止从顶端运动到底端，重力所做的功跟斜面的倾角无关。
3. 如图 2−52 表示一个斜抛物体的运动，物体的质量为 m，当物体由抛出位置 1 运动到最高位置 2 时，重力所做的功是多少？物体克服重力所做的功是多少？物体的重力势能增加了多少？

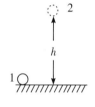

图 2−52

4. 质量为 1 kg 的物体自由下落，在第 1 s 内和第 2 s 内物体重力势能的减少量各是多少？

第七节 机械能守恒定律

保守力和非保守力 沿着不同的路径升降一个物体，只要它运动到最后回到原来的高度，重力所做的功就等于零。由于水平移动一个物体时重力不做功，我们也可以说，沿一条闭合路径搬运一个物体回到原处，重力做功恒等于零。然而，摩擦力做功就没有这种性质。从这里我们看到两种性质不同的力，它们分别叫作保守力和非保守力，其普遍定义是：沿任意回路做功为零的力叫作保守力，否则就是非保守力。重力和弹性力都是保守力，摩擦力则是非保守力。非保守力也称为耗散力。

机械能的相互转化 动能和势能之和称为机械能（mechanical energy）。一种形式的机械能是可以和另一种形式的机械能相互转化的。

做自由落体运动的物体在下落的过程中，重力对物体做正功，物体的重力势能减少。而物体的速度越来越大，表示物体的动能增加了。在这个过程中，重力势能转化成动能。

竖直上抛的物体，原来具有一定的速度，即具有一定的动能。在上抛的过程中，物体克服重力做功，速度越来越小，物体的动能减小了，同时物体的高度增加，重力势能增加了。在此过程中，动能转化成重力势能。

被压缩或被拉伸的弹簧具有弹性势能，弹性势能也可以跟动能相互转化。用力将一段弹簧压缩，然后放开它，它可以把一个跟它接触的小球弹出去。这时弹力做功，弹簧的弹性势能减少，同时小球的动能增加。放开被拉开的弓把箭射出去，这时弓的弹性势能减少，箭的

动能增加。

在上面的例子中，我们看到机械能的相互转化是通过重力或弹力做功来实现的。重力或弹力做功的过程，也就是机械能从一种形式转化成另一种形式的过程。下面我们进一步来研究重力或弹力做功的多少跟这种转化的定量关系。

机械能守恒定律　　从自由落体运动来深入研究动能和重力势能的转化问题。如图 2 – 53 所示，设有一个质量是 m 的物体，从高度是 h_1 的地方（起点）下落到高度是 h_2 的地方（终点）。设物体在起点的速度为 v_1，在终点的速度为 v_2。物体在下落过程中，重力做了功。一方面，从动能定理知道，重力所做的功等于物体动能的增加量，即

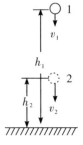

$$W_G = \frac{1}{2}mv_2^2 - \frac{1}{2}mv_1^2$$

另一方面，从重力做功与重力势能的关系知道，重力所做的功等于重力势能的减少量，即

图 2 – 53

$$W_G = mgh_1 - mgh_2$$

这样，我们得到

$$\frac{1}{2}mv_2^2 - \frac{1}{2}mv_1^2 = mgh_1 - mgh_2$$

也就是

$$\frac{1}{2}mv_1^2 + mgh_1 = \frac{1}{2}mv_2^2 + mgh_2$$

从上式来看，物体在自由下落过程中，重力所做功的大小与重力势能转化的动能相等，且在物体的重力势能转化成动能的过程中，动能和重力势能之和保持不变，即物体的机械能保持不变。实验可以证明，在只有重力做功的情形下，所有物体的重力势能和动能都可以相互转化，而且其机械能总量保持不变。所谓只有重力做功，是指物体只受重力的作用，不受其他力的作用，如自由落体和各种抛体运动的情形；或者除重力以外还受其他的力，但其他力并不做功，如物体沿光滑斜面向下运动的过程；或者除重力以外还受其他的力，其他力也做功，但其他力所做功的代数和为零，如物体在外力作用下沿粗糙的斜面向上做匀速运动的情形。

在外力和非保守力均不做功的情形下，系统的机械能是守恒的。这个结论叫作机械能守恒定律（law of conservation of mechanical energy），写成公式：

$$E = E_k + E_p = 恒量$$

机械能守恒的含义，除表示系统的机械能总量保持不变以外，还包括系统里各物体在运动过程中动能和势能可以相互转换，以及系统中各物体间机械能可以相互传递，但系统的机械能总量保持不变的情形。

由于动能和势能间的转换是通过做功来实现的，物体间机械能的传递也是通过做功来实现的，因此功是机械能转换和传递的量度。

在外力和非保守力都不做功，只有重力做功的情形下，系统内物体的动能和重力势能在相互转化时，机械能的总量保持不变。写成公式：

$$\frac{1}{2}mv_1^2 + mgh_1 = \frac{1}{2}mv_2^2 + mgh_2$$

如果只有弹力做功，系统内的弹性势能和动能相互转化时，机械能也是保持不变的。由

于弹性势能较为复杂，本章不要求掌握。

机械能守恒定律的应用　机械能守恒定律，是力学中一条重要规律，它可广泛用于解决取各种力学问题，应用机械能守恒定律时要注意该定律成立的条件是只有重力做功。解题时，首先要对所研究的对象做受力分析，然后判断是否只有重力做功，并弄清楚初末状态的机械能，最后列出方程并进行求解。

利用牛顿运动定律，原则上可以解决质点力学中的一切问题。但由于牛顿运动定律是描述力对物体的瞬时作用，功是描述力对物体的空间累积作用，力是矢量，功和能是标量，因此在某些情况下，用功和能之间的关系解质点力学问题要比用牛顿运动定律容易和简单。

例题 1　如图 2-54 所示，在某一次高空抛物造成的伤害事故中，物体落在行人头上的速度大小约为 25 m/s，方向与水平面的夹角大约为 53°，若此物体是从某高楼的窗户中沿水平方向抛出来的，物体可以看作质点，行人的身高大约 1.8 m。据此可以推算出物体大约是从高楼的第几层被抛出的。（设每层楼高 3 m，g 取 10 m/s²，不计空气阻力）（　　）

图 2-54

A. 6 楼　　　　　　　　　B. 8 楼
C. 10 楼　　　　　　　　D. 12 楼

解析： 设物体的质量为 m，身高为 h，楼高为 H，根据机械能守恒定律

$$mgH + \frac{1}{2}mv_0^2 = mgh + \frac{1}{2}mv^2$$

由平抛运动规律

$$v_0 = v\cos 53°$$

联立解得

$$H = 21 \text{ m}$$

故选 B。

例题 2　如图 2-55 所示，BC 是竖直面内一光滑半圆形轨道，半径为 R，它在 B 点与水平的光滑轨道 AB 相切。现在使一滑块从 A 点由静止开始在水平轨道上做匀加速运动，到 B 点时获得某一速度；当以此速度冲上半圆形轨道时，刚好能到达轨道的最高点 C，滑块从 C 飞出后又刚好落回到原出发点 A。问滑块在 AB 水平面上的加速度有多大？

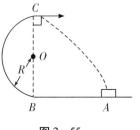

图 2-55

解析： 滑块刚好能到达轨道的最高点，这是一个关键性的临界条件。对运动的最高点 C 可根据牛顿第二定律列式：

$$F_{合} = ma$$

即 $mg = \dfrac{mv_C^2}{R}$

$\therefore v_C = \sqrt{Rg}$

平抛后落地的时间 t，由 $2R = \dfrac{1}{2}gt^2$，得

$$t = \sqrt{4\frac{R}{g}}$$

平抛的水平距离为 x，

$$x = v_C t = v_C \sqrt{4\frac{R}{g}} = 2R$$

对于 BC 运动过程，由于轨道光滑，只有重力做功，满足机械能守恒条件，则有

$$\frac{1}{2}mv_B^2 = mg2R + \frac{1}{2}mv_C^2$$

$$\therefore v_B^2 = 5Rg$$

对于 AB 过程，用运动学公式 $v_B^2 = 2ax$，得 $a = \frac{v_B^2}{2x} = \frac{5}{4}g$。

练习七

1. 在下面的各项中都不计空气阻力，哪些情况下的机械能是守恒的？并说明理由。
   A. 斜抛出去的铅球在空中的运动
   B. 在光滑水平面上运动的小球，碰到弹簧上，把弹簧压缩后又被弹簧弹回来
   C. 在水中航行的游艇
   D. 游乐场里的快速过山车

2. 一个摆长是 l 的单摆，最大偏角是 θ，求单摆在最低位置的速度。

3. 一个物体从距地面 40 m 的高处自由落下，经过几秒钟后，该物体的动能和重力势能相等？（g 取 10 m/s^2）

4. 以 500 m/s 的速度竖直向上射出一质量是 10 kg 的炮弹，求炮弹到达最高点时的势能。如炮弹射出的仰角是 60°，求它到达最高点时的势能和动能，假设不计空气阻力。

5. 如图 2－56 所示为一固定在地面上的楔形木块，质量分别为 m 和 M 两个物体，用轻质细绳相连，跨过固定在斜面顶端的定滑轮，已知斜面的倾角为 α，且 $M > m\sin\alpha$。用手托住物体 M，使之距地面高为 h 时，物体 m 恰好停在斜面的底端，细绳恰好绷直，并且与斜面的斜边平行，如果突然释放物体 M，不计一切摩擦，试求物体 M 着地时的速度大小。

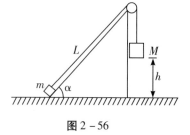

图 2－56

第八节　冲量、动量、动量定理

冲量和动量　一个物体如果受到不同的作用力时，从静止启动到获得一定的速度，所用的时间不同，作用力大的所用的时间短；作用力小的所用的时间长。下面定量地研究作用力和时间关系的问题。

一个质量为 m 的物体，在力 F 的作用下开始运动，经过一段时间 t 后获得的速度为 v。

物体在力 F 作用下产生的加速度是 $a = \dfrac{F}{m}$，经过时间 t，获得的速度为 $v = at = \dfrac{Ft}{m}$。由此得到：

$$Ft = mv$$

由上式可知，要使一个原来静止的物体获得某一速度，既可以用较大的力作用较短的时间，也可以用较小的力作用较长的时间。只要力 F 和力的作用时间 t 的乘积 Ft 相同，这个物体总能获得相同的速度。所以，对一定质量的物体，力所产生的改变物体速度的效果，是由 Ft 这个物理量决定的。在物理学中，力 F 和力的作用时间 t 的乘积 Ft 叫作力的冲量（impulse），简称冲量。冲量是矢量，其方向与力的方向相同。它反映了力的时间累积的效应。冲量的国际单位为牛顿·秒，简称牛·秒，符号为 N·s。

原来静止的质量不同的物体，用同样的力，在同样的作用时间内，即在相同冲量 Ft 的作用下，它们得到的速度不同。质量大的物体得到的速度小，质量小的物体得到的速度大。但是它们的质量和速度的乘积 mv 却是相同的，都等于它们受到的冲量 Ft，可见用 mv 的变化表明冲量引起物体运动状态的变化更为恰当。在物理学中，质量和速度的乘积 mv 叫作物体的动量（momentum），简称动量，用 $P = mv$ 表示。动量是矢量，其方向与速度方向相同，动量的国际单位为千克·米/秒，符号为 kg·m/s。

动量是一个非常重要的物理量，在质点动力学中常常要用到。动量和速度虽然彼此有关，但含义是不同的。速度是描述物体运动的快慢和方向的物理量。但是只有速度的概念，并不能说明使物体得到速度或使以这个速度运动的物体停下来需要多大的冲量。为了说明这类问题，就要引入动量的概念，动量是动力学上的一个物理量。例如，要使同样速度运动的火车和汽车停止下来，火车需要的冲量大，汽车需要的冲量小，就是因为火车质量大，动量也大。

动量定理　　下面来研究质点受到的冲量与其动量变化之间的关系。一个质量为 m 的物体，在初状态时以速度 v_1 运动着，在合外力 F 的作用下，经过一段时间 t，末状态的速度变成 v_2，因而动量也由初状态的 mv_1 变成末状态的 mv_2，速度的变化就是 $v_2 - v_1 = at$，由牛顿第二定律 $F = ma$ 可得

$$Ft = mat = m(v_2 - v_1) = mv_2 - mv_1$$

变化前初状态的动量 $P_1 = mv_1$，变化后末状态的动量 $P_2 = mv_2$，所以上式可以改写成

$$Ft = P_2 - P_1$$

即物体所受合外力的冲量等于物体动量的变化。这个结论叫作动量定理（theorem of momentum）。

从动量定理可以知道，如果一个物体的动量变化是一定的，那么，它受力作用的时间越短，这个力就越大，力作用的时间越长，这个力就越小。利用这个道理可以解释为什么茶杯掉在大理石地板上立即摔碎，掉在地毯上不易摔碎。茶杯碰到物体以前，以一定的速度运动着，碰到物体前，动量为 mv，碰到物体后，停止运动，动量变为 0。在这个过程中，茶杯动量的变化是 $-mv$，这个数值等于茶杯受到的冲量 Ft，掉在大理石上，茶杯从运动到停止经历的时间 t 很短，受到的作用力 F 较大，因此容易摔碎；掉在地毯上，茶杯从运动到停止经历的时间 t 较长，受到的作用力 F 较小，因此不易破碎。搬运玻璃等易碎物品时，在木箱里放些纸屑、刨花等物，可以增加在搬运过程中出现碰撞时物品与箱子的作用时间，从而减小搬运中物品的损坏。动量定理不但适用于恒定的外力，还适用于随时间而变化的变力。在

碰撞和打击等问题中，物体间的相互作用力是变力，力的变化幅度大、时间短，这种力称为冲力。这时动量定理中的力应理解为变力在作用时间内的平均值。

在理解动量定理时应注意以下几点：

（1）在极短的时间内的力的冲量，常用在这段时间内的平均冲力和时间的乘积表示，则动量定理可表示为

$$F\Delta t = mv_2 - mv_1$$

（2）由上式可以看出，冲量的方向与动量增量的方向相同。

（3）动量定理是一个矢量式，为了计算方便常用它的分量式。例如，在一维坐标系常常写为

$$Ft = mv_2 - mv_1$$

例题　用 5.0 kg 的铁锤把道钉打进铁路的枕木里，打击时铁锤的速度是 5.0 m/s。如果打击的作用时间是 0.01 s，求打击时的平均作用力。（不计铁锤的重量）

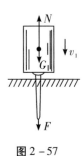

图 2 - 57

解析： 打击时，铁锤和道钉受到的力如图 2 - 57 所示。不计铁锤的重量，只考虑铁锤受到的道钉的作用力 F。铁锤在这个力的作用下，在 $t = 0.01$ s 内，速度由 $v_1 = -5.0$ m/s 变为 $v_2 = 0$ m/s，这里取竖直向上的方向为正方向。应用动量定理就可以求出平均作用力 F。

$$Ft = mv_2 - mv_1$$

$$F = \frac{mv_2 - mv_1}{t}$$

$$= \frac{0 - 5.0 \times (-5.0)}{0.01} \text{ N}$$

$$= 2\,500 \text{ N}$$

道钉所受的打击力 F'，与铁锤所受的力大小相等，方向相反，也是 2 500 N。

上述计算中没有考虑铁锤的重量，如果把铁锤的重量也考虑在内，那么，这时道钉所受的打击力是上面算出的打击力加上铁锤的重量。而铁锤的重量

$$G = mg = 5.0 \times 9.8 \text{ N} = 49 \text{ N}$$

与上面算出的打击力 2 500 N 相比，铁锤的重量约为后者的 2%，可见如果打击时间很短，在计算打击过程中的平均作用力时可以不考虑铁锤的重量。如果打击时间变为 0.1 s，这时由以上公式计算出的平均作用力为 250 N，铁锤的重量是作用力的 20%，必须考虑铁锤的重量，由动量定理应该写成

$$(F - mg)t = mv_2 - mv_1$$

$$F = \frac{mv_2 - mv_1}{t} + mg$$

$$= \frac{0 - 5.0 \times (-5.0)}{0.1} + 5.0 \times 9.8 \text{ N}$$

$$= 299 \text{ N}$$

考虑铁锤的重量，平均作用力是 299 N。

练习八

1. 质量为 50 kg、以 0.6 m/s 步行的人和质量为 0.02 kg、以 1 000 m/s 飞行的子弹，哪个动量大？

2. 一个物体是否可能具有机械能而无动量？物体是否可能有动量而无动能？是否可能有动能而无动量？

3. 钉钉子时为什么要用铁锤而不用橡皮锤，而铺地砖时为什么又要用橡皮锤来锤地砖？

4. 一个质量是 0.1 kg 的篮球以 6.0 m/s 的速度向下运动，碰到地面后弹回，沿着同一直线以 6.0 m/s 的速度向上运动。碰撞前后篮球的动量有没有变化？如果有变化，变化了多少？

5. 一个质量是 0.18 kg 的垒球，以水平速度 $v = 25$ m/s 飞向球棒，被球棒打击后，垒球反向水平飞回的速度是 45 m/s。假设垒球与球棒的作用时间是 0.01 s，试计算球棒击球的平均作用力。

第九节 动量守恒定律及其应用

动量守恒定律 动量定理指出了一个物体受力作用一段时间后，物体动量的变化情况。如果由两个或两个以上的物体组成的系统，它们相互作用时，每个物体既可以受到来自系统内其他物体的力的作用，也可受到来自系统外其他物体的力的作用，前者叫作内力（internal force），后者叫作外力（external force）。下面应用动量定理和牛顿第三定律来研究两个物体相互作用时，动量变化所遵守的规律。

在一个系统内有质量分别为 m_1 和 m_2 的两个物体，在初始状态时，两个物体的初动量分别为 $m_1 v_{10}$ 和 $m_2 v_{20}$，所受外力分别为 F_1 和 F_2，当两个物体相互作用时，所受内力分别为 f_{12} 和 f_{21}，作用时间为 t 后，它们的末动量分别为 $m_1 v_1$ 和 $m_2 v_2$，由动量定理，对于物体 m_1 则有

$$m_1 v_1 - m_1 v_{10} = F_1 t + f_{12} t$$

对于物体 m_2 则有

$$m_2 v_2 - m_2 v_{20} = F_2 t + f_{21} t$$

对于系统来说则有

$$m_1 v_1 - m_1 v_{10} + m_2 v_2 - m_2 v_{20} = F_1 t + f_{12} t + F_2 t + f_{21} t$$

$$m_1 v_1 + m_2 v_2 - m_1 v_{10} - m_2 v_{20} = (F_1 + F_2) t + (f_{12} + f_{21}) t$$

$$m_1 v_1 + m_2 v_2 - (m_1 v_{10} + m_2 v_{20}) = F_合 t + (f_{12} + f_{21}) t$$

由牛顿第三定律 $\qquad\qquad f_{12} = -f_{21}$

所以 $\qquad\qquad\qquad\qquad f_{12} + f_{21} = 0$

代入系统的动量定理的公式中则有

$$m_1 v_1 + m_2 v_2 - (m_1 v_{10} + m_2 v_{20}) = F_合 t$$

上式表明内力不改变系统的总动量。要保持系统的总动量时刻不变，只有系统所受的合外力为零。即当 $F_合 = 0$ 时，上式写成

$$m_1 v_1 + m_2 v_2 - (m_1 v_{10} + m_2 v_{20}) = 0$$

或者 $\qquad\qquad\qquad m_1 v_1 + m_2 v_2 = m_1 v_{10} + m_2 v_{20}$

$$P_1 + P_2 = P_{10} + P_{20}$$
$$P = P_0$$

等号右边是系统原来的总动量 P_0，左边是两个物体相互作用后系统的总动量 P。

由此可得到结论：相互作用的物体，如果不受外力作用，或它们所受合外力为零时，它们的总动量保持不变。这就是动量守恒定律（law of conservation of momentum）。

动量守恒定律是物理学中的普遍规律之一，它有着广泛的用途。动量守恒定律不仅仅适用于两个物体间的相互作用，也适用于更多个物体间的相互作用。它比牛顿运动定律的适用范围要广泛得多。实验证明，牛顿运动定律只适用于解决物体的低速运动问题。动量守恒定律不但能解决低速问题，而且能用来处理接近于光速的运动问题。牛顿运动定律只适用于行星、卫星、交通工具以及其他宏观物体的相互作用；动量守恒定律不但适用于宏观物体，而且适用于电子、中子、质子等微观粒子的相互作用。小到微观粒子，大到天体系统，无论相互作用的是什么力，即使对相互作用力的情况还了解得不太清楚，动量守恒定律都是适用的。正是因为这样，动量守恒定律成为人们认识自然、改造自然的重要工具。

弹性碰撞　动量守恒定律最常见的应用就是用来研究碰撞现象。当两个物体相互接触时，在较短的时间内通过相互作用，它们的运动状态发生了显著的变化，这一现象称为碰撞（collision）。

两个物体碰撞的特点是：相碰的物体在接触前和分离后没有相互作用，而接触的时间很短，接触时的相互作用比较强烈。因此，在接触的过程中一般可以忽略外力的作用，可以认为两个物体组成的系统的总动量是守恒的。如果在碰撞后两个物体的动能也是守恒的，这种动量和动能同时守恒的碰撞叫作完全弹性碰撞（perfect elastic collision），简称弹性碰撞。大多数的碰撞，动能都不守恒，都会有一部分动能转化成其他形式的能，这样的碰撞叫作非弹性碰撞。在非弹性碰撞中，如果物体在相碰后黏合在一起，这时动能的损失最大，这种碰撞叫作完全非弹性碰撞（perfect inelastic collision）。

钢球、玻璃球、硬木球等坚硬物体之间的碰撞，其实并不是完全的弹性碰撞，在碰撞时动能也是有损失的，只是在通常情况下，动能的损失很小，不到百分之三或百分之四，因此将它们当作弹性碰撞来处理。

例题 1　如图 2-58 所示，钢球 1 的质量为 m_1，钢球 2 的质量为 m_2。球 2 原来静止，球 1 以速度 v_1 向球 2 运动，求发生弹性正碰后两球的速度 v_1' 和 v_2'。

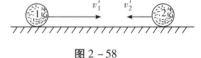

图 2-58

解析：根据题意，由两球组成的系统不受外力作用，所以系统的动量守恒。两球发生正碰，碰撞后两球的运动在同一直线上，由动量守恒定律：

$$m_1 v_1 = m_1 v_1' + m_2 v_2' \tag{1}$$

由于是弹性碰撞，因此动能守恒，即

$$\frac{1}{2} m_1 v_1^2 = \frac{1}{2} m_1 v_1'^2 + \frac{1}{2} m_2 v_2'^2 \tag{2}$$

利用（1）（2）两式，可以解出

$$v_1' = \frac{m_1 - m_2}{m_1 + m_2} v_1 \tag{3}$$

$$v_2' = \frac{2 m_1}{m_1 + m_2} v_1$$

（3）式就是我们的答案。如果 $m_1 > m_2$，算出的 v_1' 和 v_2' 都是正值，表示 v_1' 和 v_2' 都与 v_1 方向相同。如果 $m_1 < m_2$，算出 v_1' 和 v_2' 为负值，表示 v_1' 和 v_2' 方向相反，钢球 1 在碰撞后将被弹回。

在（3）式中如果令 $m_1 = m_2$，可以看到，$v_1' = 0$，$v_2' = v_1'$，即速度进行了交换。

应该注意的是，利用动量守恒和动能守恒，根据碰撞前的速度，只能计算出两个物体发生弹性正碰后的速度。如果发生的是斜碰，虽然是弹性碰撞，但也不能这样简单地计算出它们碰撞后的速度，这个问题比较复杂，本书中不进行讨论。

反冲运动　　发射炮弹的时候，炮弹从炮筒中飞出，炮身向后退。这个现象可以用动量守恒定律来说明。射击前，炮弹静止在炮筒里，它们的总动量为零；炮弹射出后以很大的速度向前运动，炮弹具有了动量；但是根据动量守恒定律，炮弹和炮筒的动量之和还应该等于零。因此炮身得到与炮弹的动量大小相等、方向相反的动量。只是因为炮身的质量比炮弹的质量大得多，所以炮身向后运动的速度很小。炮身的这种后退运动叫作反冲运动。炮身的反冲运动是不利的，为了使炮身回到原来位置并重新瞄准，要花不少时间，这就降低了射击速度。现代的大炮都安装了使大炮在发射后自动迅速复位的装置。此外，人们还发明了无后座大炮，这种大炮在发射时火药气从炮身后面的开口喷出，炮身不受火药气的向后压力，因此发射时就不后退。

反冲运动在科学技术中也有许多重要的应用。喷气式飞机、火箭就是利用反冲运动来获得巨大速度的。现代的喷气式飞机通过连续不断地向后喷出气体，飞行速度能超过 2 000 m/s。我国早在宋代就发明了火箭。古代火箭的构造跟现在节日里玩的"起花"相似。在竹筒里装入一些火药，把竹筒绑在箭杆上，火药点燃后，燃烧生成的气体以很大的速度从筒里向后喷出，竹筒带着箭就向前飞去（见图 2–59），这种火箭在古代曾作为兵器使用。

图 2–59

现代火箭的原理跟上面的基本相同，只是构造比较复杂。它主要由壳体和燃料两大部分组成，壳体是圆筒形的，前端是封闭的尖顶，后端有尾喷管。燃料燃烧时产生的高温高压气体以很大的速度从尾部向后喷出，火箭就向前飞去。理论计算表明，火箭获得的最终速度主要取决于两个条件，一个是喷气速度，一个是质量比，即火箭开始飞行时的质量与燃料燃尽时的质量之比。为了提高喷气速度，需要使用高质量的燃料，目前常用的液体燃料是液氢，用液氧做氧化剂。质量比与火箭的结构和材料有关系，现在为了能达到发射人造卫星需要的速度，基本上使用多级火箭。多级火箭是由单级火箭组成的（见图 2–60）。

图 2–60

发射时先点燃第一级火箭，它的燃料用完以后空壳就自动脱离，这时第二级火箭开始工作。第二级火箭在燃料用完以后空壳也自动脱离，以后又是下一级火箭开始工作。多级火箭在工作中及时把对后面航行没有用的空壳抛掉，使火箭的总质量减少，因此能够达到很高的速度，可以用来发射人造卫星、宇宙飞船和洲际导弹。当然，火箭的级数也不是越多越好，因为级数越多，火箭的构造也越复杂，工作的可靠性也越差。目前，多级火箭一般都是三级火箭，工作时推力的大小很不一样。小的如空对空导弹的火箭，推力只有几万牛顿，大的如发射人造卫星的火箭和洲际导弹的火箭，推力可达几百万牛顿以上。火箭技术与科学技术和国防的现代化都有很大的关系，是现代的一门重要尖端技术。我国已经运用自己研制的火箭多次发射过人造卫星和远程导弹。我国的火箭技术经过几十年的发展，已经进入成熟和实用阶段，跨入世界先进行列。

例题2 假设一枚质量为 m 的导弹，运动到空中某点时速度为 v，方向如图2-61所示，就在图中的位置，导弹突然爆炸分成两块，质量为 m_1 的一块以速度 v_1 沿 v 的反方向飞去，求另一块运动的速度 v_2。

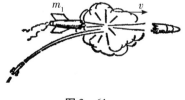

图2-61

解析： 爆炸前，可认为导弹是由质量为 m_1 和 $m - m_1$ 的两块弹片组成的，导弹爆炸的过程，可看作这两块弹片相互作用的过程。它们在爆炸的过程中都受到重力的作用，所受的外力之和不为零。但是两块弹片的爆炸力远大于它们所受的重力，重力对它们动量的变化影响很小，可以忽略不计。所以可以认为两块弹片所受的外力之和为零，满足动量守恒定律的条件。

两块弹片在爆炸前的总动量是 mv。根据动量守恒定律可得

$$mv = m_1 v_1 + (m - m_1) v_2$$

所以

$$v_2 = \frac{mv - m_1 v_1}{m - m_1}$$

例题3 一个连同装备共有100 kg的宇航员，脱离宇宙飞船后，在离飞船45 m处与飞船处于相对静止状态。他带着一个装有0.5 kg氧气的贮氧筒，贮氧筒有个可以使氧气以50 m/s的速度喷出的喷嘴，宇航员必须向着与返回飞船相反的方向释放氧气，才能回到飞船上去，同时又必须保留一部分氧气供他在飞回飞船的途中呼吸。飞行员呼吸的耗氧率为 2.5×10^{-4} kg/s。如果他在开始返回的瞬间释放0.1 kg的氧气，他能安全回到飞船吗？

解析： 宇航员向着与返回飞船相反的方向释放出 $m = 0.1$ kg的氧气后，他将获得向着飞船运动的速度，要知道宇航员能否安全回到飞船，先要求出它返回飞船需要的时间 t。取飞船为参照物，向着飞船运动的方向为正方向，氧气释放的速度 $v = -50$ m/s，设宇航员获得的速度为 V，宇航员连同装备的总质量为 M。原来宇航员相对于飞船是静止的，根据动量守恒定律可得

$$(M - m)V + mv = 0$$

考虑到 $M \gg m$，$M - m \approx M$，上式写成 $MV + mv = 0$

所以

$$V = -\frac{m}{M} v$$

设宇航员离飞船的距离为 d，他返回飞船所需的时间为 t

$$d = Vt$$

$$t = \frac{d}{V} = \frac{Md}{mv} = \frac{100 \times 45}{0.1 \times 50} \text{ s} = 900 \text{ s}$$

宇航员呼吸的耗氧率 $R = 2.5 \times 10^{-4}$ kg/s，在返回飞船这段时间 t 内他呼吸需要的氧气

$$m_{吸} = Rt = 2.5 \times 10^{-4} \times 900 \text{ kg} = 0.23 \text{ kg}$$

他释放0.1 kg的氧气后，筒内剩余的氧气是

$$m_{余} = 0.5 - 0.1 \text{ kg} = 0.4 \text{ kg}$$

0.23 kg < 0.4 kg，所以，宇航运员能安全回到飞船。

练习九

1. 两个质量都是3 kg的球，各以6 m/s的速率相向运动，发生正碰后每个球都以原来的速

率向相反方向运动。它们的碰撞是弹性碰撞吗？为什么？

2. 一个质量为 1.5 kg 的物体原来静止，另一个质量为 0.5 kg、以 0.2 m/s 的速度运动的物体与它发生弹性正碰，求碰撞后两个物体的速度。

3. 甲乙两物体在同一直线上同向运动，甲物体在前，乙物体在后。甲物体质量为 2 kg，速度是 1 m/s；乙物体质量为 4 kg，速度是 3 m/s，乙物体追上甲物体发生正碰后，两物体仍沿着原来的方向运动，而甲物体的速度变为 3 m/s，乙物体的速度变为 2 m/s，这两个物体的碰撞是弹性碰撞吗？为什么？

4. 一门旧式大炮，炮身的质量是 1.0×10^3 kg，水平发射一枚质量为 2.5 kg 的炮弹，如果炮弹从炮筒飞出去的速度是 6.0×10^2 m/s，求炮身后退的速度。

5. 一架战斗机（见图 2-62）以速度 v_0 水平向东飞行，到达目的地时，将总质量为 M 的导弹自由释放瞬间，导弹向西喷出质量为 m、对地速率为 v_1 的燃气，则喷气后导弹的速率是多少？

6. 如图 2-63 所示，有一种测子弹速度的方案如下：利用长为 L 的细线下吊着一个质量为 M 的沙袋（大小可忽略不计），一颗质量为 m 的子弹水平射入沙袋并在极短时间内留在其中，然后随沙袋一起摆动，摆线与竖直方向的最大偏角是 θ（小于 90°），已知重力加速度为 g，不计空气阻力，求子弹射入沙包前的瞬时速度 v_0。

图 2-62

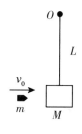

图 2-63

阅读材料

钱学森与中国的航天科技事业

钱学森是中国航天科技事业的先驱和杰出代表，被誉为"中国航天之父"和"火箭之王"。

钱学森 1911 年 12 月 11 日出生于浙江杭州，1935—1936 年在美国麻省理工学院航空工程系学习，获硕士学位。1936—1939 年在美国加州理工学院航空与数学系学习，获博士学位。1949 年起任美国加州理工学院喷气推进中心主任、教授。在美学习研究期间，与他人合作完成的《远程火箭的评论与初步分析》，奠定了地地导弹和探空火箭的理论基础；与他人一起提出的高超音速流动理论，为空气动力学的发展奠定了基础。

1955 年，钱学森突破重重阻力回到中国，一生致力于中国航天科技事业。1956 年，在他的倡议下，中国成立了导弹、航空科学研究的领导机构——航空工业委员会，钱学森被任命为委员。同年，他受命组建了中国第一个火箭、导弹研究所——国防部第五研究院，并担任首任院长。他主持完成了"喷气和火箭技术的建立"规划，参与了近程导弹、中近程导弹和中国第一颗人造地球卫星的研制，直接领导了用中近程导弹运载原子弹"两弹结合"试验，参与制定了中国近程导弹运载原子弹"两弹结合"试验，参与制定了中国第一个星际航空的发展规划，发展建立了工程控制论和系统学等。在空气动力学、航空工程、喷气推进、工程控制论、物理力学等技术科学领域做出了开创性贡献。他也是中国近代力学和系统工程理论与应用研究的奠基人和倡导人，并著有《工程控制论》《论系统工程》《星际航行概论》等著作。

1999 年当他获得"两弹一星功勋奖章"时，回忆自己留学归国后的经历，钱学森表示，"在中国，比在国外更有发展和成就"。

思考题

1. 某小车 C 上叠放着 A、B 两物体，如图 2 – 64 所示。A、B、C 之间均有摩擦。车在拉力作用下做匀速直线运动。试分析这时 B、C 各受哪些力作用。

2. 如图 2 – 65 所示，在车上挂上一单摆，在下面两种情况下，摆线是否偏离竖直方向？绳中张力是否一样大？
   (1) 小车沿水平面做匀速直线运动；
   (2) 小车沿水平面做匀加速直线运动。

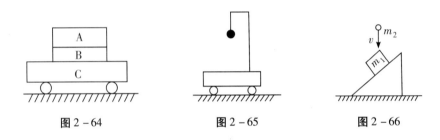

图 2 – 64   图 2 – 65   图 2 – 66

3. (1) "摩擦力总是做负功"这种说法对吗？
   (2) 在水平路面上行驶的汽车，当上坡时，司机常常进行两种操作：加大油门和换慢速挡。这两种操作在物理意义上有何不同？

4. 在斜面上放一个盛有细沙的箱子，因有摩擦力，箱子刚好不下滑。若如图 2 – 66 所示有一物体竖直落入箱中，箱子是否会滑动？

5. 对物体作用一个冲量，是否一定会引起物体动能的改变？对物体做了功，是否会引起物体动量的改变？

6. 卫星绕地球做匀速圆周运动，试判断卫星的动能、动量是否守恒，卫星和地球组成的系统的机械能是否守恒。

7. 一个原来静止的物体，在力 F 的作用下，沿着力的方向移动一段距离 s，得到速度 v。如果移动的距离不变，力 F 增大到 n 倍，得到的速度也增大到 n 倍。这句话对吗？如果不对，速度应该增大到多少倍？

8. 在水平面上有两个质量不同而具有相同动能的物体，它们所受的阻力相等。这两个物体停止前经过的距离是否相同？停下来时所用的时间是否相同？

9. 利用机械能守恒定律，你能算出平抛和斜抛物体通过任意位置时速度的大小吗？怎样计算？

10. 有些核反应堆中要让中子与原子核碰撞，以使中子的速度降下来。为此，应该选用质量较大的原子核还是较小的呢？为什么？

习题二

一、选择题

1. 下列关于惯性的说法中正确的是（　　）。
    A. 速度大的物体，惯性大
    B. 质量大的物体，惯性大
    C. 加速度大的物体，惯性大
    D. 受力大的物体，惯性大

2. 甲、乙两辆汽车都匀速前进着，它们都刹车时甲冲出的距离较长，则（　　）。
    A. 说明甲的惯性大
    B. 说明甲的原来速度大
    C. 说明乙刹车的力大
    D. 说明冲出距离的大小不只与惯性有关

3. 牛顿第一定律正确地揭示了（　　）。
    A. 物体都具有惯性
    B. 物体运动状态改变，物体有加速度
    C. 力是改变物体运动状态的原因
    D. 力是维持物体运动状态的原因

4. 牛顿第二定律确立了（　　）。
    A. 加速度与合外力及质量的关系
    B. 合外力方向即运动方向
    C. 单位关系：$1\ N = 1\ kg \cdot m \cdot s^{-2}$
    D. 合外力方向即加速度方向

5. 如图 2-67 所示，平直公路上行驶着的小车内，用细线吊着的小球与车保持相对静止，吊线与竖直线夹角恒为 θ，由此可知（　　）。
    A. 车的加速度不确定
    B. 车一定向左运动
    C. 车加速方向一定向左
    D. 车一定做匀加速直线运动

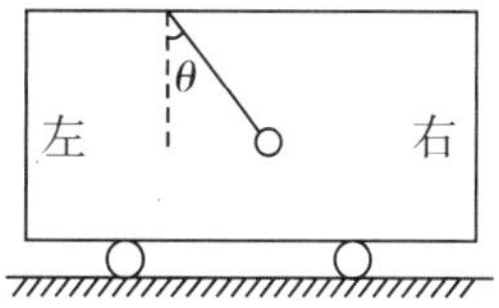

图 2-67

6. 质量一定的物体仅在 F_1 作用下加速度为 a_1，仅在 F_2 作用下加速度为 a_2（$a_1 > a_2$），若 F_1、F_2 同时作用于此物体上：
    （1）加速度大小不可能为（　　）。
    A. a_1
    B. a_2
    C. 等于 $|a_1 - a_2|$
    D. 大于 $a_1 + a_2$
    （2）加速度方向不可能（$F_1 \neq 0$，$F_2 \neq 0$）（　　）。
    A. 与 F_1 同向
    B. 与 F_2 同向
    C. 与 F_1、F_2 合力同向
    D. 与 F_1、F_2 合力反向

7. 质量一定的物体做匀加速直线运动时，当合外力逐渐减为零，再逐渐恢复成原来的过程中，其速度 v、加速度 a 的变化是（　　）。
    A. a 先减小后增大，v 先减小后增大
    B. a 先增大后减小，v 先增大后减小
    C. a 先减小后增大，v 一直增至最大
    D. a 先增大后减小，v 一直减小

8. 下列说法正确的是（　　）。
    A. 物体自由落下是因为重力大于物体吸引地球的力
    B. 跳高运动员跳起上升，是因为人施于地的力消失而地施于人的力大于人的重力
    C. 先有作用力，后有反作用力
    D. 作用力与反作用力总是等值、反向且同时产生、同时消失

9. 对作用力与反作用力的正确说法是（　　）。
   A. 两接触的物体都静止时，其相互作用力大小才相等
   B. 作用力与其反作用力的合力为零
   C. 作用力的施力者必是反作用力的受力者
   D. 物体的运动状态与其受力、施力均无关

10. 在图 2-68 中，物体 A、B 并排紧贴着放在光滑水平地面上，用水平力 F_1、F_2 同时推 A 和 B，如 $F_1 = 10$ N，$F_2 = 6$ N，$m_A < m_B$，则 A、B 间的压力之值 p 应满足（　　）。

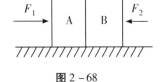

图 2-68

   A. 8 N $< p <$ 10 N
   B. 6 N $< p <$ 8 N
   C. 6 N $< p <$ 10 N，但不能确定 p 比 8 N 大还是小
   D. $p = 10$ N

11. 如图 2-69 所示，质量为 m 的小球置于正方体的光滑盒子中，盒子的边长略大于球的直径。某同学拿着该盒子在竖直平面内做半径为 R 的匀速圆周运动，已知重力加速度为 g，空气阻力不计，要使在最高点时盒子与小球之间恰好无作用力，则下列说法正确的是（　　）。

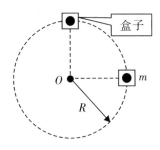

图 2-69

   A. 在最高点小球的速度水平，小球既不超重也不失重
   B. 小球经过与圆心等高的位置时，处于超重状态
   C. 盒子在最低点时对小球弹力大小等于 $2mg$，方向向下
   D. 该盒子做匀速圆周运动的周期一定等于 $2\pi\sqrt{\dfrac{R}{g}}$

12. 某物体在地球表面受地球吸引力为 G_0，在距地面的高度为地球半径的 2 倍时受到地球的吸引力为（　　）。

   A. $\dfrac{1}{2}G_0$　　　　　B. $\dfrac{1}{4}G_0$　　　　　C. $\dfrac{1}{9}G_0$　　　　　D. $\dfrac{1}{3}G_0$

13. 地球和月球在长期相互作用过程中，形成了"潮汐锁定"，如图 2-70 所示，月球总是一面正对地球，另一面背离地球，月球绕地球的运动可看成匀速圆周运动。以下说法正确的是（　　）。

   A. 月球的公转周期与自转周期相同
   B. 地球对月球的引力大于月球对地球的引力
   C. 月球上远地端的向心加速度大于近地端的向心加速度
   D. 若测得月球公转的周期和半径可估测月球质量

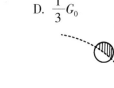

图 2-70

14. 在图 2-71 中，A、B 叠加放着，A 用绳系在固定的墙上，用力 F 将 B 拉着右移。用 T、f_{AB}、f_{BA} 分别表示绳中的拉力、A 对 B 的摩擦力和 B 对 A 的摩擦力，则下面正确的叙述是（　　）。

   A. F 做正功，f_{AB} 做负功，f_{BA} 做正功，T 不做功
   B. F、f_{BA} 做正功，f_{AB} 和 T 做负功
   C. F 做正功，f_{AB} 做负功，f_{BA} 和 T 不做功
   D. F 做正功，其他力都不做功

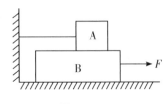

图 2-71

15. 如图 2－72 所示，质量分别为 m_1 和 m_2 的两个物体，$m_1 < m_2$，在大小相等的两个力 F_1 和 F_2 作用下沿水平方向移动了相同距离。若 F_1 做的功为 W_1，F_2 做的功为 W_2，则（　　）。

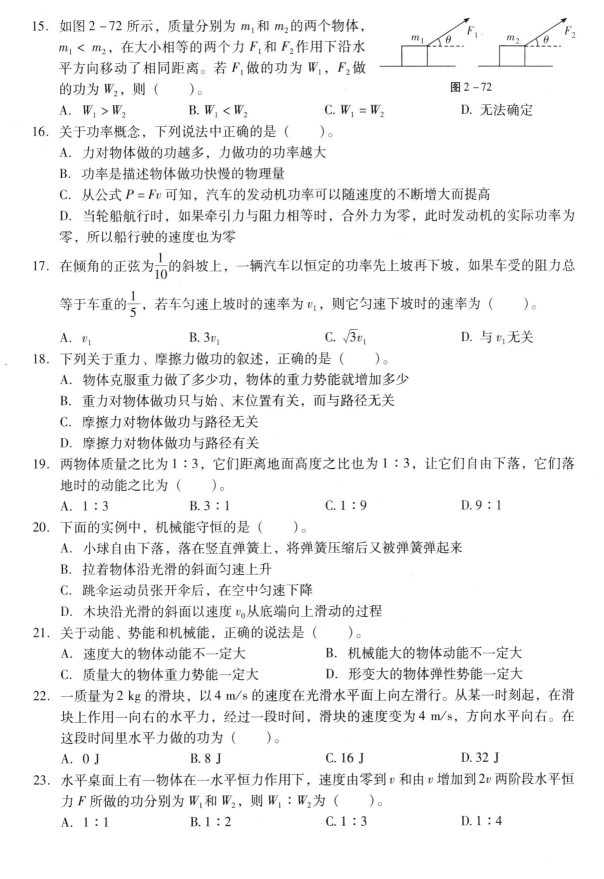

图 2－72

　　A. $W_1 > W_2$　　　　B. $W_1 < W_2$　　　　C. $W_1 = W_2$　　　　D. 无法确定

16. 关于功率概念，下列说法中正确的是（　　）。

　　A. 力对物体做的功越多，力做功的功率越大

　　B. 功率是描述物体做功快慢的物理量

　　C. 从公式 $P = Fv$ 可知，汽车的发动机功率可以随速度的不断增大而提高

　　D. 当轮船航行时，如果牵引力与阻力相等时，合外力为零，此时发动机的实际功率为零，所以船行驶的速度也为零

17. 在倾角的正弦为 $\dfrac{1}{10}$ 的斜坡上，一辆汽车以恒定的功率先上坡再下坡，如果车受的阻力总等于车重的 $\dfrac{1}{5}$，若车匀速上坡时的速率为 v_1，则它匀速下坡时的速率为（　　）。

　　A. v_1　　　　　　B. $3v_1$　　　　　　C. $\sqrt{3}v_1$　　　　　　D. 与 v_1 无关

18. 下列关于重力、摩擦力做功的叙述，正确的是（　　）。

　　A. 物体克服重力做了多少功，物体的重力势能就增加多少

　　B. 重力对物体做功只与始、末位置有关，而与路径无关

　　C. 摩擦力对物体做功与路径无关

　　D. 摩擦力对物体做功与路径有关

19. 两物体质量之比为 1：3，它们距离地面高度之比也为 1：3，让它们自由下落，它们落地时的动能之比为（　　）。

　　A. 1：3　　　　　B. 3：1　　　　　C. 1：9　　　　　D. 9：1

20. 下面的实例中，机械能守恒的是（　　）。

　　A. 小球自由下落，落在竖直弹簧上，将弹簧压缩后又被弹簧弹起来

　　B. 拉着物体沿光滑的斜面匀速上升

　　C. 跳伞运动员张开伞后，在空中匀速下降

　　D. 木块沿光滑的斜面以速度 v_0 从底端向上滑动的过程

21. 关于动能、势能和机械能，正确的说法是（　　）。

　　A. 速度大的物体动能不一定大　　　　　　B. 机械能大的物体动能不一定大

　　C. 质量大的物体重力势能一定大　　　　　　D. 形变大的物体弹性势能一定大

22. 一质量为 2 kg 的滑块，以 4 m/s 的速度在光滑水平面上向左滑行。从某一时刻起，在滑块上作用一向右的水平力，经过一段时间，滑块的速度变为 4 m/s，方向水平向右。在这段时间里水平力做的功为（　　）。

　　A. 0 J　　　　　　B. 8 J　　　　　　C. 16 J　　　　　　D. 32 J

23. 水平桌面上有一物体在一水平恒力作用下，速度由零到 v 和由 v 增加到 $2v$ 两阶段水平恒力 F 所做的功分别为 W_1 和 W_2，则 $W_1 : W_2$ 为（　　）。

　　A. 1：1　　　　　B. 1：2　　　　　C. 1：3　　　　　D. 1：4

24. 速度为 v 的子弹，恰可穿透一块固定着的木板，如果子弹的速度为 $3v$，子弹穿透木板时阻力视为不变，则可穿透同样的木板（　　　）。

    A. 3 块 　　　　　　B. 4 块 　　　　　　C. 6 块 　　　　　　D. 9 块

25. 图 2-73 为采用动力学方法测量空间站质量的原理图。已知飞船质量为 3.0×10^3 kg，其推进器的平均推力 F 为 900 N，在飞船与空间站对接后，推进器工作 5 s 内，测出飞船与空间站的速度变化为 0.05 m/s，则（　　　）。

    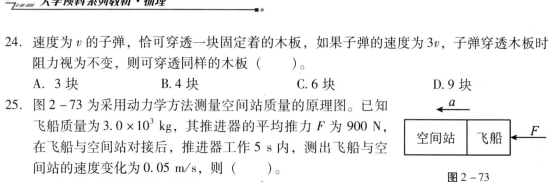

    图 2-73

    A. 飞船与空间站的加速度为 0.01 m/s²

    B. 空间站的质量为 8.7×10^4 kg

    C. 空间站受到飞船的冲量为 4 500 N·s

    D. 空间站和飞船系统动量守恒

26. 一个静止的质量为 M 的原子核，放射出一个质量为 m 的粒子，粒子离开原子核时相对于核的速度为 v_0，则原子核剩余部分的速率等于（　　　）。

    A. v_0 　　　　　B. $\dfrac{m}{M-m}v_0$ 　　　　　C. $\dfrac{m}{M}v_0$ 　　　　　D. $\dfrac{m}{2m-M}v_0$

27. 在研究"碰撞中的动量守恒"的实验中，下列关于入射小球在斜槽上释放点的高低对实验影响的说法中，正确的是（　　　）。

    A. 释放点越低，小球受阻力越小，入射小球速度越小，误差越小

    B. 释放点越低，两球碰撞后水平位移越小，水平位移测量的相对误差越小，两球速度的测量越准确

    C. 释放点越高，两球相碰撞，相互作用的内力越大，碰撞前后动量之差越小，误差越小

    D. 释放点越高，入射小球对被碰小球的作用力越大，支柱对被碰小球的阻力越小

28. 质量为 3 kg 的物体 A 以初速度 $v_0 = 10$ m/s 滑到水平面 B 上。已知 A 与 B 间的动摩擦系数 $\mu = 0.25$，$g = 10$ m/s²。若以 v_0 为正方向，则在 10 s 内，物体受到的冲量为（　　　）。

    A. 30 N·s 　　　　　B. -30 N·s 　　　　　C. -40 N·s 　　　　　D. 40 N·s

29. 质量为 $3m$、速度为 v 的小车，与质量为 $2m$ 的静止小车碰撞后连在一起运动，则两车碰撞后的总动量是（　　　）。

    A. $\dfrac{3}{5}mv$ 　　　　　B. $2mv$ 　　　　　C. $3mv$ 　　　　　D. $5mv$

30. 两个球沿直线相向运动，碰后两球都静止，则下列说法正确的是（　　　）。

    A. 碰前两球的动量相等 　　　　　　　　B. 碰前两球速度一定相等

    C. 碰撞前后两球的动量变化相同 　　　　D. 碰前两球的动量大小相等，方向相反

31. 如图 2-74 所示，装有炮弹的火炮总质量为 m_1，炮弹的质量为 m_2，炮弹射出炮口时对地的速率为 v_0，若炮管与水平地面的夹角为 θ，水平面光滑，则火炮后退的速度大小为（　　　）。

    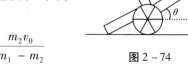

    图 2-74

    A. $\dfrac{m_2 v_0}{m_1}$ 　　　　　　　　　　B. $\dfrac{m_2 v_0}{m_1 - m_2}$

    C. $\dfrac{m_2 v_0 \cos\theta}{m_1 - m_2}$ 　　　　　　　D. $\dfrac{m_2 v_0 \cos\theta}{m_1}$

二、填空题

32. 物体的惯性是它保持原运动状态不变的属性，物体在_____状态下有惯性，物体的惯性只与_____成正比。

33. 牛顿第二定律说明：只有物体受到_____的作用，物体才有加速度，合外力恒定，其加速度_____；合外力变化，其加速度立即_____。

34. 质量为 m(kg)的物体在光滑水平面上，受到水平恒力 F（N）作用由静止开始前进了 s（m），则物体运动时间 $t=$ _____ s，物体末速度 $v_t=$ _____ m/s。若 m 变为原来 2 倍，F 变为原来 $\frac{1}{2}$，s 不变，则 t 变为原来_____倍，v_t 变为原来_____倍。

35. 甲物体在恒力作用下加速度为 a_1，乙物体在此恒力作用下加速度为 a_2。两物黏合后在该力作用下其运动加速度 $a=$ _____。

36. 质量为 2 kg 的物体 A 放在水平地面上，A 与地面间的摩擦系数为 0.3，用 10 N 水平恒力推 A 由静止开始运动，如推 3 m 后撤去力 F，A 还能前进_____ m；如推 3 s 后撤去力 F，A 还能前进_____ m。

37. 一挺机枪发射速度为 1.0×10^3 m/s、质量为 50 g 的子弹，机枪手以 180 N 的力抵住机枪，机枪每分钟能发射_____颗子弹。

38. 在匀速上升的电梯地板上静止着一物体，物体受重力 G、支持力 N 作用，物体施于地板的压力大小为 F。构成平衡力的是_____，构成作用力与反作用力关系的是_____。

39. 如图 2-75 所示，A、B 木块叠放在水平地面上，A 在水平恒力 F 拉动下恰好匀速运动，B 却静止。A、B 之间存在_____对作用力与反作用力。其中 B 施于 A 的支持力其反作用力是_____，这两个力的性质分别是_____与_____。其中与接触面平行的一对力其性质是_____，B 施于 A 的是滑动摩擦力，A 施于静止的 B 的是_____摩擦力，地施于 B 的是_____摩擦力。

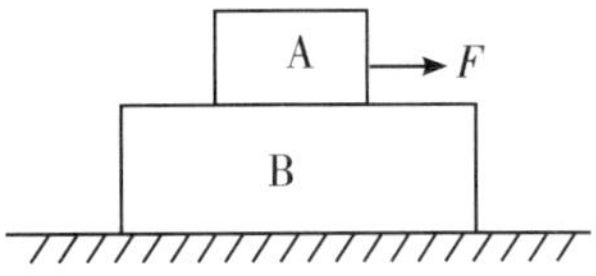

图 2-75

40. 如图 2-76 所示，质量 $m=2$ kg 的物体，在与水平方向成 $\theta=37°$ 的恒力 $F=10$ N 作用下，沿水平面运动的加速度 $a=3$ m/s^2，则物体与水平面间动摩擦系数 $\mu=$ _____。撤销 F 后物体速度为 5 m/s，物体运动加速度 $a'=$ _____ m/s^2，物体还能运动_____ m。

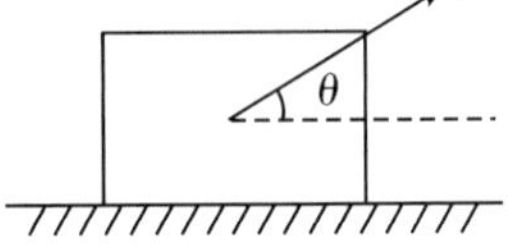

图 2-76 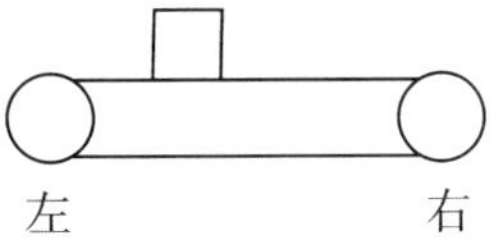　　　　　图 2-77

41. 在水平传送带上的物体质量 $m=3$ kg，设物体不会与带子滑动，如图 2-77 所示。当物体与带子一起匀速向右运动时，物体受摩擦力为_____，若带子向右以 $a=2$ m/s^2 的加速度匀速运动时，物体受摩擦力大小_____ N，方向

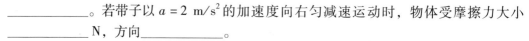

_____。若带子以 $a = 2$ m/s² 的加速度向右匀减速运动时，物体受摩擦力大小 _____ N，方向_____。

42. 质量为 5 000 kg 的汽车由静止开始沿平直公路行驶，当速度达到一定值后关闭发动机滑行，速度、时间图像如图 2-78 所示。在汽车行驶的整个过程中，牵引力做功为_____J，摩擦力做功为_____J。

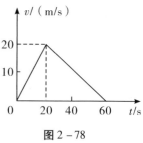

图 2-78

43. 两辆汽车在同一平直路面上行驶，它们的质量之比 $m_1 : m_2 = 1 : 2$，速度之比 $v_1 : v_2 = 2 : 1$；当两车急刹车后，甲车滑行的最大距离为 S_1，乙车滑行的最大距离为 S_2，设两车与路面间的动摩擦系数相等，不计空气阻力，则 $S_1 : S_2 = $_____。

44. 质量为 m 的汽车，它的发动机额定功率为 P，开上一倾角为 α 的坡路，摩擦阻力是车重的 k 倍，汽车的最大速度应为_____。

45. 连同装备在内总质量为 M 的宇航员在太空中进行太空行走。开始时他和飞船相对静止，利用所带的氧气枪喷出质量为 m、相对飞船的速度为 v 的氧气后，宇航员获得的速度大小为_____。

46. 如图 2-79 所示，质量为 2 kg 的物体 A 以 4 m/s 的速度在光滑水平面上自右向左运动，一颗质量为 20 g 的子弹以 500 m/s 的速度自左向右穿过 A，并使 A 静止，则子弹穿过 A 后速度为_____ m/s。

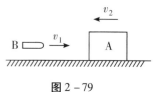

图 2-79

三、计算题

47. 如图 2-80 所示，质量为 1 kg 的物体由轻绳悬挂在横梁 BC 的端点 C 上，C 点由轻绳 AC 系住，AC 与 BC 夹角为 30°，求悬绳 AC 所受的力。

48. 在电梯以 2 m/s² 的加速度匀加速上升时，电梯内的水平桌面上放有一个质量为 1 kg 的物体，用 4 N 的水平力拉它，在 1 s 内，它由静止开始前进了 20 cm，求该物体和桌面间的摩擦系数。

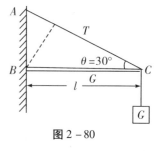

图 2-80

49. 在水平桌面上叠放着 A、B 两物体，如图 2-81 所示，B 与桌面间的摩擦系数为 0.4，两物体的质量分别为 $m_A = 2$ kg，$m_B = 3$ kg，用 30 N 的水平力 F 拉 B 时，A、B 未产生相对滑动，求 A 受的摩擦力的大小和方向。

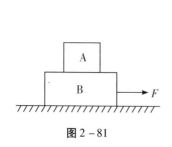

图 2-81

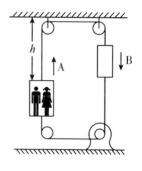

图 2-82

50. 图 2-82 是一种升降电梯的示意图，A 为载人箱，B 为平衡重物，它们的质量均为 M，上下均有跨过滑轮的钢索系住，在电动机的牵引下使电梯上下运动。如果电梯中载人的质量为 m，匀速上升的速度为 v，电梯即将到顶层前关闭电动机，在不计空气和摩擦阻力的情况下，依靠惯性上升多少高度后停止？

51. 列车经过一段长 2.1 km 的平直铁路，速度从 36 km/h 均匀地增加到 72 km/h，列车重 1 400 t，列车受到的阻力是车重的 0.02 倍，求列车牵引力在这段路程的平均功率。

52. 图 2-83 中，在光滑水平面上有一个质量为 M、倾角为 θ 的斜劈 A，钉在劈端的钉子上系着一条长为 L 的轻线，线下端拴着一个质量为 m 的小球 B。用图示方向的水平恒力 F 拉斜劈，求 B 相对于 A 静止后线中拉力 T。（不计 A、B 间摩擦）

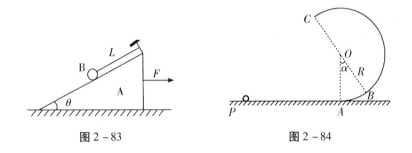

图 2-83　　　　　　　　　　图 2-84

53. 目前人类正在设计火星探测实验室，从而在火星表面进行某些物理实验。如果火星的半径为 r，某探测器在近火星表面轨道做圆周运动的周期是 T，探测器着陆后，其内部有如图 2-84 所示的实验装置，在竖直平面内，一半径为 R 的光滑圆弧轨道 ABC 和水平轨道 PA 在 A 点相切。BC 为圆弧轨道的直径。O 为圆心，OA 和 OB 之间的夹角为 α，$\sin \alpha = \dfrac{3}{5}$，一质量为 m 的小球沿水平轨道向右运动，经 A 点沿圆弧轨道通过 C 点，落至水平轨道；在整个过程中，除受到火星表面重力及轨道作用力外，小球还一直受到一水平恒力的作用，已知小球在 C 点所受合力的方向指向圆心，且此时小球对轨道的压力恰好为零（火星表面重力加速度 g 未知）。不考虑火星自转的前提下，求水平恒力的大小和小球到达 C 点时速度的大小。

54. 土星的 9 个卫星中最内侧的一个卫星，其轨道为圆形，轨道半径为 1.59×10^5 km，公转周期为 18 h 46 min，试求土星的质量。

55. 已知火星的平均直径为 6 900 km，地球的平均半径为 1.3×10^4 km，火星质量约为地球质量的 0.11 倍，试求：
（1）火星的平均密度是地球平均密度的多少倍；
（2）火星表面的重力加速度。

56. 一个质量 $M = 0.2$ kg 的小球放在高度 $h = 5$ m 的直杆顶端（见图 2-85）。一颗质量 $m = 0.01$ kg 的子弹以 $v_0 = 500$ m/s 的速度沿水平方向击中小球，并穿过球心，小球落地处离杆的距离 $s = 20$ m。求子弹落地处离杆的距离 s'；子弹的动能有多少转化成了热能？

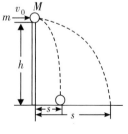

图 2-85

57. 从地面竖直上抛一个物体，质量是 0.2 kg，经过 8 s 落回原地。物体抛出时的动能是多少？从被抛出到最高点，物体克服重力所做的功是多少？物体上升到最高点时的重力势能是多少？（不计空气阻力）

58. 一辆 5 t 的载重汽车开上一段坡路，坡路长 $s = 100$ m，坡顶和坡底的高度差 $h = 10$ m。汽车上坡前的速度是 10 m/s，上坡顶时为 5.0 m/s。汽车受到的摩擦阻力是车重的 0.05 倍。求汽车的牵引力。（取 $g = 10$ m/s^2）（讨论：在这个题目里，汽车的牵引力做多少功？汽车增加的机械能是多少？其中动能和重力势能各变化多少？汽车克服摩擦而转化成的热能是多少？）

59. 一个滑雪的人从高度为 h 的斜坡上由静止开始滑下，然后在水平面滑行一段距离停下来（见图 2−86）。已知斜面的倾角为 θ，滑雪板和雪之间的滑动摩擦系数为 μ，求滑雪人在水平面上滑行的距离 s_1。如其他条件不变，只改变斜坡的倾角 θ，水平距离 s 是否改变？

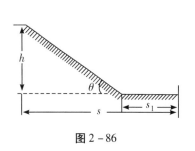

图 2−86

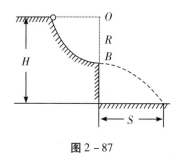

图 2−87

60. 如图 2−87 所示，O 点离地面高度为 H，以 O 点为圆心，制作一四分之一光滑圆弧轨道，轨道半径为 R，小球从与 O 点等高的圆弧最高点滚下后水平抛出，试求：

(1) 小球到 B 点时的速度；

(2) 小球落地点到 O 点的水平距离。

61. 物体沿光滑的斜轨道由静止开始滑下，并进入竖直平面内的光滑圆周轨道运动，圆周轨道的半径为 R，如图 2−88 所示：

(1) 如果物体从离轨道最低处 H 高处由静止开始滑下，且 $H = 4R$，则物体到圆轨道最高点时物体对轨道的压力是多少？

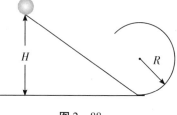

图 2−88

(2) 为使物体能够通过圆周轨道最高点，物体应至少从多高处开始滑下？

62. 质量为 1 kg 的手榴弹以 60° 角斜抛出去，抛出的速度为 10 m/s，手榴弹到达最高点时炸成两块，一块的质量是 0.6 kg，以 15 m/s 的速度沿原方向运动，求另一块的速度大小和方向。

63. 一个质量为 M，底面边长为 L 的三角形劈块静止在光滑水平面上，在一个质量为 m 的小球从斜面顶部无初速度滑到底部的过程中，劈块移动的距离是多少？

64. 质子的质量是 1.67×10^{-27} kg，速度为 1.0×10^7 m/s，与一个静止的氦核碰撞后，质子以 6.0×10^6 m/s 的速度反弹回来，氦核以 4.0×10^6 m/s 的速度向前运动。

(1) 你能否求出氦核的质量？如果能，是多少？

(2) 你能否求出碰撞时的相互作用力？为什么？

65. 《三国演义》"草船借箭"中，若草船的质量为 m_1，每支箭的质量为 m，草船以速度 v_1 返回时，对岸士兵万箭齐发，n 支箭同时射中草船，箭的速度皆为 v，方向与船行方向相同。由此，草船的速度会增加多少？（不计水的阻力）

66. 一颗质量为 m、速度为 v_0 的子弹竖直向上射穿质量为 M 的木块后继续上升，子弹上升的最大高度为 H，木块上升的最大高度为多少？

67. 如图 2 – 89 所示，在两根长度都为 L 的细线下端分别系一个可以看作质点的相同小球 A、B，两根线的上端固定于同一点，将 A 球提起至与悬线成水平绷直状态时由静止放手，A 落至最低点处与 B 球相撞后粘连在一起而共同摆动，求它们能摆动的最大角度 θ。

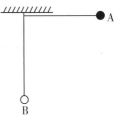

图 2 – 89

68. 在图 2 – 90 中，光滑的弯曲轨道和半径为 R 的圆轨道在最低点 A 处连接，质量为 m 的物块 I 从弯曲轨道上比 A 高 h_1 的地方由静止下滑，在最低点与静止在该处的 II 物块相碰撞。撞后，I 可以沿弯曲轨道升至高 h_2 的地方，II 刚好可以沿着轨道通过最高点，求物块 II 的质量。

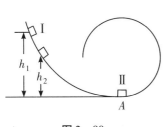

图 2 – 90

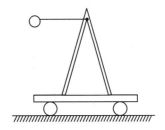

图 2 – 91

69. 在光滑的水平面上有一小车，其质量为 10 kg，小车支架上用长为 1 m 的细线拴一质量为 10 kg 的小球，将小球拉至如图 2 – 91 所示的水平位置释放，小球和小车均由静止开始运动，小球运动到最低位置时，小车运动的速度多大？

第三章　机械振动和机械波

振动（vibration）是自然界中最常见的运动形式之一。直观的振动是物体在平衡位置附近做周期性的往复运动。振动还可以在介质（或真空）中传播，振动在空间的传播过程就是波动（wave）。振动与波动都是物质运动的基本形式。下面将讨论机械振动与机械波最基础的理论。

第一节　简谐振动、单摆

机械振动　　仔细观察一下正在摆动的钟摆，摆锤在最低的位置来回做往复的运动。这种物体在某一中心位置两侧所做的往复运动，就是机械振动（mechanical vibration），简称振动。在自然界中振动现象是普遍存在的。如常用的一些乐器锣、鼓、琴弦等，都是振动的物体。当锣锤敲击下去时，可以看到锣面在原来静止的位置来回往复的运动，从而发出声音。由此可见，一切发声的物体都是振动的物体。心脏的跳动、蒸汽机的活塞往复运动、树梢在微风中的摇摆、固体中原子的振动等，都是机械振动。大地也常常在振动，地震就是大地剧烈振动的结果。

简谐振动　　振动的形式是多种多样的，情况大多比较复杂。简谐振动（simple harmonic vibration）是最简单、最基本的振动之一。弹簧振子是研究简谐振动的理想模型。如图 3-1 所示，这是一个穿在光滑的水平杆上的弹簧振子。它是由一根质量可以忽略不计的弹簧，一端连接一个质量为 m 的小球所组成的。弹簧振子静止在 O 点时，它受的重力和杆的支持力互相平衡，弹簧没有形变而对它没有弹力作用，O 点就是弹簧振子的平衡位置。把它拉离平衡位置到 B 点处再放开，它就沿水平杆运动，经过 O 点再到 C 点处后，再反向运动，再经过 O 点运动回到 B 点，这样弹簧振子在 O 点两侧左右运动起来。

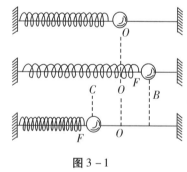

图 3-1

现在来分析振动过程。在不计摩擦力的情况下，将振子拉到 B 点时，由于弹簧的伸长，产生一个弹性力，方向指向 O 点，振子开始向左运动，速度越来越大。但由于弹簧的伸长量越来越小，因此弹性力也越来越小。当小球运动到平衡位置 O 点时，弹性力减小至零，但小球的速度达到最大值。小球因惯性仍向左运动压缩弹簧，弹簧产生一个与运动方向相反的弹性力，该力仍指向平衡位置 O 点。小球受到弹性力作用，速度开始减小，由于弹簧的压缩量越来越大，因此弹性力也越来越大，直到位置 C 点时，小球的速度减为零。但此时弹簧的压缩量最大，弹性力也最大，小球在 C 点改变速度的方向，开始向右运动。继续上面的分析可知，小球将再次通过平衡位置，回到 B 点。结果小球就在弹性力的作用下，在平衡位置的两侧往复地运动。弹性力的方向始终指向平衡位置，这种方向始终指向平衡位置的力称为回复力。根据胡克定律，弹簧振子回复力 F 的大小跟弹簧伸长或缩短的长度 x 成正比，而这个长度就是振子对平衡位置的位移大小，因此回复力 F 的大小跟位移 x 的大小成正比。可用下式来表示回复力的大小：

$$F = -kx$$

式中，k 为比例常数，对于弹簧振子来说，k 等于弹簧的劲度系数。

物体在与位移大小成正比，并且方向总是指向平衡位置的回复力作用下的振动，叫作简谐振动。

用 m 代表弹簧振子的质量，用 a 代表弹簧振子的加速度，根据牛顿第二定律 $F = ma$ 可以得到：

$$a = -\frac{k}{m}x$$

可以看出，在简谐振动中，加速度也跟位移成正比而方向相反。经过数学的推导，即可得到简谐振动的运动方程：

$$X = x(t) = A\cos(\omega t + \varphi)$$

式中，$\omega^2 = \frac{k}{m}$（角频率），A（振幅）、φ（初相）都是常数。

上式是简谐振动的运动方程，说明物体在做简谐振动时，物体的位移是时间的余弦函数。因此也可以说，位移是时间的余弦函数的运动称为简谐振动。由于余弦函数是周期性的，因此做简谐振动的物体在平衡位置附近的运动也是周期性的。

表征简谐振动的物理量　　表征简谐振动的物理量有振幅、周期、频率、角频率、相位等。

（1）振幅。振动物体的运动总是在一定范围内，振动物体离开平衡位置的最大距离叫作振幅（amplitude），它是表示振动强弱的物理量。在弹簧振子所做简谐振动的运动方程中的 A，即在图 3-1 中 OB 和 OC 的大小就是弹簧振子做简谐振动的振幅。

（2）周期、频率和角频率。振动的物体完成一次全振动所需的时间总是一定的，这个时间就是振动的周期（period）。周期一般用 T 来表示，单位是秒，符号是 s。单位时间内完成的全振动的次数，叫作振动的频率（frequency）。频率一般用 f 来表示，$f = \frac{1}{T}$，单位是赫兹，用符号 Hz 表示。

$$1 \text{ Hz} = 1 \text{ s}^{-1}$$

在 2π 秒时间内物体所完成的全振动的次数称为振动的角频率（circular frequency）或称圆频率，用 ω 表示，单位是弧度/秒（rad/s）。显然：

$$\omega = 2\pi f = \frac{2\pi}{T}$$

T、f 和 ω 三个量中只要已知其中任何一个，就可以求出其余两个。它们都是振动周期性的反映，完全由振动系统本身的性质所决定，是振动系统的固有属性。

例如，弹簧振子的圆频率为 $\omega^2 = \dfrac{k}{m}$，k 是弹簧的劲度系数，m 是物体的质量，都由振子本身的性质决定，因此弹簧振子的周期 $T = \dfrac{2\pi}{\omega}$，频率 $f = \dfrac{\omega}{2\pi}$ 也都只与振动系统本身的性质有关，故称为固有周期和固有频率。

（3）相位和相差。当一个简谐振动的振幅和角频率已确定时，它的运动状态可用"相位"这一物理量决定。由 $x(t) = A\cos(\omega t + \varphi)$ 可知，当振幅 A 和角频率 ω 一定时，做简谐振动的物体在任一时刻的运动状态都取决于物理量（$\omega t + \varphi$），物理学中把（$\omega t + \varphi$）叫作相位（phase）。φ 是 $t = 0$ 时的相，叫作初相，它决定了物体初始时的运动状态。在机械振动中，相位这个物理量可以用来比较简谐振动的变化步调。相位是相对的，对于单个简谐振动来说，可以选择适当的计时零点，使初相位 φ 为零；对于两个或多个简谐振动来说，它们之间的相位差 $\Delta\varphi$ 则起了重要的作用，两个简谐振动的相位之差叫作它们的相差，用 $\Delta\varphi$ 来表示，如果两个简谐振动的频率相同，它们的初相分别是 φ_1、φ_2，相位则为 $\omega t + \varphi_1$、$\omega t + \varphi_2$。相差就等于相位之差，即

$$\Delta\varphi = (\omega t + \varphi_1) - (\omega t + \varphi_2) = \varphi_1 - \varphi_2$$

这时相差是恒定的，不随时间而改变。它反映了两个频率相同的简谐振动步调的关系，具有重要的物理意义。若 $\Delta\varphi$ 为 2π 的整数倍，两个振动的步调一致，则可称这两个振动是同相位的；若 $\Delta\varphi$ 为 π 或 π 的奇数倍，两个振动的步调相反，则可称这两个振动是反相位的。

单摆　在细线的一端栓上一个小球，另一端固定在悬点上，如果线的伸缩和质量可以忽略，小球的直径比线长短得多，这样的装置就叫单摆。

如图 3 - 2 中，将摆球拉开，使它偏离平衡位置到达 A 点，然后把它放开，摆球就在重力 G 和线的拉力 T 的作用下，沿着以平衡位置 O 为中心的一段圆弧 AB 往复摆动，就形成了振动。由分析表明，在通常情况下，单摆的振动不是简谐振动。当摆角 θ 很小时（$\theta < 5°$），单摆的振动可以看作简谐振动。下面我们进一步来研究单摆的运动。取一个长约 1 m 的单摆，在偏角小于 5° 的情况下，测出它振动一定次数（如 50 次）所用的时间。然后在更小的偏角下测定单摆振动相同次数所用的时间。比较两次测定的结果就会发现，单摆在不同偏角振动相

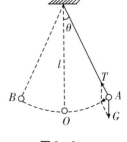

图 3 - 2

同次数所用时间是相同的。实际上，只要保持足够小的偏角，无论怎样改变单摆的振幅，它的振动周期都是保持不变的。这表明：在振幅很小的条件下，单摆的振动周期跟振幅没有关系。单摆的这种性质叫等时性，是伽利略在研究中首先发现的。

再取两个大小相同、质量不等的摆球，栓在两条等长的细线上，制成两个等长的单摆，经过实验测定它们的振动周期是相同的。实验表明：单摆的振动周期跟摆球的质量没有关系。取不同长度的单摆测定它们的振动周期，结果发现，摆长越长，振动周期也就越长。

荷兰物理学家惠更斯进一步研究单摆的振动现象。发现单摆的振动周期跟摆长的二次方根成正比，跟重力加速度的二次方根成反比，并且确定了如下的单摆振动周期公式：

$$T = 2\pi \sqrt{\frac{l}{g}}$$

式中，T 是单摆的振动周期，l 是摆长，g 是重力加速度。

单摆在实际中很有用。惠更斯在 1656 年首先利用摆的等时性发明了带摆的计时器（1657 年获得专利权）。因为摆的周期可以通过改变摆长来调节，计时很方便，因此至今还在使用。

由于单摆的振动周期和摆长很容易用实验办法准确测量出来，因此利用单摆可以准确地测定各地的重力加速度。

例题 两个等长的单摆，一个放在地面上，另一个放在高空，当第一个摆振动 n 次的同时，第二个摆振动 $n-1$ 次。如果地球半径为 R，那么第二个摆离地面的高度是多少？

解析： 设第二个摆离地面的高度为 h，则距地心的距离为 $(R+h)$。设高空处重力加速度为 g'，地球表面的重力加速度为 g。由万有引力定律有：

$$G\frac{Mm}{R^2}=mg, \quad G\frac{Mm}{(R+h)^2}=mg'$$

$$\therefore \frac{g}{g'}=\frac{(R+h)^2}{R^2}$$

由单摆周期公式

$$T=\frac{t}{n}=2\pi\sqrt{\frac{l}{g}}, \quad T'=\frac{t}{n-1}=2\pi\sqrt{\frac{l}{g'}}$$

所以

$$\frac{T'}{T}=\frac{n}{n-1}=\sqrt{\frac{g}{g'}}=\frac{R+h}{R}$$

解得

$$h=\frac{R}{n-1}$$

练习一

1. 分析图 3-1 中弹簧振子的运动，并填表 3-1。

表 3-1

振子的运动	$C\rightarrow O$	$O\rightarrow B$	$B\rightarrow O$	$O\rightarrow C$
回复力的方向怎样？大小如何变化？				
运动的形式（加速或减速）				
加速度的方向怎样？大小如何变化？				
速度的方向怎样？大小如何变化？				

2. 图 3-3 为用频闪照相的方法拍到的一个水平放置的弹簧振子的振动情况。图 3-3a 是振子静止在平衡位置的照片，图 3-3b 是振子被拉伸到左侧距平衡位置 20 mm 处，放手后向右运动 $\frac{1}{4}$ 周期内的频闪照片。已知频闪的频率为 10 Hz。该振子的振动周期为多长？该振子 3 s 内通过的路程为多远？

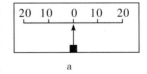
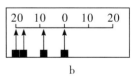

图 3-3

3. 通常把振动周期是 2 s 的单摆叫作秒摆。广州的重力加速度是 9.788 m/s^2，广州的秒摆摆长是多少？

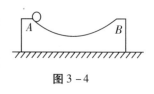

图 3-4

4. 在图 3-4 中，AB 是半径为 R 的一段光滑的圆槽，A、B 两点在同一水平面上，且 AB 弧长远小于 R。小球在 A 点从静止释放，它从 A 点到 B 点所用的时间是多长？

5. 有一个摆钟，原来走时是准确的，现在它在一昼夜中快 5 min。为使它走得准确，应增长还是减短摆长，摆长的改变量是原来长度的多少倍？

第二节　简谐振动的图像

简谐振动的图像　　简谐振动的物体的运动情况可以用图像直观地表现出来。

在平面直角坐标系中，横坐标表示时间 t，纵坐标表示振动物体对平衡位置的位移 x，根据振动方程 $x(t) = A\cos(\omega t + \varphi)$，可画出简谐振动的图像。

从图 3-5 中的振动图像可以看出，振动图像是一条余弦（或正弦）曲线。它表示了振动质点的位移随着时间变化的规律。所有的简谐运动图像都是余弦（或正弦）曲线。利用振动图像，可以求出任一时刻振动质点的位移。

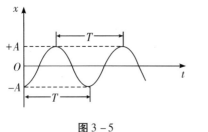

图 3-5

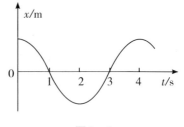

图 3-6

例题　如图 3-6 所示的振动图像，可知这个振动物体在_____s 末负方向的速度最大；在_____s 末正方向加速度最大；在_____s 末负方向的位移最大；在 4.5 s 时振子正在向_____方向运动，在 4 s 内回复力的功率为零的时刻为_____。

解析：振动图像描述的是振动质点的位移随时间变化的规律。

由图像可知：

1 s 末质点在平衡位置，向负方向运动，所以负方向速度最大。

2 s 末质点负方向位移最大，加速度值最大，且指向正方向。

$T = 4.5$ s 时，质点的位移为正值，向平衡位置运动。

回复力的功率 $P = Fv$，功率为零的时刻应是 $F = 0$ 或者 $v = 0$ 的时刻。

答案应是：1；2；2；$-x$；0、1、2、3、4 s 末。

第三节　振动的能量、阻尼振动、受迫振动

振动的能量　　从能量的角度来研究振动的过程可以发现，在简谐振动中，如果不考虑阻力的话，振动系统的机械能是守恒的。

弹簧振子和单摆在振动过程中动能和势能不断转化。在平衡位置动能最大，势能最小；在位移最大处势能最大，动能为零；在任意时刻势能和动能的和就是振动物体的总机械能。这个能量跟振动的振幅有关，振幅越大，振动的能量越大。由于弹簧振子和单摆是在弹力或重力作用下振动的，如果没有摩擦力和空气阻力，在振动过程中就只有动能和势能的相互转化，振动的机械能就是守恒的。所以单摆在这种状态下，可以保持原有的振幅，永远地摆动下去。但是实际上是不可能的。

阻尼振动　　实际上，无论是弹簧振子还是单摆，在振动过程中总要受到外界的摩擦和阻力的影响，由于克服阻力做功，能量逐渐消耗，振幅渐渐减小，经过一段时间，振动最后就完全停下来了。这种振幅越来越小的振动叫作阻尼振动（damped vibration）。

在阻尼振动中，振幅减小的快慢与振动物体周围介质的阻力大小有关系。介质的阻力越大，振幅就减小得越快，振动也停止得越快。摆在空气中可以振动相当长的时间，但是具有相同能量的摆，在水中振动时很快就会停止下来。如果我们能够根据物体在振动过程中消耗能量的情况不断补充能量，那么，虽然有摩擦和其他阻力，但物体可以继续做等幅振动。等幅振动也叫作无阻尼振动。

受迫振动　　为了得到持续的无阻尼振动，通常是采用周期性的外力作用于振动物体。这种周期性的外力叫作驱动力（driving force）。物体在周期性外力作用下的振动叫作受迫振动（forced vibration）。当行人走过架在小沟上的跳板后，跳板发生的上下振动；机器运转时其底座发生的振动，都是受迫振动的具体表现。受迫振动的频率由什么决定呢？在图 3-7 中的装置，匀速地转动把手，把手就给弹簧振子以周期性驱动力，使振子做受迫振动。这个驱动力的周期跟把手转动的周期是相同的。用不同的转速匀速转动把手，看到振子做受迫振动的周期总是等于驱动力的周期。所以，物体做受迫振动的频率等于驱动力的频率，而跟物体的固有频率无关。

图 3-7

第四节　共　振

共振　　当物体做受迫振动时，物体的固有频率对其振动毫无影响吗？现在用图 3-8 所示的装置来研究这个问题。

在一根张紧的绳上挂几个摆，其中 A、B、C 的摆长相等，当 A 摆动的时候，A 的振动通过张紧的绳给其余各摆施加周期性的驱动力，其余各摆就做受迫振动。驱动力的频率等于 A 摆的频率，决定于它的摆长。其他各摆的固有频率也都决定于自己的摆长。可以发现，固有频率跟驱动力频率相等的 B、C，振幅最大，固有频率跟驱动力频率相差最大的

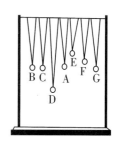

图 3-8

D、E，振幅最小。图 3-9 的曲线表示了受迫振动的振幅 A 跟驱动力频率 f 的关系：驱动力的频率 f 等于振动物体的固有频率 $f_{固}$ 时，振幅最大；驱动力的频率跟固有频率相差越大，振幅越小。

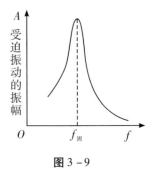

图 3-9

当驱动力的频率跟物体的固有频率相等时，受迫振动的振幅最大，这种现象叫作共振（resonance）。

公园里的秋千就是一个摆，轻轻推一下使它微微摆动以后，只要按着它的固有频率周期性地施加推力，每当它往回摆时轻轻推一下，尽管每次的推力都很小，经过一段时间，秋千也会荡得很高，即发生共振现象。分析一下这种现象，推秋千的力就是驱动力，只要周期性的驱动力跟振动"合拍"时，每一次驱动力都跟振动物体的速度方向一致，驱动力做的功都是正功，都能用来增大振动系统的能量，所以振幅越来越大，直到驱动力做的功供给振动系统的能量等于克服阻力消耗的能量，振幅才不再增大，即达到最大振幅。当驱动力不跟振动"合拍"时，驱动力做的功有一部分是负功，因而振动系统从驱动力得到的能量比"合拍"时少，振幅也就比"合拍"时小。

在生活中共振现象有许多应用。钢琴、小提琴等乐器的木质琴身，实际就是利用了共振现象使其成为一个共鸣盒，将悦耳优美的音乐发送出去，以提高音响效果。在修建桥梁时需要把管柱插入江底作为基础，如果使打桩机打击管柱的频率跟管柱的固有频率一致，管柱就会发生共振而激烈振动，使周围的泥沙松动，于是管柱可以比较容易地插下去。

在某些情况下，共振现象可能造成损害。例如，当军队或火车过桥的时候，整齐的步伐或车轮对铁轨接头处的撞击，都是周期性的驱动力。如果它的频率接近于桥梁的固有频率，就可能使桥梁的振幅增大到使桥梁断裂的程度。因此，为了不产生周期性的驱动力，部队过桥时要用便步，火车过桥时要放慢速度，让驱动力的频率远小于桥的固有频率。轮船航行的时候，也会受到周期性的波浪的冲击而左右摇摆。为了避免波浪的冲击力的频率跟轮船摇摆的固有频率相同，产生共振现象，导致轮船倾覆，要不断地改变轮船的航向和速率，使波浪冲击的频率远离轮船的固有频率。共振现象有利有弊，当需要利用共振的时候，应该使驱动力的频率接近或等于振动物体的固有频率；在需要防止共振危害的时候，要想办法使驱动力频率和固有频率不相等，而且相差越大越好。

练习二

1. 除了书上讲的自由振动和受迫振动的例子外，再各举两个有关振动的实例。

2. 洗衣机在衣服脱水完毕关闭电源后，脱水桶还要转动一会才能停下来。在关闭电源后，发现洗衣机先振动得比较弱，有一阵子振动得很剧烈，然后振动慢慢减弱直至停下来。开始时，洗衣机为什么振动比较弱？其间剧烈振动的原因是什么？

3. 汽车的车身是装在弹簧上的，如果它的固有周期是 1.5 s，汽车在一条起伏不平的路上行驶，路上各凸起处相隔的距离大约都是 8 m，那么汽车以多大的速度行驶时车身的起伏振动最激烈？

4. 如图 3-10 所示，质量为 m 的木块放在弹簧上端，在竖直方向上做简谐振动，当振幅为 A 时，物体对弹簧的压力最大值是物体重力的 1.5 倍，则物体对弹簧的最小压力是_____，欲使物体在弹簧振动中不离开弹簧，其振幅不能超过_____。

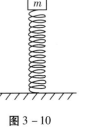

图 3-10

5. 如图 3 – 11 所示，单摆摆球质量为 M，摆长为 L，做简谐运动。当它由最大位移 P 点（摆角为 α）摆回平衡位置 O 的过程中，重力的冲量为 _____，合外力的冲量为 _____，在 O 点摆球重力的即时功率为 _____。

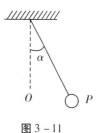

图 3 – 11

第五节　机械波

人们经常感受到的波动现象有两种：一种是通过宏观介质中质点振动而传播的波动，这种机械振动在介质中的传播过程叫作机械波（mechanical wave），其中直观的机械波，是在水面传播的水的表面波；另一种是通过交变电磁场在空间的传播形成的，统称电磁波，如无线电波、光波等。机械波只能在介质中传播。振动频率约在 20 Hz 至 20 kHz 的机械波，能为人的听觉所感受，叫作声波（sound wave）。

机械波的产生和传播　以绳子中的波为例，来分析机械波的产生和传播。如图 3 – 12a 所示，将绳子的一端固定在远处，用手握住绳子的另一端上下摆动，就会看到一凸凹相同的波向绳子的固定端传去。图 3 – 12b 画出了每隔 $\frac{1}{4}$ 周期绳上波形的变化情况。这根较长的细绳，可以理想化为一系列的质点排列在一条直线上，质点和质点之间以弹性力相互联系着，甚至可以设想每两个质点之间连接着一个没有质量的小弹簧。这根绳子就可以称为弹性介质。当绳子成一条直线静止时，每个质点的位置就是它们的平衡位置。

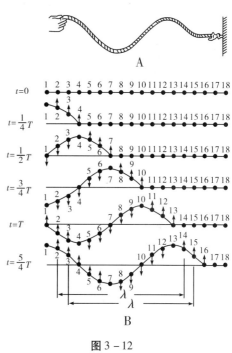

图 3 – 12

当第一个质点受到外界的干扰而离开自己的平衡位置时，绳子中的质点就依次在各自的平衡位置附近振动起来。因此，当弹性介质中的一个质点振动时，由于各质点间的弹性力，邻近质点出现振动，又引起较远的质点的振动。这样，振动以一定的速度由近及远地向各个方向传播出去，形成了波。这种机械振动在弹性介质中的传播过程，就叫作机械波。由此可见，机械波的产生要有两个条件：一是要有做机械振动的物体，即要有波源；二是要有传播这种机械振动的弹性介质。

由图 3 – 12 可以看出，当机械波传播时，每个质点都在自己的平衡位置附近振动，沿波的传播方向并未发生质点的迁移。这表明介质虽然能够以波的形式把振动传播出去，但在弹性介质中的物质本身并没有随波一起迁移。本来静止的质点随着波的传来而开始振动，这表明它获得了能量。质点获得的这部分能量是波从波源传来的，所以波在传播振动的同时，也将振动能量传递出去。波是传递能量的一种方式。

横波和纵波　按照质点振动方向与波的传播方向间的关系，可以把波分成横波和纵波。在图 3 - 13 所示的绳子上的凸凹波中，质点上下振动，波向右传播，质点振动方向与波传播方向垂直，这种波叫作横波（transverse wave）。在横波中，凸起部分的最高点通常叫作波峰，凹下部分的最低点通常叫作波谷。

我们再看另外一种波。在图 3 - 14 中，画出了每隔八分之一周期介质质点形状的变化。可以看出质点上的疏密波中，质点左右振动，波向右传播，质点的振动方向与波的传播方向在同一直线上，这种波叫作纵波（longitudinal wave）。在纵波中，质点分布较密的部分叫作密部，质点分布较稀的部分叫作疏部。

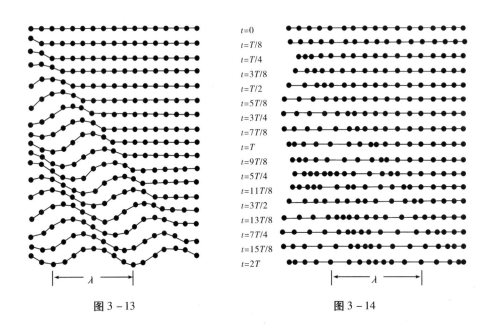

图 3 - 13   图 3 - 14

第六节　波的图像、波长、频率和波速

波的运动情况可以用图像来描述。在平面直角坐标系中，用横坐标表示介质中各个质点的平衡位置，用纵坐标表示某一时刻各个质点偏离平衡位置位移。连接各位移矢量的末端，就得出一条曲线，这条曲线就是波的图像（如图 3 - 15b）。

图 3 - 15a 表示某一时刻 t 绳上的一列横波，图 3 - 15b 是它的图像。比较它们的形状，可知横波的图像能直观地表示出这列波在时刻 t 的波形，从图像上可以直接得出各个质点在时刻 t 的位移。由于纵波的图像较难理解，故不在此讨论。

如果波的图像是正弦曲线，这样的波叫作正弦波（sinusoidal wave），也叫简谐波（simple harmonic wave）。理论证明，介质中有正弦波传播时，介质的质点在做简谐振动。

将简谐波的图像和振动的图像互相比较，发现它们很相似。这两种图像都是数学中的正弦曲线（或余弦曲线）。但是这两种图像的物理意义是不相同的。波的图像表示的

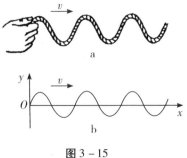

图 3 - 15

是某一时刻各个质点的位移，振动的图像表示的是某一质点在各个时刻的位移，研究的对象是不同的。

描述波也有几个特征量，如波长、波速、波的周期和频率等。

研究一下图 3 – 12b 中的横波的传播情况。由质点 1 发出的振动传播到质点 13 以后，质点 13 的振动跟质点 1 的振动步调完全一致：这两个质点在振动过程中的任何时刻，对平衡位置的位移总是相等的。同样，质点 2 和质点 14，质点 3 和质点 15 等，在振动中的任何时刻对平衡位置的位移也总是相等的。

两个相邻的、在振动过程中对平衡位置的位移总是相等的质点间距离，叫作波长。波长通常用字母 λ 表示。

在横波中，两个相邻的波峰间的距离或两个相邻的波谷间的距离，都等于波长。

在纵波中，两个相邻的密部中央间的距离或者两个相邻的疏部中央间的距离，都等于波长。

波的周期是波前进一个波长的距离所需要的时间。从图 3 – 12b 中还可以看出，质点 1 振动一个周期后质点 13 开始振动。即波源做一次完全振动，波就前进一个波长的距离，所以波的周期（或频率）等于波源的振动周期（或频率）。

在波动过程中，某一振动状态在单位时间内所传播的距离叫波速。在一个周期内，波传播了一个波长的距离，所以可以得出波的传播速率：

$$v = \frac{\lambda}{T}$$

由于振动周期 T 与振动频率 f 互为倒数，即 $f = \frac{1}{T}$，因此上面的式子可以写成：

$$v = \lambda f$$

即波速等于波长和频率的乘积。以上两式具有普遍意义，对各类波都适用。需要指出的是，波速是由介质决定的，但波的频率是波源振动的频率，与介质无关。因此，同一频率的波，其波长将随介质的不同而不同。

例题　一列横波沿 x 轴传播，在 $t_1 = 0$ 和 $t_2 = 0.005$ s 时的波形图分别如图 3 – 16 中的实线和虚线所示，设周期 $T < (t_1 - t_2)$，且波速 $v = 6\ 000$ m/s，则这列波的传播方向是_____。

解析： 由图可知：$\lambda = 8$ m，在 $\Delta t = 0.005$ s 这段时间内，

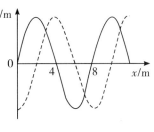

图 3 – 16

若波向右传播，则：$\Delta t = \frac{1}{4}T + nT$

波向右传过的距离 $s_右 = n\lambda + \frac{1}{4}\lambda = (8n + 2)$ m

若波向左传播，则：$\Delta t = \frac{3}{4}T + nT$

波向左传过的距离 $s_左 = n\lambda + \frac{3}{4}\lambda = (8n + 6)$ m

而在 Δt 时间内实际传过的距离 $s = v\Delta t = 6\ 000 \times 0.005$ m $= 30$ m

当 $n = 3$ 时，$s_左 = s$，所以波向左传播。

练习三

1. 图 3-17 为一列沿 x 轴正方向传播的简谐波在某时刻的波形，此时刻图中 a、b、c、d 四个质点的振动方向、速度大小的变化情况是怎样的？此时刻起经过四分之一周期后，质点 a、d 通过的路程是不是 10 cm？为什么？

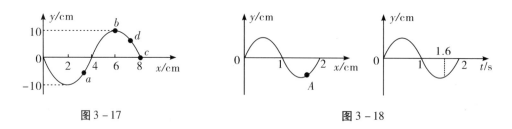

图 3-17   图 3-18

2. 质点 A 做简谐运动的振动图像与 $t=1.6$ s 时刻的波动图像如图 3-18 所示，质点 A 在 $t=1.6$ s 时刻的振动方向以及波的传播方向是怎样的？

3. 在某一地区，地震波的纵波和横波在地表附近的传播速率分别是 9.1 km/s 和 3.7 km/s。在一次地震时，这个地区的一个观测站记录的纵波和横波的到达时刻相差 5 s。那么地震的震源距这个观测站多远？

4. 一只船停泊在岸边，如果海浪的波峰间的距离是 7 m，海浪的波速是 2.1 m/s，求船摇晃的周期是多少？

5. 甲乙二人分乘两只船在湖中钓鱼。两船相距 24 m，有一列水波在湖面上传播开来。每只船每分钟上下浮动 10 次。当甲船位于波峰时，乙船位于波谷，这时两船之间还有一个波峰。水波的波速是多大？

6. 仔细研究图 3-15，说明：两个相邻的反相质点间的距离等于波长的多少。

第七节   波的干涉

波的叠加   当两列或几列波相遇，会不会像两个或几个球相碰时那样改变了它们原来的运动状态呢？

如图 3-19a 所示，如果两个波源经过 $\frac{1}{2}$ 周期后停止振动，一个波源在绳的左端发出波 1，另一个波源在绳的右端发出波 2。从图 3-19b~d 我们发现两个波在彼此相遇并互相穿过后，波的形状和相遇前一样（见图 3-19e），也就是它们都保持自己的状态而不受相遇波的影响。同样，两列水波互相穿过，仍然保持各自的状态继续传播，就像没跟另一列波相遇一样。又如，我们在听几人同时说话或乐队演奏时，仍能从综合音响中辨别出每人的声音或每种乐器，这表明某个人或某种乐器发出的声波，并不因其他人或其他乐器同时发出的声波而受到影响。

实验证明，几列波相遇后，各列波仍然保持各自的频率、波长、振

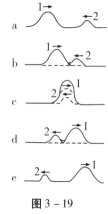

图 3-19

幅和振动方向不变，对相遇的质点的振动各自做出自己的贡献，然后各自按原来的传播方向继续前进，好像在传播过程中没有遇到其他波一样，这就是波的独立作用原理（independent role of wave）。这是波的一个基本性质。

两列波相遇时互相穿过，由于每个质点都同时参与这两列波引起的振动，质点的位移等于两个分振动引起的位移的矢量和。两列波重叠区域里任何一点的总位移，都等于两列波分别引起的位移的矢量和。这就是波的叠加原理（superposition principle of wave）。

相干波和波的干涉 一般来说，波的叠加的情形是很复杂的。现在只讨论一种最简单但是最重要的情形，就是两列相干波的叠加。凡是满足如下条件的波：①振动方向相同；②频率相同；③相位相同或相位差恒定，就称为相干波（coherent wave）。

用两根固定在同一个振动片上的金属丝，能在水波槽里发出水波。这两列波可以看成相干波，它们重叠时，就会形成如图3－20所示的水波图样：有些地方水面起伏得很厉害（图中亮处）；而有些地方水面只有微弱的起伏，甚至平静不动（图中暗处）；这两类区域在水面上的位置是稳定不变的。

图3－20

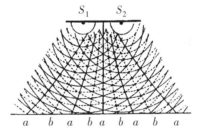

图3－21

现在用波的叠加来解释一下这个现象。如图3－21所示，用两组同心圆分别表示从波源S_1、S_2发出两列波，实线圆弧表示波峰，虚线圆弧表示波谷。这两列波可以看成两个相位相同的相干波，沿着它们振动方向的水域，在某一点如果是两列波的波峰与波峰或波谷与波谷相遇时，由于相位相同，两列波的相差为0，在这些位置上的合振动始终加强，合振幅为最大，位移为最大值（等于两列波振幅之和）；如果是波峰与波谷相遇时，由于相位相反，两列波的相差为π，在这些位置上合振动始终减弱，合振幅为最小。由图3－20可知，振动加强和振动减弱的区域相间排列，形成稳定的图样。

由上可见，两列相干波源发出的波互相叠加时，将出现稳定的互相间隔的振动最强的区域和振动最弱的区域。所以，两列相干波叠加，使某些区域的振动加强，某些区域的振动减弱，并且振动加强和振动减弱区域互相间隔，这种现象叫作波的干涉（interference）。形成的图样叫作波的干涉图样。

如果两列不相干波源，它们发出的两列波互相叠加时，水面上各点振动的振幅，时而是两个振动的振幅的和，时而是两个振动的振幅的差，没有振动总是得到加强或总是受到减弱的区域。这样的两个波源不能产生稳定的干涉现象，不能形成干涉图样。叠加规律适用于一切波，所以干涉是波特有的现象。

第八节　波的衍射

我们通过对日常所见的水波现象的观察，来研究波的性质。

丢一块小石头到湖水中，激起的水波向周围传播，当遇到突出水面的小竹子、小石子等障碍物时，就会绕过它们，继续传播，好像它们并不存在。如果在水波演示槽的水里放一个小障碍物，也可以清楚地看到水波能绕过障碍物而继续传播。这种波绕过障碍物的现象，叫作波的衍射。在水波前进方向上放一个有孔的屏，来观察水波通过孔的情形。如图 3 - 22 所示的两次实验中，水波的波长相同，孔的宽度不同。在孔的宽度跟波长差不多的情况下（见图 3 - 22a），孔后的整个区域里传播着以孔为中心的环形波，即发生了明显的衍射现象。在孔的宽度比波长大好多倍的情况下（见图 3 - 22b），在孔的后面，水波是在连接波源和孔边的两条直线所限制的区域

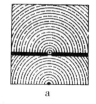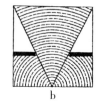

图 3 - 22

里传播的，只在离孔比较远的地方，波才稍微绕弯到"影子"区域里，衍射现象不明显。由这两个实验可以看出，能够发生明显的衍射现象的条件是：障碍物或孔的尺寸比波长小，或者跟波长相差不多。在声学中，由于声音的波长与所遇到的障碍物大小差不多，因此声波的衍射较显著，如在屋内能够听到室外的声音，即是声波能够绕过窗（或门）缝的缘故。

一切波都能发生衍射，衍射现象跟干涉现象一样也是波特有的现象。

第九节　驻　波

如果让绳子的两端以同一频率、同一振幅沿同样方向振动，就会出现一种更为奇妙的现象：它们两端所发出的两列波从相反的方向传来，使绳子上的某些点完全不动，在这些不动点之间的绳子上下振动，但沿着绳子方向上，却看不到波形的传播。这种奇妙的现象称为驻波（standing wave）。

在琴弦上也可以形成驻波。如图 3 - 23 所示，可以把弹性弦线的一端 a 与音叉相连，另一端通过滑轮后系一个砝码，加减砝码可以调节弦上的张力，移动劈尖 b 可以改变弦的有效长度。当音叉振动时，音叉带动 a 端振动所引起的一列行波自左向右传播，此波到达劈尖处时会被劈尖反射，产生一个从右向左的行波，于是这个反射

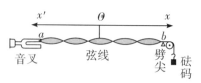

图 3 - 23

波与由音叉处不断传来的波，在弦上各点相遇并产生叠加。波源 a、b 产生的两列波的频率、振幅和振动方向均相同，对于确定的 b 点，它们的相位差也是保持不变的，可以确定这两列波的叠加是干涉现象的一种。干涉的结果就形成了图 3 - 23 所示的特殊的波形。这种波的特征是：有些点的振幅恒为零，始终保持不动；有些点的振幅始终保持最大；并

没有波形的传播。我们把始终不振动的点叫作波节（node），把振幅最大处叫作波腹（loop）。两波节间的各个质点均做同时向上或同时向下，但振幅不同的同步调振动，因而形成的波形虽然也随时间而变化，但并不在弦线上移动，这就是我们把它称为驻波的原因。

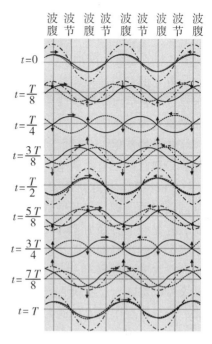

我们以两列反向波的叠加为例来说明驻波的形成。如图3-24所示，用实线表示入射波，虚线表示反射波，画出从 $t=0$ 开始间隔为 $\frac{1}{8}$ 周期的一个周期内的几个时刻的两列波的波形图，点划线为它们的合成波，即驻波的波形。从图3-24中不仅形象地看到驻波的形成过程，还能明显地发现，在驻波的波节处，入射波和反射波的相位总是相反的，合振幅总为零。

驻波是由振幅、频率和传播速度都相同的两列相干波，在同一直线上沿相反方向传播时叠加而成的一种特殊形式的干涉现象。

图3-24 入射波和反射波的波形及驻波的形成

第十节 声波、乐音

声源 人类是用声音来传递语言、交流思想的。声音是人类生活中不可缺少的组成部分。经过简单的观察，可以知道声音是怎样产生的：一切发声的物体都在振动，它们就是声源。

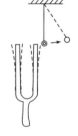

用橡皮槌敲打音叉，使它发声。如果把悬在线上的小球跟发声的音叉接触，小球会被弹开，如图3-25所示。用手指轻轻接触发声的音叉，可以直接感觉到它的振动。如果捏紧音叉的叉股，使它停止振动，就听不到声音了。锣、鼓是靠锣面、鼓膜的振动发声的。发声的时候，如果用手轻轻接触锣面或鼓膜，可以直接消声。弦乐器是靠弦的振动发声的。观察发声的弦，会看到它的轮廓变模糊了，这是因为弦的振动频率很大。人是靠声带的振动发声的。人在说话的时候，如果用手摸咽喉，就会感觉到振动。不但音叉、锣面、鼓膜、弦等固体能振动发声，气体和液体也能够振动发声。各种管乐器就是靠空气柱的振动发声的。

图3-25

声波 声源振动的时候在空气中形成声波。声源，如振动的音叉，它的叉股向一侧振动时，压缩邻近的空气，使这部分空气变密，叉股向相反方向振动时，这部分空气又变疏，这种疏密相间的状态由声源向外传播（见图3-26）形成声波，传入人耳，使鼓膜振动，就引起声音的感觉。因为空气质点的振动方向与声波的传播方向在同一直线上，所以声波是纵波。

图3-26

声波不仅能在气体中传播，还能在固体和液体中传播。例如，在桌面上的一端放一只表，把耳朵贴在桌面的另一端，可以听到从桌面传来的表的走动声；让螺丝刀跟机器的外壳接触，把耳朵贴在螺丝刀的把上，可以听到机器内部的声音；人潜没在水里，可以听到岸上的声音。

在不同的媒质中声波的传播速率不同，声波在 0 ℃空气里的传播速率是 332 m/s，20 ℃时是 344 m/s，30 ℃时是 349 m/s。声波在水里的传播速率大约是空气里的 4.5 倍，在金属里传播速率更大。

声波的反射　　我们对着山崖或高大的建筑物喊一声，可以听到清晰的回声。这是声波遇到障碍物被反射的结果。

图 3 - 27a 是北京市天坛公园的回音壁，图 3 - 27b 说明波反射的道理。回音壁修建于明朝，已有三百多年的历史，它是一个直径为 65 m 的圆形墙壁（见图 3 - 27b）。人对着回音壁在一侧说话，发出的声波沿着回音壁多次反射，另一个人贴近回音壁的另一侧可以听到前一个人说的话。回音壁的修建，是我国古代劳动人民对声音反射研究的成果，充分体现中国人民的智慧。

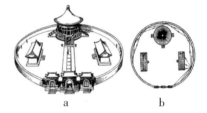

图 3 - 27　天坛公园的回音壁

声波在传播的过程中，遇到障碍物发生反射，反射回来的声波要在原来的声波消失后至少经过 0.1 s 到达人耳，人们才能把回声和原来的声音区分开。如果反射声波的障碍物离人很近，回声就跟原来的声音混在一起，使原来的声音加强。在门窗关闭的屋子里谈话，听起来比在旷野里响，就是这个道理。

声波在室内传播时，会被墙壁、天花板、地板等障碍物反射，每反射一次还会被障碍物吸收一些。这样当声源停止发声后，声波在室内要经过多次反射和吸收，最后才消失，我们就感觉到声源停止发声后还要继续一段时间。这段时间叫作交混回响时间。交混回响时间的长短是音乐厅、剧院、礼堂等建筑物的重要声学特性。交混回响时间过长，前音未落后音又起，互相重叠，分辨不清；交混回响时间过短，给人以单调、不丰满的感觉，不适合于演奏。

北京首都剧场的交混回响时间，满座时是 1.36 s，空座时是 3.3 s。北京人民大会堂的交混回响时间，满座时是 1.6 s，空座时是 3 s。广州中山纪念堂的交混回响时间，满座时是 1.7 s，空座时是 3.2 s。星海音乐厅的交混回响时间，满座时是 1.8 s，空座时是 3.5 s。

声波的干涉　　声波是机械波，也能发生干涉现象。我们用音叉来演示声波的干涉：当音叉发声的时候，它的两个叉股是两个相同的波源，它们产生的两列波发生干涉，出现相间的加强区和减弱区。在加强区，空气的振动加强，我们听到的声音也强。在减弱区，空气的振动减弱，我们听到的声音也弱。因此，当我们环绕正在发声的音叉走一周，或者人不动而使音叉绕叉柄的纵轴旋转，就会听到声音忽强忽弱的变化。

声波的衍射　　在通常的情况下，我们能听到的声波的波长在 1.7 cm ~ 17 m 的范围内，一般大小在此范围内的障碍物很多，所以通常条件下，声波遇到障碍物时，有的会发生明显的衍射，有的却表现为直线传播。波长与障碍物的尺寸相近的声波，就可以绕过障碍物，使我们在障碍物的另一侧听到声音。而光的波长通常在 0.4 ~ 0.76 μm 的范围内，跟一般的障碍物的尺寸相比非常小，所以几乎不发生衍射。这就是闻其声而不见其人的原因。

声音的共鸣　　声波也可以产生共振，声音的共振叫共鸣。同样我们用音叉来研究声音的共鸣。取两只频率相同的音叉并列放在一起，敲响其中一只，然后用手按住使它停止振动，就可以听到没有被敲的那只音叉发出了声音。被敲响的那一只音叉振动时发出声波，传到另一只音叉，对它产生周期性作用力，使它做受迫振动。由于两只音叉的频率相等，后一只音叉受到的周期性作用力的频率跟它的固有频率相等，因此后一只音叉产生了最大振幅的受迫振动，也就是发生了共鸣。如果两只音叉的频率不同，受迫振动比较弱，不会发生共鸣，这时按住敲响的音叉使它停止振动，就听不到另一只音叉的声音了。

音叉和空气柱也可以发生共鸣。在盛水的容器中插一根粗玻璃管，在管口的上方放一个正在发声的音叉（见图 3 - 28）慢慢把玻璃管提上来，以增大玻璃管中空气柱的长度。当空气柱的长度增大到一定值时，空气柱的固有频率与音叉的频率相等，空气柱跟音叉发生共鸣。可以证明：跟某一声波共鸣的空气柱的最短长度等于该声波波长的 $\dfrac{1}{4}$。因此，利用空气柱

图 3 - 28

的共鸣可以测定声波的波长。

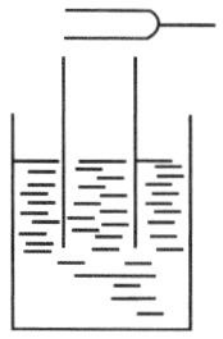

乐音和噪声　根据人对声音的感觉，通常把声音分为两类：乐音和噪声。好听悦耳的声音叫作乐音。乐音是由周期性振动的声源（如音叉、乐器、歌唱家的声带等）发出来的，它的波形曲线是周期性的曲线（见图 3 - 29）。嘈杂刺耳的声音叫作噪声，劈木材时的破裂声、街道上的嘈杂声、工厂里机器的轧轧声，都是噪声。噪声是由无规则的非周期性振动产生的，波形曲线非常复杂，是无规则的非周期性曲线（见图 3 - 30）。

图 3 - 29　乐音的波形 　　　　　图 3 - 30　噪声的波形

声强级　对于频率在 20 ~ 20 000 Hz 这个范围内的声波，声强过小将听不到声音，声强过大又震耳难忍。要引起听觉，声强也有一个范围，而且这个范围的大小对不同频率的声波来说并不同。人耳对频率在 3 000 Hz 左右的声波最敏感，在这个频率附近引起听觉的声强范围最大，是 10^{-12} ~ 1 W/m² 。如果在这个大范围内比较两个声强，由于人耳对声强的变化并不敏感，因此直接用声强单位来计量声波不太能符合听觉（声音探测器）的反应特征。为了大致符合人耳对响度反应的特征，常用两个声强之比的对数来比较声强的大小。

人们规定 $I_0 = 10^{-12}$ W/m² 作为比较声强的标准。设某声强为 I，规定用 I 与 I_0 之比的对数来表示，我们用 I 和 I_0 之比的对数来表示 I 的强弱，叫作 I 的声强级，以 L 表示：

$$L = 10 \lg \dfrac{I}{I_0}$$

L 的单位叫分贝（dB）。

例如，$I = 10^{-9}$ W/m² ，它的声强级 L 是：

$$L = 10 \lg \dfrac{I}{I_0} = 10 \lg \dfrac{10^{-9}}{10^{-12}} = 30 \text{ dB}$$

$I_0 = 10^{-12}$ W/m² 的声强级是 0 dB。$I = 1$ W/m² 的声强级是 120 dB。住宅或办公室在安静的情况下，声强级为 30 ~ 40 dB；一般的工厂，声强级为 60 ~ 70 dB；卡车、警笛的声强级为 80 ~ 90 dB。

第十一节　噪声的危害和控制

噪声的危害　像人们在日常生活中大声说话、吵闹的街道上的杂音，属于不太强的噪声，它们会使人感到厌烦，分散注意力，影响工作，妨碍休息；而织布机、铆钉机、电锯的声音，属于较强的噪声，它们可使人感到刺耳难受，时间久了会引起噪声性耳聋，还会引起心血管系统和中枢神经系统的疾病，产生心律不齐、血压升高、消化不良等症状。更强的噪声，如喷气式飞机附近、水泥球磨机旁的噪声，几分钟的时间就会使人头昏、恶心、呕吐，像晕船一样。极强的噪声，如飞机、火箭喷口旁的噪声，对人体的危害就更严重了。假如一个人突然置身于极强的噪声下，听觉器官会发生急性外伤，并且会使整个机体受到严重损害，引起鼓膜破裂、双耳变聋，甚至语言紊乱、神志不清、脑震荡、休克或死亡。

噪声的控制　在我们居住的环境中，应尽量避免噪声。通过改善交通工具、改进操作方法等途径，可以使城市噪声得到明显改善。合理进行城市规划和建筑设计，可以控制噪声对人口密集区的干扰。城市绿化在减低噪声方面也有很好的作用。为了保护强噪声环境下工作人员的身体健康，在工作时要戴防护装置，如耳塞、耳罩或头盔等。

许多国家都在大力开展噪声控制的研究工作，现在已经形成一门新的学科，叫作"噪声控制学"，也叫"噪声工程学"。在这门新学科里，有许多直接关系人类健康的问题需要研究解决。

第十二节　超声波及其应用

频率低于 20 Hz 和高于 20 000 Hz 的声波，都不能引起人的听觉。低于 20 Hz 的声波叫次声波（infrasonic wave），高于 20 000 Hz 的声波叫超声波（supersonic wave）。

在火山爆发、地震、大气湍流、陨石落地、磁暴等自然活动中，以及核爆炸、火箭起飞都会有次声波产生。因此次声波已成为研究地球、海洋、大气等大规模运动的有效工具。对次声波的产生、传播、接收和应用等方面的研究，已形成现代声学的一个分支，即次声学。

由于次声波频率与生物体内部许多器官、功能神经元等的固有频率很接近，因此次声波还会对生物体产生影响。某些频率的强次声波能引起人的疲劳，甚至导致失明。有报道称，海洋上发生的过强次声波会使海员惊恐万状，痛苦异常，最终导致人员失踪。鉴于这个原因，目前有的国家已建立了预报次声波的机构。

现代超声技术已能获得高达 10^9 Hz 的超声波。近年来，超声技术的发展和应用越来越被重视。

与可听见的声波相比，超声波有两个重要特点：一是频率高、能量大，二是几乎沿直线传播。超声波的应用是按照这两个特点来展开的。

由于超声波频率很高，在媒质中传播时能产生巨大的作用力。在我国北方干燥的冬天，把超声波通入水罐中，剧烈的振动会使罐中的水破碎成无数小雾滴，再让小风扇把雾滴吹入室内，即可增加室内空气的湿度，这就是超声波加湿器。我们可以用超声波消除玻璃、陶瓷等制品表面的污垢，击碎和剥落金属制品表面的氧化层。超声波可以粉碎溴化银，将其制成颗粒极细的优质照相乳胶。这种照相乳胶可用于航天摄影以及从空间实验室或资源卫星上拍摄地面照片。

我们已经知道，相对于障碍物的尺寸，波长越短，衍射现象越不明显，所以它能够沿直线传播和反射，因而可以用来定向发射。根据这种特性，可以制成声呐、鱼群探测仪、回声测深仪等仪器。这些仪器的原理是相同的，就是发出短促的超声波，再接收被潜艇、鱼群或海底反射回来的超声波，根据记录的超声波往返时间和波速，确定潜艇、鱼群的位置或海底深度。

同样的道理，超声波可以用来探查金属内部的缺陷。例如，可以用来探查巨大的汽轮机轴、水轮机轴内部是不是有气泡或裂缝。混凝土制品、塑料制品、陶瓷制品以及水库的堤坝，也可以用超声波进行探伤。

超声波的传播速度和被吸收情况跟媒质的均匀性和成分有关。因此，用超声波"透射"正在进行化学反应的物质，在整个过程中不断测定超声波的传播速度和吸收情况，可以准确地知道反应的发生时间，有助于深入了解化学反应过程。

超声波用于医学治疗已有多年历史。近年来有报道称用超声波治疗偏瘫、面神经麻痹、小儿麻痹后遗症、乳腺炎、乳腺增生症、血肿等疾病，都有一定的疗效。

有许多的动物，如海豚、蝙蝠以及某些昆虫，有完善的发射和接收超声波的器官。海豚的声呐设备，使它在混浊的水里，能准确地确定远处的小鱼位置而猛冲过去吞食。它的声呐设备还有令人惊叹的分辨本领，竟能分辨 3 000 米以外的鱼的类别——是它喜欢吃的石首鱼还是它厌恶的鲻鱼。蝙蝠能在漆黑的夜晚飞行寻食利用的也是超声波，它能发现比头发还细的铁丝，及时避开而不撞上，能快速地捕捉飞行中的昆虫，不到一分钟的时间可以连续捕捉十几只。现代的无线电定位器——雷达，重量有几十、几百、几千千克，蝙蝠超声波雷达只有几分之一克，而在一些重要特性上如确定目标方位角的灵敏度、抗干扰的能力等，蝙蝠超声波都远远优于现代的无线电定位器。深入研究动物身上的超声波器官的构造、功能，将获得的知识用于改进现有的设备、创制新的设备，是发展超声波技术的主要途径之一，由此发展起了一门新学科，即仿生学。

思考题

1. 什么是简谐振动？试分别从运动学和动力学两方面做出解释。一个质点在一个使它返回平衡位置的力作用下，它是否一定做简谐振动？试说明下列运动是不是简谐振动。
    ①活塞的往复运动；
    ②完全弹性球在石板面上的跳动；
    ③一个小球在半径很大的光滑凹球面上来回滑动，且假设它经过的弧线很短；
    ④竖直悬挂的弹簧上挂一重物，把重物从静止位置拉下一段距离（在弹性限度内），然后放手任其运动；
    ⑤一质点做匀速圆周运动，它在直径上的投影点的运动；若质点做匀加速圆周运动，结果如何呢？
2. 有两个完全相同的弹簧振子，如果一个弹簧振子的物体通过平衡点的速度比另一个的大，它们的周期是否相同？它们振动有什么特征？
3. 为什么简谐振动的总能量一旦给定，在任何时刻其总能量都保持不变？总能量的大小是否与初相有关？

4. 相位的意义是什么？什么叫"同相"？什么叫"反相"？

5. 波动和振动有什么区别和联系？

6. 机械波在给定的介质中传播时，波长、频率、波速的关系如何？哪些量可以改变？哪些量不能改变？

7. 下面的结论是否正确？

① 机械振动一定能产生机械波；

② 介质质点振动的周期等于波的周期；

③ 振动的速度与波的传播速度大小相等。

8. 产生波的干涉的条件是什么？若两个波源发出的波的振动方向相同、频率不同，它们在空间叠加时，不能观察到干涉现象，为什么？

9. 有两列波在空间某点 P 相遇，若在某一时刻，观测到 P 点合振动的位移的数值等于两列波的振幅之和，能否肯定这两列波是相干波？

10. 什么叫驻波，形成驻波的必要条件是什么？

习题三

一、选择题

1. 做简谐振动的物体，如果在某两个时刻的位移相同，则物体在这两个时刻的 （　　）。

   A. 加速度相同　　　　　B. 速度相同　　　　　C. 动能相同　　　　　D. 动量相同

2. 一个弹簧振子，第一次被压缩 x 后释放做自由振动，周期为 T_1，第二次被压缩 $2x$ 后释放做自由振动，周期为 T_2，则两次振动周期之比 $T_1 : T_2$ 为 （　　）。

   A. $1 : 1$　　　　　B. $1 : 2$　　　　　C. $2 : 1$　　　　　D. $1 : 4$

3. 一个单摆，如果摆球的质量增加为原来的 4 倍，摆球经过平衡位置时速度减为原来的 $\frac{1}{2}$，则单摆 （　　）。

   A. 频率不变，振幅不变　　　　　　　　B. 频率不变，振幅改变

   C. 频率改变，振幅不变　　　　　　　　D. 频率改变，振幅改变

4. 机械波从空气传入水中后 （　　）。

   A. 频率变小，波长变大　　　　　　　　B. 频率变大，波长变小

   C. 频率不变，波长变大　　　　　　　　D. 频率不变，波长变小

5. 两个频率相同的波源，在振动过程中它们的运动方向始终相反，由这两个波源激起的两列波传到某一固定点 P 时，在 P 点出现永远抵消的现象。P 点到两个波源的距离之差 （　　）。

   A. 可能等于一个波长　　　　　　　　　B. 可能等于半个波长

   C. 可能等于零　　　　　　　　　　　　D. 以上答案均不对

6. 雷声隆隆不绝，这是声波的 （　　）。

   A. 共鸣现象　　　　　　　　　　　　　B. 在云层界面发生多次的反射现象

   C. 绕过障碍物的衍射现象　　　　　　　D. 叠加时的干涉现象

7. 图 3 – 31 中关于机械振动和机械波的说法正确的是（　　）。

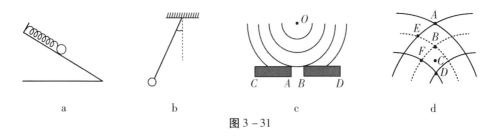

图 3 – 31

A. a 图中光滑斜面上的金属球在弹簧作用下做简谐运动的回复力由弹力提供

B. b 图中单摆的摆角较小时，运动为简谐运动，回复力由重力和弹力的合力提供

C. c 图中若增大波源 O 点振动的频率，衍射现象会更明显

D. d 图中 A、B、C、D 点的振动是加强的，它们的振幅最大

8. 一简谐机械波沿 x 轴正方向传播，周期为 T。t = 0 时刻的波形如图 3 – 32a 所示，a、b 是波上的两个质点。图 3 – 32b 是波上某一质点的振动图像。下列说法中正确的是（　　）。

A. t = 0 时质点 a 的速度比质点 b 的大　　　B. t = 0 时质点 a 的加速度比质点 b 的大

C. 图 3 – 32b 可以表示质点 a 的振动　　　D. 图 3 – 32b 可以表示质点 b 的振动

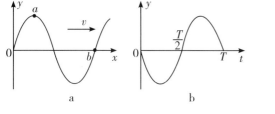

图 3 – 32

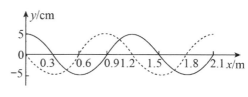

图 3 – 33

9. 一列沿 x 轴传播的简谐横波，t = 0 时刻的波形如图 3 – 33 中实线所示，t = 0.3 s 时刻的波形为图 3 – 33 中虚线所示，则下列说法正确的是（　　）。

A. 波的传播方向一定向右　　　B. 波的周期可能为 0.5 s

C. 波的频率可能为 5.0 Hz　　　D. 波的传播速度可能为 9.0 m/s

10. 某同学注意到手机摄像头附近有一个小孔，查阅手机说明后知道，手机内部小孔位置处安装了降噪麦克风。进一步翻阅技术资料得知：降噪麦克风通过降噪系统产生与外界噪声相位相反的声波，与噪声叠加从而实现降噪的效果。如图 3 – 34 所示是理想情况下的降噪过程，实线对应环境噪声，虚线对应降噪系统产生的等幅反相声波，则（　　）。

降噪孔

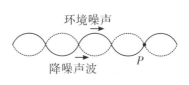

图 3 – 34

    A. 降噪过程实际上是声波发生了干涉

    B. 降噪过程可以消除通话时的所有背景杂音

    C. 降噪声波与环境噪声的传播速度不相等

    D. P 点经过一个周期传播的距离为一个波长

二、填空题

11. 一列在静止水面上传播的正弦波，波长 $\lambda = 0.8$ m，波速 $v = 4$ m/s，有一片小叶子浮在水面上。这列水波上下振动周期 $T =$ _____，每秒钟通过这片小叶子的波数有 _____ 个。

12. $f = 5$ Hz、$v = 2$ m/s 的横波沿着水平直线 PQ 的方向传播，P、Q 两点相距 50 cm。当波峰传到质点 Q 时，质点 P 的速度方向是 _____，对平衡位置的位移是 _____。

13. 频率相同的声波，在空气中和水中传播时比较，在 _____ 中容易发生明显的衍射现象，这是 _____ 的缘故。

14. 图 3 – 35 中实线是一列简谐波在某一时刻的波形图线，虚线是 0.2 s 后它的波形图线。这列波可能的传播速度是 _____。

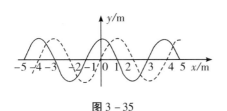

图 3 – 35

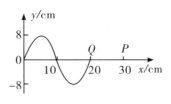

图 3 – 36

15. 一简谐波的波源在坐标原点 O 处，经过一段时间，振动从 O 点向右传播 20 cm 到 Q 点，如图 3 – 36 所示，P 点离开 O 点的距离为 30 cm，P 质点开始振动的方向是 _____。

16. 如果形成驻波的两列行波的波长为 λ，那么驻波的相邻波节之间的距离是 _____。

三、计算题

17. 伽利略曾提出和解决了这样一个问题：一根线挂在又高又暗的城堡中，看不见它的上端而只能看见它的下端。如何测量此线的长度？此测量方式有何实际意义？

18. 如图 3 – 37a 所示，用一根不可伸长的轻质细线将小球悬挂在天花板上的 O 点，现将小球拉离平衡位置，使细线与竖直方向成一夹角 θ（该夹角小于 5°）后由静止释放。小球的大小和受到的空气阻力忽略不计。由传感器测得小球偏离平衡位置的位移随时间变化的规律如图 3 – 37b 所示，求小球运动过程中的最大速度值。

a

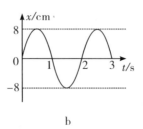

b

图 3 – 37

19. 一个准备装到人造卫星上的小型电子计算机。为了试验它是否承受得了在升空过程中巨大的加速度，将它装到一个在水平方向上做简谐振动的试验台上，试验台的频率是 10 Hz。要使试验台的最大加速度达到 1 km/s²，它的振幅必须多大？

20. 火车车轮经过接轨处时受到震动，因而使车厢在弹簧上上下振动。已知弹簧每承受 1 t 的载重带来的力，被压缩 1.6 mm。车厢和载重共重 55 t。每段铁轨长 12.5 m。火车沿轨道做匀速运动时，它的危险速度是多少？

21. 已知 0 ℃时空气中的声速是 332 m/s，水中的声速是 1 450 m/s。声波由空气传入水中时波长变化了多少倍？

22. A、B、C 三点分别距声源 S 的距离是 40 cm、52.5 cm、65 cm，从 S 传出的声波波长是 25 cm。分别求出 A、B 两点和 A、C 两点相位的关系。

23. 图 3-38 的 S_1 和 S_2 是两个同相、同频率的波源，S_1 和 A 点的距离是 l_1，S_2 和 A 点的距离是 l_2。如果 $l_2 - l_1$ 等于一个波长，两列波到达 A 点时同相，波峰和波峰相遇（或波谷和波谷相遇），A 点的振动加强；如果 $l_2 - l_1$ 等于半个波长，两列波到达 A 点时反相，波峰和波谷相遇，A 点的振动减弱。试证明：当 $l_2 - l_1$ 为半波长的偶数倍时，A 点的振动加强；当 $l_2 - l_1$ 为半波长的奇数倍时，A 点的振动减弱。

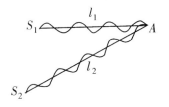

图 3-38

第四章　热学基础

　　暮春时节，金黄的油菜花铺满了原野，如图4-1所示。微风吹过，飘来阵阵花香。你有没有想过，你为什么能闻到这沁人心脾的香味呢？

第一节　分子动理论

　　古人的原子论只是属于思辨的范畴，无法得到实验验证。随着科技的发展，特别是显微镜的发明，人们对微观世界的观察越来越深入，原子论的观点也逐渐被人们接受。1982年，科学家研制出了扫描隧道显微镜，让人类第一次实际观察到原子的排列。

图4-1　油菜花丛

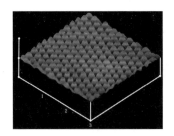

图4-2　扫描隧道显微镜下的石墨表面原子的图像

一、物体是由大量分子组成的

　　分子的大小　　分子非常小，其直径的数量级是10^{-10} m，用肉眼不能直接看到它们，就是在光学显微镜下也看不到。图4-2是我国科学家用扫描隧道显微镜拍摄的石墨表面原子的照片，图中每个亮斑都是一个碳原子。

　　阿伏伽德罗常数　　1 mol 的任何物质所含的分子数都是相等的，我们把 1 mol 物质中含有的分子数叫作阿伏伽德罗常数（Avogadro constant），通常用 $N_A = 6.02 \times 10^{23}$ mol^{-1} 表示。

　　阿伏伽德罗常数是联系宏观量和微观量的桥梁。宏观量（摩尔体积 V 或摩尔质量 M）与微观量（分子体积 V_0 或分子质量 M_0）的关系是：

$$V = N_A V_0$$

$$M = N_A M_0$$

其中，$V = N_A V_0$ 只运用于固体和液体的估算，而 $M = N_A M_0$ 对于固体、液体和气体都适用。分子的质量很小，一个氧分子的质量为 5.3×10^{-26} kg。分子质量的数量级在 10^{-27} kg 到 10^{-26} kg 之间。

用油膜法测定分子的大小　用油膜法测定分子的大小的原理是：用量筒量出 100 滴油酸的体积，算出一滴油酸的体积 V，测出油酸形成单分子油膜层的面积 S，如果把分子看作球形，就可以算出油酸分子的直径 $d = \dfrac{V}{S}$，如图 4-3、图 4-4 所示。

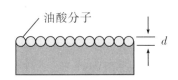

图 4-3　水面上单分子油膜的示意图

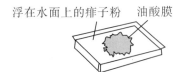

图 4-4　水面上形成一块油膜

分子虽然很小，但分子间有空隙，除一些有机物质的大分子以外，一般物质分子直径的数量级为 10^{-10} m。

可见，用宏观的尺度来衡量，分子是非常小的，因此一般物体中的分子数目都大得惊人。如 1 cm³ 水中含有约 3.3×10^{22} 个分子，假如动员全世界的男女老少都来数这些分子，每人每秒数一个，需要大约 17 万年才能数完。

分子的热运动　分子永不停息地做无规则的运动，分子的无规则运动的激烈程度与温度有关，故分子的无规则运动叫作热运动，热现象是大量分子热运动的集中表现。

扩散现象　随处可见的扩散现象，就是物质分子永不停息地做无规则的运动的证明。

不同物质能够彼此进入对方的现象叫作扩散（diffusion）现象。固体、液体和气体都能发生扩散现象。扩散现象与温度和物质存在状态有关，温度越高，扩散现象越明显。

图 4-5　溴蒸气的扩散

图 4-6　液体的扩散

图 4-7　酱油在蛋清中的扩散

图 4-5 是溴蒸气的扩散，图 4-6 是蓝色的硫酸铜溶液扩散到无色的清水中，图 4-7 是酱油的色素扩散到鸡蛋中，这些现象是人力无法阻挡的。

布朗运动　将花粉（或石墨等）的微小颗粒撒在水中，发现这些悬浮的微小颗粒处于永不停息的无规则运动状态中，这种运动叫作布朗运动（Brownian movement）。布朗运动是组成水的大量分子做永不停息的无规则运动，不断地碰撞悬浮在其中的微小颗粒而产生的，这些微小颗粒叫作布朗颗粒。布朗运动证明了液体分子处于永不停息的无规则运动状态中，也证明了构成物质的分子处于永不停止的无规则运动状态中，如图 4-8、图 4-9、图 4-10 所示。

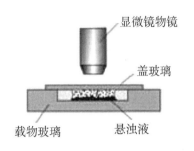

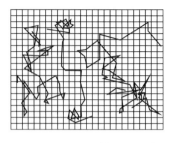

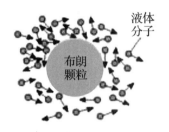

图4-8　布朗运动实验装置图　　　图4-9　显微镜下看到的三　　　图4-10　微粒很小时，
颗粒运动位置的连线　　　分子沿各方向对它的撞击不
平衡

　　由以上分析可以明确地解释布朗运动产生的原因，即由于悬浮在液体（或气体）里的固体小颗粒的体积很小，液体（或气体）分子对小颗粒在各个瞬间的不均匀的碰撞引起固体小颗粒无规则地运动。从而，固体小颗粒的这种无规则运动也间接反映了液体（或气体）分子的无规则运动。

　　热运动　　观察布朗运动时，我们发现温度越高，悬浮颗粒的运动越明显，即布朗运动越激烈，这证明分子的热运动跟温度有密切的关系，所以我们把永不停息的无规则运动叫作热运动。

二、分子间的作用力

　　分子间的作用力　　气体很容易被压缩，这说明气体分子之间存在着很大的空隙。

　　分子间虽然有间隙，大量分子却能聚集在一起形成固体和液体。用力拉伸物体，物体内要产生反抗拉伸的弹力，这个现象说明分子间有引力；用力压缩物体，物体内又有反抗压缩的弹力，这个现象说明分子间又有斥力。如图4-11所示，压紧的铅块会"粘"在一起。

　　从图4-12可以看到，引力和斥力的大小都跟分子之间的距离有关，都随着 r 的增大而减小，实际表现出来的分子力是分子引力和分子斥力的合力。当分子间的距离小于 r_0（大约是 10^{-10} m）时，分子间的作用力表现为斥力；当分子间的距离大于 r_0 时，分子间的作用力表现为引力；当分子间的距离大于 10^{-9} m 时，分子间的引力很小，可忽略不计；当分子间的距离为 r_0 时，引力和斥力相等，分子所受合力为0，分子处于平衡位置。

图4-11　压紧的铅块

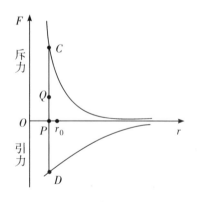

图4-12　分子间的作用力与距离的关系

分子动理论 物体是由大量分子组成的，分子在永不停息地做无规则运动，分子之间存在着引力和斥力。这就是分子动理论的主要内容。

三、内能

分子动能 像一切运动着的物体一样，做热运动的分子也具有动能，这就是分子动能。

物体中各个分子的动能有大有小，而且在不断改变。我们关心的是组成系统的大量分子整体表现出来的热学性质，是所有分子动能的平均值。这个平均值叫作分子热运动的平均动能。

从扩散现象和布朗运动中可以看到，温度升高时，分子的热运动加剧。温度是物体分子平均动能的标志，温度越高，分子平均动能越大。温度是大量分子平均动能的标志，对个别分子来讲是无意义的。

不同种物质的物体，如果温度相同，则它们的分子平均动能相同，但它们的分子平均速率不同。分子的平均动能与物体运动的宏观速度无关。温度是大量分子无规则热运动的宏观表现，其不反映单个分子的特性，温度高的物体内部也存在动能很小的分子。

分子势能 如果宏观物体之间存在引力（包括重力）或斥力，它们组成的系统就具有势能，势能是由物体间的相互位置决定的。

分子之间存在斥力和引力，因此分子也具有由它们的相对位置所决定的势能。由分子间相对位置所决定的势能，叫作分子势能。由图4-13可知，分子之间的距离大于 r_0 时，分子力为引力，再增大分子间的距离必须克服引力做功，分子势能随着分子间距离的增大而增大。这就像弹簧连接着的两个小球，从平衡位置向外拉伸时，它们的势能增大。

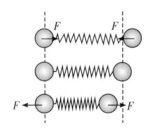

甲：拉伸弹簧时人要克服弹力做功，弹性势能增大

乙：原长的弹簧

丙：压缩弹簧时人也要克服弹力做功，弹性势能也要增大

图4-13 弹簧长度变化时弹性势能的变化，图中 F 表示弹力的大小

分子之间的距离小于 r_0 时，分子力为斥力，这时要减小分子间的距离，必须克服斥力做功，分子势能随着距离的减小而增大。这种情形与弹簧被压缩时弹性势能变化的趋势相似。当分子之间的距离等于 r_0 时，分子的势能最小。

物体的体积变化时，分子间的距离将发生变化，因而分子势能随之改变。可见，分子势能与物体的体积有关。

内能 一切物体都具有其内部状态决定的能量，称为物体的内能。物体的内能等于物体所有分子做无规则热运动的动能和分子势能的总和。组成任何物体的分子都在做无规则的热运动，分子间都有相互作用，因此任何物体都有内能。

由于物体分子的平均动能跟温度有关，分子势能跟物体的体积有关，因此内能大小跟物体的温度、体积有关。

内能不同于机械能,它们是两种不同形式的能。内能与机械能对应的运动形式不同,内能与热运动相对应,机械能与机械运动相对应。内能与机械能的决定因素不同,内能由物体的温度、体积决定,而机械能由物体机械运动的速度、离地的高度等条件决定。

物体的机械能在一定条件下可以等于零,但内能永远不可能为零。

例题 1 将 1 cm³ 的油酸溶于酒精,制成 200 cm³ 的油酸酒精溶液。已知 1 cm³ 溶液有 50 滴,现取其中 1 滴,将它滴在水面上,随着酒精溶于水,油酸在水面上形成一单分子薄层。现已测得这个薄层的面积为 0.2 m²,试由此估算油酸分子的直径。

解析: $d = \dfrac{V}{S} = \dfrac{\dfrac{1 \times 10^{-6}/200}{50}}{0.2} = 5 \times 10^{-10}$ m

例题 2 已知金刚石的密度 $\rho = 3.5 \times 10^3$ kg/m³,碳的摩尔质量为 12×10^{-3} kg/mol。现有一块体积 $V = 5.7 \times 10^{-8}$ m³ 的金刚石,它含有多少个碳原子?如果认为碳原子是紧密地排列在一起的,试求碳原子的直径。

解析: 第一问涉及化学知识:

$$N = nN_A = \frac{M}{M_{mol}} \cdot N_A = \frac{\rho V}{M_{mol}} \cdot N_A = \frac{3.5 \times 10^3 \times 5.7 \times 10^{-8}}{12 \times 10^{-3}} \times 6.02 \times 10^{23} = 1.0 \times 10^{22}$$

解第二问,可以先求每个碳原子所占据的空间:

$$v = \frac{V}{N} = \frac{V}{nN_A} = \frac{V}{\dfrac{\rho V}{M_{mol}}N_A} = \frac{M_{mol}}{\rho N_A} = \frac{12 \times 10^{-3}}{3.5 \times 10^3 \times 6.02 \times 10^{23}} = 5.70 \times 10^{-30}$$ m³

如果认为碳原子呈立方体排列,碳原子的直径 $d = \sqrt[3]{v} = 1.79 \times 10^{-10}$ m。

如果认为碳原子呈球形排列,则 $v = \dfrac{4}{3}\pi\left(\dfrac{d}{2}\right)^2$,故碳原子的直径 $d = \sqrt[3]{\dfrac{6v}{\pi}} = 2.22 \times 10^{-10}$ m。

这两种算法导致的结果差异较大,第二种看起来似乎更精确,但只要稍做思考,就会发现这样的问题:如果把每个分子所占的空间作为每个分子的体积,那么,分子之间的间隙不是不存在了吗?所以,第一种算法实际上更为符合事实。

例题 3 下列说法中正确的是( )。

A. 温度低的物体内能小

B. 温度低的物体分子运动的平均速率小

C. 做加速运动的物体,由于速度越来越大,因此物体分子的平均动能越来越大

D. 外界对物体做功时,物体的内能不一定增加

解析: 选项 D 正确。内能是物体内所有分子的动能和势能的总和。温度低的物体分子平均动能小,所有分子的动能和势能的总和不一定小,故选项 A 是错误的。因为不同物质的分子质量不同,温度低的物体,分子平均动能固然小,但是分子质量未定,所以温度低的物体分子平均速率不一定小,故选项 B 错误。内能与机械能是不同形式的能量。加速运动的物体,宏观运动的动能越来越大,但分子运动的平均速率不会因此而变大,所以分子平均动能不变,故选项 C 错误。物体内能的增减与做功和热传递有关。内能是否改变要看热传递和做功的总和,若做功转化为物体的内能等于或小于物体放出的热量,则物体的内能不变或减少,故选项 D 正确。

阅读材料

打破物态变化常规的液体

　　法国物理学家发现了一种遇热凝固的液体。法国格勒诺布尔市（Grenoble）的 Marie Plazanet 和同事们发现一种只含两种化合物的简单溶液，该溶液在被加热到45℃到75℃时凝固为固体，冷却后又变成液体。他们认为是氢键在这种新奇现象的背后起了重要作用。

　　之前认为，受热时固体变成液体，液体变成气体，是不可颠倒的规律，除非是在加热过程中化学性质被改变。因为人们还从未发现过可逆的液体受热凝固的现象。Plazanet 和同事用 α 环糊精（αCD）、4－甲基吡啶（4MP）和水制备了该种液体。环糊精是一种含有羟基的环状低聚合物，它可以同水分子或4MP 分子形成氢键。在室温下每升 4MP 最多可以溶解300 克 αCD，溶液是均匀透明的，加热后则变成乳白色固体，其凝结温度随着 αCD 的浓度升高而降低。中子散射研究表明这种固体是一种固凝胶，它是由 αCD 和 4MP 被氢键连接成的整齐稳定结构。温度下降后，氢键破裂使之重新变成液体。

　　Plazanet 和同事用分子动力学仿真这一过程后确认，环糊精在被加热到接近固化温度时，环结构会发生扭曲。αCD 中的氢键断裂，羟基团旋转向外，这就允许在不同分子之间形成"键网"。他们还发现了若干种受热凝固的环糊精/吡啶组合，通过细致地研究固凝胶体，他们进而得到了大量有关凝固机理的启示。

　　注：环糊精是从淀粉得到的六个以上 D－吡喃葡萄糖单元以1，4－糖苷键连接的环状低聚糖化合物。环糊精的独特结构使它们能与多种物质形成主—客结构或形成复合物。环糊精复合物改变了客分子的特性（例如：改良溶解性、稳定性和减少挥发），它掩盖了原来的滋味和气味（好与不好），增强了客体（活性成分）的稳定性和靶向释放，同时也增加客体（活性成分）的溶解度。

练习一

1. 阿伏伽德罗常数为 N_A mol^{-1}，铜的摩尔质量为 M kg·mol^{-1}，铜的密度为 ρ kg·m^{-3}，则下列说法中错误的是（　　）。

   A. 1 m^3 铜所含的原子数为 $\dfrac{\rho N_A}{M}$

   B. 1 个铜原子的质量为 $\dfrac{M}{N_A}$ kg

   C. 1 个铜原子的体积为 $\dfrac{M}{\rho N_A}$ m^3

   D. 1 kg 铜所含的原子数为 ρN_A

2. 关于布朗运动，以下说法正确的是（　　）。

   A. 布朗运动是指液体分子的无规则运动

   B. 布朗运动产生的原因是液体分子对小颗粒的吸引力不平衡

   C. 布朗运动产生的原因是液体分子对小颗粒碰撞时产生的作用力不平衡

   D. 在悬浮颗粒大小不变的情况下，温度越高，液体分子无规则运动越剧烈

3. 当两个分子之间的距离为 r_0 时，正好处于平衡状态，下面关于分子间相互作用的引力和斥力的各说法中，正确的是（　　）。

   A. 两分子之间的距离小于 r_0 时，它们之间只有斥力作用

   B. 两分子之间的距离小于 r_0 时，它们之间只有引力作用

C. 两分子之间的距离小于r_0时，它们之间既有引力作用又有斥力作用，而且斥力大于引力

D. 两分子之间的距离等于$2r_0$时，它们之间既有引力作用又有斥力作用，而且引力大于斥力

4. 两个分子由 10 倍 r_0 距离逐渐靠近，一直到分子间距离小于 r_0 的过程中（　　　）。

　　A. 分子力先做正功后做负功　　　　　　B. 分子力先做负功后做正功

　　C. 分子势能先增大后减小　　　　　　　D. 分子势能不变

5. 关于分子动理论和物体内能的理解，下列说法正确的是（　　　）。

　　A. 温度高的物体内能不一定大，但分子平均动能一定大

　　B. 一定质量的理想气体在等温变化时，内能不改变，因而与外界不发生热交换

　　C. 布朗运动是液体分子的运动，它说明分子永不停息地做规则运动

　　D. 扩散现象说明分子间存在斥力

6. 做"用油膜法估测分子的大小"的实验，简要步骤如下：

　　A. 将画有油膜轮廓的玻璃板放在坐标纸上，数出轮廓内的方格数（不足半个的舍去，多于半个的算一个），再根据方格的边长求出油膜的面积 S

　　B. 将一滴油酸酒精溶液滴在水面上，待油酸薄膜的形状稳定后，将玻璃板放在浅盘上，用彩笔将薄膜的形状描绘在玻璃板上

　　C. 用浅盘装入约 2 cm 深的水，然后将痱子粉或石膏粉均匀地撒在水面上

　　D. 用公式求出薄膜厚度，即油酸分子直径的大小

　　E. 根据油酸酒精溶液的浓度，算出一滴溶液中纯油酸的体积 V

　　F. 用注射器或滴管将事先配制好的油酸酒精溶液一滴一滴地滴入量筒，记下量筒内增加一定体积时的滴数

　　上述实验步骤的合理顺序是_____。（填入相应的选项字母）

7. 适量的水和酒精混合后的体积小于原来的体积，其原因是①_____；②_____。

8. 质量为 2 kg 的氧气是_____ mol；标准状况下 1 L 氧气的质量是_____ g。（已知氧气的摩尔质量为 3.2×10^{-2} kg/mol，1 mol 气体处于标准状态时的体积是 2.24×10^{-2} m³）

9. 8 g 氧气所含的分子个数为_____个；在标准状况下氧气分子的平均距离约为_____ m。

第二节　气　体

　　如图 4-14 所示，燃烧器喷出熊熊火焰，巨大的热气球缓缓膨胀，慢慢升空……乘坐热气球曾经只是用于探险，现在已经成为人们的休闲娱乐项目。当你乘坐热气球在蓝天翱翔时，你能回想起它的工作原理吗？

图 4-14　热气球

一、气体的状态和状态参量

压力 垂直作用于物体表面且指向物体内部的力，叫作压力。

压强 物体单位面积上所受的压力，叫作压强。

$$p = \frac{F}{S}$$

压强的单位是帕，符号表示为 Pa。1 Pa = l N·m^{-2}。

大气压强 大气产生的压强叫作大气压强，简称大气压，它是由大气层的重量产生的。

托里拆利实验测出：大气压强的值约等于 76 cm 高水银柱所产生的压强。

通常人们把 45°纬度海平面处测得 0 ℃时大气压的值称为标准大气压（standard atmospheric pressure）。

1 标准大气压（atm）=76 厘米汞柱（cmHg）=1.013×10^{5}帕（Pa）

气体的状态 对于一定质量的气体，它的体积、温度、压强三个物理量中，若其中一个物理量发生变化，其他两个物理量也常常发生变化。若这三个物理量都不改变，说明气体处于一个状态中，这个状态叫作气体的状态。

气体的状态参量 气体的状态用它的体积、温度和压强来描述，这些物理量叫作气体的状态参量。

（1）气体的体积。气体的体积是指充满气体的容器的体积，用符号 V 来表示。由于气体分子的无规则热运动，每一部分气体都要充满所能达到的整个的空间。一般情况下气体分子间距离远大于分子直径，所以气体体积远大于分子总体积，我们可以忽略气体分子的体积而把分子看作质点。

在国际单位制中，体积的单位为立方米（m^3），还有升（L）、毫升（mL）。它们的换算关系如下：

$$1 \text{ L} = 10^3 \text{ mL} = 10^{-3} \text{ m}^3$$
$$1 \text{ mL} = 1 \text{ cm}^3 = 10^{-6} \text{ m}^3$$
$$1 \text{ m}^3 = 10^3 \text{ dm}^3 = 10^6 \text{ cm}^3 = 10^9 \text{ mm}^3$$

（2）气体的温度。温度是表征物体冷热程度的物理量。气体温度的本质反映了大量气体分子无规则热运动的剧烈程度。分子热运动越剧烈，宏观体现为气体的温度越高。

温度是通过温度计测量的。温度的数值表示法称为温标（temperature scale）。常用的温标有摄氏温标（Celsius temperature scale）和热力学温标（thermodynamic scale）。

摄氏温标规定，在一个标准大气压下，冰水混合物的温度为 0 度，记作 0 ℃，水沸腾时的温度为 100 度，记作 100 ℃。把 0 到 100 分成 100 等份。每一份为 1 摄氏度（℃）。

现代科学中用得更多的是热力学温标，用热力学温标表示的温度叫作热力学温度。热力学温度是 19 世纪英国物理学家开尔文提出的一种与测温物质无关的温度，单位是开尔文，简称开，符号 K。

绝对零度（0 K，absolute zero）是低温的极限，只能无限地接近，不能达到。

摄氏温标所确定的温度用 t 表示，它与热力学温度 T 的关系是：

$$T = t + 273.15 \text{ K}$$

（3）气体的压强。从微观的角度看，气体对器壁的压强是大量气体分子对容器的碰撞引起的，这就好像密集的雨点打在伞上一样，雨点虽然是一滴一滴地打在伞上，但是大量密集雨点的撞击，使伞受到持续的作用力，如图 4 - 15 所示。

器壁单位面积上受到的气体压力，叫作气体的压强。

压强的单位有：标准大气压（atm）、厘米汞柱（cmHg）、帕（Pa）等。

二、气体的三个实验定律

气体的等温变化（玻意耳—马略特定律）　一定质量的某种气体，在温度不变的情况下，它的压强与体积成反比。

$$\frac{p_1}{p_2} = \frac{V_2}{V_1}$$

即 $p_1V_1 = p_2V_2$ 或 $pV =$ 恒量。

其中 p_1、V_1 和 p_2、V_2 分别表示气体在 1、2 两种不同状态下的压强和体积。

图 4 - 16 中的平滑曲线是 $p - V$ 图像的等温线。不同温度下的等温线是不同的。

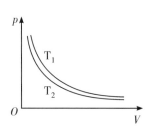

图 4 - 16　不同温度下的两条等温线

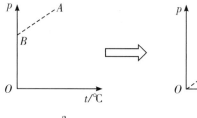 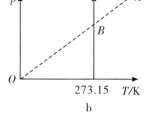

图 4 - 17　气体等容变化的图像

气体的等容变化（查理定律）　一定质量的气体，在体积不变的情况下，压强 P 与热力学温度 T 成正比，如图 4 - 17 所示。

$$\frac{p_1}{p_2} = \frac{T_1}{T_2} \text{ 或 } \frac{p}{T} = \text{恒量}$$

气体的等压变化（盖·吕萨克定律）　一定质量的气体，在压强不变（等压）的条件下，它的体积跟热力学温度成正比。

$$\frac{V_1}{V_2} = \frac{T_1}{T_2} \text{ 或 } \frac{V}{T} = \text{恒量}$$

即用热力学温标表示温度时，等压线是一条过原点的直线（见图 4 - 18）。

三、理想气体的状态方程

理想气体　严格遵守气体实验定律的气体叫作理想气体（ideal gas）。

在实际应用中，在通常的温度和压强下，由于许多气体的性质近似于理想气体，可以把它们当作理想气体处理。

图 4 - 15　大量雨点的撞击，使伞受到持续的作用力

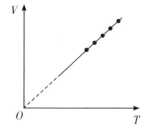

图 4 - 18　压强不变时体积与温度的关系

理想气体状态方程 设有一定质量的气体，从初状态 $A(p_1, V_1, T_1)$ 变到末状态 $B(p_2, V_2, T_2)$，可以先经过等温变化，再经过等容变化。

如图 4-19 所示，从 A 状态到 C 状态，根据玻意耳—马略特定律得：

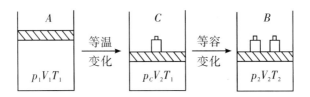

图 4-19

$$p_1 V_1 = p_C V_2 \qquad ①$$

从 C 状态到 B 状态，根据查理定律得：

$$\frac{p_C}{p_2} = \frac{T_1}{T_2} \qquad ②$$

解①②得：$\dfrac{p_1 V_1}{T_1} = \dfrac{p_2 V_2}{T_2}$ 或 $\dfrac{pV}{T} =$ 恒量。

由此可知，一定质量的理想气体，它的压强和体积的乘积跟热力学温度的比值不变。上面两式就是一定质量的理想气体的状态方程。

克拉伯龙方程 在标准状况（$p_0 = 1$ atm，$T_0 = 273$ K）下，1 mol 任何气体的体积都是 22.4 L，这就引出对 1 mol 任何气体都适用的恒量 $R = 8.31$ J/mol·K $= 0.082$ atm·L/mol·K。显然，研究气体的状态参量与其物质的量（摩尔数）有关，设研究气体的质量为 m，摩尔质量为 μ，则 $\dfrac{pV}{T} = \dfrac{m}{\mu} \cdot R$，这就是克拉伯龙方程，又叫作任意质量的理想气体状态方程。

例题 1 对于一定量的理想气体，下列四个论述中正确的是（   ）。

A. 当分子热运动剧烈时，压强必变大

B. 当分子热运动剧烈时，压强可以不变

C. 当分子间的平均距离变大时，压强必变小

D. 当分子间的平均距离变大时，压强必变大

解析： 从微观来说，压强是单位时间内作用在单位面积上的冲量，即压强微观上由分子平均动能和分子数密度决定。正确答案：B。

例题 2 一定质量的理想气体：（   ）。

A. 先等压膨胀，再等容降温，其温度必低于起始温度

B. 先等温膨胀，再等压压缩，其体积必小于起始体积

C. 先等容升温，再等压压缩，其温度有可能等于起始温度

D. 先等容加热，再绝热压缩，其内能必大于起始内能

解析： 由 $\dfrac{pV}{T} = C$（恒量）可知，若等压膨胀，温度升高，等容降温，温度降低，故温度可能回到原来温度。A 选项错误。同理：B 选项错误，C 选项正确，D 选项正确。

例题 3 一定质量的理想气体处于某一初始状态，若要使它经历两个状态变化过程，压强仍回到初始状态的数值，则下列过程中，可以采用（   ）。

A. 先等容降温，再等温压缩　　　　　　B. 先等容降温，再等温膨胀

C. 先等容升温，再等温膨胀　　　　　　D. 先等温膨胀，再等容升温

解析： 由理想气体状态方程 $\dfrac{pV}{T} = C$（恒量）可知，等容降温使压强减小；等温膨胀使压强再次减小，故 B 选项错误。同理可知：ACD 正确。

例题 4　两个密闭的容器 A 和 B，以活栓隔开，A 为真空，B 内盛有 6 倍大气压强的空气，A 的容积 2 倍于 B。若开栓，容器内的压强变为_____。

解析： 设开栓前气体的体积为 V_1，则开栓后该气体的体积为 $V_2 = 3V_1$。

据玻意耳—马略特定律：$p_1 V_1 = p_2 V_2$，

得：$p_2 = \dfrac{p_1 V_1}{V_2} = \dfrac{p_1 V_1}{3 V_1} = \dfrac{1}{3} p_1 = \dfrac{1}{3} \times 6 = 2$ atm。

例题 5　一定质量的理想气体，在等压下加热，温度升高 100 ℃ 时，体积增大了 1 倍。求气体原来的温度，并在 $p-V$ 图上画出此变化过程的示意图。

解析： ∵ 等压过程：

$$\dfrac{V_2}{V_1} = \dfrac{T_2}{T_1}$$

$$\dfrac{V_2}{V_1} = 2$$

$$\dfrac{T_2}{T_1} = \dfrac{T_1 + 100}{T_1}$$

$$\therefore\ 2 = \dfrac{T_1 + 100}{T_1}$$

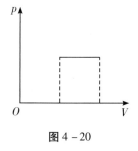

图 4 – 20

解得 $T_1 = 100$ K。

变化过程的示意图如图 4 – 20 所示。

例题 6　一足够高的直立气缸上端开口，用一个厚度不计的活塞封闭了一段高为 80 cm 的气柱，活塞的横截面积为 0.01 m²，活塞与气缸间的摩擦不计，气缸侧壁通过一个开口与 U 形管相连，开口离气缸底部的高度为 70 cm，连接 U 形管的开口管内的气体体积忽略不计。已知图 4 – 21 所示状态时气体的温度为 7 ℃，U 形管内水银面的高度差 $h_1 = 5$ cm，大气压强 $p_0 = 1.0 \times 10^5$ Pa 保持不变，水银的密度 $\rho = 13.6 \times 10^3$ kg/m³。求：

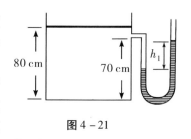

图 4 – 21

（1）活塞的重力。

（2）现在活塞上添加沙粒，同时对气缸内的气体加热，始终保持活塞的高度不变，此过程缓慢进行，当气体的温度升高到 37 ℃ 时，U 形管内水银的高度差为多少？

（3）保持上题中的沙粒质量不变，让气缸内的气体逐渐冷却，那么当气体的温度至少降为多少时，U 形管内的水银面变为一样高？

解析：（1）$p_0 + \dfrac{G_{活塞}}{S} = p_0 + \rho g h_1$，

$G_{活塞} = \rho g h_1 S = 13.6 \times 10^3 \times 10 \times 0.05 \times 0.01$ N $= 68$ N。

（2）因为活塞的位置保持不变，所以气缸内的气体近似做等容变化。

由 $\dfrac{p_0 + \rho g h_1}{T_1} = \dfrac{p_0 + \rho g h_2}{T_2}$，

可得 $h_2 = 0.134$ m。

（3）气体温度下降时，气体的体积会减小，当活塞向下移动到开口下方时，U 形管的两边均与大气相通，两侧液面变为一样高，在此前气体做等压变化。

根据 $\dfrac{V_1}{T_1} = \dfrac{V_2}{T_3}$，

可得 $\dfrac{80}{273 + 37} = \dfrac{70}{273 + t_3}$，

$t_3 = -1.75$ ℃。

例题 7　在宇宙飞船的实验舱内充满 CO_2 气体，且一段时间内气体的压强保持不变，舱内有一块面积为 S 的平板舱壁，如图 4 – 22 所示。如果 CO_2 气体对平板的压强是由气体分子垂直撞击平板形成的，假设气体分子中各有 $\dfrac{1}{6}$ 的个数分别向上、下、左、右、前、后六个方向运动，且每个分子的速度均为 v，设气体分子与平板碰撞后仍以原速反弹。已知实验舱中单位体积内 CO_2 的摩尔数为 n，CO_2 的摩尔质量为 μ，阿伏伽德罗常数为 N_A。求：

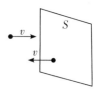

图 4 – 22

（1）单位时间内打在平板上的 CO_2 分子个数；

（2）CO_2 气体对平板的压力。

解析：（1）设在 Δt 时间内，CO_2 分子运动的距离为 L，则 $L = v\Delta t$，

打在平板上的分子数为 $\Delta N = \dfrac{1}{6}nLSN_A$，

故单位时间内打在平板上的 CO_2 的分子数为 $N = \dfrac{\Delta N}{\Delta t} = \dfrac{1}{6}nSN_A v$

（2）根据动量定理得 $F\Delta t = (2mv)\Delta N$，

又 $\mu = N_A m$，

解得 $F = \dfrac{1}{3}n\mu Sv^2$。

CO_2 气体对平板的压力为 $F' = F = \dfrac{1}{3}n\mu Sv^2$。

▌阅读材料

物理所发现量子尺寸效应对垂直上临界磁场的显著影响

中国科学院物理所的赵忠贤院士与薛其坤、贾金锋研究员，王玉鹏、谢心澄研究人员等领导的小组密切合作，在量子尺寸效应对超导临界温度（T_C）调制作用的基础上，进一步发现了量子尺寸效应对垂直上临界磁场（$H_{C2}\perp$）的显著影响。和 T_C 的变化相比，$H_{C2}\perp$ 同样出现了奇偶原子层之间的振荡行为，但是 $H_{C2}\perp$ 的振荡幅度更大，而且振荡的位相相反。进一步的研究分析表明 T_C 和 $H_{C2}\perp$ 的振荡都源于量子尺寸效应，但是通过不同的机制发挥作用，如图 4 – 23 所示。这种量子调制对研究二维系统的性质和量子器件的设计都具有很大意义。相关的研究结果发表在《物理评论快报》上。

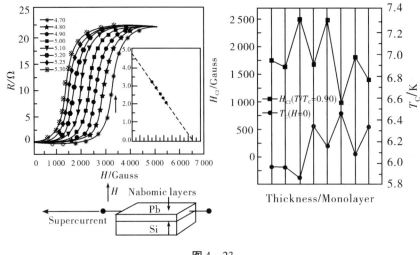

图 4 - 23

超导是一种宏观量子现象，长久以来科学家们一直在研究低温材料的超导性质，特别是纳米尺度薄膜的奇异超导特性。在这种准二维的体系中，量子尺寸效应的影响将非常显著。量子尺寸效应的调制可以通过超导临界温度（T_c）和临界磁场（H_c）等参量表现出来。

物理所薛其坤和贾金锋领导的研究小组，成功在 Si 衬底上制备出了具有原子级平整度且在宏观范围内均匀的铅（Pb）薄膜，并实现了薄膜厚度一个原子层一个原子层变化的精确控制。他们与物理所赵忠贤、王恩哥以及美国牛谦和邱子强等教授领导的研究小组合作，从实验和理论上系统地研究了量子效应对电子结构的影响，观察到了量子阱态形成对费米能级附近电子态密度和电声子耦合强度的调制行为，观察到了 Pb 薄膜超导转变温度随薄膜厚度变化的振荡现象，证明了量子尺寸效应对薄膜超导电性的影响。

练习二

1. 关于温度的概念，下述说法中正确的是（　　　）。

A. 温度是分子平均动能的标志，物体温度高，则分子的平均动能大

B. 温度是分子平均动能的标志，物体温度升高，则物体的每一个分子的动能都增大

C. 某物体当其内能增大时，则该物体的温度一定升高

D. 甲物体的温度比乙物体的温度高，则甲物体分子平均速率比乙物体分子平均速率大

2. 表 4 - 1 是某地区 1 ~ 7 月份气温与气压的对照表。

表 4 - 1

月份	1	2	3	4	5	6	7
平均最高气温/℃	1.4	3.9	10.7	19.6	26.7	30.2	30.8
平均大气压/×10⁵ Pa	1.021	1.019	1.014	1.008	1.003	0.998 4	0.996 0

7 月份与 1 月份相比较，正确的是（　　　）。

A. 空气分子无规则热运动的情况几乎不变

B. 空气分子无规则热运动减弱了

C. 单位时间内空气分子对地面的撞击次数增多了

D. 单位时间内空气分子对单位面积地面的撞击次数减少了

3. 在做"研究温度不变时气体压强与体积的关系"实验时，要采取以下做法：

A. 用橡皮帽堵住注射器的小孔

B. 移动活塞要缓慢

C. 实验时，不要用手握住注射器

以上做法中_____是为了保证实验的恒温条件，_____是为了保证气体的质量不变。

（填入相应选项的字母）

4. 一个密闭容器内储有一定量的理想气体，当其状态发生变化时，下列的过程中可能实现的是（　　　）。

A. 保持温度不变，使气体的体积和压强同时缩小

B. 使其温度升高的同时压强减小

C. 使其温度降低，保持体积不变的同时压强增大

D. 使其温度降低，而气体的体积和压强都增大

5. 一定质量的理想气体处于某一平衡态，此时其压强为 p_0，欲使气体状态发生变化后压强仍为 p_0，通过下列过程能够实现的是（　　　）。

A. 先保持体积不变，使气体升温，再保持温度不变，使气体压缩

B. 先保持体积不变，使压强降低，再保持温度不变，使气体膨胀

C. 先保持温度不变，使气体膨胀，再保持体积不变，使气体升温

D. 先保持温度不变，使气体压缩，再保持体积不变，使气体降温

6. 一定质量的理想气体处于标准状态下的体积为 V_0，分别经过三个不同的过程使体积都增大到 $2V_0$：①等温膨胀变为 $2V_0$，再等容升压使其恢复成 1 个大气压，总共吸收热量为 Q_1；②等压膨胀到 $2V_0$，吸收的热量为 Q_2；③先等容降压到 0.5 个大气压，再等压膨胀到 $2V_0$，最后等容升压恢复成 1 个大气压，总共吸收热量 Q_3。则 Q_1、Q_2、Q_3 的大小关系是（　　　）。

A. $Q_1 = Q_2 = Q_3$　　　B. $Q_1 > Q_2 > Q_3$　　　C. $Q_1 < Q_2 < Q_3$　　　D. $Q_2 > Q_1 > Q_3$

7. 如图 4 - 24 所示，用绝热活塞把绝热容器隔成容积相同的两部分，先把活塞锁住，将质量和温度相同的氢气和氧气分别充入容器的两部分（氢气和氧气都可看作理想气体），然后提起销子 S，使活塞可以无摩擦地滑动，当活塞平衡时，下面说法错误的是（　　　）。

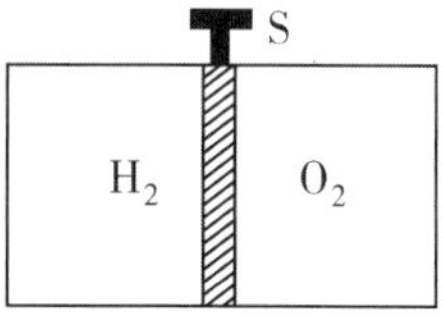

A. 氢气的温度升高　　　　　　B. 氢气的压强减小

C. 氧气的内能增大　　　　　　D. 氢气的体积减小

图 4 - 24

8. 如图 4 - 25 所示，用细绳将气缸悬在天花板上，在活塞下悬挂一沙桶，活塞和气缸都导热，活塞与气缸间无摩擦，在沙桶缓缓漏沙同时环境温度缓缓降低的情况下，下列有关密闭气柱的说法正确的是（　　　）。

A. 体积增大，放热　　　　　　B. 体积增大，吸热

C. 体积减小，放热　　　　　　D. 体积减小，吸热

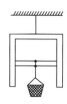

图 4 - 25

第三节　能量守恒

热和内能　　做功和热传递两种物理过程，都能使物体的内能发生变化，或者说做功和热传递是改变物体内能的两种方式。

外界对物体做功或对物体传递热量，物体的内能增加；物体对外界做功或对外界传递热量，物体的内能减少。做功使物体的内能改变，是其他形式的能（例如机械能）和物体内能之间的转化；而热传递则是物体之间内能的转移。

热传递（转移）的方式有三种：传导、对流、辐射。

热传递的条件是物体之间温度不同，热量从高温物体向低温物体传递（转移），温度相等时达到动态平衡，即热平衡。

热量和内能不同，热量是热传递过程中物体内能的改变量，只有在涉及能量的传递时才有意义。热量与物体的内能多少、温度高低无关。

内能则是物体内所有分子动能与分子势能的总和。

热力学第一定律（the first law of thermodynamics）　　做功和热传递对改变系统状态的效果是等价的，也就是说，一定数量的功与确定数量的热相对应。

相当于单位热量的功的数值，叫作热功当量（mechanical equivalent of heat），用 J 表示。做 4.2 J 的功与传递 1 cal 的热量，在改变物体内能上是等效的。热功当量的数值为 $J = 4.2$ J/cal，即 1 cal $= 4.2$ J 或 1 J $= 0.24$ cal。

如果物体跟外界同时发生热传递和做功的过程，那么物体内能的增加 ΔU 等于它从外界吸收的热量 Q 与外界对它所做的功 W 的和，即

$$\Delta U = Q + W$$

这个关系叫作热力学第一定律。

注意：在应用热力学第一定律时，要注意公式中各个物理量的正负值和单位。为便于应用，规定：

（1）物体吸热时，$Q > 0$；物体放热时，$Q < 0$。

（2）外界对物体做功时，$W > 0$；物体对外界做功时，$W < 0$。

（3）物体内能增加时，$\Delta U > 0$；物体内能减少时，$\Delta U < 0$。

（4）各个物理量单位要统一，Q、W、ΔU 都用国际单位 J。

能量守恒定律　　自然界的物质做着各种形式的运动，每种运动都有一种对应的能。因此能有多种形式：机械能、内能、化学能、电磁能、光能、核能等，各种形式的能都可以互相转化，遵守能的转化和守恒定律。

能量守恒定律可以表述为能量既不会凭空产生，也不会凭空消失，它只能从一种形式转化为另一种形式，或者从一个物体转移到别的物体，在转换或转移的过程中其总量不变。

能量守恒定律是自然界的普遍规律，任何过程都不能违反这一定律。

永动机不可能存在　　17—18 世纪，资本主义发展初期，为了满足生产对于动力日益增加的需求，许多人致力于制造一种机器，它不需要任何动力或燃料，却能不断地对外做

功，史称"第一类永动机"。然而，为此目的的任何尝试都失败了。为什么呢？答案就在能量守恒定律之中。

任何动力机械的作用都是把其他形式的能转化为机械能，如果没有燃料、电流或其他动力的输入，能量从哪里来？永动机的思想违背了能量守恒定律，所以是不可能制成的。

热力学第二定律　人们把仅从单一热源吸热，同时不间断地做功的永动机叫作第二类永动机。

人们分析了自然现象的不可逆性，总结了第二类永动机不可能制成的事实，确立了热力学第二定律。热力学第二定律有多种表述。

不可能使热量由低温物体传递到高温物体，而不引起其他变化。这是按热传导的方向性来表述的。

不可能从单一热源吸收热量并把它全部用来做功，而不引起其他变化。这是按机械能与内能转化过程的方向性来表述的，它可以表述为：不可能制成第二类永动机。

热力学第二定律揭示了自然界中涉及热现象的宏观过程的方向性，它对于我们认识自然和利用自然具有重要的指导意义。

能源和可持续发展

能源与人类社会发展　能源是可以直接或经转换后提供人类所需的光、热、动力等任一形式能量的载能体资源。可见，能源是一种呈多种形式且可以相互转换的能量的源泉。确切而简单地说，能源是自然界中能为人类提供某种形式能量的物质资源。

能源是人类生存和发展的重要物质基础，也是当今国际政治、经济、军事、外交关注的焦点。中国的经济持续快速发展，离不开有力的能源保障。

人类的能源利用经历了从薪柴时代到煤炭时代再到油气时代的演变，在能源利用总量不断增长的同时，能源结构也在不断变化。每一次能源时代的变迁，都伴随着生产力的巨大飞跃，极大地推动了人类经济社会的发展。同时，随着人类使用能源特别是化石能源的数量越来越多，能源对人类经济社会发展的制约和对资源环境的影响也越来越明显。图 4-26 是石油开采的机器。

图 4-26　石油开采

能源与环境　煤炭生产使用中产生的 SO_2、粉尘、CO_2 等是大气污染和温室气体的主要来源。

随着世界能源消耗的急剧增加，排入大气的 CO_2、SO_2、NO_x 等气体越来越多，形成酸雨。

CO_2 等温室气体允许太阳辐射的能量穿过大气层到达地表，同时防止地球反射的能量逸散到太空，其作用如一个温室的罩子，故称"温室效应"。化石燃料的使用是 CO_2 等温室气体增加的主要来源。

火电站通过冷却水把"余热"排入河流、湖泊或海洋中，引起热污染。热污染导致海温剧增，改变当地的生态环境，以台湾为例：核二厂排水口附近曾出现秘雕鱼（变异鱼）；更因核三厂排放温水，而导致附近珊瑚产生白化等。

核能发电的热量并非来自燃烧，所以不会造成空气污染，也不会排放 CO_2，图 4－27 是江苏的田湾核电站。但是核能电厂在正常运转时，仍然会将微量的放射性物质排到外界环境，而且核能发电会产生中低阶的放射性废料，以及具有高强度放射性的核燃料。上述物质皆会影响生物的细胞及染色体，使其发生基因突变等。到目前为止，放射性"三废"处理尚未找到完全安全、有效的方法，目前国内外公认比较好的处理技术是深部地层埋藏，即将燃烧完的放射性废物进行

图 4－27　江苏田湾核电站 1 号机组一角

玻璃固化后，冷却 30～50 年，然后将其埋藏于数百米深的岩层中。正如前面所言，核废料中的某些元素半衰期很长，谁能够保证在将来它不会因为什么意外而泄漏呢？或许，它不会影响到我们这代，但是我们的子孙后代呢？

可再生能源　可再生能源是指太阳能、生物质能、地热、水力、风力等。

太阳能主要用于太阳能热水器、太阳能空调降温、太阳能发电、太阳房等。太阳能发电和太阳能空调目前成本较高，商业化进程正在加紧进行。我国太阳能资源的利用主要用于城乡居民的热水供应。

世界生物质能的开发尚处于起步阶段，但是应用前景广阔，各国在这方面的规划都雄心勃勃。全球植物每年贮存的能量，相当于世界主要燃料消耗的 10 倍，目前开发仅占 1%。生物质能洁净，有利于优化生态环境，将是 21 世纪的主要能源之一。我国正在全方位推进生物质能的开发利用。我国的生物质能来源主要有农业废弃物、森林和林产品剩余物和城市生活垃圾等。农业废弃物资源分布广泛，其中作物秸秆年产量超过 6 亿吨，农产品加工和畜牧业废弃物理论上可以产生近 800 亿立方米沼气。

地热发电产业已具有一定基础。地热开发利用对环境的影响，主要是地热水直接排放造成地表水污染，含有害元素或盐分较高的地热水污染水源和土壤，地热水中的 H_2S、CO_2 等排放到大气中，以及地热水超采造成地面沉降等。

我国西部地区的水电资源十分丰富，根据最新水能资源复查结果，全国水电资源技术可开发量为 1.25 亿千瓦。目前我国水电的开发量为 20% 左右，预计到 2030 年，我国水电资源将开发完毕，届时可以形成 1 亿千瓦的总装机水平。

据调查统计，我国沿海和海岛附近的可开发潮汐能资源理论装机容量达 2 179 万千瓦，理论年发电量约 624 亿千瓦时，波浪理论平均功率为 1 285 万千瓦，潮汐能理论平均功率为 1 394 万千瓦，这些资源的 90% 以上分布在常规能源严重缺乏的沪浙闽沿岸。中国的海洋能利用，重点是发展百万千瓦级的波浪、海流能机组及设备的产业化。

图 4－28　风能发电

水力发电修建水库对生态环境有多方面的不利影响：淹没土地、地面设施和古迹，影响自然景观，诱发地震，泥沙淤积引起河道变化，大坝截断鱼类迴游通道，水库使下游地下水位升高，造成土地盐碱化，甚至形成沼泽，导致环境卫生条件恶化而引起疾病流行。因此在发达国家，公众反对新建大型水电站。

大中型风力发电机组并网发电，已经成为世界风能利用的主要形式，如图 4-28 所示。随着并网机组需求持续增长，生产成本下降，风力发电已经接近于常规能源竞争的能力。上海市郊奉贤滨海地区 4 台共计 3 400 千瓦的风力发电机组和 1 座 10 千瓦的太阳能光伏发电系统已投入并网运行。

可再生能源开发利用潜力极大，可满足能源需求的数倍。开发利用可再生能源，可促使能源市场多元化，保证能源永续供应，减少大气污染物和 CO_2 排放。

例题 1 对理想气体等温变化过程，下列说法正确的是（　　）。

A. 气体与外界没有热量交换

B. 气体没有对外界做功，外界也没有对气体做功

C. 气体既做功，又与外界交换热量，但内能不变

D. 以上说法都不正确

解析： 由 $\dfrac{pV}{T}=C$（恒量）可知，等温过程，压强、体积都变化，存在外界对气体或气体对外界做功，但内能不变，由热力学第一定律可知，气体对外放热或吸热。故正确答案为 C。

例题 2 图 4-29 为电冰箱的工作原理示意图。压缩机工作时，制冷剂在冰箱内的管道中不断循环。在蒸发器中制冷剂汽化吸收箱体内的热量，经过冷凝器时制冷剂液化，放出热量到箱体外。下列说法正确的是（　　）。

A. 热量可以自发地从冰箱内传到冰箱外

B. 电冰箱的制冷系统能够不断地把冰箱内的热量传到外界，是因为其消耗了电能

C. 电冰箱工作时能量不守恒

D. 电冰箱的工作原理违反热力学第一定律

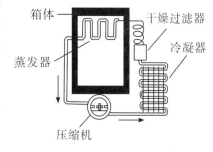

图 4-29

解析： 热量不能自发地由低温物体传到高温物体，除非施加外部的影响和帮助。电冰箱把热量从低温内部传到高温外部，需要压缩机的帮助并消耗电能。故答案为 B。

阅读材料

氢存在超流体状态吗

美国劳伦斯·利弗莫尔国家实验室（Lawrence Livermore National Laboratory）的科学家发现了新的氢熔化曲线，根据这个结果，推测可能存在一种新的超流体。

在 Nature 杂志中，研究人员提供了氢在高至 200 万大气压情况下的熔化曲线。人们对高压下氢的研究已经持续了近一个世纪，然而高压下氢的固、液状态分界线依然悬而未决。如今，科学家 Stanimir Bonev、Eric Schwegler、Tadashi Ogitsu 和 Giulia Galli 给出了熔化曲线和第一个模拟公式，并用实验证实了熔化温度存在极大值，以及固态氢和液态金属氢的转变在 400 万大气压左右。

"我们的结果显示，在极低的温度和 400 万左右大气压的高压下，可能存在量子流体。" Bonev 说："与直觉上的预测相反，我们发现熔化温度—压力曲线存在极大值，它与分子分离（molecular disassociation）没有直接关系，而与高压液态下的分子间相互作用有关。"

利弗莫尔小组的研究不仅给出了一个关于熔化曲线极大值的预测，而且提出了一个与传

统模型截然不同的分子间相互作用的微观物理模型。根据他们对氢熔化物理意义的新见解，研究人员们可以设计一些新实验来测量氢液固态分界线。

结果中的温度曲线值域为 50 万到 200 万大气压，在超过 80 万大气压之后，熔化曲线斜率由正变负，这一现象表明，它与分子间作用力的软化有关，而且在高压下固体和液体有非常相近的能量和结构。斜率由正到负的变化是柔缓的，与分子分离没有直接关系。"我们的结果是氢存在低温量子流体的有力证据，"Bonev 说，"存在熔化温度极大值对于具有分子紧密堆积结构（close packed structure）的固体来讲是一个非同寻常的物理现象。"

练习三

1. 关于热量和温度，下列说法中正确的是（　　）。
   A. 热量是热传递过程中，物体间内能的转移量；温度是物体分子平均动能大小的量度
   B. 在绝热容器中，放进两个温度不等的物体，则高温物体放出热量，低温物体吸收热量，直到两个物体内能相等
   C. 高温物体的内能多，低温物体的内能少
   D. 两个质量和比热容都相等的物体，若吸收相等的热量，则温度相等

2. 关于物体内能的变化情况，下列说法中正确的是（　　）。
   A. 吸热的物体，其内能一定增加　　　B. 体积膨胀的物体，其内能一定减少
   C. 放热的物体，其内能不可能增加　　D. 绝热压缩的物体，其内能一定增加

3. 堵住打气筒的出气口，下压活塞使气体体积减小，你会感到越来越费力，其原因是（　　）。
   A. 气体的密度增大，使得在相同时间内撞击活塞的气体分子数目增多
   B. 分子间没有可压缩的间隙
   C. 压缩气体要克服分子力做功
   D. 分子力表现为斥力，且越来越大

4. 对于一定质量的理想气体，下面说法正确的是（　　）。
   A. 如果体积 V 减小，气体分子在单位时间内作用于器壁单位面积的总冲量一定增大
   B. 如果压强 p 增大，气体分子在单位时间内作用于器壁单位面积的总冲量一定增大
   C. 如果温度 T 不变，气体分子在单位时间内作用于器壁单位面积的总冲量一定不变
   D. 如果密度 ρ 不变，气体分子在单位时间内作用于器壁单位面积的总冲量一定不变

5. 图 4-30 中活塞将气缸分成两气室，气缸、活塞（连同拉杆）是绝热的，且气缸不漏气，以 $E_甲$、$E_乙$ 分别表示甲、乙两气体的内能，则在用一定的拉力将拉杆缓慢向外拉的过程中（　　）。
   A. $E_甲$ 不变，$E_乙$ 不变
   B. $E_甲$ 减小，$E_乙$ 增大
   C. $E_甲$ 与 $E_乙$ 总量不变
   D. $E_甲$ 与 $E_乙$ 总量增加

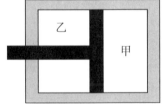

图 4-30

6. 根据热力学第二定律，下列说法中正确的是（　　）。
   A. 电流的电能不可能全部变成内能
   B. 在火力发电中，燃气的内能不可能全部变为电能
   C. 在热机中，燃气的内能不可能全部变为机械能

D．在热传导中，热量不可能自发地从低温物体传递给高温物体

7．某种气体对外做功 2×10^3 J，内能减少 4.5×10^3 J，在此过程中，该气体_____（填"吸收"或"放出"）热量_____J。

思考题

1．请你通过一个日常生活中的扩散现象来说明：温度越高，分子运动越剧烈。

2．为什么物质能够被压缩，但压缩得越小，再进一步压缩就越困难？

3．飞机从地面由静止起飞，随后在高空中做高速航行。有人说："在这段时间内，飞机中乘客的动能、势能都增大了，所有分子的动能和势能也都增大了，因此乘客的内能增大了。"这种说法对吗？为什么？

4．要使汽车轮胎内空气的压强相同，冬天和夏天相比，打入胎内的空气质量相同吗？何时打入的空气质量较大？

5．如何提高煤气灶烧水的效率？可以从煤气是否完全燃烧、水壶表面对热量的吸收程度、水壶导热的效果、煤气灶火力的大小等方面探讨。

习题四

一、选择题

1．关于分子动理论，下述说法不正确的是（　　　）。

A．分子是组成物质的最小微粒　　　　B．物质是由大量分子组成的

C．分子永不停息地做无规则运动　　　D．分子间有相互作用的引力和斥力

2．在油膜实验中，体积为 V（m^3）的某种油，形成直径为 d（m）的油膜，则油分子的直径近似为（　　　）。

A．$\dfrac{2V}{\pi d^2}$（m）　　　B．$\dfrac{(\dfrac{V}{d})^2 \cdot 4}{\pi}$（m）　　　C．$\dfrac{\pi d^2}{4V}$（m）　　　D．$\dfrac{4V}{\pi d^2}$（m）

3．关于分子质量，下列说法正确的是（　　　）。

A．质量数相同的任何物质，分子数都相同

B．摩尔质量相同的物体，分子质量一定相同

C．分子质量之比不一定等于它们的摩尔质量之比

D．密度大的物质，分子质量一定大

4．只要知道下列哪一组物理量，就可以估算出气体中分子间的平均距离？（　　　）

A．阿伏伽德罗常数、该气体的摩尔质量和质量

B．阿伏伽德罗常数、该气体的摩尔质量和密度

C．阿伏伽德罗常数、该气体的质量和体积

D．该气体的密度、体积和摩尔质量

5．将液体分子看作球体，且分子间的距离可忽略不计，则已知某种液体的摩尔质量，该液体的密度 ρ 以及阿伏伽德罗常数 N_A，可得该液体分子的半径为（　　　）。

A．$\sqrt[3]{\dfrac{3\mu}{4\pi\rho N_A}}$　　　B．$\sqrt[3]{\dfrac{3\mu N_A}{4\pi\rho}}$　　　C．$\sqrt[3]{\dfrac{6\mu}{\pi\rho N_A}}$　　　D．$\sqrt[3]{\dfrac{6\mu N_A}{\pi\rho}}$

6. 已知铜的摩尔质量为 M（kg/mol），铜的密度为 ρ（kg/m³），阿伏伽德罗常数为 N_A（mol^{-1}），下列判断错误的是（   ）。

    A. 1 kg 铜所含的原子数为 $\dfrac{N_A}{M}$ B. 1 m³ 铜所含的原子数为 $\dfrac{MN_A}{\rho}$

    C. 1 个铜原子的质量为 $\dfrac{M}{N_A}$（kg）   D. 1 个铜原子的质量为 $\dfrac{M}{\rho N_A}$（m³）

7. 1827 年，英国植物学家布朗发现了悬浮在水中的花粉微粒的运动。图 4–31 是显微镜下观察到的三颗花粉微粒做布朗运动的情况。从实验中可以获取的正确信息是（   ）。

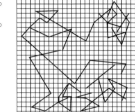

    A. 实验中可以观察到微粒越大，布朗运动越明显

    B. 实验中可以观察到温度越高，布朗运动越明显

    C. 布朗运动说明了花粉分子的无规则运动

    D. 布朗运动说明了水分子的无规则运动

图 4–31

8. 下列说法正确的是（   ）。

    A. 布朗运动的剧烈程度仅与温度有关

    B. 已知气体分子间的作用力表现为引力，若气体等温膨胀，则气体对外做功且内能增加

    C. 热量不可能从低温物体传递到高温物体

    D. 内燃机可以把内能全部转化为机械能

9. 如图 4–32 所示，甲分子固定在坐标原点 O，乙分子位于 r 轴上距原点 r_3 的位置。虚线分别表示分子间斥力 $f_斥$ 和引力 $f_引$ 的变化情况，实线表示分子间的斥力与引力的合力 f 的变化情况。若把乙分子由静止释放，则乙分子（   ）。

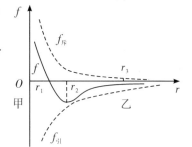

    A. 从 r_3 到 r_1 做加速运动，从 r_1 向 O 做减速运动

    B. 从 r_3 到 r_2 做加速运动，从 r_2 向 r_1 做减速运动

    C. 从 r_3 到 r_1，分子势能先减少后增加

    D. 从 r_3 到 r_1，分子势能先增加后减少

图 4–32

10. 根据分子动理论，物质分子之间的距离为 r_0 时，分子所受的斥力和引力相等，以下关于分子势能的说法正确的是（   ）。

    A. 当分子间距离为 r_0 时，分子具有最大势能，距离增大或减小时，势能都变小

    B. 当分子间距离为 r_0 时，分子具有最小势能，距离增大或减小时，势能都变大

    C. 分子间距离越大，分子势能越小，分子间距离越小，分子势能越大

    D. 分子间距离越大，分子势能越大，分子间距离越小，分子势能越小

11. 如图 4–33 所示，设有一分子位于图中的坐标原点 O 处不动，另一分子可位于 x 轴上不同位置处，图中纵坐标表示这两个分子间分子力的大小，两条曲线分别表示斥力和吸引力的大小随两分子间距离变化的关系，e 为两曲线的交点，则（   ）。

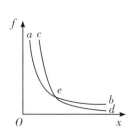

    A. ab 表示吸引力，cd 表示斥力，e 点的横坐标可能为 10^{-15} m

    B. ab 表示斥力，cd 表示吸引力，e 点的横坐标可能为 10^{-10} m

    C. ab 表示吸引力，cd 表示斥力，e 点的横坐标可能为 10^{-10} m

    D. ab 表示斥力，cd 表示吸引力，e 点的横坐标可能为 10^{-15} m

图 4–33

12. 夏天汽车停在阳光下，车胎中的气压增大，这是因为（　　）。
    A. 车胎中空气分子的运动速度增大　　B. 车胎中空气分子的总质量增大
    C. 车胎中空气分子的平均距离增大　　D. 车胎中空气分子的尺寸增大

13. 如图 4－34 所示，一定质量的理想气体由状态 A 沿直线变为状态 B，则它的温度变化是（　　）。
    A. 一直下降　　　　　　　　　　　　B. 一直上升
    C. 先降温后升温　　　　　　　　　　D. 先升温后降温

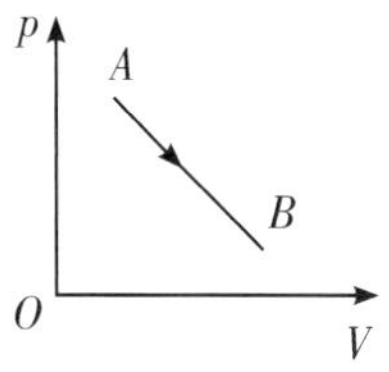

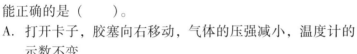

图 4－34

14. 如图 4－35 所示，一绝热的内壁光滑的厚壁容器装有一个大气压的空气，它的一端通过胶塞插进一支灵敏温度计和一根打气针；另一端有一可移动的胶塞（用卡子卡住）。用打气筒慢慢向容器内打气，当容器内空气的压强增大到一定程度时停止打气，读出灵敏温度计的示数，则下列说法中可能正确的是（　　）。
    A. 打开卡子，胶塞向右移动，气体的压强减小，温度计的示数不变
    B. 打开卡子，胶塞向右移动，气体的压强不变，温度计的示数减小
    C. 打开卡子，胶塞向右移动，气体的压强减小，温度计的示数减小
    D. 打开卡子，胶塞向右移动，气体的压强不变，温度计的示数增大

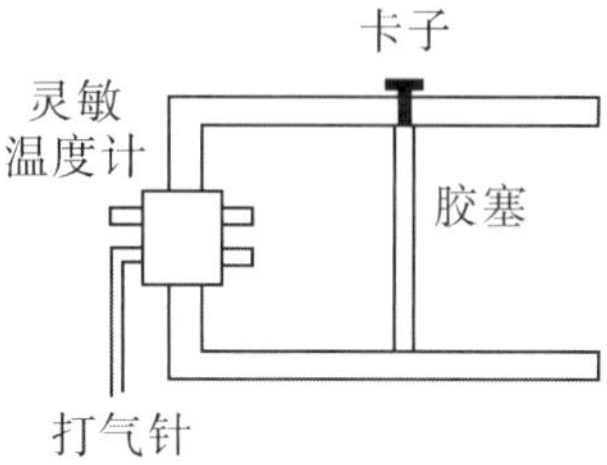

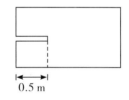

图 4－35

15. 一定质量的理想气体可经不同的过程从状态 I（p_1，V_1，T_1）变化到状态 II（p_2，V_2，T_2），已知 $T_2 > T_1$，则在这些可能的状态变化过程中（　　）。
    A. 气体一定都从外界吸收热量　　　　B. 气体和外界交换的热量都是相等的
    C. 外界对气体所做的功都是相等的　　D. 气体内能的变化量都是相等的

16. 如图 4－36 所示，用锯条在木板上锯出一道缝。已知，拉动锯条所用的力 $F = 200$ N，所锯的缝长为 0.5 m，锯出这样一道缝需要来回拉动锯条 50 次，拉动锯条所做的功有 50% 用来增大锯条的内能。则在锯这道缝的过程中，锯条内能的增量是（　　）。
    A. 100 J　　　　　　　　　　　　　　B. 50 J
    C. 2 500 J　　　　　　　　　　　　　D. 无法确定

0.5 m

图 4－36

17. 在绝热密闭的房间内，因为气温太高，便打开一扇正在工作的电冰箱的门，经过一段较长的时间后（　　）。
    A. 因为冰箱有制冷作用，房间内的温度将下降
    B. 因为冰箱中流出冷气的同时，散热片却在放出热量，所以房间内的温度没有变化
    C. 因为冰箱的压缩机工作时要消耗电能，所以房间内气温将升高
    D. 没有给定具体数字，所以无法判定房间内温度怎样变化

18. 下列设想中，符合能量的转化和守恒定律的是（　　）。
    ①利用永磁铁和软铁的相互作用，制成一台机器，永远地转动下去
    ②制造一架飞机，不携带燃料，只需利用太阳能飞行
    ③做成一只船，利用流水的能量，逆水行驶，不用其他动力

④利用核动力，驾驶地球离开太阳系

　　A．①③　　　　　　B．②④　　　　　　C．①②　　　　　　D．③④

19. 人造卫星返回大气层时，表面温度不断变化，这是因为（　　　）。

①卫星的速度不断增大，构成卫星的所有分子的动能均不断增加，所以卫星表面温度不断升高

②卫星高度不断下降，构成卫星的所有分子的重力势能不断减小，所以卫星放出热量使其表面温度升高

③卫星的机械能不断减小，机械能转变成内能，所以卫星表面温度升高

④在大气层中运行的卫星其表面由于空气摩擦，分子的无规则运动加剧，所以卫星表面温度升高

　　A．①③　　　　　　B．②④　　　　　　C．①②　　　　　　D．③④

20. 在一个绝热的密封舱中有一台开着门的电冰箱，现接通电源，让电冰箱工作足够长的一段时间，然后断开电源，待达到平衡时，与接通电源前相比（　　　）。

　　A．舱内气体的温度升高，压强变大　　　　　　B．舱内气体的温度降低，压强变小

　　C．舱内气体的温度保持不变，压强不变　　　　D．舱内气体的温度保持不变，压强变大

二、填空题

21. 将质量为 m 的油滴滴在水面上，油在水面上散开，形成面积为 s 的单分子油膜。若油的密度为 ρ，摩尔质量为 M，由此可估算出阿伏伽德罗常数为_____。

22. 银的化合价是 $+1$ 价。假设银导线中银原子的最外层电子全部变为自由电子，那么直径为 2 mm 的银导线每米长度中含有的自由电子数约为_____个。（银的密度为 $\rho = 1 \times 10^4$ kg/m³，摩尔质量为 $\mu = 0.1$ kg/mol，阿伏伽德罗常数 $N_A = 6.0 \times 10^{23}$ mol^{-1}，结果保留一位有效数字）

23. 利用油酸在水面上形成一单分子层的油膜的实验，估测分子直径的大小。实验步骤如下：

（1）将 5 mL 的油酸倒入盛有酒精的玻璃杯中，盖上盖并摇动，使油酸均匀溶解形成油酸酒精溶液，读出该溶液的体积为 N（mL）；

（2）用滴管将油酸酒精溶液一滴一滴地滴入空量杯中，记下当杯中溶液达到 1 mL 时的总滴数 n；

（3）在边长约 40 cm 的浅盘里倒入深约 2 cm 的自来水，将少许石膏粉均匀地轻轻撒在水面上；

（4）用滴管往盘中水面上滴 1 滴油酸酒精溶液。由于酒精溶于水而油酸不溶于水，于是该滴中的油酸就在水面上散开，形成油酸薄膜；

（5）将平板玻璃放在浅方盘上，待油酸薄膜形状稳定后可认为已形成单分子层油酸膜。用彩笔将该单分子层油酸膜的轮廓画在玻璃板上；

（6）取下玻璃板放在方格纸上，量出该单分子层油酸膜的面积 s（cm²）。

在估算油酸分子大小时，可将分子看成球形。用以上实验步骤中的数据和符号表示，油酸分子的直径约为 $d =$ _____ cm。

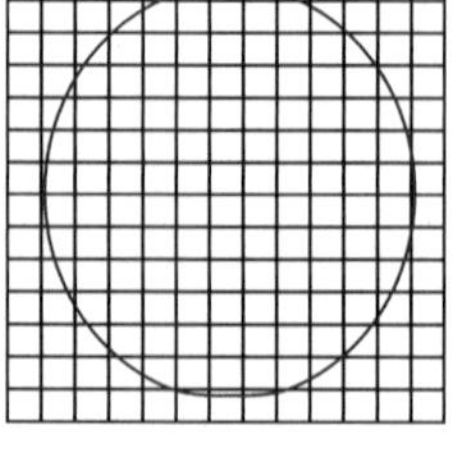

24. 在"用油膜法估测分子大小"实验中所用的油酸酒精溶液的浓度为 1 000 mL 溶液中有纯油酸 0.6 mL，用注射器测得 1 mL 上述溶液为 80 滴，把 1 滴该溶液滴入盛水的浅盘内，让油膜在水面上尽可能散开，测得油酸薄膜的轮廓形状和尺寸如图 4 - 37 所示，图中正

图 4 - 37

方形方格的边长为 1 cm，试求：

(1) 油酸膜的面积是_____ cm^2；

(2) 实验测出油酸分子的直径是_____ m（结果保留两位有效数字）；

(3) 实验中为什么要让油膜尽可能散开？_____。

25. 已知水分子直径为 4×10^{-10} m，由此估算阿伏伽德罗常数为_____。
（已知水的摩尔体积是 1.8×10^{-5} m^3/mol）

26. 某物质的摩尔质量为 M，密度为 ρ，阿伏伽德罗常数为 N_A。设想该物质分子是一个挨一个紧密排列的球形，则估算其分子的直径是_____。

27. 在平静的空气中微小灰尘久久不能落地，这是因为_____

_____。

28. 一定质量的理想气体经过如图 4 - 38 所示的变化过程，在 0 ℃时气体压强 $p_0 = 3 \times 10^5$ Pa，体积 $V_0 = 100$ mL，那么气体在状态 A 的压强为_____ Pa，在状态 B 的体积为_____ mL。

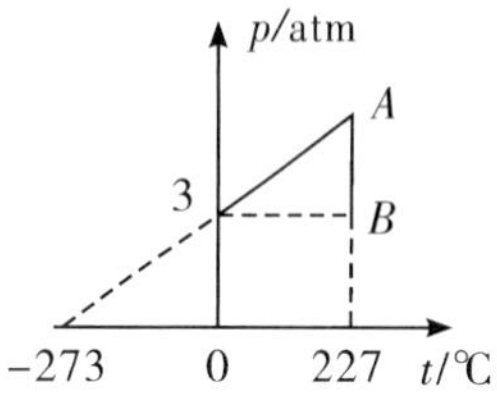

29. 做功和热传递在_____上是等效的，但是它们之间是有本质区别的，做功是实现_____和_____之间的转化。热传递是_____的转移。

图 4 - 38

30. 火力发电的过程是燃料燃烧产生的热蒸汽推动热机再带动发电机旋转发出电能的过程，从能的转换角度来看，实质上是_____能转化为_____能，再转化成_____能，最后转化成电能的过程。

31. 外界对一定质量的气体做了 200 J 的功，同时气体又向外界传递了 20 K 的热量，则气体的内能_____（填"增加"或"减少"）了_____ J。

32. 空气压缩机在一次压缩过程中，活塞对气缸中空气做功 2×10^5 J，空气的内能增加了 1.5×10^5 J，则气体_____（填"吸"或"放"）热为_____ J。

三、计算题

33. 一滴露水的体积大约是 6.0×10^{-7} cm^3，它含有多少个水分子？如果一只极小的虫子来喝水，每分钟喝进 6.0×10^7 个水分子，需要多少时间才能喝完这滴露水？（已知水的摩尔体积是 1.8×10^{-5} m^3/mol）

34. 体积为 1.2×10^{-3} cm^3 的石油滴在平静的水面上，石油扩展为 3 m^2 的单分子油膜。试估算石油分子的直径及 1 mol 石油的体积。

35. 已知金刚石的密度为 $\rho = 3.5 \times 10^3$ kg/m^3，现有一小块体积为 4.0×10^{-8} m^3 的金刚石，它含有多少个碳原子？假设金刚石中的碳原子是紧密地挨在一起的，试估算碳原子的直径。

36. 如图 4 - 39 所示，一定质量的某理想气体的状态变化过程的顺序是 1→2→3→4→1。

(1) 试比较气体在 1、2、3、4 各状态下的温度、压强、体积的大小。

(2) 画出气体变化过程 $p - V$ 图、$V - T$ 图。

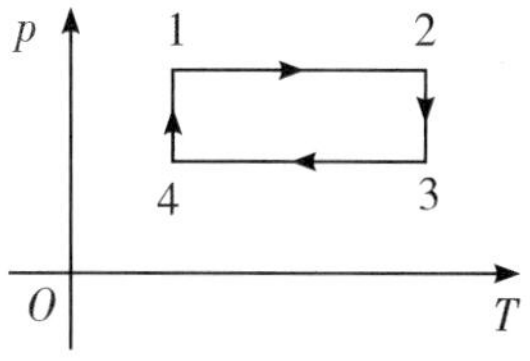

图 4 - 39

37. 一气缸中贮有氮气，对气缸加热使其温度升高，气体膨胀所做的功为 371 J，气体的内能增加了 929 J，那么气体吸收了多少热量？

第五章　静电场

电磁学是研究电磁运动规律及其应用的学科。电磁学已被广泛地应用于国防、科学技术、工农业生产以及日常生活中，它是人类深入认识物质世界的基础理论之一。从本章开始，将介绍关于静电场、稳恒电流和磁场的基本实验定律，阐明电磁场与电荷及电流相互伴存和相互作用的规律、电磁感应定律、电磁场和电磁波的概念等电磁学中的基础知识。

本章主要研究"静止"电荷所产生的电场的性质和规律。"静止"是指相对于惯性参照系中的观察者是静止的。本章将从静电场对电荷有力的作用、电荷在电场中移动时电场力对电荷做功这两种现象出发，引入电场强度、电势等描述电场性质的重要物理量，研究静电场所遵循的基本规律、静电平衡时的特点、电容器的电容等内容。

第一节　库仑定律

电荷　电荷守恒　　　早在远古时候，人们就发现了用毛皮摩擦过的琥珀能够吸引羽毛、碎布片等轻小物体。例如，在我国的古书上就有"琥珀拾芥"的记载。后来发现，摩擦后能吸引轻小物体的性质并不是琥珀所独有。像玻璃棒、火漆棒、硬橡胶棒、有机玻璃棒等，用毛皮或丝绸摩擦后也都能吸引轻小物体。

物体有了这种吸引轻小物体的性质，我们就说它带了电（electricity），或者说有了电荷（electric charge）。带电的物体叫作带电体，使物体带电叫作起电（electrification）。上述通过摩擦使物体带电的方法叫作摩擦起电（electrification by friction）。带电体所带电荷数量的多少叫作电量（quantity of electricity）。因为英文中 electricity（电）这个单词是人们根据希腊字 electron（原意琥珀）创造出来的。所以，带电原本是"琥珀化"的意思，表示物体处在一种特殊的物理状态。

实验表明，两根用毛皮摩擦过的硬橡胶棒互相排斥；两根用丝绸摩擦过的玻璃棒也互相排斥。但是，用毛皮摩擦过的硬橡胶棒与用丝绸摩擦过的玻璃棒互相吸引。这表明硬橡胶棒上的电荷和玻璃棒上的电荷是不同的。实验证明，所有其他的物体无论用什么方法起电，所带的电荷要么与玻璃棒上的电荷相同，要么与硬橡胶棒上的电荷相同。这说明，自然界只存在两种电荷，而且，同种电荷互相排斥，异种电荷互相吸引。美国科学家富兰克林（Benjamin Franklin）首先用正电荷和负电荷的名称来区分这两种电荷。实验证明，同种电荷放在一起互相增强，异种电荷放在一起互相减弱或抵消。

还有一种常见的使物体带电的方法叫作感应起电。取一对用绝缘柱支持的金属导体 A 和 B，导体上都贴有金属箔，让 A 和 B 彼此接触，这时 A 和 B 上的金属箔闭合，表示它们都没有带电。把另一个带正电的金属球 C 移近导体 A（见图 5 – 1a），这

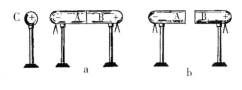

图 5 – 1

时 A、B 上的金属箔都张开了，表示它们都带了电。实验表明，靠近 C 的导体 A 带的电荷与 C 异号，远离 C 的导体 B 带的电荷与 C 同号。而且 A 和 B 分开后所带异种电荷是等量的（见图 5 – 1b），重新接触后等量异种电荷相互抵消。这种现象叫作静电感应（electrostatic induction）。利用静电感应使物体带电的方法叫感应起电。

从摩擦起电和静电感应等现象中总结出一个重要的结论：电荷既不能被创造，也不能被消灭，它们只能从一个物体转移到另一个物体，或者从物体的一部分转移到另一部分。这就是电荷守恒定律（law of conservation of charge），是电荷的一个重要特性，也是物理学中最普遍的基本定律之一。

物质是由原子、分子组成的，而原子是由带正电的原子核和带负电的电子组成的。原子核中含有质子和中子。中子不带电，质子带正电，其带电量值和电子所带负电相等。在国际单位制中，电量的单位是库仑，简称库，符号是 C。电子是自然界中具有最小电量的粒子，电子电量的绝对值为 $e = 1.6 \times 10^{-19}$ C，称为基本电荷或元电荷（elementary charge）。通常物体中任何一部分所包含的电子的总数和质子的总数是相等的，所以对外界不显电性。任何所谓不带电的物体，并不意味着其中没有电荷，而是其中具有等量异号电荷，使其整体处于电中性（electroneutrality）状态。在一定外因作用下，物体失去或者得到一定数量的电子，物体就呈现电性。实验表明，所有带电体的电量 q 都是电子电量的整数倍，即 $q = ne$，其中 n 只能取整数。这说明物体所带电荷不能以连续方式出现，只能以最小量值的整数倍出现，这称为电荷的量子化（charge quantization）。

点电荷   在研究静电学时，常常用到点电荷这个概念。点电荷是带电体理想模型。所谓点电荷是指这样的带电体：当它本身的大小远小于它所研究的场点的距离时，可忽略带电体的大小和形状，把它抽象成一个带电的几何点。一般带电体可看成点电荷的集合体。所以点电荷是有其实际意义的。

库仑定律   两个电荷间的相互作用力，叫作静电力，又叫作库仑力。这是法国物理学家库仑（C. A. Coulomb）通过扭秤实验研究了静止的点电荷间的相互作用力，于 1785 年发现的。

在真空中，两个点电荷间的相互作用力的大小跟它们的电量的乘积成正比，跟它们间的距离的平方成反比，作用力的方向沿着它们的连线。这就是库仑定律（Coulomb's law）。

如果用 Q_1、Q_2 表示两个点电荷电量，用 r 表示它们的距离，用 F 表示它们的静电力，库仑定律就可写为：

$$F = k\frac{Q_1 Q_2}{r^2}$$

式中的 k 是比例恒量，叫作静电力恒量，在国际单位制中，$k = 9.0 \times 10^9$ Nm^2/C^2。

库仑扭秤实验   库仑是用图 5 – 2 所示的扭秤来做实验的。扭秤的主要部分是在一根细金属丝下面悬挂一根玻璃棒，棒的一端有一个金属小球

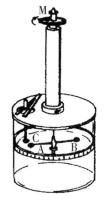

图 5 – 2

A，另一端有一个平衡小球 B。在离 A 球某一距离的地方再放一个同样的金属小球 C。如果 A 球和 C 球带同种电荷，它们间的斥力将使玻璃棒转过一个角度。向相反方向扭转旋钮 M，使玻璃棒回到原来的位置并保持静止，这时金属丝扭转弹力力矩跟电荷间斥力的力矩平衡。因此，从旋钮 M 转过的角度可以计算出电荷间作用力的大小。

库仑扭秤的实验目的是研究电荷间的相互作用力跟它们间的距离和电量的关系。保持两球的电量不变，改变两球的距离并测出作用力，就可以找出作用力跟距离的关系。要找出作用力跟电量的关系就比较困难了，因为当时还不知道怎样测量电量，甚至连电量的单位也没有确定。库仑找到了一个简单的办法巧妙地解决了这个问题。如图

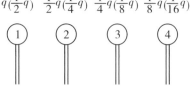

图 5-3

5-3 所示，取一系列大小相同的金属球，把它们分别装在绝缘棒上。使一个带电量为 q 的金属球 1 跟另一个不带电的金属球 2 相碰，两球带的电量一定相等，都是原有电量的 $\frac{1}{2}$。同

样可以再使球 3 与球 2 接触，则电量将进一步均分，各带电 $\frac{1}{4}q$，这样就得到了一系列带电

量成比例的带电球。就可以用扭秤来研究电荷间的作用力跟电量的关系了。库仑通过扭秤实验得到以下结论：两个点电荷间的作用力跟它们的电量的乘积成正比，跟它们间的距离的平方成反比。库仑实验是在空气中做的，其结果跟在真空中相差很小。

比较一下，发现库仑定律和万有引力定律很相似，它们都是平方反比定律。现在还不能说明为什么这两个定律如此相似，但这种相似使我们可以用力学的比喻来理解许多电学的问题，给学习电学知识带来方便。

例题 比较电子和质子间的静电引力和万有引力。已知电子质量是 0.91×10^{-30} kg，质子质量是 1.67×10^{-27} kg。电子和质子的电量都是 1.6×10^{-19} C。

解析： 电子和质子间的静电引力 $F_{电}$ 和万有引力 $F_{引}$ 分别是：

$$F_{电} = k\frac{Q_1 Q_2}{r^2} \qquad F_{引} = G\frac{m_1 m_2}{r^2}$$

因此，$\dfrac{F_{电}}{F_{引}} = \dfrac{kQ_1 Q_2}{Gm_1 m_2} = \dfrac{9.0 \times 10^9 \times 1.6 \times 10^{-19} \times 1.6 \times 10^{-19}}{6.67 \times 10^{-11} \times 1.67 \times 10^{-27} \times 0.91 \times 10^{-30}} = 2.3 \times 10^{39}$

从这个例题可以看出，电子和质子间的万有引力比它们的静电引力小得多。正是因为这个缘故，在研究微观带电粒子间的（如原子中电子和原子核间的）相互作用时，经常把万有引力忽略不计。

静电力叠加原理 实验表明，两个点电荷之间的相互作用力，并不会因为有第三个点电荷的存在而有所改变。当几个点电荷同时存在时，施于某一点电荷的静电力，等于各个点电荷单独存在时施于该电荷的静电力的矢量和，这就是静电力叠加原理。

如图 5-4 所示，设同时存在 2 个点电荷：Q_1、Q_2，将 Q 放在 P 点，我们来考虑 Q 所受静电力的大小和方向。设当 Q_2 不存在，Q_1 单独存在时，Q_1 施于 Q 的静电力为 F_1；再设当 Q_1 不存在，Q_2 单独存在时，Q_2 施于 Q 的静电力为 F_2，则 Q_1、Q_2 同时存在时施于 Q 的静电力即为：

$$F = F_1 + F_2$$

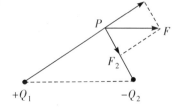

图 5-4

库仑定律是关于电荷之间相互作用的基本规律。应用库仑定律和静电力叠加原理，原则上可以求出任意两个带电体之间的相互作用力。因为对于任意一个带电体，都可以把它划分成许许多多足够小的小块，以致每一带电小块都可以看成点电荷的集合，而两个带电体间的相互作用力问题，也就归结为两组点电荷之间的相互作用力的问题。

练习一

1. 1 库仑的电量是一个电子所带电量的多少倍？

2. 将一个带正电的小球移近一个绝缘的不带电的导体，小球受到吸引力还是排斥力？若导体未接地前与小球接触一下，情况又如何？

3. 在真空中有两个点电荷，电量分别为 $+4.0 \times 10^{-9}$ C 和 -2.0×10^{-9} C，相距 10 cm。这两个点电荷间的作用力是多大？

4. 有两个完全相同的金属小球 A 和 B，带电量分别为 $+Q$ 和 $+2Q$，相距为 r 时，作用力为 F。如果另有一个完全相同的金属小球 C，带电 $-2Q$，让 C 先和 A 接触，再和 B 接触，然后移走 C，使 A、B 间的距离变为 $\dfrac{r}{2}$，则 A、B 间的作用力为 F 的多少倍？

5. 两个相同的金属小球，一个带电量为 4.0×10^{-11} C，另一个带电量为 -6.0×10^{-11}C，求：
① 两球相距 50 cm 时的作用力；
② 把两球接触后，再使它们相距 50 cm 时的作用力（见图 5-5）。

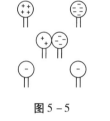

图 5-5

6. 在真空中三个同种点电荷固定在一条直线上（见图 5-6），三个点电荷的电量均为 4.0×10^{-12} C，求 Q_1 所受静电力的大小及方向。

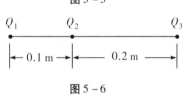

图 5-6

7. 卢瑟福实验证明：当两个原子核之间的距离小到 10^{-15} m 时，它们之间的排斥力仍遵守库仑定律。金的原子核中有 79 个质子，氦的原子核（即 α 粒子）中有 2 个质子。已知每个质子带电 1.60×10^{-19} C，α 粒子的原重为 6.68×10^{-27} kg。当 α 粒子与金核相距为 6.9×10^{-15} m 时（设它们这时仍可视为点电荷），求：① α 粒子所受的力；② α 粒子的加速度。

第二节　电场强度、电场线

电场　电荷周围存在具有对放入其中的电荷有电场力作用的物质，这种物质称为电场。凡是有电荷的地方，周围就存在电场。电场的基本性质是对放入其中的电荷有力的作用，电荷之间的相互作用是通过电场发生的，这种力叫作电场力。两个电荷 A 和 B，A 受到 B 的作用，实际上是电荷 B 的电场对电荷 A 的作用。同样，电荷 B 受到的电荷 A 的作用，实际上是电荷 A 的电场对电荷 B 的作用。因此，电荷之间相互作用的静电力就是电场力。

电场与由分子、原子组成的实物不同，看不见，摸不到，理解起来有些困难。但是近代物理学的发展表明，它具有一系列物质属性，如具有能量、动量，能施于电荷作用力，等等，因而能被人们所感知。所以电场跟其他物质一样，都是不依赖于我们的感觉而客观存在的东西，电场是在跟电荷的相互作用中表现出自己的特性的。从电场所表现出来的特性出发，加以分析研究，就可以了解电场，认识电场。

电场强度　　现在通过观测一个电荷在电场中不同地点的受力情况，来研究电场的性质。为了保证测量的准确性，要求这个电荷是一个电量很小的点电荷，使它的引进几乎不影响原来电场的分布，并且要求这个电荷的体积要很小，便于用它来研究电场各点的性质。这样的电荷常常被叫作检验电荷，也称为试探电荷。

如图 5-7 所示，在带电体 Q 产生的电场中，用挂在丝线下端的带正电的小球作检验电荷，把它先后放在电场中不同的位置，观察它在电场中的受力情况，力的大小可以从丝线对竖直线偏角的大小看出。实验表明，检验电荷在电场中的位置不同，受到的电场力的大小和方向也不同，说明电场也有强弱之分。检验电荷受到的电场力大，说明该点的电场强；检验电荷受到的电场力小，说明该点的电场弱。图 5-8 中 A 点的电场强，B 点的电场弱，C 点的电场更弱。

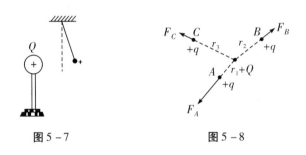

图 5-7　　　　　　　　　　图 5-8

把检验正电荷 q 放到图 5-8 中电场的 A 点，电荷 q 受到电场力 F_A 的作用。设 A 点跟 Q 的距离为 r_1，由库仑定律知道 $F_A = k\dfrac{Qq}{r_1^2}$。同样，如果把正电荷 q' 放入 A 点，q' 受到的电场力 $F_A' = k\dfrac{Qq'}{r_1^2}$。可以看出，$\dfrac{F_A}{q} = \dfrac{F_A'}{q'} = k\dfrac{Q}{r_1^2}$。这就是说，放入 A 点的电荷受到的电场力跟它的电量的比值，是一个与放入该点的电荷无关的恒量。如果把电荷分别放入图 5-8 中的电场 B 点和 C 点，设 B、C 跟 Q 的距离分别为 r_2 和 r_3，同样可以证明，电荷在 B 和 C 受到的电场力跟它的电量的比值分别是 $k\dfrac{Q}{r_2^2}$、$k\dfrac{Q}{r_3^2}$，都是与放入的电荷无关的恒量。因此，电荷在电场中某一点受到的电场力跟它的电量的比值，只由该点在电场中的位置所决定，而跟放入的电荷无关。这个比值越大的地方，放入那里的检验电荷受到的电场力越大，电场就越强，这一点对任何电场是适用的。所以用 $\dfrac{F_A}{q}$ 来表示电场的强弱，由此可见，$\dfrac{F_A}{q}$ 这个量反映了电场在 A 点的性质。放入电场中某一点的电荷受到的电场力 F 跟它的电量 q 的比值，叫作这一点的电场强度，简称场强，用 E 表示：

$$E = \frac{F}{q}$$

由上式可以知道，E 也是矢量，方向与 F 的方向一致。规定场强的方向是正电荷受力的方向，负电荷受力的方向跟场强的方向相反。

在国际单位制中，力的单位是牛顿（N），电量的单位是库仑（C），所以电场强度的单位是牛顿/库仑（N/C）。

点电荷在真空中形成的电场中，在距离 Q 为 r 的 P 点的场强 E 的大小为：

$$E = k \frac{Q}{r^2}$$

这个公式只适用于真空，如果 Q 是正电荷，E 的方向就背离 Q；如果 Q 是负电荷，E 的方向就指向 Q（见图 5-9）。

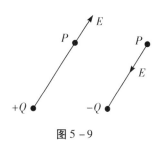

图 5-9

电场的叠加　　如果有几个点电荷同时存在，它们的电场就互相叠加，形成合电场。这时某点的场强，就等于各个点电荷单独在该点产生的场强的矢量和。这样，知道了点电荷的场强，原则上我们就可以知道任一带电体的场强，因为任何带电体都可以看作由许多点电荷组成。

电场线　　为了更深入了解电场，英国物理学家法拉第（Michael Faraday）引入了电场线这个物理概念来形象地描绘电场的分布。在任何电场中，每一点的场强 E 都有一定的方向，所以我们可以在电场中画出一系列的从正电荷出发到负电荷终止的曲线，使曲线上每一点的切线方向都跟该点的场强方向一致，这样画出的曲线就叫作电场线（见图 5-10）。电场线并不是客观存在的，而是用来形象地描绘电场的工具。利用电场线可以描绘电场中各处的场强分布，通过直观的、一目了然的图像形象地说明电场强度的分布。

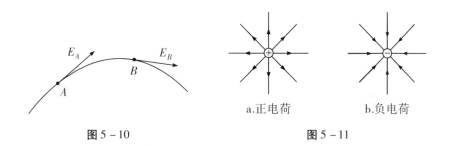

图 5-10　　　　　　　　　a.正电荷　　　　　b.负电荷

图 5-11

图 5-11 中 a、b 是正、负点电荷的电场线分布图，这两种电场都有球对称性。正点电荷的电场线是以正电荷为中心的沿径矢向外辐射的直线；负点电荷的电场线是以负电荷为中心沿径矢向内会聚的直线。由点电荷场强大小 $E = k \frac{Q}{r^2}$ 可以知道，在距离形成电场的电荷越近的地方，场强越大，从图中可以看出，该处的电场线较密。

所以，用电场线不但可以形象地表示电场强度的方向，还可以表示电场强度的大小：场强越大的地方，电场线越密；场强越小的地方，电场线越疏。图 5-12 是两个等量的电荷的电场线。电场线的疏密也同样可以说明场强的大小。

从电场线图可以总结出电场线的一些基本性质：

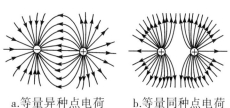

a.等量异种点电荷　　b.等量同种点电荷

图 5-12

（1）电场中的电场线起始于正电荷，终止于负电荷，或延伸到无穷远处，不形成闭合曲线。

（2）在电场中，电场线的密疏与电场强度的强弱成正比。

（3）在没有电荷处，两条电场线不会相交。

匀强电场   在电场的某一区域里，如果各点的场强的大小和方向都相同，这个区域的电场就叫作匀强电场。匀强电场是最简单的，同时也是很重要的电场，在实验研究中常常要用到它。在匀强电场里，既然各点的场强的方向都相同，电场线就一定是互相平行的直线。

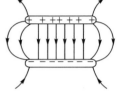

图 5 – 13

既然各点的场强的大小都相同，电场线的疏密程度也一定处处相等。因此，匀强电场中的电场线是距离相等的互相平行的直线。两块靠近的平行金属板，它们的大小相等并且互相正对，在分别带等量的正电和负电的时候，除边缘附近外，它们之间的电场就是匀强电场（见图5 – 13）。

练习二

1. 带电量分别为 1.0×10^{-8} C 和 2.0×10^{-8} C 的两点电荷相距 1 m，在它们连线的中点放一带电量为 3.0×10^{-9} C 的电荷。求这三个电荷受力的大小和方向。

2. 有人说电场线就是带电粒子在电场中运动的轨迹。这种说法对吗？为什么？

3. 在图 5 – 11 至图 5 – 13 中，所有的电场线都不相交。我们能否断言，电场中任何两条电场线都不相交。为什么？

4. 把试探电荷 q 放在某电场中的 A 点，测得它所受的电场力为 F；再把它放到 B 点，测得它所受的电场力为 nF。那么，A 点和 B 点的场强之比 $\dfrac{E_A}{E_B}$ 是多少？再把另一电量为 nq 的试探电荷放到另一点 C，测得它所受的电场力也是 F。那么，A 点和 C 点的场强之比 $\dfrac{E_A}{E_C}$ 是多少？由此能否得出结论：电场强度跟试探电荷所受的力成正比，跟试探电荷的电量成反比？应怎样正确理解 $E = \dfrac{F}{q}$ 这一公式？

5. 在氢原子中，电子和质子的平均距离是 5.3×10^{-11} m。质子在这个距离处产生的场强是多大？方向如何？电子受到的力是多大？方向如何？

6. 物理学上常把重力作用的空间叫作重力场。如果把单位质量的物体受到的重力叫作重力场强度，试写出重力场强度的定义式。重力场强度的方向如何？从重力场强度的方向来看，重力场是与正电荷形成的电场相似，还是与负电荷形成的电场相似？

第三节   电势能、电势和电势差

前面我们从电荷在电场中受到力的作用出发，研究了电场的性质。下面我们从电场力对电荷做功，引起能量变化等方面来研究电场的性质。

电场力做功与电势能的变化   电荷在电场中也具有势能，叫作电势能。电势能是与电场力做功有密切关系的。在电场中移动电荷时，如果电场力对电荷做正功，电势能就减少；如果电场力对电荷做负功，电势能就增加。电势能的变化量等于电场力对电荷所做的功，而且在静电场中电场力对电荷所做的功与路径无关。

从功和能之间的转换关系来看，电荷在电场中的情形跟物体在重力场中的情形完全相似。但由于存在两种电荷，电场力既可以是引力，也可以是斥力，因此电场力做功的问题要复杂一些。

图 5-14a 表示正电荷 Q 的电场，在电场中把正电荷 q 从 A 点移到 B 点，电场力的方向与电荷移动的方向相同，电场力对电荷 q 做正功，电势能减少。可见，正电荷 q 在 A 点的电势能大于它在 B 点的电势能，在正电荷 Q 的电场中，正电荷 q 离 Q 越近，电势能越大。

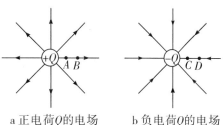

a 正电荷Q的电场　　b 负电荷Q的电场

图 5-14

图 5-14b 表示负电荷 Q 的电场，在电场中把正电荷 q 从 C 点移到 D 点，电场力的方向与电荷移动的方向相反，电场力对电荷 q 做负功，电势能增加。可见，正电荷 q 在 C 点的电势能小于它在 D 点的电势能，在负电荷 Q 的电场中，正电荷 q 离 Q 越近，电势能越小。

在讨论电势能的时候，要先规定电荷在某一位置的电势能为零，然后才能确定物体在其他位置的电势能。电荷在电场中某点的电势能的大小，在数值上等于把电荷从这点移到电势能为零处（参考位置）电场力所做的功。用符号 ε 表示电势能，它是标量，单位是焦耳（J）。在物理学中，通常取电荷 q 在无限远处的电势能为零。这样，在图 5-14a 所示正电荷的电场中，因为正电荷 q 在离 Q 越远的地方电势能越小，而它在无限远处的电势能为零，所以正电荷 q 在正电荷 Q 的电场中的电势能都是正值。在图 5-14b 所示的负电荷的电场中，因为正电荷 q 在离电荷 Q 越远的地方电势能越大，而它在无限远处的电势能为零，所以正电荷 q 在负电荷 Q 的电场中电势能都是负值。

电势　　现在来研究一下电荷在电场中的电势能跟电荷所带的电量的关系。设在图 5-14a 所示正电荷的电场 E 中，正电荷 q 在 A 点的电势能为 ε_A，如果把放在 A 点的电荷增加为原来的 n 倍，即 $q'=nq$，在把它移到无限远处的过程中，所受的电场力从原来的 F 变为 $F'=q'E=nqE=nF$，因而电势能也变为 $\varepsilon_A'=n\varepsilon_A$，这就是说，正电荷 nq 在 A 点的电势能为 $n\varepsilon_A$，$\dfrac{\varepsilon_A'}{q'}=\dfrac{n\varepsilon_A}{nq}=\dfrac{\varepsilon_A}{q}$，无论在 A 点放入电荷所带的电量是多少，电势能跟电荷所带的电量比值都相同，可见，这个恒量是由电场本身性质所决定的，它反映了电场本身所具有的一种性质，我们可以用这个恒量来描述电场的物理量。

电场中某点的电荷的电势能跟它的电量的比值，叫作这一点的电势（electric potential）或电位。如果用 φ_P 表示电场中 P 点的电势，用 ε_P 表示电荷 q 在 P 点的电势能，那么：

$$\varphi_P=\frac{\varepsilon_P}{q}$$

在国际单位制中，电势的单位是伏特，简称伏，符号是 V，1 V = 1 J/C。

电势只有大小，没有方向，因此是标量。电势跟电势能一样，并没有绝对的意义。只有先规定了某处的电势为零以后，才能确定电场中其他各点的电势的值。电场中电势为零的位置也就是电荷在该点的电势能为零的位置，在理论研究中，通常也就取无限远处的电势为零。在实际应用中，通常取大地的电势为零。

在规定了零电势后，电场中各点的电势可以是正值，也可以是负值。例如，规定无限远处的电势为零，在图 5-14a 所示的正电荷 Q 的电场中，因为正电荷 q 的电势能都是正值，而且离正电荷越远，电势越低。在图 5 – 14b 所示的负电荷 – Q 的电场中，因为正电荷 q 的电势能都是负值，所以电场中各点的电势都是负值，而且离负电荷越远，电势越高。在电场中，可以根据电场线的方向来判断电场中各点电势的高低，因为沿着电场线的方向移动正电荷，电场力做正功，正电荷的电势能减少，所以沿着电场线的方向电势越来越低。

电势差　　用不同的位置作为测量高度的起点，同一地方的高度的数值就不相同，但两个地方的高度差保持不变。同样，选择不同的位置作为零电势，电场中某点的电势的数值也会不相同，但电场中任意两点间电势的差值保持不变。正是因为这个缘故，在物理学中电势差值用得比电势更为普遍。

设电场中 A 点的电势为 φ_A，B 点的电势为 φ_B。正电荷 q 在 A 点的电势能是 $\varepsilon_A = q\varphi_A$，在 B 点的电势能为 $\varepsilon_B = q\varphi_B$，设 $\varphi_A > \varphi_B$，把正电荷 q 由 A 点移动到 B 点时，q 的电势能减少 $\varepsilon_A - \varepsilon_B = q\varphi_A - q\varphi_B$，电场力做正功 W，则有：

$$W = q\varphi_A - q\varphi_B = q\left(\varphi_A - \varphi_B\right) = qU$$

式中 $U = \varphi_A - \varphi_B$，即为 A、B 两点的电势差。

所以，在电场中两点间移动电荷时，电场力做的功 W 等于电量 q 和这两个点间的电势差 U 的乘积，即：

$$W = qU$$

可以看出，比值 $\dfrac{W}{q}$ 就是这两点的电势差，即电荷在电场两点间移动时，电场力做的功跟电荷量的比值，叫作这两点间的电势差（electric potential difference），通常也叫作电压。电势差通常用符号 U 表示：

$$U = \frac{W}{q}$$

电势差的单位与电势的单位相同，都是伏特（V），电势差的数值与零电势的选择无关。

在图 5 – 15 所示电场中，1 C 的正电荷由 A 点移动到 B 点，电场力做功为 5 J，则 A、B 两点间的电势差 $U_{AB} = 5$ V。1 C 的正电荷由 C 点移动到 B 点，电场力做功为 – 10 J，则 C、B 两点间的电势差应为 $U_{CB} = -10$ V。在实际应用中，有时不需要指出两点电势差的正负，电势差取绝对值，即 A、B 两点间的电势差为 5 V，C、B 两点间的电势差为 10 V。

物理学中还常用功的另一个单位——电子伏特（eV）。它的含义是：在电场中电势差为 1 V 的两点，移动一个带电量为 e 的电子时，电场力所做的功。其大小为 1 eV $= 1.6 \times 10^{-19}$ C $\times$ 1 V $= 1.6 \times 10^{-19}$ J。

例题　　如图 5 – 16 所示，一带电量为 5.0×10^{-9} C 的正电荷由 A 点移动到 B 点。A、B 两点的电势差为 20 V，求电场力所做的功。

解析：由公式可得：

$$W = qU = 5.0 \times 10^{-9} \times 20 \text{ J} = 1.0 \times 10^{-7} \text{ J}$$

正电荷在电场中受力的方向与电场线的方向相同。如果将负电荷从 A 点移动到 B 点，

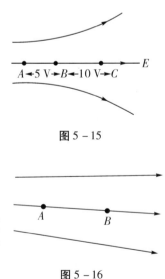

图 5 – 15

图 5 – 16

电荷移动方向与电场力的方向相反，电场力做负功，所以将负电荷从 A 点移动到 B 点时，电场力做的功为 -1.0×10^{-7} J。

上面我们已学习了反映电场性质的两个物理量：电场强度和电势。电场强度是反映电场的力的性质的物理量。知道了电场强度 E，就可以知道电荷 q 在电场中所受的力 $F = qE$。电势是反映电场的能的性质的物理量。知道了电势 φ_P，就可以知道电荷 q 在电场中的电势能 $\varepsilon = q\varphi_P$。在电势为正值的地方，正电荷的电势能是正值，负电荷的电势能是负值。在电势为负值的地方，正电荷的电势能是负值，负电荷的电势能是正值。在电场中的两点间移动电荷，电场力所做功 W 与带电量 q 的比值 $\dfrac{W}{q}$ 就是电场中两点的电势差 U。它反映做功的多少和电势能转换之间的关系。

等势面 用电场线可以将电场中各点场强的大小和方向形象地表示出来，沿着电场线的方向电势越来越低。一般来看，电场中各点的电势不同，但电场中有许多点的电势相等。把电场中电势相等的点构成的面叫作等势面。在电场中可以用等势面的高低分布来表示电势的高低，这跟在地图上用等高线来表示地形的高低是类似的。

在同一等势面上的任何两点间移动电荷，电场力不做功。这是因为，假如电场力做了功，这两点的电势就不相等，它们就不在一个等势面上了。这种情形，跟在同一水平面上的两点间移动物体时，重力不做功的道理是一样的。

等势面一定跟电场线垂直，即跟场强的方向垂直。假如不是这样，场强就有一个沿着等势面的分量，这样在等势面上移动电荷时电场力就要做功。但这是不可能的，因为在等势面上各点电势相等，沿等势面移动电荷时电场力是不做功的，所以场强一定跟等势面垂直。

沿着电场线方向电势越来越低，且由电势较高的等势面指向电势较低的等势面。

图 5-17 是匀强电场中的等势面，它们是垂直于电场线的一簇平面。图 5-18 是点电荷电场中的等势面，它们是以点电荷为球心的一簇球面。图 5-19 是两个等量异种的点电荷电场中的等势面。

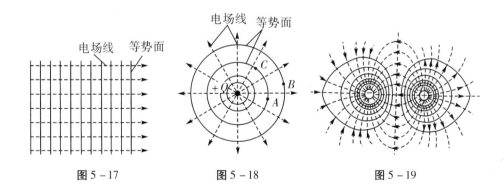

图 5-17   图 5-18   图 5-19

练习三

1. 对下列问题分别举例说明。

（1）场强大的地方，是否电势就高？电势高的地方，是否场强就大？

（2）带正电的物体的电势是否一定是正的？电势等于 0 的物体是否一定不带电？

（3）场强为 0 的地方，电势是否一定为 0？电势为 0 的地方，场强是否一定为 0？

（4）场强大小相等的地方电势是否一定相等？等势面上场强的大小是否一定相等？

2. 在图 5 – 20 所示的电场中，把正电荷 q 由 A 移到 B 点，q 的电势能增大还是减小？如果移动的是负电荷 $-q$，电势能又怎样变化？

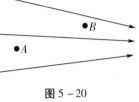

图 5 – 20

3. 在电场中把电量为 3.0×10^{-9} C 的正电荷从 A 点移到 B 点，电场力做了 1.8×10^{-7} J 的正功，再把这个正电荷从 B 移到 C，电场力做了 2.4×10^{-7} J 的负功。A、B、C 三点中哪点的电势最高，哪点的电势最低？A、B 间，B、C 间和 A、C 间的电势差各是多少？

4. 把一点电荷从电势 500 V 的 M 点移到电势为 200 V 的 N 点时，电场力做功 -6.0×10^{-5} J，求点电荷的电量。

5. 电场中 A 点的电势是 3 V。求：①电量为 3 C 的电荷在 A 点的电势能；②电量为 6 C 的电荷在 A 点的电势能；③电量为 -3 C 的电荷在 A 点的电势能；④电量为 -6 C 的电荷在 A 点的电势能。

6. 在图 5 – 21 所示的匀强电场中，如果 A 板是接地的，M、N 两点哪点电势高？电势是正值还是负值？如果 B 板是接地的，结果又怎样？（取大地的电势为零）

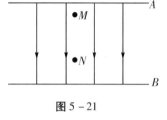

图 5 – 21

7. 现代物理学中认为重力作用的空间存在着重力场，类似于电场，可引入重力场强度和重力势，这两个量应怎样定义？定义后者时可把地面规定为零势点。若把重力场和两块带等量异号电荷且负极板接地（电势为零）的平行板之间的匀强电场作一个对比，各物理量是怎样相互对应的，它们又有何不同？

第四节　电场中的导体

实验表明，电荷可以从金属棒的一端移至另一端。这种允许电荷通过的物体称为导体（conductor），而不允许电荷通过的物体称为绝缘体（insulator）或电介质（dielectric）。半导体（semiconductor）是导电性质介于导体和绝缘体之间的具有特殊电性质的材料。导体的特征是它的内部有大量可以移动的自由电荷。对于金属导体来说，这种自由电荷就是自由电子。在金属中有大量的自由电子和带正电的晶体点阵。当导体不带电或者不受外电场影响时，自由电子的负电荷和晶体点阵的正电荷相互中和，在宏观上呈中性。这时自由电子只做热运动，而无宏观的定向运动。

静电平衡状态　　把金属导体放到场强为 E_0 的外电场中，导体内部的自由电子在电场力的作用下将做定向移动（见图 5 – 22a）。由静电感应可知，在金属的左表面上将出现负电荷，在右表面上将出现正电荷，导体两端出现正负电荷。导体两端出现的正负电荷在导体内部形成反方向的电场 E'，它的电场线用虚线表示（见图5 – 22b）。

这个电场与外电场叠加，使得导体内部的总

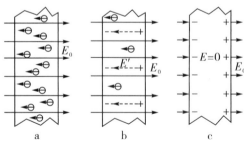

图 5 – 22

场强减小，但是，只要导体内部的场强不等于零，自由电子就继续移动，两端的正负电荷就继续增加，导体内部的电场就进一步削弱，直到导体内部各点的场强都等于零为止，这时自由电子的定向移动停止（见图 5 – 22c）。导体中（包括表面）没有电荷定向移动的状态叫作静电平衡状态（electrostatic equilibrium state）。

静电平衡条件　　若使导体表面和内部所有的自由电子都不做定向运动，则导体内部的自由电子所受的合力必须为零。这时导体内部的合场强必为零（参看图 5 – 22c）；导体表面上自由电子也只能受到与表面垂直、指向外部的力，即导体表面上的场强方向必与表面垂直。所以可将导体处于静电平衡条件归纳如下：

（1）导体内部任何一点的场强为零。

（2）导体表面上任何一点的场强方向垂直于该点表面。

导体的静电平衡条件也可以用电势来描述。当导体处于静电平衡时，导体内部和表面各点的电势都相等，即整个导体是一个等势体。

静电平衡时导体上的电荷分布　　导体处于静电平衡时，导体上的净电荷只能分布在导体的外表面上，导体内没有净电荷。如果导体内部有空腔存在，且空腔内腔无电荷存在，则空腔导体内表面上没有电荷，电荷只能分布在空腔导体的外表面上。当导体空腔内有电荷 q 存在时，则在空腔的内表面上由于静电感应，必有等值而异号的 $-q$ 存在，根据电荷守恒定律，则这时导体的外表面上所带电量为 $Q + q$，其中 Q 为导体本身所带电量。以上结论，可用静电平衡条件及电荷守恒定律来证明。

静电平衡时电荷只分布在导体的外表面上，可以用下述的法拉第圆筒实验来验证。如图 5 – 23 所示，取两个验电器 A 和 B 并在 B 上装一个几乎封闭的空心金属圆筒 C（即法拉第圆筒）。

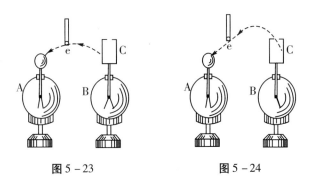

图 5 – 23　　　　　　　　图 5 – 24

使 B 和 C 带电，B 的箔片张开。用有绝缘柄的金属小球 e 先跟 C 的外部接触，再把 e 移到 A 并跟 A 的金属球接触。经过若干次以后，看到 A 的箔片张开，同时 B 的箔片张开的角度减小。这表明 e 把 C 的一部分电荷搬运给了 A，可见法拉第圆筒的外表面是带电的。如果让 e 不接触 C 的外部，而接触 C 的内部重做上述实验（见图 5 – 24），无论重复多少次，A 的箔片都不张开，B 的箔片张开的角度也不减小。这表明 e 并没有把 C 的电荷搬运给 A，可见法拉第圆筒的内部不带电。

实验指出，单独导体表面的电荷面密度与曲率半径有关，表面曲率半径愈小处，电荷面密度愈大。表面具有突出尖端的带电体，在尖端处电荷面密度特别大，因而在尖端处附近的场强特别强，可强到使周围空气发生电离，产生尖端放电现象。避雷针就是根据尖端放电原理制成的。在高压设备中，为了防止尖端放电，要尽可能使导体表面光滑和平坦，把电极做成光滑的球状曲面。高压电器中常采用球形接头，就是为了防止尖端放电，以减小电能损失，避免发生破坏性事故。

静电屏蔽　利用静电平衡时导体内部的场强为零的现象，在技术上可以实现静电屏蔽。若空心导体腔内没有净电荷，在外电场中达到静电平衡时，感应电荷只能分布在导体的外表面，空腔内场强处处为零。

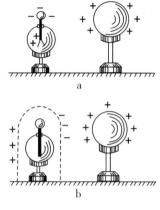

因此，把任一物体放入空腔内，该物体都不受外电场的影响。若空心球壳内放一带正电的物体，则在球壳的内表面上将产生感应负电荷，外表面上产生正电荷。这时球壳外表面的电荷所产生的电场就会对外界产生影响，如图 5 - 25a 所示。为了消除这种影响，可把球壳接地，则外表面上的正电荷将和从地面来的负电荷中和，从而球壳内的电荷所产生的电场和球壳内表面上感应电荷产生的电场互相叠加，叠加的结果将使球壳的电场为零。这时空心球壳内带电体的电场对壳外不再产生影响，如图5 - 25b 所示。综上所述，一个接地的空腔导体可以隔离内、外静电场的相互影响，这就是静电屏蔽的原理。

图 5 - 25

静电屏蔽在生产技术上有许多应用。如电业工人进行高空带电作业时会穿用细铜丝和纤维编织在一起的导电性能良好的屏蔽服；为了避免外界电场对一些精密的电磁测量设备的干扰，或者为了避免一些高压设备的电场对外界的影响，一般都在这些设备的外围安装接地的金属外壳（网、罩）等。

第五节　电势差和电场强度的关系

场强是跟电场对电荷的作用力相联系的，电势差是跟电场力移动电荷做功相联系的，现在以匀强电场为例来研究场强和电势差之间的关系。

沿着电场线的方向，电势越来越低。从图 5 - 26 中看到，除沿场强方向 AB 外，电势沿其他方向 AC、AD 也都降低。但是沿着 AB 方向降低得最快，可见，场强的方向是电势降低最快的方向。设图 5 - 26 中 A、B 间的距离为 d，A、B 间的电势差为 U，场强为 E。把正电荷 q 从 A 移到 B 时，电场力 $F = qE$ 所做的功为：

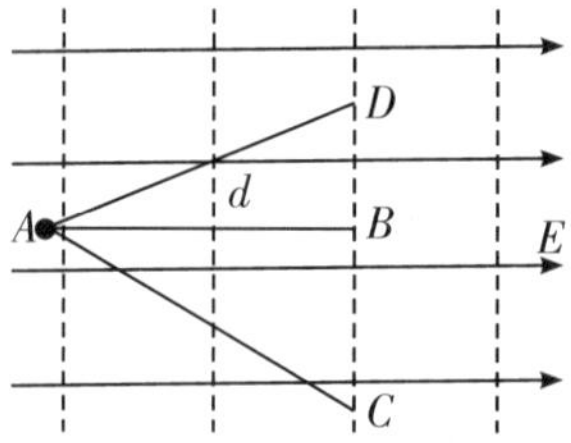

$$W = Fd = qEd$$

图 5 - 26

利用电势差和功的关系，功又可表示为 $W = qU$。结合这两个式子，即可得到 $U = Ed$。上式说明，在匀强电场中，沿场强方向的两点间的电势差等于场强和这两点间距离的乘积。可把上式改写成：

$$E = \frac{U}{d}$$

由上式可以得到场强的另一个单位：V/m。由于：

$$1 \text{ V/m} = 1 \text{ J/(C} \cdot \text{m)} = 1 \text{ (N} \cdot \text{m)/(C} \cdot \text{m)} = 1 \text{ N/C}$$

因此，场强的两个单位 V/m 和 N/C 是相等的。

例题 图 5 - 27 中，金属圆板 A、B 相距 3 cm，用电压为 60 V 的电池组使它们带电，它们间的匀强电场的场强是多大？方向如何？

解析：金属板间的电势差就是电池组的电压，知道这个电势差 U 后，可以用公式 $E = \dfrac{U}{d}$ 计算出场强 E：

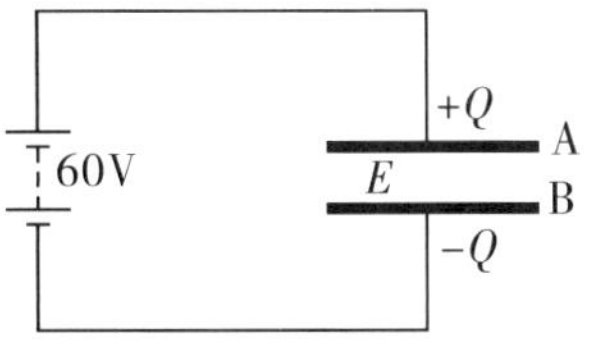

图 5 - 27

$$E = \frac{U}{d} = \frac{60}{3 \times 10^{-2}} \text{ V/m} = 2\ 000 \text{ V/m}$$

A 板带正电，B 板带负电，所以场强方向由 A 板指向 B 板。

练习四

1. 平行板电容器的电容为 C，充电到电压为 U，然后断开电源，把两板间的距离由 d 增大到 $2d$，则电容器的电容、电量、电压和电场强度四个量有变化吗？有什么变化？如果不断开电源，把两板间的距离由 d 增大到 $2d$，则以上各量有何变化？

2. 平行的带电金属板 A、B 间是匀强电场（见图 5 - 28），场强为 1.2×10^3 N/C。两板间的距离为 5 cm，两板间的电势差有多大？电场中有两点 P_1 和 P_2，P_1 点离 A 板的距离是 0.5 cm，P_2 点离 B 板的距离也是 0.5 cm。P_1 和 P_2 两点间的电势差有多大？

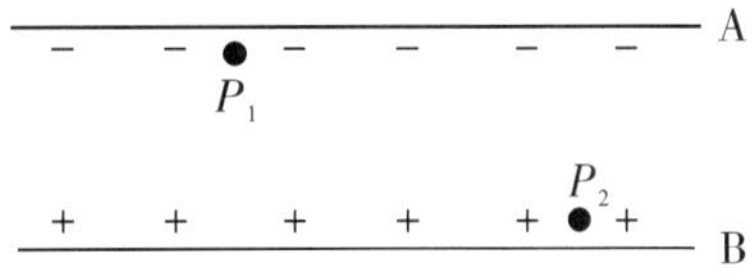

图 5 - 28

第六节 带电粒子在电场中的运动

在电场中的带电粒子，由于受到电场力的作用，产生加速度，从而带电粒子的速度大小和方向都可以发生变化。在现代科学实验和技术设备中，常常根据这个道理，利用电场来改变或控制带电粒子的运动，即利用电场来使带电粒子加速并利用电场来使带电粒子偏转。

带电粒子的加速 如图 5 - 29 所示，在真空中有一对平行金属板，接上电压为 U 的电池组，在它们之间建立匀强电场，正电荷 q 从正极板移到负极板，电场力做的功 $W = qU$。设 q 是在正极板处由静止开始运动，到达负极板时它的动能为 $\dfrac{1}{2}mv^2$。

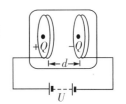

根据动能定理 $qU = \dfrac{1}{2}mv^2$，由此就可求出电荷 q 到达负极板的速度：

图 5 - 29

$$v = \sqrt{\frac{2qU}{m}}$$

带电粒子在匀强电场中的加速运动，跟物体在重力场中的自由落体运动相似。不过，物体在重力场中受到的力跟质量成正比，不同质量的物体具有相同的加速度；而带电粒子在电场中受到的力跟电量成正比，质量相同的粒子可以带有不同的电量，因而它们在电场中的加速度可以互不相同。$v = \sqrt{\dfrac{2qU}{m}}$ 对非匀强电场也适用。这是因为，无论在什么电场中，电荷 q 通过电压

U 时，电场力对它做的功总等于 qU，而对初速度为零的带电粒子总是有 $qU = \frac{1}{2}mv^2$ 的关系。

带电粒子的偏转   要使以一定速度运动的带电粒子偏转，人们通常用跟带电粒子初速度方向垂直的匀强电场，这时带电粒子受到一个跟原来运动方向垂直的电场力，因而发生偏转。

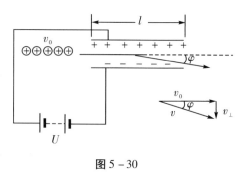

图 5 – 30

如图 5 – 30 所示，真空中有一对平行金属板，接上电压为 U 的电池组，在它之间建立场强为 $E = \frac{U}{d}$ 的匀强电场，其中 d 为两板的距离，设有一些带正电荷 q 的粒子以初速度 v_0 进入电场，v_0 的方向跟 E 的方向垂直。带电粒子受到垂直于 v_0 的侧向电场力 $F = qE = \frac{qU}{d}$ 的作用，这时带电粒子的运动跟物体在重力场中的平抛运动相似。带电粒子在侧向电场力 F 作用下，沿侧向做初速度为零的匀变速运动，所以 $y = \frac{1}{2}at^2$。

由牛顿第二定律可得：$a = \frac{F}{m} = \frac{qU}{md}$

带电粒子在电场内运动的时间为：$t = \frac{l}{v_0}$

由此可得：$y = \frac{1}{2}at^2 = \frac{qUl^2}{2v_0^2 md}$

带电粒子离开电场后，将在偏离原来运动方向某一角度的方向上做匀速直线运动。带电粒子离开电场时得到一个垂直于初速度的侧向速度 $v_\perp = at$。

所以 $v_\perp = \frac{qUl}{mdv_0}$

由此可得，带电粒子离开电场时的偏角 φ 由下式确定：$\tan \varphi = \frac{v_\perp}{v_0} = \frac{qUl}{mdv_0^2}$

对于带电量一定的带电粒子束，m、q、v_0 都是确定的，适当选择 U、d、l，就可以使 φ 符合预定的要求。

例题   如图 5 – 31 所示，A 板附近有一电子由静止开始向 B 板运动。已知电源电压 $U = 2\,500$ V，电子的电荷量 $e = 1.6 \times 10^{-19}$ C，电子的质量为 $m_e = 0.9 \times 10^{-30}$ kg。求：

（1）电子到达 B 板时的速度 v；

（2）电场力对电子做的功 W_{AB}。

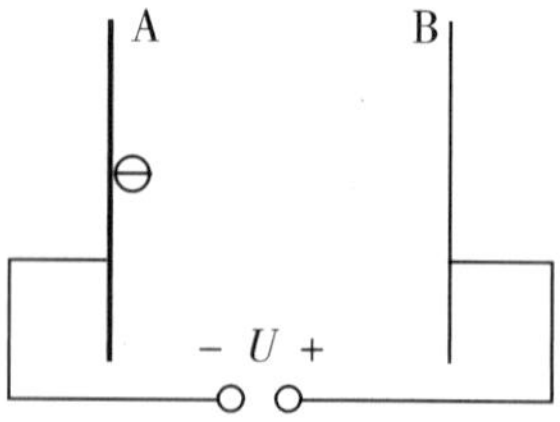

解析：（1）由动能定理得 $eU = \frac{1}{2}mv^2$

图 5 – 31

解得 $v \approx 3 \times 10^7$ m/s

（2）电场力对电子做的功

$$W_{AB} = eU = 4 \times 10^{-16} \text{ J}$$

练习五

1. 在真空中有一对平行金属板，相距 10 cm，加上 80 V 的电压。2 价的氧离子从静止出发被加速，从一板到达另一板时，它的动能是多大？这道题有几种解法？哪种解法最简便？

2. 2 价离子在 100 V 的电压下从静止加速后，测出它的动量是 1.24×10^{-21} kg·m/s。这种离子的质量是多大？

3. 电子从静止出发被 1 000 V 的电压加速，然后沿着与电场强度垂直的方向进入另一个匀强偏转电场，该场强为 5 000 N/C。已知偏转极板长 6 cm，求电子离开偏转电场时的速度及其与起始速度方向之间的夹角。

4. 如图 5 - 32 所示的实验装置可以用来验证电场对带电粒子的加速作用只跟电压有关。左边的非匀强电场使电子加速，右边的匀强电场使电子减速。设非匀强电场的电压为 U，匀强电场的电压为 U'。实验结果是：只要 $U' < U$，电流计（G）的指针就偏转；只要 $U' > U$，电流计的指针就不偏转。你从这个实验结果中可以得出什么结论？

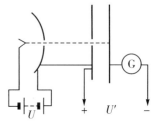

图 5 - 32

5. 在氢原子中，正常状态下电子和质子之间的距离为 5.29×10^{-11} m。把氢原子中的电子从正常状态拉到无穷远处所需的能量叫作氢原子的电离能。问此电离能是多少电子伏特？多少焦耳？

第七节 电容器、电容

电容器 电容器（capacitor）是由两个彼此绝缘而又互相靠近的导体组成的。这两个导体就是电容器的两个极。两块正对的平行金属板，它们相隔很近而且彼此绝缘，就是一个最简单的电容器，叫作平行板电容器。

使电容器两极板带等量异种的电荷叫作充电（charging）。充电时总是使电容器的一个导体带正电，另一个导体带等量的负电。每个导体所带电量的绝对值，叫作电容器所带的电量。把平行板电容器的一个极板接电池组的正极，另一个极板接电池组的负极，两个极板就分别带上等量的异种电荷。

使充电后的电容器失去电荷叫作放电（discharge）。用一根导线把电容器的两极接通，两极上的电荷互相中和，电容器就不带电了。电容器是电气设备中的重要元件之一，在电子技术和电工技术中有很重要的应用。

电容 电容器带电的时候，它的两极之间产生电势差。实验证明，对任何一个电容器来说，两极间的电势差都随所带电量的增加而增加，而且电量跟电势差成正比，它们的比值是一个恒量。不同的电容器，这个比值一般是不同的。可见，这个比值表现了电容器的特性。电容器所带的电量跟它的两极间的电势差的比值，叫作电容器的电容。如果用 Q 表示电容器所带的电量，用 U 表示它的两极间的电势差，用 C 表示它的电容，那么：

$$C = \frac{Q}{U}$$

电容器带电的情形可以用直筒容器装水的情形来比喻。直筒容器装水后，水的深度总跟装的水量成正比，水量和水的深度的比值是一个恒量。不同的直筒容器，这个比值一般是不相同的。这个比值越大，即水面升高单位高度所需的水量越大，表示容器的容量越大。

在国际单位制里，电容的单位是法拉，简称法，国际符号是 F。常用单位还有微法（μF）和皮法（pF）。

它们间的换算关系是：

$$1 \text{ F} = 10^6 \text{ μF} = 10^{12} \text{ pF}$$

平行板电容器的电容　　如图 5－33 所示，让平行板电容器带电后用静电计来测量两极板 A、B 间的电势差。不改变 A、B 两极板所带的电量，只改变两极板间的距离 d，可以看到，距离越大，静电计指出的电势差越大。这表示平行板电容器的电容随两板距离 d 的增大而减小。

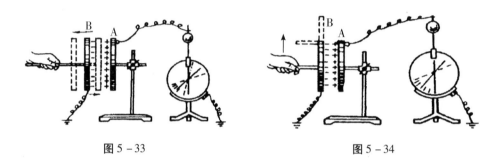

图 5－33　　　　　　　　　　　　图 5－34

如图 5－34 所示，不改变两极板所带电量和它们的距离，只改变两极板正对面积 S，可以看到，正对面积越小，静电计指出的电势差越大。这表示平行板电容器的电容随两极的正对面积 S 的减小而减小。

如图 5－35 所示，不改变两极板所带电量、它们的距离和它们的正对面积，而在极板间插入电介质 ε_0，可以看到，静电计显示的电势差减小。这表示平行板电容器的电容由于插入电介质 ε_0 而增大。实验指出：平行板电容器的电容 C，跟介电常数 ε_0 成正比，跟正对面积 S 成正比，跟极板的距离 d 成反比。写成公式：$C = \dfrac{\varepsilon_0 S}{d}$。

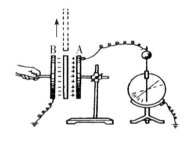

图 5－35

一般说来，电容器的电容是由两个导体的大小和形状、两个导体的相对位置以及它们之间的电介质决定的。

常用电容器　　常用的电容器可分为固定电容器和可变电容器两类。固定电容器的电容是固定不变的，由于所用的电介质不同，又可分为纸介电容器、云母电容器、瓷介电容器、电解电容器等。

纸介电容器是在两层锡箔或铝箔中间夹以在石蜡中浸过的纸，一起卷成圆柱体而制成的（见图 5－36）。纸浸过石蜡后，可以避免潮气侵入，使绝缘能力大大增强。改变锡箔或铝箔的面积，可以制成电容大小不同的纸介电容器。这种电容器的特点是容易制造出电容较大的电容器，而且价格较低。

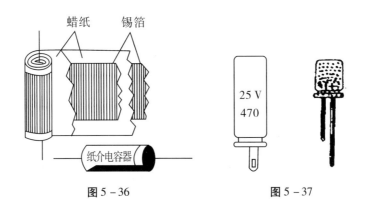

图 5 - 36　　　　　　　　　　　图 5 - 37

电解电容器外形如图 5 - 37 所示。这种电容器的极性是固定的，使用时正负极不能接反，并且不能接在交流电路中，否则它将不能工作，这是它跟其他电容器不同的地方。电解电容器是利用电解现象制成的。

可变电容器的电容是可以改变的，它由两组铝片组成，如图 5 - 38 所示。固定不动的一组铝片叫定片，可以转动的一组铝片叫动片。定片和动片之间的电介质，通常就用空气。转动动片，两组铝片的正对面积发生变化，电容就随之改变。图 5 - 39 是电路图中常用的几种电容器的符号。加在电容器两极上的电压不能超过某一限度。超过这个限度，电介质将被击穿，电容器损坏，这个极限电压叫作击穿电压。电容器工作时的电压应低于击穿电压。电容器上一般都标明了电容和额定电压的数值。电容器的额定电压是指电容器长期工作所能承受的电压，它比击穿电压要低。

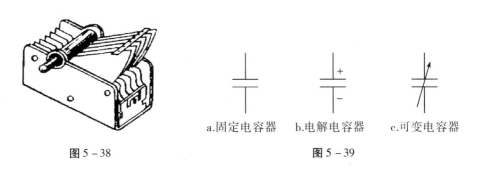

a.固定电容器　　b.电解电容器　　c.可变电容器

图 5 - 38　　　　　　　　　　　图 5 - 39

练习六

1. 一平行板电容器充电到 50 V，然后使电容器短路产生电火花。如果移近两板，并再充电到 50 V，然后使之短路，第二次的电火花是否比第一次的含有更多的电荷？

2. 有一个电容器，在带了电量 Q 以后，两导体间的电势差是 U。如果使它带的电量增加 4.0×10^{-8} C，两导体间的电势差就增大 20 V。这个电容器的电容是多少？

3. 如图 5 - 40 所示，闭合电键，使平行板电容器 C 充电，然后断开电键。当增大电容器两板间的距离时，下述各量是否改变，怎样改变？
　①电容器所带电量；
　②电容器的电容；

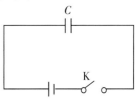

图 5 - 40

③电容器两板间的电势差。

4. 在上题中，充电后如果保持电键闭合，那么，增大电容器两板间的距离时，下述各量是否改变，怎样改变？

①电容器两板间的电势差；

②电容器的电容；

③电容器所带的电量。

思考题

1. 什么叫"点电荷"？在真空中两个位置固定的点电荷间的相互作用力，是否会因为其他的一些电荷移近而改变？

2. 有人说"在电场中某一点没有放进实验电荷，那么，该点场强一定为零""放进正实验电荷该点的场强为正值，放进负实验电荷该点的场强为负值"，这些说法对吗？

3. 电场强度 E 和电荷在电场中受力 F 有什么关系和区别？电荷在电场中某点受到的电场力很大，该点的电场强度是否也一定很大？

4. 在没有选定电势零点以前，指明电场中某点电势的数值有没有意义，为什么？

5. 在匀强电场中的电场强度处处相等，电势是否也处处相等？

6. 在电场中，电场强度为零的点，电势是否一定也为零？电势为零的点，电场强度是否也为零？举例说明。

7. 若规定无限远处为零电势点，试说明下列情况下电势能是正值还是负值：

①正电荷 q_1 在正电荷 Q_1 的电场中；

②负电荷 $-q_2$ 在正电荷 Q_1 的电场中；

③正电荷 q_1 在负电荷 $-Q_2$ 的电场中；

④负电荷 $-q_2$ 在负电荷 $-Q_2$ 的电场中。

8. 有人说"一个电容器带电多的时候电容大，带电少的时候电容小，所以电容 C 表示带电的多少"，这种说法对不对？为什么？

9. 如图 5－41 所示，同心金属球 A 和球壳 B 原来不带电，试分别讨论下述 4 种情况，并画出电场线。

①使外球带正电；

②使内球带正电；

③使内、外球带等量的同种电荷，内球带负电；

④使内、外球带等量的异种电荷，内球带正电。

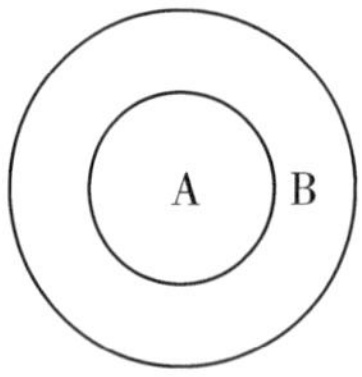

10. 若避雷针的接地导线损坏，会出现什么危险？

图 5－41

习题五

一、选择题

1. 以下各项不属于静电屏蔽的是（　　）。

A. 避雷针

B. 超高压带电作业的工人要穿有金属织物的工作服

C. 电子设备金属网罩外套

D. 野外高压输电线上方有两条与大地相连的导线

2. 把一个带正电的金属球靠近电荷 a，a 被吸引，电荷 a 靠近电荷 b 时，b 被排斥，电荷 b 再靠近电荷 c 时，c 被吸引，电荷 c 带的是（　　）。

A. 正电荷   B. 负电荷

C. 正、负电荷均有可能   D. 无法判断

3. A、B、C 三点在同一直线上，$AB:BC=1:2$，B 点位于 A、C 之间，在 B 处固定一电荷量为 Q 的点电荷。当在 A 处放一电荷量为 $+q$ 的点电荷时，它所受到的静电力为 F；移去 A 处电荷，在 C 处放一电荷量为 $-2q$ 的点电荷，其所受静电力为（　　）。

A. $-\dfrac{F}{2}$ B. $\dfrac{F}{2}$ C. $-F$ D. F

4. 如图 5 – 42 所示，M、N 为一正点电荷产生的电场中的某一条电场线上的两点，则下列说法中正确的是（　　）。

A. 场强 $E_M < E_N$

B. M 点的电势低于 N 点的电势

C. 从 M 点向 N 点移动一正点电荷，电场力做正功

D. 负电荷所受电场力 $F_M < F_N$

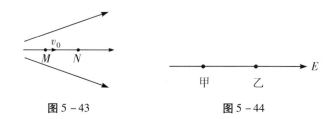

图 5 – 42

5. 如图 5 – 43 所示的电场中，某带正电粒子（不计重力），以 v_0 的速度从 M 点向 N 点运动，分别用 E、φ 和 E_k 代表场强、电势和带电粒子的动能，以下判断正确的是（　　）。

A. $E_M < E_N$，$\varphi_M < \varphi_N$，$E_{kM} < E_{kN}$ B. $E_M < E_N$，$\varphi_M > \varphi_N$，$E_{kM} < E_{kN}$

C. $E_M > E_N$，$\varphi_M < \varphi_N$，$E_{kM} > E_{kN}$ D. $E_M > E_N$，$\varphi_M > \varphi_N$，$E_{kM} < E_{kN}$

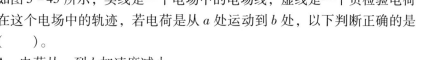

图 5 – 43   图 5 – 44

6. 如图 5 – 44 所示，在一条电场线上有甲、乙两点，一电子沿电场线从甲点运动到乙点的过程中，下列判断完全正确的是（　　）。

A. 电子克服电场力做功，动能减小   B. 电场力对电子做正功，动能减小

C. 电场力对电子做功，动能增加   D. 电子克服电场力做功，动能增加

7. 如图 5 – 45 所示，实线是一个电场中的电场线，虚线是一个负检验电荷在这个电场中的轨迹，若电荷是从 a 处运动到 b 处，以下判断正确的是（　　）。

A. 电荷从 a 到 b 加速度减小

B. b 处电势能大

C. b 处电势高

D. 电荷在 b 处速度最大

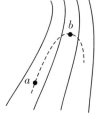

图 5 – 45

8. 下列关于电场线的说法中，正确的是（　　）。

 A. 电场线上每一点的切线方向都跟电荷在该点的受力方向相同

 B. 沿电场线方向，电场强度越来越小

 C. 电场线越密的地方，同一试探电荷所受静电力就越大

 D. 在电场中，顺着电场线方向移动电荷，电荷受到的静电力大小恒定

9. 点电荷 A 和 B，分别带负电和正电，电量分别为 $4Q$ 和 Q，在图 5-46 的 AB 连线上，电场强度为零的地方在（　　）。

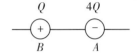

 A. A 和 B 之间

 B. A 右侧

 C. B 左侧

 D. A 的右侧及 B 的左侧

图 5-46

10. A 为已知电场中的一个固定点，在 A 点放一电量为 q 的电荷，所受电场力为 F，A 点的电场强度为 E，则（　　）。

 A. 若在 A 点换上 $-q$，A 点的电场强度将发生变化

 B. 若在 A 点换上电量为 $2q$ 的电荷，A 点的电场强度将变为 $2E$

 C. 若 A 点移去电荷 q，A 点的电场强度变为零

 D. A 点电场强度的大小、方向与 q 的大小、正负、有无均无关

11. 关于库仑定律公式 $F = k\dfrac{q_1 q_2}{r^2}$，下列说法正确的是（　　）。

 A. 该公式对任何情况都适用

 B. 当真空中的两个电荷间的距离 $r \to 0$ 时，它们之间的静电力 $F \to \infty$

 C. 当真空中的两个电荷之间的距离 $r \to \infty$ 时，库仑定律就不适用了

 D. 当真空中的两个电荷之间的距离 $r \to 0$ 时，两电荷就不能看成点电荷，库仑定律的公式就不适用了

12. 如图 5-47 所示，虚线 a、b、c 是某静电场中的三个等势面，它们的电势分别为 φ_a、φ_b、φ_c，且 $\varphi_a > \varphi_b > \varphi_c$，一带正电的粒子射入电场中，其运动轨迹如实线 $KLMN$ 所示。由图可知（　　）。

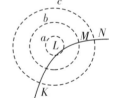

 A. 粒子从 K 到 L 的过程中，电场力做正功

 B. 粒子从 L 到 M 的过程中，电场力做负功

 C. 粒子从 K 到 L 的过程中，电势能增加

 D. 粒子从 L 到 M 的过程中，动能减少

图 5-47

13. 如图 5-48 所示，两个等量异号的点电荷在真空中相隔一定的距离，竖直线代表两点电荷连线的中垂面，在此中垂面上的各点的电场线处处与该平面垂直，在两点电荷所存在的某平面取如图所示的 1、2、3 三点，则这三点的电势大小关系是（　　）。

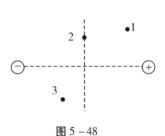

 A. $\varphi_1 > \varphi_2 > \varphi_3$ B. $\varphi_2 > \varphi_3 > \varphi_1$

 C. $\varphi_2 > \varphi_1 > \varphi_3$ D. $\varphi_3 > \varphi_2 > \varphi_1$

图 5-48

14. 一带电粒子在如图 5-49 所示的点电荷的电场中，在电场力作用下沿虚线所示轨迹从 A 点运动到 B 点，电荷的加速度、动能、电势能的变化情况是（　　）。

    A. 加速度增大，动能、电势能都增加

    B. 加速度减小，动能、电势能都减少

    C. 加速度增大，动能增加，电势能减少

    D. 加速度增大，动能减少，电势能增加

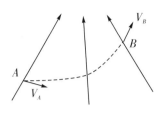

图 5-49

15. 如图 5-50 所示，图中实线是一簇未标明方向的由点电荷产生的电场线，虚线是某一带电粒子通过该电场区域时的运动轨迹，a、b 是轨迹上的两点。若带电粒子在运动中只受电场力作用，根据此图可作出正确判断的是（　　）。

    A. 带电粒子所带电荷的符号

    B. 带电粒子在 a、b 两点的受力方向

    C. 带电粒子在 a、b 两点的速度何处较大

    D. 带电粒子在 a、b 两点的电势能何处较小

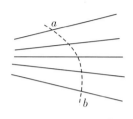

图 5-50

16. 一平行板电容器充电后与电源断开，负极板接地，在两极板间有一正电荷（电量很小）固定在 P 点。如图 5-51 所示，用 E 表示两极板间场强，U 表示电容器的电压，E_P 表示正电荷在 P 点的电势能，若保持负极板不动，将正极板移到图中虚线所示的位置，则（　　）。

    A. U 变小，E_P 不变

    B. E 变大，E_P 不变

    C. U 变小，E_P 变大

    D. U 不变，E_P 变小

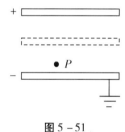

图 5-51

二、填空题

17. 两个完全相同的金属小球 A、B，A 带电 $+Q$，B 带电 $-2Q$，相距 r 时作用力为 F。如果拿来一个与它们完全相同的金属小球 C，C 带电 $-2Q$，C 先与 A 接触再与 B 接触后移走 C，使 A、B 的距离为 $\frac{r}{2}$，则 A、B 间的作用力为＿＿＿＿＿＿＿。

18. 如图 5-52 所示，$Q_A = 2 \times 10^{-8}$ C，A、B 相距 3 cm。在水平方向的外电场作用下 A、B 保持静止，悬线都沿竖直方向。因此外电场的场强大小是＿＿＿＿＿＿＿，方向是＿＿＿＿＿＿。A、B 中点处总电场的场强大小是＿＿＿＿＿＿＿，方向是＿＿＿＿＿＿。

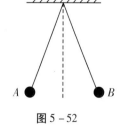

图 5-52

19. 电荷 $q = 3.0 \times 10^{-9}$ C，由电场中 a 点运动到 b 点时电场力做功 1.5×10^{-7} J。q 由 b 点运动到 c 点时外力克服电场力做功 6.0×10^{-7} J。则 a、b、c 三点比较，电势最高的是＿＿＿＿＿＿＿点，电势最低的是＿＿＿＿＿＿＿点，a、c 两点间电势差为＿＿＿＿＿＿＿ V。

20. 质量为 1×10^{-16} kg 的带正电油滴，静止在水平放置的两块平行金属板之间，两板距离为 3.2 cm。两板间电压的最大可能值是＿＿＿＿＿＿＿ V。

三、计算题

21. 有两个带电小球，电量分别为 $+Q$ 和 $+16Q$，在真空中相距 $0.4\ \mathrm{m}$。如果引进第三个带电小球，正好使三个小球都处于平衡状态，第三个小球带的是哪种电荷？应放在什么地方？电量是 Q 的几倍？

22. 如图 5－53 所示，有两个挂在丝线上的小球，带有等量的同种电荷，由于电荷彼此排斥，丝线都偏离竖直线 θ 角，已知两个小球的质量都为 m，两丝线长都为 L，求每个小球上所带的电量。

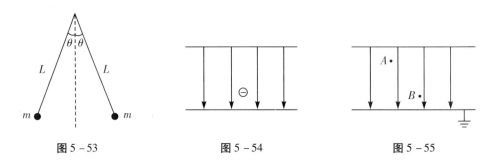

图 5－53　　　　　图 5－54　　　　　图 5－55

23. 氢原子中有一个电子绕氢核（质子）做圆周运动，已知电子绕核旋转的平均半径为 $5.3 \times 10^{-11}\ \mathrm{m}$，求电子的动能。

24. 两块靠近的平行金属板，在两板之间为真空时，使它们分别带上等量的异种电荷，保持两板带的电量不变，如果将两板间的距离减小为原来的 1/3，两板间的电势差是原来的多少倍？两板间匀强电场的场强是原来的多少倍？

25. 如图 5－54 所示，两块带有等量异种电荷的金属板相距 $4\ \mathrm{cm}$，其间的电场可看成匀强电场。一质量为 $2.0 \times 10^{-4}\ \mathrm{kg}$ 的带电粒子，所带电量为 $-5.0 \times 10^{-11}\ \mathrm{C}$，求此带电粒子从下极板匀速上升到上极板过程中电场力做的功以及电场强度，并讨论整个过程中能量的转化情况。（g 取 $10\ \mathrm{m/s^2}$）

26. 一个平行板电容器两板相距 $4\ \mathrm{cm}$（见图 5－55），两板间的场强是 $16\ \mathrm{V/m}$，点 A 距下板 $3\ \mathrm{cm}$，点 B 距下板 $0.5\ \mathrm{cm}$，下板接地，求 A、B 两点的电势各是多少？

27. 有一个电容器，电容是 $3.0 \times 10^{-4}\ \mu\mathrm{F}$，把它的两板分别跟直流电源的正负极相连，使两板分别带电 $6 \times 10^{-8}\ \mathrm{C}$ 和 $-6 \times 10^{-8}\ \mathrm{C}$。如果两板的距离为 $1\ \mathrm{cm}$，电容器两板间的电场强度是多大？

28. 两个相当大的平行金属板相距 $10\ \mathrm{cm}$，两板分别跟电池组的正负极连接，两板间的一个小电荷受到的电场力为 $3 \times 10^{-4}\ \mathrm{N}$。现在把两板的距离增加到 $15\ \mathrm{cm}$，如果连接的电池不变，小电荷受到的力变为多大？如果在增大两板距离时把所连电池组换成 5 倍电压的电池组，小电荷受到的力又将变为多大？

29. 示波管的主要结构由电子枪、偏转电极和荧光屏组成。在电子枪中，电子由阴极 K 发射出来，经加速电场加速，然后通过两对互相垂直的偏转电极形成的电场，发生偏转，其结构如图 5－56 所示（图中只给出一对 YY' 电极）。已知：电子质量为 m、电荷量为 e，两个偏转电极间的距离为 d，偏转电极

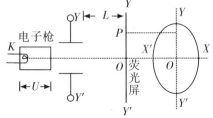

图 5－56

边缘到荧光屏的距离为 L。没有加偏转电压时，电子从阴极射出后，沿中心线打到荧光屏上的 O 点时动能是 E_{k0}。设电子从阴极发射出来的初速度可以忽略，偏转电场只存在于两个偏转电极之间，求：

（1）电子枪中的加速电压 U；

（2）如果在 YY' 方向的偏转电极加的偏转电压是 U_y，电子打到荧光屏上 P 点时的动能为 E_k，电子离开偏转电场时距中心线距离 s_y。

30. 如图 5-57 所示，质子和 α 粒子由静止经过相同电场加速后，沿垂直于电场线方向进入平行电容器两极板间的匀强电场。（粒子所受重力忽略不计）求：

（1）证明这两种粒子在平行板电容器间的运动轨迹相同；

（2）这两种粒子从进入电容器两极板间到离开过程中，动量改变量之比和动能改变量之比。

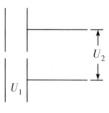

图 5-57

第六章　稳恒电流

我们现在的生活充满着电器，电器与生产、工作和日常生活息息相关，电器的应用离不开电流。电流是电路中的电荷定向移动形成的。为了有效地利用和控制电流，需要研究电路的规律。本章将学习电路的基本规律并分析解决一些简单的电路问题。

第一节　电　流

形成电流的条件　　接通电源后，电脑就可以工作，空调就可以调节室内的温度，电动机就可以转动，这是因为它们有了电流。金属导体中的电流是自由电子定向移动形成的。电解液中的电流是正、负离子向相反方向移动形成的。

要形成电流，首要条件是要有能够自由移动的电荷——自由电荷。金属中的自由电子，电解液中的正、负离子，都是自由电荷。在通常情况下，导体中大量的自由电荷不断地做无规则的热运动，朝任何方向运动的机会都一样。对导体的任何一个截面来说，在任何一段时间内从截面两侧穿过截面的自由电荷数都相等（见图6-1）。从宏观上看，没有电荷的定向移动，就没有电流。

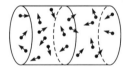

图6-1

如果把金属导体的两端接在电池的两极上（见图6-2），由于电池的两端有电势差，导体两端就有电流流过。这是因为金属导体的两端有了电势差后，导体的内部就形成了电场，金属导体中的自由电子除了做无规则的热运动外，还要在电场力的作用下做定向移动，即沿着导体从电势低的一端向电势高的一端移动，于是形成了电流。由此可见，保持导体两端的电势差，是形成电流的另一个条件。本章后面所讨论的电源，其作用就是保持电路两端的电势差，使电路中有持续的电流。

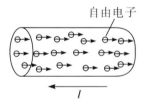

自由电子

图6-2

电流（electric current）　　电流的强弱用"电流"这个物理量表示。通过导体横截面的电量与通过这些电量所用的时间的比值，叫作电流强度。如果在时间 t 内通过导体横截面的电量为 q，那么电流强度 I 可以表示为：

$$I = \frac{q}{t}$$

在国际单位制中，电流强度的单位是安培（Ampere），简称安，国际符号是 A。常用的电流强度单位还有毫安（mA）、微安（μA）。

$$1 \text{ A} = 10^3 \text{ mA} = 10^6 \text{ μA}$$

　　电流既可能是正电荷的移动，也可能是负电荷的移动，还可能是正、负电荷同时沿相反方向的移动。通常规定正电荷的移动方向为电流的方向。这样，在金属导体中电流的方向就与自由电子移动的方向相反。在电解液中，电流的方向与正离子移动的方向相同，与负离子移动的方向相反。正电荷在电场力的作用下从电势高处向电势低处移动，所以以导体中电流的方向是从电势高的一端流向电势低的一端。电源上电势高的电极叫正极，电势低的电极叫负极，所以在电源外部的电路中，电流的方向是从电源的正极流向负极。

　　方向不随时间而改变的电流叫作直流电（direct current）；大小和方向都不随时间而改变的电流叫作稳恒电流（steady current），通常所说的直流都是稳恒电流。本章所研究的电流就是稳恒电流。

第二节　欧姆定律

　　在导体两端加上电压，导体中就有电流。德国物理学家欧姆（G. S. Ohm）通过以下的实验来研究导体中电流与电压的关系。如图 6-3 所示的电路，连接着一段导线 AB，导线两端的电压可由电压表读出，导线中的电流可由电流表读出。通过改变滑动变阻器的滑片 P 的位置，来改变电路中电流的大小，并得出相应的电压的大小，根据实验数据可以在直角坐标系中画出它们的关系曲线，用纵轴表示电流 I，用横轴表示电压 U，它们的 I-U 的关系图像（见图 6-4）叫作导体的伏安特性曲线。图 6-4 中的 1 表示导体 AB 的变化图像，换上导体 CD，它们的 I-U 图像就是图 6-4 中的 2。欧姆通过以上实验，由导体中电流与电压的关系得出如下结论：通过导体的电流跟加在导体两端的电压成正比，即 $I \propto U$。

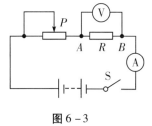

图 6-3

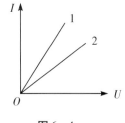

图 6-4

　　通常把这个关系写作：$R = \dfrac{U}{I}$

　　式中 R 是电压与电流的比值。实验表明，对不同的导线来说，在同一电压下，它的 R 越大，通过它的电流就越小。可见，比值 $\dfrac{U}{I}$ 反映出导线对电流的阻碍作用，称为该段导体的电阻（resistance）。如图 6-4 所示，导体的电阻越大，伏安曲线的斜率越小。

　　上面的公式可写成：$I = \dfrac{U}{R}$

　　这个公式表示：导体中的电流强度跟导体两端的电压成正比，跟导体的电阻成反比，这就是欧姆定律（Ohm's law）。

　　电阻的单位是欧姆，简称欧，国际符号是 Ω。常用的电阻单位还有千欧（kΩ）和兆欧（MΩ）。

$$1 \text{ kΩ} = 10^3 \text{ Ω}, \quad 1 \text{ MΩ} = 10^6 \text{ Ω}$$

欧姆定律是在金属导电的基础上总结出来的，经过实验的检验可以知道，除金属外，欧姆定律对电解液导电也适用，但对气体导电就不适用了。

欧姆定律是电流的基本定律，对研究电路很重要。电流、电压和电阻是电路中的三个基本物理量，根据欧姆定律，知道了其中任意两个量，就可以求出另外一个量。

练习一

1. 导线中的电流强度为 20 A，60 min 内有多少电子通过导线的横截面？
2. 手电筒小灯泡上的电压是 3 V 时，电阻为 8 Ω，求通过小灯泡的电流强度。
3. 人体通过 50 mA 的电流时，就会引起呼吸器官麻痹。如果人体的最小电阻为 800 Ω，求人体的安全工作电压，并解释为什么人体触到 220 V 的电线时会发生危险，而接触干电池的两极（电压为 1.5 V）时却没有感觉。
4. 一根电阻线的发热功率既可写成 $P = I^2R$，又可写成 $P = \dfrac{U^2}{R}$，那么，电功率 P 跟电阻 R 到底成正比还是成反比呢？
5. 画出电阻为 5 Ω 的导体的伏安特性曲线。当导体的电阻增大为 10 Ω 时，图线将怎样变化？电阻减小为 2.5 Ω 时呢？
6. 一铜导线和一铁导线具有相同的长度和直径，载有相同电流，求两导线的电压之比。哪一条导线中的电场强度更大？

第三节　电阻定律

导体的电阻是由导体本身决定的。在图 6 – 5 所示的电路的 B、C 两点间依次接入同种材料制成的粗细相同、长度不等的导线。实验表明，用同一种材料制成的横截面积相等而长度不相等的导线，其电阻跟导线的长度成正比；用同一种材料制成的长度相等而横截面积不相等的导线，其电阻跟导线的横截面积成反比。

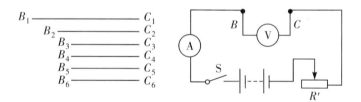

图 6 – 5

导线的电阻跟它的长度成正比，跟它的横截面积成反比，这就是电阻定律。如果长度为 l、横截面积为 S 的均匀导体的电阻为 R，则

$$R = \rho \frac{l}{S}$$

式中 ρ 是跟导体的材料有关系的比例系数，称为电阻率。在一定的温度下，同一种材料的 ρ 是一个常数，而对不同的材料，ρ 数值不同。横截面积和长度都相等的不同材料的导

线，ρ 越大的电阻越大，ρ 越小的电阻越小。可见，ρ 是一个反映材料导电性好坏的物理量。

把上面的公式变换可写作：

$$\rho = R\frac{S}{l}$$

根据上式，可以确定电阻率的单位。R、l、S 的单位分别是欧姆、平方米、米，所以 ρ 的单位是欧姆·米，简称欧·米，国际符号是 $\Omega \cdot m$。表 6-1 列出了几种材料 20 ℃时的电阻率。

表 6-1

材　料	电阻率 ρ/（$\Omega \cdot m$）	材　料	电阻率 ρ/（$\Omega \cdot m$）
银	1.6×10^{-8}	锰铜（85%铜 + 3%镍 +12%锰）	4.4×10^{-7}
铜	1.7×10^{-8}	康铜（54%铜 +46%镍）	5.0×10^{-7}
铝	2.9×10^{-8}	镍铬合金（67.5%镍 + 15%铬 +16%铁 + 1.5%锰）	1.0×10^{-6}
钨	5.3×10^{-8}	电木	$10^{10} \sim 10^{14}$
铁	9.8×10^{-8}	橡胶	$10^{13} \sim 10^{16}$

从上表可以看出，纯金属的电阻率小，合金的电阻率较大，金属中银的电阻率最小，但银的价格昂贵，很少用银做导线，只在特殊需要时使用。导线一般都用电阻率较小的铜或铝来制作，铝比铜便宜，因此铝导线用得比较多。电炉、电阻器的电阻丝一般都用电阻率较大的合金来制作。各种材料的电阻率都随温度变化而变化。金属的电阻率随温度的升高而增大，因此金属导体的电阻也随温度的升高而增大。利用金属电阻的这种性质可以制作电阻温度计。如果已知导体电阻随温度的变化而变化，那么，测出导体的电阻，反过来就可以知道温度，常用的电阻温度计是用铂丝或铜丝制作的。铂在温度变化时性质稳定，测温范围宽，可靠性好，但是价格昂贵。铜电阻温度计装置简单、灵敏，在某些特殊条件下，有独特的优点。有些合金，例如康铜和锰铜的电阻率随温度改变的变化特别小，用这些合金制作的电阻受温度的影响很小，因此常用来作标准电阻。

当温度降低到绝对零度附近时，某些金属、合金和化合物的电阻率会突然减小为零，这种现象叫作超导电现象，处于这种状态的导体叫作超导体。超导体的电阻为零，它还具有一系列其他独特的物理性质，有很重要的实用价值。超导体需要的温度很低，使它的应用受到限制。目前，各国都在积极进行研究，寻找较高温度下的超导体，探索把超导体应用到实际中的可能性。

练习二

1. 图 6-6 是滑动变阻器的结构图，涂有绝缘漆的电阻丝密绕在瓷管上，A、B 是它的两个端点，滑动端 P 可在金属杆上移动，它通过金属片与电阻丝接触，把电阻丝和金属杆连接起来。如果把固定端 A 和接线柱 C 接入电路中，当滑动端从 B 向 A 移动时，电路中的电阻就随着变小。试说明其原理。

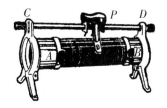

图 6-6

2. 有甲、乙两导体，甲的电阻是乙的一半，而单位时间内通过乙导体横截面的电荷量是甲导体的 2 倍，求甲、乙两端的电压比。

3. 一根做实验用的铜导线，长度是 60 cm，横截面积是 0.5 mm²，它的电阻是多少？一根输电用的铜导线，长度是 10 km，横截面积是 1 cm²，它的电阻是多少？为什么做电学实验时可以不考虑连接用的铜导线的电阻，而需要考虑输电线路的导线的电阻？

4. 下列关于电阻率的说法中错误的是（　　　）。
   A. 当温度极低时，超导材料的电阻率会突然减小到零
   B. 常用的导线是用电阻率较小的铝、铜材料制作的
   C. 材料的电阻率取决于导体的电阻、横截面积和长度
   D. 材料的电阻率随温度的变化而变化

第四节　电功和电功率

根据第五章静电学的知识，我们来理解电功和电功率这两个重要的概念。

电功　在导体两端加上电压，导体内就建立了电场。自由电子在电场力推动下做定向移动。如果导体两端的电压为 U，通过导体横截面的电量为 q，电场力所做的功 $W = qU$。由于 $q = It$，因此，

$$W = UIt$$

式中，W、U、I、t 的单位应分别用焦耳、伏特、安培、秒。

电场力做的功常常指的是电流做的功，简称电功。所以，电流在一段电路上所做的功，跟这段电路两端的电压、电路中的电流强度和通电时间成正比。

电场力做功时，正电荷从导体电势高的一端移向电势低的一端，电势能减少。这时减少的电能转化为其他形式的能。可见，电流通过用电器做功的过程，实际上是电能转化为其他形式的能的过程。例如，电流通过电炉做功，电能转化为热能；电流通过电动机做功，电能转化为机械能；电流通过电解槽做功，电能转化为化学能。电流做了多少功，就有多少电能转化为其他形式的能。

电功率　电流所做的功跟完成这些功所用的时间的比值叫作电功率。

用 P 表示电功率，那么

$$P = \frac{W}{t} = \frac{UIt}{t} = UI$$

$$P = UI$$

由上式可见，一段电路上的电功率，跟这段电路两端的电压和电路中的电流成正比。在国际单位制中，电功率的电位是瓦特，用国际符号 W 表示，常用千瓦（kW）作为电功率的单位。

为了使用电器安全正常地工作，制造厂对用电器的电功率和工作电压都有规定的数值，并且标明在用电器上，叫作用电器的额定功率和额定电压。给用电器加上额定电压，用电器正常工作时的功率就是额定功率。例如，标有"220 W，60 W"的灯泡，接在 220 W 的线路中，灯泡正常发光，它的功率为 60 W。这时通过灯泡的额定电流为 $\frac{40\ \text{W}}{220\ \text{V}} = 0.18\ \text{A}$，如果

接在高于 220 V 的线路中，通过灯泡的电流增大，它消耗的实际功率也增大，灯泡有烧坏的危险；如果接在低于 220 V 的线路中，通过灯泡的电流减小，它消耗的实际功率也减小，灯光将变得昏暗。可见，加在用电器上的电压改变时，通过它的电流也改变，它的实际功率也随着改变。所以，在把用电器接通电源之前，必须查清用电器的额定电压与电源电压是否一致。

第五节　焦耳定律

焦耳定律　　电流通过导体时会产生热量，使导体的内能增加，温度升高，称为电流的热效应。英国物理学家焦耳（J. P. Joule）通过实验研究得出结论：电流通过导体产生的热量 Q，跟电流 I 的平方、导体的电阻 R 和通电时间 t 成正比，这就是焦耳定律（Joule's law）。

$$Q = I^2Rt$$

在国际单位制中，热量 Q 的单位与能量的单位相同，也是焦耳（J）。

电流的热效应在生产和生活中有许多实际应用。电灯、电炉、电烙铁、电烘箱等都是利用电流的热效应工作的。但是，电流的热效应在有些地方是有害的，例如，电流通过输电导线、电动机的线圈、电视机中的零件时产生热量，不仅白白消耗电能，而且如果产生的热量使温度升高过多，还会使它们损坏，因此实际使用中要注意通风散热。

电功和电热的关系　　如果电路中只含有电灯、电炉等纯电阻性元件，称为纯电阻电路。由于这时电路两端的电压 $U = IR$，因此 $W = UIt = I^2Rt$。这就是说，电流所做的功 UIt 跟产生的热量 I^2Rt 是相等的。在这种情况下，电能完全转化为内能。这时电功的公式也可以写成

$$W = I^2Rt = \frac{U^2}{R}t$$

如果电路中还包含电动机、电解槽等用电器，即电路不是纯电阻性的，那么，电能除部分转化为内能外，还要转化为机械能、化学能等。这时电功仍然等于 UIt，产生的热量仍然等于 I^2Rt，但电流所做的功 UIt 大于热量 I^2Rt；加在电路两端的电压 U 也大于 IR，在这种情况下，就不能再用 I^2Rt 或 $\frac{U^2}{R}t$ 来计算电功了。

例如，一台电动机，额定电压是 110 V，正常工作时通过的电流是 50 A，每秒钟内电流做的功是 $W = UIt = 110 \times 50 \times 1 = 5.5 \times 10^3$ J。电动机线圈的电阻只有 0.4 Ω，每秒钟产生的热量是 $Q = I^2Rt = 50^2 \times 0.4 \times 1 = 1\ 000$ J。电功比电热大很多，大部分电能变为机械能了。

总之，只有在纯电阻电路里，电功才等于电热；在非纯电阻电路里，要注意电功和电热的区别。

练习三

1. 有三个用电器，分别为日光灯、电烙铁和电风扇，它们的铭牌均标有"220 V，60 W"。现让它们在额定电压下工作相同时间，产生的热量是否相同？为什么？

2. 用户保险盒中安装的保险丝允许通过的最大电流一般都不大（几安培），如果在电路中接入功率在 1 000 W 以上的用电器，如电炉等，就会把保险丝烧断，这是为什么？

3. 日常使用的电功单位是"度",等于功率为 1 千瓦(kW)的电流在 1 小时(h)内做的功,又叫千瓦时(kW·h)。1 度等于多少焦(J)?

4. 一只电饭煲和一台洗衣机并联接在输出电压为 220 V 的交流电源上(其内阻可忽略不计),均正常工作。用电流表分别测得通过电饭煲的电流是 5.0 A,通过洗衣机电动机的电流是 0.5 A,试求两者的功率。

5. 用功率为 2 kW 的电炉把 2 kg 的水从 20 ℃ 加热到 100 ℃,如果电炉的效率为 30%,需要多少时间?[水的比热为 4.2×10^3 J/(kg·℃)]

第六节　串联电路

串联电路　如图 6-7 所示,把导体一个接一个地依次连接起来,就组成串联电路。图中是由三个电阻 R_1、R_2、R_3 组成的串联电路。在串联电路中,电流沿着一条通路依次流过 3 个电阻,没有分岔,因此流过串联电路各电阻的电流强度相等。

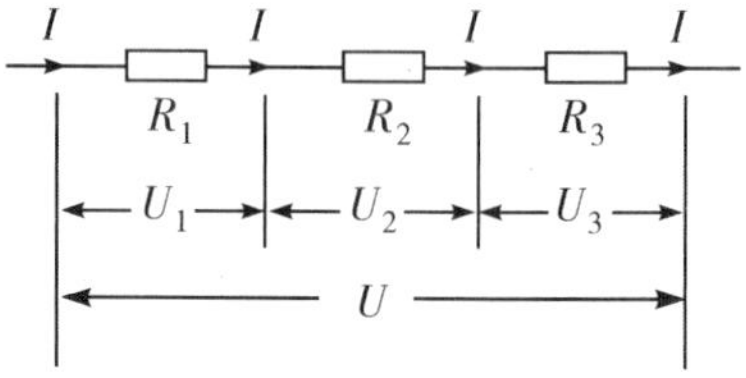

$$I = I_1 = I_2 = I_3$$

电流通过串联电路各电阻时,沿电流方向每通过一个电阻,电势要降低一定的数值,因此电阻两端的电压又叫作电势降落。电流在各电阻上的电势降落之和就是串联电路两端的电势降落,即总电压(见图 6-8)。串联电路两端的总电压等于各部分电路两端的电压之和。在图 6-7 中就是

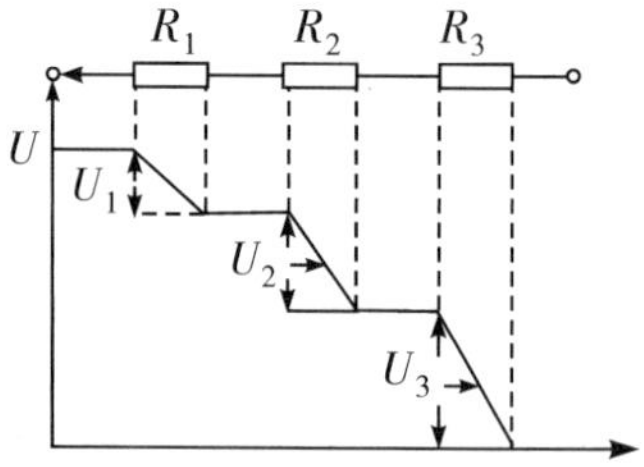

$$U = U_1 + U_2 + U_3。$$

图 6-7

图 6-8

可以看到,串联电路有以下基本特点:①电路中各处的电流相等;②电路两端的总电压等于各部分电路两端的电压之和。从这两个基本特点出发,再结合欧姆定律来研究串联电路的总电阻、电压分配、功率分配等性质。

(1)串联电路的总电阻。在图 6-7 中,用 R 代表串联电路的总电阻,I 代表电流,根据欧姆定律则有:

$$U = IR, \quad U_1 = IR_1, \quad U_2 = IR_2, \quad U_3 = IR_3$$

代入　　　　　　　$U = U_1 + U_2 + U_3$ 中可得:$R = R_1 + R_2 + R_3$,

如果有 n 个导体串联,那么

$$R = R_1 + R_2 + \cdots + R_n$$

这表明,串联电路的总电阻等于各个导体的电阻之和。导体串联,相当于导体长度增长,所以总电阻比其中任何一个导体的都大。

(2)串联电路的电压分配。在串联电路中,

$$I = \frac{U_1}{R_1}, \quad I = \frac{U_2}{R_2}, \quad \cdots, \quad I = \frac{U_n}{R_n}$$

所以 $I = \dfrac{U_1}{R_1} = \dfrac{U_2}{R_2} = \cdots = \dfrac{U_n}{R_n}$。

可见，串联电路中各个电阻两端的电压跟它的阻值成正比。阻值越大的电阻，两端的电压也越大。

串联电路中的每个电阻都分担了一部分电压。在电路中的电压超过用电器额定电压的情况下，可以在电路中串联上电阻，以分去一部分电压，使用电器得到所需的电压。串联电阻的这种作用叫作分压作用，起分压作用的电阻叫作分压电阻。在电学实验中，常用滑动变阻器接成分压器电路来调节用电器或工作电路所需的电压的大小。滑动变阻器用作分压器时的电路如图 6 - 9 所示，变阻器的两个固定端连接在电源上，其中一个固定端和滑动端 P 跟用电器或工作电路的两端相连，改变滑动端在两个固定端间的位置，输出电压 U 就可以在 $0 \sim U$ 之间变化。

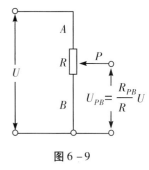

图 6 - 9

（3）串联电路的功率分配。串联电路中某个电阻 R_k 消耗的功率 $P_k = IU_k$，而 $U_k = IR_k$，所以 $P_k = I^2 R_k$. 因此各个电阻消耗的功率分别是：

$$P_1 = I^2 R_1, \quad P_2 = I^2 R_2, \quad \cdots, \quad P_n = I^2 R_n$$

所以 $I^2 = \dfrac{P_1}{R_1} = \dfrac{P_2}{R_2} = \cdots = \dfrac{P_n}{R_n}$。

可见，串联电路中各个电阻消耗的功率跟它的阻值成正比。在串联电路中，阻值越大的电阻，消耗的功率越大。

整个串联电路消耗的总功率为 $P = IU = I^2 R_1 + I^2 R_2 + \cdots + I^2 R_n$，所以 $P = P_1 + P_2 + \cdots + P_n$。

可见，串联电路中消耗的总功率等于各部分电路消耗的功率之和。

例题　在如图 6 - 10 所示的电路中，电源电压 $U = 15$ V，电阻 R_1、R_2、R_3 的阻值均为 $10 \, \Omega$，S 为单刀三掷开关，求下列各种情况下电压表的读数：

（1）开关 S 接 B；（2）开关 S 接 A；（3）开关 S 接 C。

解析：（1）S 接 B 时，R_1、R_2 串联接入电路，电压表测 R_1 两端电压，$U_1 = \dfrac{U}{R_1 + R_2} R_1 = 7.5$ V。

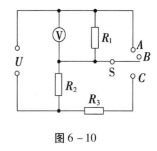

图 6 - 10

（2）S 接 A 时，R_1 电压表被短路，电压表示数为 0。

（3）S 接 C 时，R_2、R_3 并联，再和 R_1 串联后接入电路，$U_1 = \dfrac{U}{R_2 + \dfrac{R_2 R_3}{R_2 + R_3}} R_1 = 10$ V。

练习四

1. 为了测量电路中两点之间的电压，必须把电压表并联在所要测量的两点之间，考虑到电压表的内阻不是无穷大，问：①将电压表并入电路后，是否会改变原来电路中的电流和电压的分配？②这样读出的电压值是不是原来要测量的值？变大还是变小？③在什么情况下测量较为准确？

2. 一个量程 100 V 的电压表，内阻为 10 000 Ω，把它与一高电阻串联后接在 110 V 的电路上，电压表的读数是 5 V，求接入电阻的阻值。

3. 图 6-11 是一个变阻器分压电路。如果电压 $U = 18$ V，$R_1 = 200$ Ω，$R_2 = 340$ Ω，$R_3 = 270$ Ω，那么，滑动端 P 从 R_2 下端向上移动时，a、b 间的电压将如何变化？当 P 在 R_2 最下端和最上端时，a、b 间的电压各是多少？

4. 两个精制电阻用锰铜电阻丝绕制而成，两电阻上分别标有"100 Ω，10 W"和"20 Ω，40 W"，试求它们的额定电流之比。

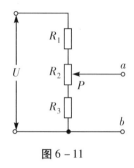

图 6-11

第七节　并联电路

并联电路　把几个导体并列地连接起来，就组成了并联电路。同一电路上的各个用电器，通常都是采用并联接法。图 6-12 是 3 个电阻 R_1、R_2、R_3 组成的并联电路。

从图 6-12 中可以看出，3 个并联电阻的首端都连接在点 A 上，尾端都连接在点 B 上，所以每个电阻两端的电路电压都等于 A、B 两点间的电压。由此可知，并联电路中各支路两端的电压相等。

电流通过并联电路时，总电流分成几条支路。通过实验已经知道，并联电路中各支路的电流强度之和等于总电流强度。

在图 6-12 中，流入 A 点的电流 I 等于从该点流出的电流 I_1、I_2、I_3 之和，即

$$I = I_1 + I_2 + I_3$$

所以，并联电路有以下基本特点：①电路中电阻两端的电压相等；②电路的总电流等于各支路电流之和。从这两个基本特点出发，再结合欧姆定律来研究并联电路的总电阻、电流分配、功率分配等性质。

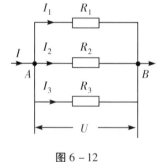

图 6-12

（1）并联电路的总电阻。在图 6-12 中，用 R 代表并联电路的总电阻，U 代表电压，根据欧姆定律

$$I = \frac{U}{R}, \quad I_1 = \frac{U}{R_1}, \quad I_2 = \frac{U}{R_2}, \quad I_3 = \frac{U}{R_3}$$

由于 $I = I_1 + I_2 + I_3$。整理后可得

$$\frac{1}{R} = \frac{1}{R_1} + \frac{1}{R_2} + \frac{1}{R_3}$$

如果电路中有 n 个导体并联，同理可以推出

$$\frac{1}{R} = \frac{1}{R_1} + \frac{1}{R_2} + \cdots + \frac{1}{R_n}$$

这就是说，并联电路总电阻的倒数，等于各个导体的电阻倒数之和。所以，并联电路的总电阻比每一个电阻都小。利用这个规律，在需要减小某一部分电路的电阻时，只要在这部分电路中并联上一个适当的电阻就行了。

（2）并联电路的电流分配。并联电路中各支路两端的电压相等，根据欧姆定律，在并联电路中，

$$U = I_1 R_1, \quad U = I_2 R_2, \quad \cdots, \quad U = I_n R_n$$

所以 $I_1 R_1 = I_2 R_2 = I_3 R_3 = \cdots = I_n R_n = U$。

这就是说，并联电路中通过各导体的电流强度跟它的电阻成反比。电阻越小的导体，通过的电流强度越大。在电路中并联一个电阻 R，电流就多了一条通路，可以分去电路中的一部分电流（见图 6-13）。在电路中电流强度超过某个元件所能允许的电流强度的情况下，给它并联上一个适当的电阻，就可以使通过元件的电流减小到允许的数值，并联电阻的这种作用叫作分流作用，起分流作用的电阻叫作分流电阻。

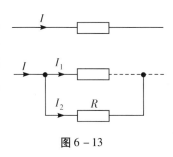

图 6-13

（3）并联电路的功率分配。并联电路中某个电阻 R_k 消耗的功率 $P_k = U I_k$，而 $I_k = \dfrac{U}{R_k}$，所以 $P_k = \dfrac{U^2}{R_k}$，因此各个电阻消耗的功率分别是

$$P_1 = \frac{U^2}{R_1}, \quad P_2 = \frac{U^2}{R_2}, \quad P_3 = \frac{U^2}{R_3}, \quad \cdots, \quad P_n = \frac{U^2}{R_n}$$

所以 $P_1 R_1 = P_2 R_2 = P_3 R_3 = \cdots = P_n R_n = U^2$。

可以看出，并联电路中各个电阻消耗的功率跟它的阻值成反比。在并联电路中，阻值越大的电阻，消耗的功率越少。

整个并联电路消耗的总功率

$$P = UI = U\,(I_1 + I_2 + I_3 + \cdots + I_n)$$

所以 $P = P_1 + P_2 + P_3 + \cdots + P_n$。

即消耗的总功率等于各支路上消耗的功率之和。

练习五

1. 一台电动机的额定电压是 220 V，额定电流为 5 A，电动机线圈的电阻是 0.4 Ω。当该电动机正常工作时，计算每秒产生的热量。

2. 在图 6-14 所示的电路中，$R_1 = 10\ \Omega$，$R_2 = 30\ \Omega$，$U = 6$ V。电键 K 合上前后：
   ① 电路中的总电阻各是多少？
   ② 通过 R_1、R_2 的电流强度各是多少？
   ③ R_1、R_2 上消耗的功率各是多少？

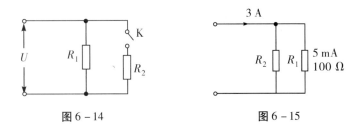

图 6-14   图 6-15

3. 在图 6-15 所示的电路中，要使通过 R_1 的电流强度不超过 5 mA，分流电阻 R_2 应为多大？

4. 如图 6 – 16 所示是一个电热水壶的铭牌。某同学利用所
   学知识，结合从该铭牌上获取的信息，得出该电热水壶
   （   ）。
   A. 只能在 220 V 电压下工作
   B. 正常工作 5 min 耗电约 0.5 kW · h
   C. 正常工作时的电流约为 6.8 A
   D. 在非工作状态下电阻丝的电阻值约为 32 Ω

电热水壶	
产品型号:XD-121	额定频率:50 Hz
额定电压:220 V～	额定量:1.2 L
额定功率:1 500 W	
执行标准:GB4706.1-2005 GB4706.19-2008	
制造商:××××科技有限公司	
地址:×××××××街31号	
客服电话:×××××××××	

图 6 – 16

第八节　分压和分流在伏特表和安培表中的应用

　　常用的安培表和伏特表都是由电流表改装的。伏特表是应用串联电阻进行分压的实例，安培表是并联电阻进行分流的实例。

　　电流表的结构和工作原理：在电流表里有一个线圈，当线圈中有电流通过时，在磁场力的作用下线圈就带着指针一起偏转，通过线圈的电流越大，指针的偏角就越大，因此，根据指针的偏角就可以知道电流的大小。这样，如果在刻度盘上标出电流值就可以测定电流了。我们知道，通过电流表的电流跟加在电流表两端的电压成正比，因此，指针的偏角越大，表示加在电流表两端的电压越大，这样，如果在刻度盘上直接标出电压值就可以测定电压了。

　　电流表的线圈是用很细的铜丝绕成的，允许通过的最大电流很小，一般为几十微安到几毫安，这个电流用 I_g 表示。线圈的电阻一般为几百到几千欧，叫作电流表的内阻，用 R_g 表示。每个电流表都有它的 R_g 值和 I_g 值。当通过它的电流为 I_g 时，它的指针偏转到最大刻度处，所以 I_g 为满度电流。如果电流超过满度电流，不但指针指示不出数值，电流表还可能烧毁。

　　伏特表　　电流表虽然能够用来测电压，但是由于电流表能够承担的电压 I_gR_g 很小，因此不能直接用电流表来测较大的电压，如果被测电压 U 大于 I_gR_g，通过电流表的电流将超过 I_g，可能把电流表烧毁。如果给电流表串联一个电阻，分担一部分电压，就可以用来测较大的电压了，加了串联电阻并

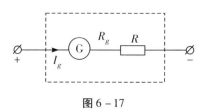

图 6 – 17

在刻度盘上标出伏特值，就把电流表改装成了伏特表（见图 6 – 17）。伏特表刻度盘上标出的伏特值，不是表示加在电流表上的电压，而是直接表示加在伏特表上的电压。

　　假设有一个电流表，内阻 R_g 是 1 000 Ω，满度电流 I_g 是 100 μA。要把它改装成量程是 3 V 的伏特表，应该串联多大的电阻呢？

　　电流表指针偏转到满刻度时，它两端的电压 $U_g = I_gR_g = 0.1$ V，这是它能承担的最大电压。现在要让它测量最大为 3 V 的电压，即指针偏转到满刻度时伏特表两端的电压为 3 V，分压电阻 R 就必须分担 2.9 V 的电压。串联电路中电压跟电阻成正比，$\dfrac{U}{R} = \dfrac{U_g}{R_g}$，由此可以求出

$$R = \frac{U}{U_g}R_g = \frac{2.9}{0.1} \times 1\ 000 = 29\ \text{k}\Omega$$

可见，串联 29 kΩ 的分压电阻后，就可以把这个电流表改装成量程为 3 V 的伏特表。

从上面的计算可以看出，把电流表改装成伏特表，需要给电流表串联一个阻值大的电阻。改装后的伏特表量程越大，需要分去的电压也越大，串联的分压电阻就越大。

安培表　　电流表能够测量的电流不超过毫安级。为了测量几安培甚至更大的电流，可以给它并联一个分流电阻，分掉一部分电流。这样，在测量大电流时通过电流表的电流也不致超过满度电流 I_g。并联了分流电阻并在刻度盘上标出安培值，电流表就改装成了安培表（见图 6 - 18）。安培表刻度盘上标出的安培值，不表示通过电流表的电流，而是直接表示通过安培表的电流。

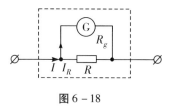

图 6 - 18

例如，电阻是 1 000 Ω、满度电流是 100 μA 的电流表，要改装成量程为 1 A 的安培表，应该并联多大的分流电阻？

电流表允许通过的最大电流是 100 μA = 0.000 1 A，在测量 1 A 的电流时，分流电阻 R 上通过的电流应该是 I_R = 0.999 9 A。因为并联电路中电流跟电阻成反比，$I_g R_g = I_R R$，所以：

$$R = \frac{I_g}{I_R} R_g = \frac{0.000\ 1}{0.999\ 9} \times 1\ 000 = 0.1\ \Omega$$

可见，并联 0.1 Ω 的分流电阻后，就可以把这个电流表改装成量程为 1 A 的安培表。把电流表改装成安培表，需要给它并联一个阻值小的电阻。改装后的安培表量程越大，需要分去的电流也越大，并联的分流电阻就要越小。

练习六

1. 某同学要把一个量程为 200 μA，内阻为 300 Ω 的直流电流计 G，改装成量度范围是 0 ~ 4 V 的直流电压表，需串联多大的电阻？

2. 电流表的内阻为 R_g，满度电流为 I_g，试证明：

   ①要把它改装成量程为 $U = n I_g R_g$ 的伏特表，串联电阻的阻值应为 $R_{串} = (n-1) R_g$；

   ②要把它改装成量程为 $I = n I_g$ 的安培表，并联电阻的阻值应为 $R_{并} = \dfrac{R_g}{(n-1)}$。

3. 有一安培表，内阻为 0.03 Ω，量程为 3 A。测量电阻 R 中的电流强度时，本应与 R 串联，如果不注意，错把安培表与 R 并联了（见图 6 - 19），将会产生什么后果？（假设 R 两端的电压为 3 V）

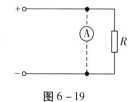

图 6 - 19

第九节　电动势

电源电动势　　产生电流的条件之一，是在导体的两端保持一定的电压。能起这种作用的装置就叫电源（power supply）。电源有两个电极，电势高的电极称为正极，电势低的电极称为负极，电源的主要作用就是保持电源两极间电压不变。把导体的两端分别跟电源的正负极连接，导体中就有了电流。

电源的类型多种多样，不同的电源，两极间电压的大小不同。用电压表测量不同型号的铅蓄电池，两极间的电压都是 2 V，测量不同型号的干电池，两极间的电压都是 1.5 V。在物理学中用电动势（electromotive）这个物理量来表示电源这种保持两极间的电压不变的特性。电源的电动势在数值上等于电源没有接入外电路时两极间的电压，可以把伏特表直接接在电源的两极上，测出的就是电源的电动势。电源的电动势用符号 ε 来表示。电动势的单位跟电压的单位相同，也是伏特（V）。

　　电源是把其他形式的能转化为电能的装置。不同的电源转化能量的本领不同。电动势表征的就是电源把其他形式的能转化为电能的本领，电源两极间的电压大小是由电源本身的性质决定的。干电池的电动势是 1.5 V，表明在干电池内，在把化学能转化为电能时，可以使每一库仑电量具有 1.5 J 电能。铅蓄电池的电动势是 2 V，表明在铅蓄电池内，在把化学能转化为电能时，可以使每一库仑电量具有 2 J 电能。铅蓄电池的电动势比干电池的大，表明它把化学能转化为电能的本领比干电池的大。

　　内电压和外电压　　把电源接入电路，在电源和外电路接通后，整个电路就形成了闭合电路（见图 6 - 20）。闭合电路可以看作由两部分组成：一部分是电源外部的电路，叫作外电路。另一部分是电源内部的电路，叫作内电路。内电路也有电阻。电流在内电路通过时，也要受到阻碍作用。例如，电流通过发电机电枢的导线时，或通过电池内部的溶液时，都会受到阻碍作用。内电路的电阻常称为内阻。当电路中有电流通过时，内、外电路的两端都有电压。内电路两端的电压叫作内电压。外电路两端的电压叫作外电压，也叫路端电压，就是将电压表接在电源两极间测得的电压。

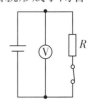

图 6 - 20

　　图 6 - 21 中的实验装置是用来研究闭合电路的内电压、外电压和电动势间的关系的，E 是电池，滑动变阻器作外电路；伏特表 V 连接在电池的两极上，用来测量外电路上的电压 U；伏特表 V' 连接在插在电极附近的探针 A 和 B 上，用来测量内电路上的电压 U'。先断开外电路，用伏特表 V 测出电源的电动势。然后接通外电路，测量 U 和 U'。滑动变阻器的滑动头改变外电路的电阻，从而改变电路中的电流强度，可以看到，内、外电路上的电压 U 和 U' 也随着变化，但是 U 和 U' 之和保持不变，等于电源的电动势。即

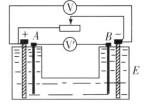

图 6 - 21

$$\varepsilon = U + U'。$$

　　这表明，在闭合电路里，电源的电动势等于内、外电路上的电压之和。

　　电池组　　任何一个电池都有一定的电动势和允许通过的最大电流。所有用电器在额定电压和额定电流下才能正常工作。如果用电器的额定电压低于电池的电动势，额定电流也小于电池允许通过的最大电流，就可以用单个电池来给电路供电。实际上，用电器的额定电压常常高于电池的电动势，额定电流也常常大于电池允许通过的最大电流。在这种情况下，需要把几个电池连成电池组，以便提高供电的电压或者增大输出的电流。录音机中的直流电源、汽车发动机启动和照明用的电源、手电筒中的电源都用电池组。电池组一般都是用相同的电池组成的。

　　把第一个电池的负极和第二个电池的正极相连接，再把第二个电池的负极和第三个电池的正极相连接，像这样依次连接起来就组成了串联电池组。如图 6 - 22 所示，第一个电池的正极就是串联电池组的正极，最后一个电池的负极就是电池组的负极。设串联电池

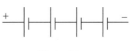

图 6 - 22

组是由 n 个电动势都是 ε、内电阻都是 r 的电池组成的。整个电池组的电动势：

$$\varepsilon_{串} = n\varepsilon$$

电池是串联的，电池的内电阻也是串联的，串联电池组的内电阻：

$$r_{串} = nr$$

所以串联电池组的电动势比单个电池的高。当用电器的额定电压高于单个电池的电动势时，可以用串联电池组供电。这时全部电流要通过每个电池，用电器的额定电流必须小于单个电池允许通过的最大电流。

把几个电池组成串联电池组时，注意不要把某些电池接反。例如，用两个 1.5 V 电池组成串联电池组，如果连接正确，可以得到 3 V 的电动势，使小灯泡发光（见图 6 – 23a）；如果接反了，则电池组的电动势为零，小灯泡不发光（见图 6 – 23b）。

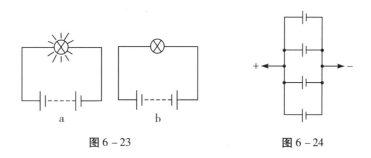

图 6 – 23　　　　　　　　　图 6 – 24

如果把电动势相同的电池，正极和正极相连接，负极和负极相连接，就组成并联电池组（见图 6 – 24）。连在一起的正极是电池组的正极，连在一起的负极是电池组的负极。设并联电池组是由 n 个电动势都是 ε、内电阻都是 r 的电池组成的。用导线连接起来的所有极板的电势都相等，因此并联电池组正负极间的电势差等于每个电池正负极间的电势差，而开路时正负极间的电势差等于每个电池的电动势，所以并联电池组的电动势为：

$$\varepsilon_{并} = \varepsilon$$

电池是并联的，电池的内电阻也是并联的，并联电池组的内电阻：

$$r_{并} = \frac{r}{n}$$

所以并联电池组的电动势虽然等于单个电池的电动势，但每个电池中通过的电流只是全部电流的一部分，整个电池组允许通过较强的电流，因此，用电器的额定电流比单个电池允许通过的最大电流大时，可以采用并联电池组供电。当电池的电动势和允许通过的最大电流都小于用电器的额定电压和额定电流时，可以先组成几个串联电池组，再把几个串联电池组并联起来，使用电器得到所需的电压，而且每个电池实际通过的电流小于允许通过的最大电流。像这样把几个串联电池组再并联起来组成的电池组，叫作混联电池组。

练习七

1. 将电动势为 30 V、内电阻为 1 Ω 的电源与一个额定电压为 6 V、额定功率为 12 W 的小灯泡及一台线圈电阻为 2 Ω 的电动机串联起来组成闭合电路，此时小灯泡刚好正常发光，问：电动机的生热功率是多少？对外做功的功率是多少？

2. 内阻为 r 的一个电源，分别先后接入外电阻为 R_1 和 R_2 的电路中，测得在相同时间内，R_1 和 R_2 放出的热量相等。问 R_1 和 R_2 的阻值是否一定要相等？如不相等，R_1、R_2 和 r 之间应存在什么关系？设 $R_1 > R_2$，使用哪个比较合适？

3. 有 10 个相同的蓄电池，每个蓄电池的电动势为 $2.0\ \text{V}$，内电阻为 $0.04\ \Omega$。把这些蓄电池接成串联电池组，外接电阻为 $3.6\ \Omega$。求电路中的电流强度和电池组两端的电压。

4. 把两节干电池串联起来组成电池组，用伏特表量出电池组的电动势。再把三个小灯泡照图 6-25 连入电路中，注意每增加一个小灯泡时伏特表读数的变化。说明伏特表的读数为什么会发生变化。这个变化表明了什么？

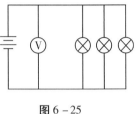

图 6-25

第十节　闭合电路的欧姆定律

　　闭合电路的欧姆定律既适用于外电路，又适用于内电路，如果用 R 表示外电路的电阻，r 表示内电路的电阻，I 表示电路中的电流，那么，根据欧姆定律可以写出：$U = IR$，$U' = Ir$，再根据电源电动势和内、外电压的关系 $\varepsilon = U + U'$

　　所以

$$\varepsilon = U + U' = IR + Ir$$

　　由此可得

$$I = \frac{\varepsilon}{R + r}$$

　　上式表明：闭合电路中的电流强度跟电源的电动势成正比，跟整个电路的电阻之和成反比，这就是闭合电路的欧姆定律。

　　路端电压　　从图 6-26 的实验中可以看出，外电路中的电阻发生变化时，内、外电路上的电压 U' 和 U 都随之变化。因为用电器是接在外电路中的，电源的"有效"电压是外电路上的电压，因此，研究外电路上的电压的变化规律是很重要的，通常把外电路两端的电压叫作路端电压，即前面所提到的外电压。闭合电路的欧姆定律 $\varepsilon = U + U'$ 可以改写作 $U = \varepsilon - U'$，这表示路端电压等于电源的电动势减去电源内部的电压。因为 $U' = Ir$，代入上式中可得 $U = \varepsilon - Ir$。

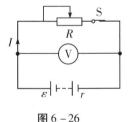

图 6-26

　　就任何一个电源来说，电动势 ε 和内电阻 r 都是一定的，从上式可以看出，路端电压 U 跟电路中的电流 I 有关系，电流强度 I 增大时，电源内部的电压 Ir 增大，路端电压 U 就减小；电流强度 I 减小时，电源内部的电压 Ir 减小，路端电压 U 就增大。路端电压 U 之所以随电流 I 而变化，根本原因是电源有内电阻。如果没有内电阻，无论电流怎样变化，路端电压也不会变化，等于电源的电动势。

　　根据闭合电路的欧姆定律，电流 $I = \dfrac{\varepsilon}{R + r}$，$\varepsilon$ 和 r 都是不变的，电流 I 是随外电阻 R 而变化的，因此，路端电压也随外电阻 R 而变化。R 增大时，I 减小，路端电压增大；R 减小时，

I 增大，路端电压减小。下面讨论两种特殊情况：

（1）当外电路断开，即断路时，R 变成无限大，I 变为零，Ir 也变为零，U 等于 ε，即断路时的路端电压等于电源的电动势。在面前研究电源的电动势时，用伏特表测出的断路时的外电压就是电源的电动势。

（2）当电源的两极用一条短导线连接时，即短路时，R 趋近于零，路端电压 U 也趋近于零，这时电流强度就趋近于 $\dfrac{\varepsilon}{r}$。电源的内电阻一般都很小，这时的电流就会很大。例如铅蓄电池的内电阻只有 $0.005\ \Omega \sim 0.1\ \Omega$，所以短路时电流很大。这时电源提供的全部能量都消耗在内电路上，短时间内将产生很大的热量，会烧毁电源。因此在实际中要特别注意防止短路。

例题　在图 6-27 中，$R_1 = 14.0\ \Omega$，$R_2 = 9.0\ \Omega$。当单刀双掷开关 K 扳到位置 1 时，测得电流强度 $I_1 = 0.2\ A$；当 K 扳到位置 2 时，测得电流强度 $I_2 = 0.3\ A$。求电源的电动势和内电阻。

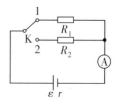

图 6-27

解析： 根据闭合电路的欧姆定律，可列出方程组：

$$\varepsilon = I_1 R_1 + I_1 r$$
$$\varepsilon = I_2 R_2 + I_2 r$$

消去 ε，可得

$$I_1 R_1 + I_1 r = I_2 R_2 + I_2 r$$

所以，电源的内电阻

$$r = \frac{I_1 R_1 - I_2 R_2}{I_2 - I_1} = \frac{0.2 \times 14.0 - 0.3 \times 9.0}{0.3 - 0.2} = 1.0\ \Omega$$

把 r 值代入 $\varepsilon = I_1 R_1 + I_1 r$ 中，可得电源的电动势

$$\varepsilon = 0.2 \times 14.0 + 0.2 \times 1.0 = 3.0\ V$$

这道例题介绍了一种测量电源电动势和内电阻的方法。

阅读材料

欧姆定律的建立

欧姆是德国物理学家，当过多年的中学数学和物理教师，对研究物理工作很有雄心抱负。他在缺少时间、书籍以及适当的仪器的情况下，自己制作了许多仪器，独自坚持研究工作。经过多年努力，他终于建立了欧姆定律。在欧姆进行研究时，科学上还没有建立起电动势、电流、电阻等明确的概念，更没有准确测量这些量的仪器。欧姆进行实验时所用的电源是温差电偶，他用验电器测量电源两端的电势差。欧姆用许多粗细相同、长度不同的铜导线作为电阻进行实验，他根据电流使悬挂的磁针偏转的角度来测量电流的强弱。1826 年欧姆根据测得的数据得出了下面的公式：

$$X = \frac{a}{b + x}$$

其中，X 代表电流磁效应的强弱，相当于电流强度；x 代表铜导线的长度，相当于电阻；a 代表电源的"激活力"，也就是电动势；b 由电路其他部分决定，如果不考虑连接导线的影响，则相当于电源的内电阻。上式相当于课文中讲的闭合电路欧姆定律的公式。

在实验研究的基础上，欧姆把电流跟热流、水流等现象进行对比，从中得到启发，认为电流中的电势差起着跟热流中的温度差、水流中的高度差相似的作用。通过对比，他引入了电流强度、电动势、电阻等概念，并确定了它们之间的关系。

练习八

1. 试分析说明：外电路中的电阻发生变化时为什么会影响路端电压的变化。
2. 在两个电路中，电源的电动势相同，但内电阻不同，当它们的外电路中流过的电流相同时，哪个电路的路端电压大？
3. 在图 6-28 的电路中，当 P 由左向右滑动时，安培表和伏特表的读数怎样变化？P 的位置在何处，伏特表的指示更接近电源的电动势？

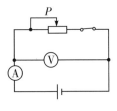

图 6-28

4. 发电机的电动势为 240 V，内电阻为 0.40 Ω，给 200 盏电阻均为 1 210 Ω 的电灯供电，电灯上的电压是多大？如果再接入 100 盏同样的电灯，电灯上的电压又是多大？利用所得的结果说明：电路中的用电器增多时，加在用电器上的电压将怎样变化？

第十一节 电阻的测量

在实际工作中经常需要测量电阻。测量电阻的方法很多，我们先讨论原理最简单的伏安法，然后介绍实际测量中常用的欧姆表。

伏安法 根据欧姆定律 $U = IR$，用伏特表测出电阻两端的电压，用安培表测出通过电阻的电流，就可以求出电阻值，这就是用伏安法测量电阻值。

伏安法测量电阻在原理上是非常简单的，但由于伏特表和安培表都有内阻，把它们连入电路中不可避免地要改变电路本身，这就给测量结果带来了误差。用伏安法测电阻，可以有两种方法把伏特表和安培表连入电路，如图 6-29a、b 所示。

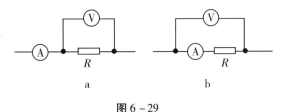

图 6-29

采用图 6-29a 的接法时，常称为外接法，这是因为安培表接在伏特表和电阻组成的电路的外侧而得名。由于伏特表的分流，安培表测出的电流强度比通过电阻的电流强度要大些，这样计算出的电阻值就要比真实值小些。采用图 6-29b 的接法时，亦称内接法。由于安培表的分压，伏特表测出的电压比电阻两端的电压大些，这样计算出的电阻值就要比真实值大些。

待测电阻的阻值比伏特表的电阻值小得越多，采用图 6-29a 的接法时由于伏特表的分流而引起的误差越小。因此，测量小电阻时应采用这种接法。待测电阻的阻值比安培表的电阻值大得越多，采用图 6-29b 的接法时由于安培表的分压而引起的误差越小。因此，测量大电阻时应采用这种接法。用伏安法测电阻比较麻烦，实际中常用能直接读出电阻值的欧姆表来测电阻。

欧姆表 是根据闭合电路的欧姆定律制成的，它的原理如图 6-30 所示。G 是内阻为 R_g、满度电流为 I_g 的电流表。R 是可变电阻，也叫调零电阻。电池的电动势是 ε、内电阻是 r。

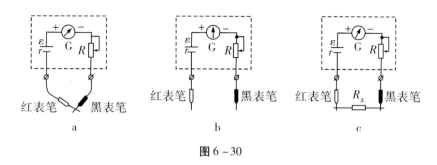

图 6 – 30

当红、黑表笔相接时（见图 6 – 30a），调节 R 的阻值，使 $I_g = \dfrac{\varepsilon}{R + r + R_g}$，则指针指到满刻度，表明红、黑表笔间的电阻为零。当红、黑表笔不接触时（见图 6 – 30b），电路中没有电流，指针不偏转，即指着电流表的零点，表明表笔间的电阻是无限大。当红、黑表笔间接入某一电阻 R_x 时（见图 6 – 30c），则通过电流表的电流强度 $I = \dfrac{\varepsilon}{R + r + R_g + R_x}$，$R_x$ 改变，I 随之改变，每一个 R_x 值都有一个对应的电流强度值 I。如果在刻度盘上直接标出与 I 对应的电阻值 R_x，用红、黑表笔分别接触待测电阻的两端，就可以从表盘上直接读出它的阻值。用欧姆表测电阻是很方便的，但是电池用久了，它的电动势和内阻都要变化，那时欧姆表指示的电阻值，误差就相当大了。所以欧姆表只能用来粗略地测量电阻。

练习九

1. 在图 6 – 29a 中，如果安培表的读数是 0.2 A，伏特表的读数是 30 V，根据这些数据算出的 R 的阻值是多大？如果已知伏特表的内阻是 3 kΩ，那么，R 的真实值是多大？采用这种接法时，算出的 R 值比真实值大还是小？

2. 在图 6 – 29b 中，如果伏特表的读数是 5 V，安培表的读数是 10 mA，根据这些数据算出的 R 的阻值是多大？如果已知安培表的内阻是 0.2 Ω，那么，R 的真实值是多大？采用这种接法时，算出的 R 值比真实值大还是小？

3. 已知伏特表的内阻为 5 kΩ，安培表的内阻为 0.5 Ω。如果用它们来测量一个线圈的电阻，估计这个线圈的电阻大约为几欧姆，那么，怎样连接电路测得的结果误差较小？画出电路图。

思考题

1. 电流是怎样形成的？形成持续电流的条件是什么？电流的方向是怎样规定的？

2. 导体电阻的阻值大小由什么来确定？

3. 电灯泡上标出的"220 V，60 W"的意思是什么？用电器的额定功率和它的消耗功率的区别是什么？

4. 电功跟电流通过电路时产生的热量有关系吗？在什么情况下可以用公式 $W = I^2Rt$ 来计算电功？

5. 电流表和电压表的工作原理是什么？怎样扩大电流表和电压表的量程？

6. 在一个闭合电路中的电流如何表示？怎样测出电源电动势的大小？当外电阻为零时，电路中会发生什么情况？

习题六

一、选择题

1. 如图 6–31 所示电路，电压保持不变，当电键 S 断开时，电流表 A 的示数为 0.6 A，当电键 S 闭合时，电流表的示数为 0.9 A，则两电阻阻值之比 $R_1 : R_2$ 为（　　）。

   A. 1 : 2   B. 2 : 1

   C. 2 : 3   D. 3 : 2

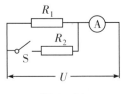

图 6–31

2. 如图 6–32 所示，电源电压为 3 V，保持不变，闭合开关，电压表示数为 2 V，下列选项符合题意的是（　　）。

   A. 电压表测 R_2 两端电压

   B. R_1、R_2 组成并联电路

   C. 若开关断开，电压表示数为 0

   D. R_1、R_2 阻值之比为 2 : 1

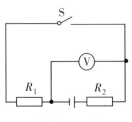

图 6–32

3. 如图 6–33 所示电路中，在滑动变阻器的滑片 P 向上端 a 滑动过程中，两表的示数情况为（　　）。

   A. 电压表示数增大，电流表示数减小

   B. 电压表示数减小，电流表示数增大

   C. 两电表示数都增大

   D. 两电表示数都减小

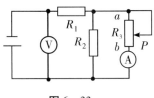

图 6–33

4. 如图 6–34 所示，电键 S 闭合后使滑动变阻器触点 P 向右滑动，则电路中的电流表读数如何变化（　　）。

   A. 增大   B. 减小   C. 先增大后减小   D. 先减小后增大

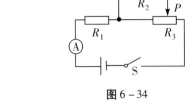

图 6–34

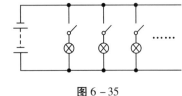

图 6–35

5. 如图 6–35 所示，电源的内阻不能忽略，当电路中点亮的电灯的数目增多时，下面说法正确的是（　　）。

   A. 外电路的总电阻逐渐变大，电灯两端的电压逐渐变小

   B. 外电路的总电阻逐渐变大，电灯两端的电压不变

   C. 外电路的总电阻逐渐变小，电灯两端的电压不变

   D. 外电路的总电阻逐渐变小，电灯两端的电压逐渐变小

6. 有一横截面积为 S 的铜导线，流经其中的电流强度为 I，设每单位体积的导线有 n 个自由电子，电子的电量为 q，此时电子的定向移动速度为 u，在 t 时间内，通过导线横截面积的自由电子数目可表示为（　　）。

   A. $nuSt$ B. nut C. $\dfrac{It}{q}$ D. $\dfrac{It}{Sq}$

7. 在图 6－36 的电路中，电压表和电流表均为理想电表，电源内阻不能忽略。当闭合开关 S 后，将滑动变阻器的滑片 P 向下调节，则下列叙述正确的是（　　）。

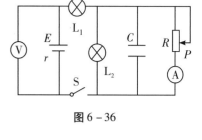

图 6－36

　　A. 电压表和电流表的示数都增大

　　B. 灯 L_2 变暗，电流表的示数减小

　　C. 灯 L_1 变亮，电压表的示数变大

　　D. 电源的效率减小，电容器 C 的带电量减少

8. 在如图 6－37 电路中，电键 S_1、S_2、S_3、S_4 均闭合。C 是水平放置的平行板电容器，板间悬浮着一油滴 P。断开电键（　　）后，P 会向下运动。

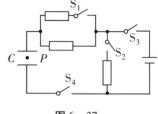

图 6－37

　　A. S_1　　　　　　　　　　B. S_2

　　C. S_3　　　　　　　　　　D. S_4

9. 关于电源和直流电路的性质以下说法正确的是（　　）。

　　A. 电源短路时，放电电流无穷大

　　B. 负载电阻的阻值增加时，路端电压增大

　　C. 电源的负载增加，输出功率增大

　　D. 电源输出电压越大，其输出功率就越大

10. 有一毫伏计，它的内阻是 100 Ω，量程是 0.2 V。现在要将其改装成量程为 10 A 的安培计，毫伏计上应并联的电阻大小是（　　）。

　　A. 0.002 Ω　　　　B. 0.02 Ω　　　　C. 0.2 Ω　　　　D. 50 Ω

11. 一个 T 形电路如图 6－38 所示，电路中的电阻 $R_1 = 10$ Ω，$R_2 = 120$ Ω，$R_3 = 40$ Ω. 另有一测试电源，电动势为 100 V，内阻忽略不计，则（　　）。

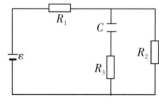

图 6－38

　　A. 当 c、d 端短路时，a、b 之间的等效电阻是 40 Ω

　　B. 当 a、b 端短路时，c、d 之间的等效电阻是 40 Ω

　　C. 当 a、b 两端接通测试电源时，c、d 两端的电压为 60 V

　　D. 当 c、d 两端接通测试电源时，a、b 两端的电压为 80 V

12. 如图 6－39 所示的电路，电源电动势 $\varepsilon = 6$ V，内阻不计。$R_1 = 4$ Ω，$R_2 = 2$ Ω，$R_3 = 7$ Ω，C 为电容器，电容量 $C = 1$ μF。那么电容器上所带电量为（　　）。

　　A. 2×10^{-6} C

　　B. 6×10^{-6} C

　　C. 0

　　D. 4×10^{-6} C

图 6－39

13. A、B 两灯，额定电压 110 V，额定功率 $P_A = 100$ W，$P_B = 40$ W，接在 220 V 电路上，要使灯正常发光，且电路中消耗的功率最大的接法为（　　）。

A　　　　　　　　B　　　　　　　　C　　　　　　　　D

二、填空题

1. 有包括电源和外电路电阻组成的简单闭合电路，当外电阻加倍时，通过的电流减为原来的 $\dfrac{2}{3}$，外电阻与电源内阻之比为_____。

2. 3 只电阻并联，$R_1 = 2\ \Omega$、$R_2 = 4\ \Omega$、$R_3 = 6\ \Omega$，若干路总电流为 22 A，则通过 R_1 的电流为_____ A，通过 R_2 的电流为_____ A。

3. 有两个白炽灯，分别为"220 V，40 W"和"110 V，60 W"。则两灯的电阻之比是_____。把它们并联接在 110 V 的电路中，它们的功率之比是_____；把它们串联接在 220 V 的电路中，它们的功率之比是_____。

4. 如图 6 - 40 所示，电阻 $R_1 = 90\ \Omega$、$R_2 = 100\ \Omega$，当 AB 间加上 12 V 电压时，将一内阻为 900 Ω 的伏特表接到 CB 间，则伏特表的读数是_____。

5. 如图 6 - 41 所示，当 ab 两端接入 100 V 电压时，测得 cd 两端电压为 80 V，则电阻 R 为_____ Ω；如果将 100 V 电压接于 cd 两端，则 ab 两端电压为_____ V。

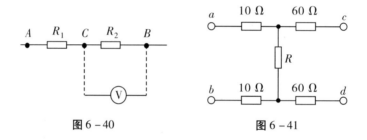

图 6 - 40　　　　　　图 6 - 41

三、计算题

1. 在图 6 - 42 中，电键可以向左扳，将 a 与 1 接通，也可以向右扳，将 a 与 2 接通。接通 1 的瞬间，电流的方向怎样？接通 1 后再向右扳电键，将 a 与 2 接通，接通 2 的瞬间，电流的方向又怎样？

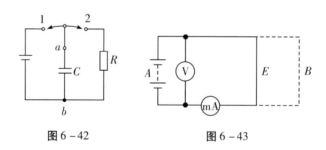

图 6 - 42　　　　　　图 6 - 43

2. A 和 B 两地相距 40 km，从 A 到 B 的两条输电线的总电阻为 800 Ω。如果在 A、B 之间的某处 E 两条电线发生短路（见图 6 - 43），可用伏特表、毫安表和电池组检查出发生短路的地点。如果在 A 处测得伏特表的读数是 10 V，毫安表的读数是 40 mA。求短路处 E 到 A 的距离。

3. 有两个灯泡，一个是"110 V，100 W"，一个是"110 V，40 W"，把它们串联后接入 220 V 的电路中使用行不行？为什么？有一个变阻器，把它怎样连入电路总可以使两灯泡正常发光？这时变阻器的阻值应调至多大？

4. 有一用电器 W，额定电压为 100 V，额定功率为 150 W。用 120 V 的电源供电。为了使用电器能正常工作，用一电阻为 210 Ω 的变阻器进行分压（见图 6-44），R_1、R_2 为多大时，用电器才能正常工作？

5. 图 6-45 所示的是有两个量程的安培表，当使用 a、b 两端点时，量程为 1 A；当使用 a、c 两端点时，量程为 0.1 A。已知电流表的内阻 R_g 为 200 Ω，满度电流 I_g 为 2 mA，求电阻 R_1 和 R_2。

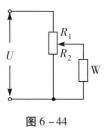

图 6-44

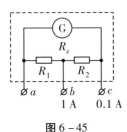

图 6-45

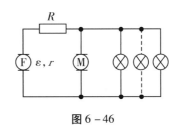

图 6-46

6. 在图 6-46 中，用一台直流发电机 F 给一台电动机 M 和一些电灯供电。已知发电机的电动势 $\varepsilon = 240$ V，内电阻 $r = 1$ Ω，输电线的总电阻 $R = 3$ Ω，电动机的工作电流为 3 A，供给电灯的总电流为 9 A。求电灯和电动机两端的电压。

7. 现有电动势为 1.5 V，内电阻为 1 Ω 的若干电池，每个电池允许输出的电流为 0.05 A，又有不同阻值的电阻可作为分压电阻。试设计一种电路，使额定电压为 6 V、额定电流为 0.1 A 的用电器正常工作。画出电路图，并标明分压电阻的阻值。

8. 用伏安法测电阻，如果所用的安培表的内阻 $R_A = 0.1$ Ω，伏特表的内阻 $R_V = 1\,000$ Ω，那么，用图 6-29 所示的两种不同接法测量 $R = 1$ Ω 的电阻时，哪种方法产生的误差较小？测量 $R = 800$ Ω 的电阻时，哪种方法产生的误差较小？测量较小的电阻和较大的电阻，各应采用什么方法？

9. 如图 6-47 所示电路，已知电源电动势 $\varepsilon = 6.3$ V，内电阻 $r = 0.5$ Ω，固定电阻 $R_1 = 2$ Ω，$R_2 = 3$ Ω，R_3 是阻值为 5 Ω 的滑动变阻器。按下电键 K，调节滑动变阻器的触点，求通过电源的电流范围。

10. 如图 6-48 所示电路中，电阻 $R_1 = R_2 = 6$ Ω，$R_3 = 12$ Ω，S 扳至 1 时，电流表的示数为 1.0 A，S 扳至 2 时，电流表的示数为 1.4 A（电流表内阻不计），求：
   （1）开关 S 由 1 扳至 2 时电阻 R_2 两端的电压变化量；
   （2）电源的电动势和内阻。

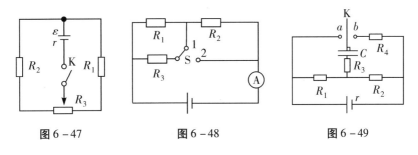

图 6-47　　　　图 6-48　　　　图 6-49

11. 如图 6-49 所示，电源电动势 $\varepsilon = 9$ V，内电阻 $r = 0.5$ Ω，电阻 $R_1 = 5.0$ Ω、$R_2 = 3.5$ Ω、$R_3 = 6.0$ Ω、$R_4 = 3.0$ Ω，电容 $C = 2.0$ μF。求当电键 K 由与 a 接触到与 b 接触通过 R_3 的电量。

第七章 磁 场

静止的电荷在其周围激发静电场，运动的电荷在其周围不仅激发电场，还激发磁场。研究磁场和研究电场一样，不但对研究物质结构和物质运动规律有其理论意义，而且对生产技术的应用推广，尤其是对科学技术日新月异的时代有其实际意义。本章主要讨论磁场的性质及磁场对运动电荷的作用等基本知识。

第一节 磁现象

磁性现象　　由于自然界中存在天然的磁铁石，公元前 300 年，人们就发现了磁铁矿石吸引铁片的现象。中国春秋时期的一些著作中已有关于磁石和磁现象的描述。在东汉时期的《论衡》一书中，作者描述了司南勺的应用，这是世界上最早的指南器。北宋的沈括《梦溪笔谈》中明确地记载了指南针，以及通过与天然磁石摩擦人工磁化指南针的方法。指南针是我国古代四大发明之一，对世界文明的发展有着重大的实用意义。

我国河北省的磁县，在古代名为磁州，就是因为盛产磁石。英文中的"磁性"（magnetism）一词，源于盛产磁石的小亚细亚的 Magnesia 州的州名。

早期对磁现象的研究主要是用天然的磁铁石进行的。通过长期的观察，人们把磁铁矿石能够吸引铁、钴和镍等物质的性质称为磁性，而把磁体上磁性特别强的区域称为磁极（magnetic pole）。如果在远离其他磁性物质的地方将条形磁铁悬挂起来，使它能在水平面内自由转动，则静止时两端的磁极总是分别指向南

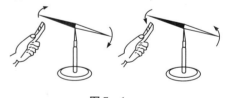

图 7-1

北方向。指向北方的一端叫北极（N 极）；指向南方的另一端叫南极（S 极）。人们还发现，磁铁的磁极总是成对出现的，且同名极的磁铁相斥，异名极的磁铁相吸（见图 7-1），所以磁棒的磁性与正、负电荷的电性有类似之处。人们根据正、负电荷的电学知识，设想在磁棒的两端分别聚集了两种不同性质的磁荷，但要证明磁荷的存在，必须将磁棒的两极分开，以便获得单一的正磁荷或负磁荷。然而，一切试图获得单一磁荷的实验都未成功。这吸引了科学家们作更深入的思考。

磁场　　把一根磁铁放在另一根磁铁的附近，两根磁铁的磁极之间会产生相互作用的力。在电场中，电荷的周围存在着电场，两个电荷之间相互的作用力，不是在电荷之间直接

发生的，而是通过电场传递的。同样，在磁极周围的空间里产生磁场（magnetic field），磁极之间相互作用的力，也不是在磁极直接发生的，也是通过磁场传递的。磁场对磁极有磁场力的作用。

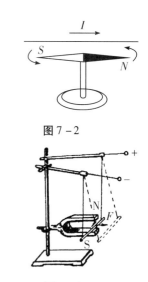

图 7-2

磁铁并不是磁场的唯一来源。1820 年丹麦物理学家奥斯特（H. C. Oersted）在一次题为"电与磁"的报告结束时，做过下面的实验：把磁针放在一条通电导线的附近，结果磁针不再指向南北，发生了偏转，偏转到一个新的平衡位置（见图 7-2）。这说明不仅磁铁能产生磁场，电流也能产生磁场，电和磁是有密切联系的。这使人们认识到磁现象源于电流或电荷的运动。

在图 7-3 所示的实验中，把一段直导线放在磁铁的磁场里，当导线中通过电流时，可以看到导线因受力而发生运动，这个实验使我们进一步知道电和磁的联系，磁场不仅对磁极产生磁场力的作用，还对电流产生磁场力的作用。

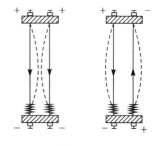

图 7-3

实验表明：电流和电流之间也会通过磁场发生相互作用，图 7-4 是两条平行的直导线，当通以相同方向的电流时，它们相互吸引；当通以相反方向的电流时，它们相互排斥。这时每个电流都处在另一个电流产生的磁场里，因而受到磁场力的作用。

磁场跟电场一样，是一种物质。磁极或电流在自己周围的空间里会产生磁场，而磁场的基本特性就是对处在它里面的磁极或电流有磁场力的作用。这样，磁极和磁极之间、磁极和电流之间、电流和电流之间的相互作用都是通过同一种场——磁场来传递的。所以磁场是存在于磁体或电流周围空间的一种物质，它对位于其中的磁体和电流都有磁场力的作用。

图 7-4

第二节　磁场的方向、磁感应强度、磁感应线

磁场的方向　　把小磁针放在磁极或电流磁场中的任一点，我们看到小磁针因受磁场力的作用，它的两极静止时不再指向南北方向，而指向一个别的方向。在磁场中的不同点，小磁针静止时指的方向一般并不相同。这个事实说明，磁场是有方向性的。如图 7-5 所示，我们规定，在磁场中的任一点，小磁针北极受力的方向，亦为小磁针静止时北极所指的方向，就是那一点的磁场方向。

图 7-5

磁感应强度　　巨大的电磁铁能够吸起成吨的钢铁，小的磁铁只能吸起小铁钉。所以磁场有强弱之分。在研究电场的时候，从电场对电荷有作用力着手，在电场中引入试探电荷，从而定义电场强度矢量 $E = \dfrac{F}{q}$ 来描述电场。同样，由于磁场对位于其中的运动电荷也有作用力，在磁场中也可引入运动试探电荷（简称运动电荷），由此建立磁感应强度（magnetic induction）矢量 B 来描述磁场。运动电荷 q 在磁场中受的磁场力 F 不仅与电量有关，还与运动电荷的速度 v 有关。实验表明：

（1）运动电荷 q 通过磁场的 P 点时，受到磁场的作用力，当运动电荷 q 沿着某一特定方向（或其反方向）通过 P 点时，运动电荷不受力，即 $F=0$。如图 7-6a 所示，这个特定方向实际上就是规定的磁场的方向，因而就定义它为磁感应强度 B 的方向。

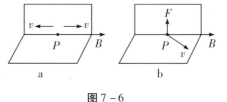

图 7-6

（2）当运动电荷 q 沿着其他方向通过 P 点时，它所受的磁场力 F 总是既垂直于在 P 点的 B 的方向，又垂直于运动电荷的速度 v 的方向，如图 7-6b 所示。

（3）如果 B 与 v 之间的夹角为 θ，则运动电荷所受到的磁场力的大小 F 与 $qv\sin\theta$ 成正比。对于磁场中一个确定的点，比值 $\dfrac{F}{qv\sin\theta}$ 是一定的；对于磁场中不同的点，这个比值一般不同。由于比值 $\dfrac{F}{qv\sin\theta}$ 与运动电荷 q 无关，它反映了磁场在某一点的性质，只决定于该点磁场的性质，因而就定义它为磁感应强度 B 的大小，即：

$$B = \frac{F}{qv\sin\theta}$$

在国际单位制中，磁感应强度 B 的单位是特斯拉，简称特，国际符号为 T，$1\ \text{T} = 1\ \text{N/Am}$。

一般永磁铁的磁极附近的磁感应强度是 $0.4 \sim 0.7$ T，在电机和变压器的铁芯中，磁感应强度可达 $0.8 \sim 1.4$ T，通过超导材料的强电流的磁感应强度可高达 $1\ 000$ T，而地球赤道附近磁感应强度为 3×10^{-5} T，两极附近磁感应强度为 6×10^{-5} T。

磁感应线　　磁场是矢量场，可以利用磁感应线（magnetic induction line）形象地描绘磁场的空间分布。磁感应线是在磁场中画出的一些有方向的曲线，在这些曲线上，每一点的切线方向都与该点的磁场方向一致（见图 7-7）。与电场线不同的是磁感应线是闭合的曲线。

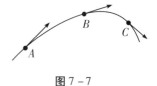

图 7-7

图 7-8 是条形和蹄形磁铁的磁感应线分布情况。磁铁外部的磁感应线，都是从磁铁的北极出来，进入磁铁的南极。

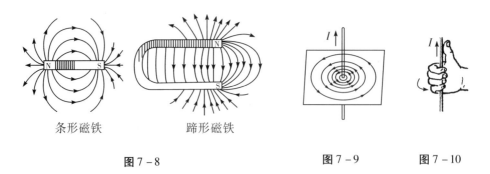

条形磁铁　　　　蹄形磁铁

图 7-8　　　　　　　图 7-9　　　图 7-10

电流也能产生磁场，在电流周围产生的磁感应线是闭合的曲线。图 7-9 是直线电流的磁场。直线电流磁场的磁感应线是一些以导线上各点为圆心的同心圆，这些同心圆都在跟导线垂直的平面上。实验表明，改变电流的方向，各点的磁场方向都变成相反的方向，即磁感应线的方向随着改变。直线电流的方向跟它的磁感应线方向之间的关系可以用安培定则

（Ampere rule）（也叫右手螺旋定则）来判定：用右手握住导线，让伸直的大拇指所指的方向跟电流的方向一致，弯曲的四指所指的方向就是磁感应线的环绕方向（见图7-10）。

图7-11是环形电流的磁场。环形电流磁场的磁感应线，是一些围绕环形导线的闭合曲线。在环形导线的中心轴线上，磁场与环形导线的平面垂直。环形电流的方向跟它的磁感应线方向之间的关系，也可以用安培定则来判定：让右手弯曲的四指和环形电流的方向一致，伸直的大拇指所指的方向就是环形导线中心轴线上磁感应线的方向。

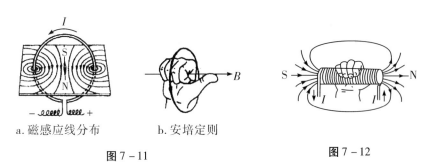

a. 磁感应线分布　　　b. 安培定则

图7-11　　　　　　　　　　　图7-12

图7-12是通电螺线管的磁场。螺线管通电以后表现出来的磁性，很像是一根条形磁铁，一端相当于北极，另一端相当于南极。改变电流的方向，它的南北极就对调。通电螺线管外部的磁感应线和条形磁铁外部的磁感应线相似，也是从北极出来，进入南极的。通电螺线管内部具有磁场，内部的磁感应线跟螺线管的轴线平行，方向由南极指向北极，并和外部的磁感应线连接，形成一些闭合曲线。通电螺线管的电流方向跟它的磁感应线方向之间的关系，也可用安培定则来判定：用右手握住螺线管，让弯曲的四指所指的方向跟电流的方向一致，大拇指所指的方向就是螺线管内部磁感应线的方向。也就是说，大拇指指向通电螺线管的北极。用磁感应线的疏密程度也可以形象地表示磁感应强度的大小。在磁感应强度大的地方磁感应线密一些，在磁感应强度小的地方磁感应线稀一些。

匀强磁场　　　如果在磁场的某一区域里，磁感应强度的大小和方向都相同，这个区域就叫作匀强磁场（uniform magnetic field）。匀强磁场的磁感应线，方向相同，疏密程度也一样，是一些分布均匀的平行直线。匀强磁场是最简单但又很重要的磁场，在电磁仪器和科学实验中常常要用到它。通电长螺线管内部的磁场，距离相当近的两个平行的异名磁极间的磁场，都是匀强磁场（见图7-13）。

磁通量　　　在电学和电工学里常常要讨论穿过某一个面的磁场。为此需要引入一个新的物理量——磁通量（magnetic flux）。设在匀强磁场中有一个与磁场方向垂直的平面（见图7-14），磁场的磁感应强度为 B，平面的面积为 S。我们定义磁感应强度 B 与面积 S 的乘积为穿过这个面的磁通量（简称磁通），如果用 Φ 表示磁通量，那么

$$\Phi = BS$$

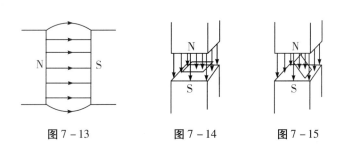

图7-13　　　　　　图7-14　　　　　图7-15

磁通量的意义也可以用磁感应线形象地加以说明，磁感应线越密的地方，也就是单位面积穿过磁感应线条数越多的地方，磁感应强度 B 越大。磁通量所表示的就是穿过磁场中某个面的磁感应线条数。

当平面 S 跟磁场方向垂直时（见图 7-15），穿过这个面的磁感应线条数比垂直时少，因此磁通量也小。设平面 S 在垂直于磁感应线方向上的投影为 $S_\perp$。从图中可以看出，穿过平面 S 的磁感应线条数等于穿过投影平面 $S_\perp$ 的磁感应线条数。所以穿过平面 S 的磁通量：

$$\Phi = BS_\perp = BS\cos\theta$$

如果平面跟磁场方向平行，则没有磁力线穿过这个面，这时

$$\theta = 90°, \quad \cos\theta = 0$$

穿过这个面的磁通量为零。

在国际单位制中，磁通量的单位是韦伯，简称韦，国际符号是 Wb。1 Wb = 1 Tm²。引入了磁通量这个概念，我们也可以把磁感应强度看作通过单位面积的磁通量，因此磁感应强度也常叫作磁通密度（magnetic flux density），并且用 1 T = 1 Wb/m² 作单位。

例题 如图 7-16 所示，框架面积为 S，框架平面与磁感应强度为 B 的匀强磁场方向垂直，则穿过平面的磁通量的情况，下列说法错误的是（   ）。

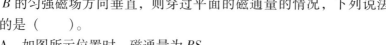

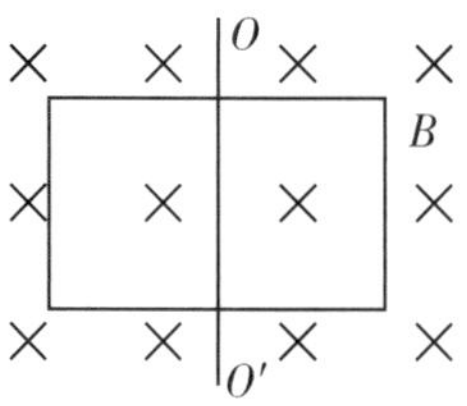

A. 如图所示位置时，磁通量为 BS

B. 若使框架绕 OO' 转过 30° 角时，磁通量为 $\dfrac{BS}{2}$

C. 若从初始位置转过 90° 角时，磁通量为零

D. 若从初始位置转过 180° 角时，磁通量变化为 $2BS$

图 7-16

解析： 据磁通量的定义可知，如图所示位置时等于 BS，A 正确；

若使框架绕 OO' 转过 30° 角时，磁通量为

$$\Phi = BS\cos 30° = \frac{\sqrt{3}BS}{2}$$

B 错误；

若从初始位置转过 90° 角时，线圈与磁场平行，磁通量为零，C 正确；

若原来的磁通量为 BS，转过 180° 角后，磁通量变为 $-BS$，故变化量为 $2BS$，D 正确。

故选 B。

阅读材料

磁现象的电本质   磁性材料

磁现象的电本质   磁极和电流同样能够产生磁场，磁场对磁极和电流同样有磁场力的作用，通电螺线管与条形磁铁又那么相似。这些现象使我们想到：磁极的磁场和电流的磁场是不是有相同的起源？这个问题现在已经有了明确的回答。这个相同的起源就是电荷的运动。导体中的电流是由电荷的运动形成的，因而我们不难理解通电导线的磁场是由电荷的运动产生的。那么，能不能进一步用实验直接证实：原来静止的电荷，当它运动起来的时候就会产生磁场呢？这个问题早在一百多年以前就提出来了。

1876 年美国的罗兰用实验证实了这一点。罗兰把大量的电荷加在一个橡胶圆盘上，然

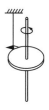

后使盘绕中心轴高速转动，在盘的附近用小磁针来检验运动电荷产生的磁场（见图 7-17）。结果他发现：当带电盘转动时，小磁针果然发生了偏转，而且改变盘的转动方向或者改变所带电荷的正负时，小磁针的偏转方向也改变，磁针的偏转方向跟运动电荷所形成的电流方向间的关系同样符合安培定则。这个实验证明了运动电荷确实产生磁场，进一步揭示了磁现象的电本质。

磁铁的磁场　　磁铁的磁场是否也是由电荷的运动产生的呢？

图 7-17

法国科学家安培（A. M. Amper）从奥斯特实验得到启示，提出了著名的分子电流的假说。他认为：在原子、分子等物质微粒内部存在着一种环形电流，叫作分子电流。分子电流使每一个物质微粒都成为一个微小的磁体，它的两侧相当于两个磁极（见图 7-18），这两个磁极跟分子电流不可分割地联系在一起。

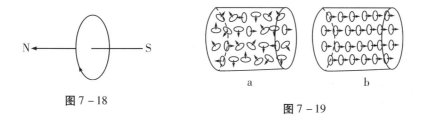

图 7-18

图 7-19

安培的假说能够解释各种磁现象。一根软铁棒，在未被磁化的时候，内部各分子电流的取向是杂乱无章的（见图 7-19a），它们的磁场互相抵消，对外界不显磁性；当软铁棒受到外界磁场的作用时，各分子电流的取向变得大致相同（见图 7-19b），软铁棒就被磁化了，两端对外界显示出较强的磁作用，形成磁极。磁体受到高温或猛烈的敲击会失去磁性。这是因为在激烈的热运动或机械运动的影响下，分子电流的取向又变得杂乱了。在安培所处的时代，人们对物质内部为什么会有分子电流还不清楚，直到 20 世纪初，人类了解了原子的结构，才知道分子电流是由原子内部电子的运动形成的。这样看来，磁极的磁场和电流的磁场，它们的来源相同，都源于电荷的运动。运动的电荷（电流）产生磁场，磁场对运动的电荷（电流）有磁场力的作用。所有的磁现象都可以归结为运动电荷（电流）之间通过磁场而发生的相互作用，这就是磁现象的电本质。

磁性材料　　实验表明，任何物质在磁场中都能够或多或少地被磁化，只是磁化的程度不同。像铁、钴、镍那样能够被强烈磁化的物质，叫作铁磁性材料。磁化后的铁磁性物质，它们的磁性并不因外磁场的消失而完全消失，仍然剩余一部分磁性，叫作剩磁。

铁磁性物质按剩磁的情形分为软磁性材料和硬磁性材料。软磁性材料的剩磁弱，而且容易退磁。软磁性材料适用于需要反复磁化的场合，可以用来制造变压器、交流发电机、电磁铁和各种高频电磁元件的铁芯。软铁、硅钢、坡莫合金（镍铁合金）等是软磁性材料。硬磁性材料的剩磁强，而且不易退磁，适合于制成永久磁铁，应用在磁电式仪表、扬声器、话筒、永磁电机等电器设备中。常见的金属硬磁性材料有碳钢、钨钢、铝镍钴的合金等。

还有一种磁性材料，叫作铁氧体，它是由氧化铁和 2 价金属（如 Ni，CO，Mn，Mg 等）的氧化物组成的，在电性能上与半导体相似，在磁性上与铁磁性材料相似。铁氧体在电子技术中已经成为不可缺少的磁性材料，如在电子计算机中利用铁氧体作记忆元件；在电子线路中广泛利用铁氧体作电感线圈的磁心。

练习一

1. 磁体的北极在磁场中所受的磁场力跟磁场方向同向，南极所受的磁场力跟磁场方向反向。图 7-20 是放在磁场中的小磁针，试根据小磁针所受的力说明它将怎样转动以及静止在哪个方向。

2. 在图 7-21 中，当电流通过导线时，导线下面的磁针北极转向读者。试判断 AB 中电流的方向。

3. 在图 7-22 中，当电流通过线圈时，磁针的南极指向读者，试确定线圈中电流的方向。

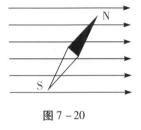

图 7-20

4. 如图 7-23 所示，小磁针放置在螺线管轴线的正右侧。闭合电路后，不计其他磁场的影响，判断小磁针静止时的指向。

图 7-21   图 7-22   图 7-23

5. 离开你向前运动的质子流产生的磁场是怎样的？向着你运动的电子流产生的磁场又是怎样的？

6. 指南针是我国古代四大发明之一，如图 7-24 所示，当指南针上方有一条水平放置的通电导线时，其 N 极指向变为如图实线小磁针所示。则对该导线电流的以下判断正确的是（　　　）。

   A. 可能东西放置，通有由东向西的电流
   B. 可能东西放置，通有由西向东的电流
   C. 可能南北放置，通有由北向南的电流
   D. 可能南北放置，通有由南向北的电流

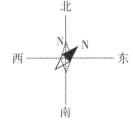

图 7-24

第三节　磁场对运动电荷及通电导线的作用

磁场对运动电荷的作用　　在研究磁感应强度的时候，对运动电荷所受的磁场力已经作过一些讨论。磁场对电流有作用力，既然电流是电荷的运动产生的，所以磁场力是直接作用在运动电荷上的。图 7-25 是一个电子射线管，从阴极发射出来的电子束在阴极和阳极间的高电压作用下，轰击到荧光屏上激发出荧光，就可以看到电子束运动的径迹。实验表明，在没有外磁场时电子束是沿直线前进的（见图 7-25a）。如果把射线管放在蹄形磁铁的两极间，从荧光屏上

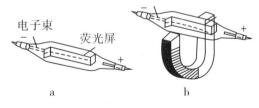

图 7-25

可以看到电子束运动的径迹发生了弯曲（见图 7-25b），表明运动电荷确实受到了磁场的作用力。运动电荷所受的磁场力通常叫作洛伦兹力（Lorentz force），用符号 f 来表示。结合磁感应强度 B 的定义，可以把以速度为 v 的运动电荷 q 在磁场中的洛伦兹力 f 表达为：

$$f = qvB\sin\theta$$

这个式子中 θ 是速度 v 和磁感应强度 B 的夹角。当运动方向与磁感应强度的方向垂直时，粒子所受的洛伦兹力为 $f = qvB$。

洛伦兹力的方向可以用左手定则来判定，伸开左手，使拇指与其余四指垂直，并且都与手掌在同一个平面内，让磁感线从掌心进入，并使四指指向正电荷运动的方向，这时拇指所指的方向就是洛伦兹力的方向。

带电粒子在磁场中的运动 带电粒子在磁场中运动时受到洛伦兹力的作用，已知洛伦兹力，利用力学中学过的运动学和动力学的知识，就可以确定带电粒子在磁场中的运动情况。

设带电粒子 q 以初速度 v 进入磁感应强度为 B 的均匀磁场，以下分三种情况来讨论，在洛伦兹力的作用下带电粒子的运动。

（1）如果 $v /\!/ B$，由 $f = qvB\sin\theta$，$\theta = 0$，$\sin\theta = 0$，可知洛伦兹力为零，带电粒子仍将以原来的速度 v 做匀速直线运动。

（2）如果 $v \perp B$，这时带电粒子受到洛伦兹力大小 $F = qvB$，洛伦兹力方向与速度 v 垂直，这时的 f 就是向心力，所以带电粒子在垂直于 B 的平面内做匀速圆周运动，如图 7-26 所示。由圆周运动的向心力公式，可得：

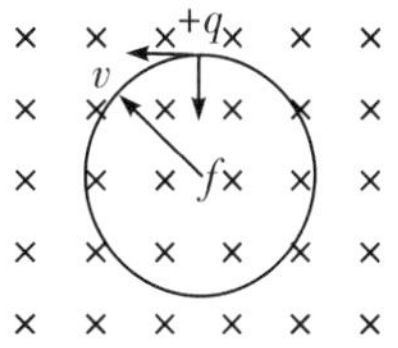

$$f = qvB = \frac{mv^2}{R}$$

图 7-26

由此可得，在磁场中带电粒子做圆周运动的半径 R、回旋周期 T 分别为

$$R = \frac{mv}{qB}$$

$$T = \frac{2\pi m}{qB}$$

从回旋周期 T 的公式可以看出 T 与带电粒子的速率及回旋半径无关，只与磁场 B 相关。

（3）在一般情况下，v 与 B 有一个夹角 θ，可将 v 分解为 $v_{/\!/} = v\cos\theta$ 和 $v_{\perp} = v\sin\theta$ 两个分量，它们分别平行和垂直于 B；若只有 $v_{\perp}$ 分量，带电粒子将在垂直于 B 的平面内做匀速圆周运动；若只有 $v_{/\!/}$ 分量，带电粒子将沿 B 方向或其反方向做匀速直线运动。当两个分量同时存在时，如图 7-27 所示，带电粒子的轨迹是一条螺旋线，其螺距为：

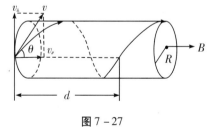

图 7-27

$$d = v_{/\!/}T = \frac{2\pi mv}{qB}\cos\theta$$

即带电粒子每回旋一周所前进的距离 d 与 $v_{\perp}$ 无关。

若从磁场中某点 A 发射出一束很窄的带电粒子流，它们的速率 v 都很相近，且与 B 的夹角 θ 都很小，则尽管 $v_{\perp} = v\sin\theta \approx v\theta$ 会使各个粒子沿着不同半径做螺旋线运动，但是 $v_{/\!/} =$

$v\cos\theta \approx v$ 却近似相等，由 $d = v_{//}T = \dfrac{2\pi mv}{qB}\cos\theta$，决定的螺距 d 也近似相等，所以各个粒子经过距离 d 后又会重新会聚在一起，这就是磁聚焦（magnetic focusing）。

以上是带电粒子在磁场中运动的 3 种情况，第 2、3 种情况在回旋加速器、电子显微镜等现代技术上广泛应用。

例题 1   回旋加速器（cyclotron）是获得高速粒子的一种装置，如图 7-28 所示回旋加速器的核心部分是两个 D 形盒，它们是密封在真空中的两个半圆形金属空盒，放在电磁铁两极之间的强大磁场中，磁场的方向垂直于 D 形盒的底面。两个 D 形盒之间留有窄缝，中心附近放置离子源。在两个 D 形盒之间接有交流电源，它在缝隙里形成一个交变电场用以加速带电粒子。试分析回旋加速器的基本工作原理。

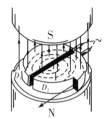

图 7-28

解析：设想正当 D_2 电极的电势高于 D_1 时，从离子源发出一个带正电的离子，它在缝隙中被加速，以速率 v_1 进入 D_1 内部。由于电屏蔽效应，在每一个 D 形盒的内部电场很弱，只受到均匀磁场的作用，离子绕过回旋半径为 $R_1 = \dfrac{mv_1}{qB}$ 的半个圆周后又回到缝隙。如果这时的电场恰好反向，即交变电场的周期恰好为 $T = \dfrac{2\pi m}{qB}$，则正离子又将被加速，以更大的速率 v_2 进入 D_2 盒内，绕过回旋半径为 $R_2 = \dfrac{mv_2}{qB}$ 的半个圆周后再次回到缝隙。虽然 $R_2 > R_1$，但是绕过半个圆周所用的时间是一样的，它们都等于回旋周期的一半，即 $\dfrac{T}{2} = \dfrac{\pi m}{qB}$，所以尽管离子的速率和回旋半径一次比一次增大，只要缝隙中交变电场以不变的回旋周期往复变化，则不断被加速的离子就会沿着螺旋轨迹逐渐趋近 D 形盒的边缘，用致偏电极可将已达到预期速率的离子引出，供实验用。

设 D 形盒的半径为 R，由 $R = \dfrac{mv}{qB}$，离子所获得的最终速率为：

$$v_{\max} = \frac{qBR}{m}$$

由于最终速率受到 B 和 R 的限制，要使离子获得很高的能量，就要加大加速器电磁铁的重量和 D 形盒的直径。例如，在能量达到 10 MeV 以上的回旋加速器中，B 的数量级为 1 T，D 形盒的直径在 1 m 以上。

人们认识微观世界的层次越深入，要求被加速的粒子的能量就越高。例如，将电子从原子中打出来，大约要 10 eV 的能量；将核子从原子核中打出来，大约要 8 MeV 的能量；为产生 π 介子和 K 介子，则需要质子具有几亿到几十亿电子伏特的能量。从 1931 年劳伦斯（E. O. Lawrence，1901—1958）的第一台 0.08 MeV 回旋加速器，到现在的 5×10^5 MeV 回旋加速器，回旋加速器的能量大约每隔十年提高一个数量级。而能量的每次重大提高，都带来了对粒子的新发现和新知识。我国同步回旋加速器可将质子加速到 50 GeV。电子感应加速器也是一种回旋加速器，一般小型电子感应加速器可达 10^5 eV，大型的可达 100 MeV，可使电子速度达到 0.999 986c。

磁场对通电导线的作用   当通电导线被放置在磁场中时，导体内的自由电荷因做定向运动而受到磁场力。这些力最终将传递给导体，使导体整体受到一个沿其长度分布的作用力。作用在通电导体上的磁场力叫作安培力。

设在一匀强磁场中，垂直于磁场方向放入一段 l 的通电导线，每米中有 n 个自由电荷，每个自由电荷的电量是 q，定向移动的速度是 v。因此，截面 A 右侧 vt 长的导线中的自由电荷，在 t 内全部通过截面 A（见图 7 - 29），这些自由电荷的电量 $Q = nqvt$。根据电流的定义，导线中电流 $I = \dfrac{Q}{t} = nqv$。由洛伦兹力可知，每个运动电荷受到的力为 $f_1 = qvB$，由于电流 I 是运动电荷定向移动形成的，这时 n 个运动电荷受到的磁场力为 $nf_1 = nqvB$，而在 l 长度内共有 nl 个运动电荷，这时长度为 l 的通电导线所受的安培力 $F_\text{安}$ 大小为

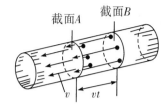

截面 A、B 之间的自由电荷在时间 t 内全部通过截面 A

图 7 - 29

$$F_\text{安} = nlqvB = nqvlB = IlB$$

这是通电导线电流方向与磁场垂直时得到的结果，如果通电导线与磁场方向成 θ 角（见图 7 - 30），这时通电直导线所受的安培力则为

$$F_\text{安} = IlB\sin\theta$$

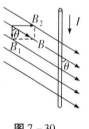

图 7 - 30

例题 2　如图 7 - 31a 所示 MN、PQ 为足够长的两平行金属导轨，间距 $L = 1.0$ m，与水平面之间的夹角 $\alpha = 30°$，匀强磁场磁感应强度 $B = 0.5$ T，垂直于导轨平面向上，MP 间接有电流传感器，质量 $m = 0.2$ kg、阻值 $R = 1.0\ \Omega$ 的金属杆 ab 垂直导轨放置，它与导轨的动摩擦因数 $\mu = \dfrac{\sqrt{3}}{3}$。用外力 F 沿导轨平面向上拉金属杆 ab，使 ab 由静止开始运动并开始计时，电流传感器显示回路中的电流 I 随时间 t 变化的图像如图 7 - 31b 所示，0 ~ 3 s，拉力做的功为 225 J，除导体棒电阻外，其他电阻不计（取 $g = 10$ m/s²）。求：

（1）0 ~ 3 s 内金属杆 ab 运动的位移；

（2）0 ~ 3 s 内 F 随 t 变化的关系。

解析：（1）由图 7 - 31b 知 $q = 4.5$ C

又

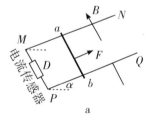

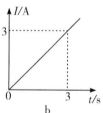

图 7 - 31

$$\overline{E} = \frac{\Delta\Phi}{\Delta t} = \frac{BLx}{\Delta t}$$

$$\overline{I} = \frac{\overline{E}}{R}$$

$$q = \overline{I} \cdot \Delta t$$

得

$$x = \frac{qR}{BL} = 9 \text{ m}$$

（2）根据题意

$$E = BLv$$

$$I = \frac{E}{R}$$

得

$$F_\text{安} = BIL = \frac{B^2 L^2 v}{R}$$

由牛顿运动定律，得

$$F - mg\sin\theta - mg\mu\cos\theta - \frac{B^2 L^2 v}{R} = ma, \quad a = \frac{\Delta v}{\Delta t}$$

$$F = 0.5t + 2.4$$

练习二

1. 一匀强磁场，磁感应强度 B 由东指向西，大小为 1.5 T。如果有一能量为 5.0×10^6 eV 的质子沿竖直向下方向通过这一磁场，作用在质子上的力有多大？方向如何？（质子的电量为 1.6×10^{-19} C，质量为 1.6×10^{-27} kg）

2. 一个电子以 1.2×10^7 m/s 的速率射入磁感应强度为 0.02 T 的匀强磁场中，当速率 v 与磁感应强度 B 的夹角 θ 为 $30°$ 和 $60°$ 时，电子所受洛伦兹力分别是多大？

3. 一电荷 Q 在某一匀强磁场中运动，判断下面几种说法是否正确，并说明理由。
   ①只要速度的大小相同，所受的洛伦兹力就相同。
   ②如果速度不变，把电荷 Q 改为 $-Q$，洛伦兹力的方向将反向，但大小不变。
   ③如果速度不变，把 B 改为反向，洛伦兹力的方向将反向，但大小不变。

4. 电子以 1.6×10^6 m/s 的速率垂直射入 $B = 10^{-4}$ T 的匀强磁场中，求电子做圆周运动的轨道半径和周期。

5. 图 7-32 表示一根放进磁场里的通电直导线，图中已分别表明电流、磁感应强度和安培力这三个量中两个的方向，试画出第三个量的方向。

6. 把 30 cm 的通电直导线放入匀强磁场中，导线中的电流强度是 2.0 A，磁场的磁感应强度是 1.2 T，求电流方向跟磁场方向垂直时导线所受的安培力。

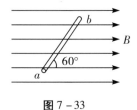

图 7-32

7. 在磁感应强度是 4.0×10^{-2} T 的匀强磁场里，有一条和磁场方向相交成 $60°$、长 8 cm 的通电直导线 ab（见图 7-33）。通电导线 ab 所受的安培力是 1.0×10^{-2} N，方向和纸面垂直指向读者。求导线里电流的大小和方向。

图 7-33

第四节　电流表的工作原理

磁电式仪表是利用通电线圈在磁场中发生偏转的现象制成的，下面来讨论磁电式仪表的工作原理。

磁场对通电线圈的作用　图 7-34a 表示放在匀强磁场中的通电矩形线圈，线圈平面跟磁感应线成 θ 角。线圈顶边 da 和底边 bc 所受的安培力 F_{da} 和 F_{bc} 大小相等，方向相反，彼此平衡，ab 和 cd 两个侧边与磁感应线垂直，它们受到的安培力 F_{ab} 和 F_{cd} 虽然大小相等，方向相反，但是它们形成力偶，使线圈绕竖直轴 OO' 转动。

设磁感应强度为 B，安培力 $F_{ab} = F_{cd} = BIab$，从图 7 - 34b（图 7 - 34a 的俯视图）可以看出，力臂 $d = ad\cos\theta$，所以力矩 $M = BI \times ab \times ad \times \cos\theta$，而 $ab \times ad$ 等于矩形线圈的面积 S，所以 $M = BIS\cos\theta$。

从上式可以看出，当线圈平面跟磁感应线平行时 $\theta = 0$，$\cos\theta = 1$，所受力矩最大；当线圈平面跟磁力线垂直时，$\theta = 90°$，$\cos\theta = 0$，力矩为零，这时 F_{ab} 和 F_{cd} 彼此平衡，所以线圈会停在这个位置上。

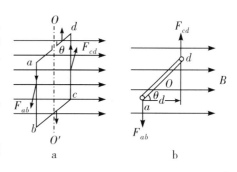

图 7 - 34

电流表的工作原理　常用的电流表的构造如图 7 - 35 所示。在很强的蹄形磁铁的两极间有一个固定的圆柱形铁芯，铁芯外面套一个可以绕轴转动的铝框，铝框上绕有线圈，铝框的转轴上装有两个螺旋弹簧和一个指针。线圈的两端分别接在这两个螺旋弹簧上，被测电流就是经过这两个弹簧通入线圈的。

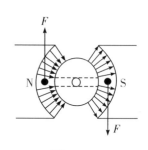

图 7 - 35　　　图 7 - 36

蹄形磁铁和铁芯的磁场是均匀地辐向分布的（见图 7 - 36），不管通电线圈转到什么角度，它的平面都跟磁感应线平行，因此磁场使线圈偏转的力偶矩 M_1 不随偏角而改变。一方面，线圈的偏转使弹簧扭紧或扭松，于是弹簧产生一个阻碍线圈偏转的力矩 M_2。线圈偏转的角度越大，弹簧的力矩 M_2 也越大。到 M_1 跟 M_2 平衡时，线圈就停在某一偏角上，固定在转轴上的指针也转过同样的偏角，指到刻度盘的某一刻度。设电流表通电线圈的匝数为 N，则线圈受到的力偶矩 $M_1 = NBIS$。由于 NBS 为定值，因此 M_1 跟电流强度 I 成正比，设 $k_1 = NBS$，则 $M_1 = k_1 I$。另一方面，弹簧产生的力矩 M_2 跟偏角 θ 成正比，即 $M_2 = k_2\theta$，其中 k_2 是一个比例恒量。M_1 和 M_2 平衡时，$k_1 I = k_2\theta$ 即 $\theta = kI$，其中 $k = \dfrac{k_1}{k_2}$ 也是一个恒量。可见，测量时指针偏转的角度跟电流强度成正比，这就是说，这种电流计的刻度是均匀的。

这种利用永久磁铁来使通电线圈偏转的仪表叫作磁电式仪表。这种仪表的优点是刻度均匀，准确度高，灵敏度高，可以测出很弱的电流；缺点是价格较贵，对过载很敏感，如果通入的电流超过允许值，就很容易把它烧掉，使用时要特别注意。

练习三

1. 如图 7 - 37 所示，把通电线圈放入永久磁铁的匀强磁场中。
　①图 7 - 37a 中，线圈怎样转动？

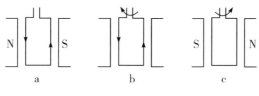

图 7 - 37

②图 7 - 37b 中，由上往下看线圈是顺时针转动的，磁铁哪一边是 N 极？哪一边是 S 极？

③图 7 - 37c 中，由上往下看线圈是逆时针转动的，画出线圈中电流的方向。

2. 有一个匝数为 10 的矩形线圈，长为 25 cm，宽为 10 cm，放在 $B = 1.5 \times 10^{-3}$ T 的匀强磁场中，通以 1.5 A 的电流，求它所受的最大的力矩。

3. 图 7 - 37 所示放在磁场中的线圈，当转到线圈平面跟磁力线垂直的位置时，会不会立即停在这个位置上？为什么？定性地分析一下线圈在停下来之前的运动情况。

4. 电流表中通以相同的电流时，指针的偏转角度越大，表示电流表的灵敏度越高。定性地分析一下，有哪些因素会影响磁电式电流表的灵敏度。

思考题

1. 比较电场和磁场，说明一下这两种场的相同与不同之处。

2. 磁感应强度 B 的方向是怎样规定的？B 的定义式能不能写成 $B = \dfrac{F}{Il}$ 呢？

3. 根据一带电粒子在空间做匀速直线运动，能否断定该空间内：

①不可能单独存在静电场？

②不可能单独存在磁场？

4. 一个点电荷能在其周围空间任一点激起电场，一个电流元是否也能在它的周围空间任一点激起磁场。为什么？

5. 两个电子分别以速率 v 和 $2v$ 垂直射入匀强磁场中，经磁场偏转后，哪个电子先回到原来的出发点？

6. 洛伦兹力对带电粒子是否做功？为什么？

7. 利用学过的知识，想办法把下面的带电粒子分开：

①速度分别为 v 和 $3v$ 的电子；

②具有相同动能的质子和 α 粒子；

③荷质比不同的带正电的粒子。

8. 测得一太阳黑子的磁场 B 为 0.4 T，问其中电子以 ①$5.0 \times 10^7$ cm/s，②$5.0 \times 10^8$ cm/s 的速度垂直于 B 运动时，受到的洛伦兹力各有多大？回旋半径各有多大？（已知电子电荷为 -1.6×10^{-19} C，质量为 9.1×10^{-31} kg）

习题七

一、选择题

1. 关于磁感应强度，正确的说法是（　　　）。

A. 根据定义 $B = \dfrac{F}{Il}$，磁场中某点的磁感应强度 B 与 F 成正比，与 Il 成反比

B. B 是矢量，方向与 F 的方向一致

C. B 是矢量，方向与通过该点的磁感应线的切线方向相同

D. 在确定的磁场中，同一点的 B 是确定的，不同点的 B 可能不同，磁感应线密的地方 B 大些，磁感应线疏的地方 B 小些。

2. 如图 7 - 38 所示，带电粒子（不计重力）在匀强磁场中按图中轨迹运动，中央是一块薄的金属板，粒子穿过金属板时有动能损失。由图可知（　　）。

A. 粒子带负电
B. 粒子运动方向是 *abcde*
C. 粒子运动方向是 *edcba*
D. 粒子在下半周所用的时间比上半周所用时间长

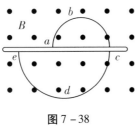

图 7 - 38 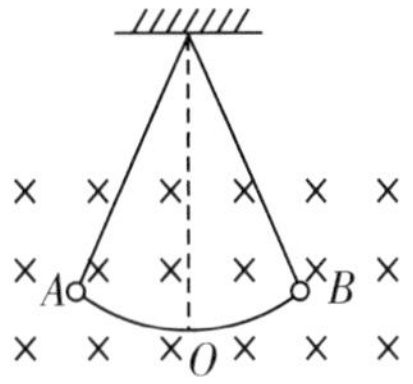　　　　　图 7 - 39

3. 如图 7 - 39 中，摆球带负电的单摆在匀强磁场中摆动，摆球通过平衡位置 *O* 时相同的物理量是（　　）。

A. 摆球受到的磁场力
B. 悬挂对摆球的拉力
C. 摆球的动能
D. 摆球的动量

4. 一质子以速度 *v* 穿过相互垂直的电场和磁场区域而没有偏转，如图 7 - 40 所示，则（　　）。

A. 若电子以相同速度 *v* 射入该区域，将会发生偏转
B. 无论何种带电粒子，只要以相同速度射入都不会发生偏转
C. 若质子的入射速度 $v' > v$，它将向下偏转，其运动轨迹既不是圆弧也不是抛物线
D. 若质子的入射速度 $v' < v$，它将向下偏转而做类平抛的运动

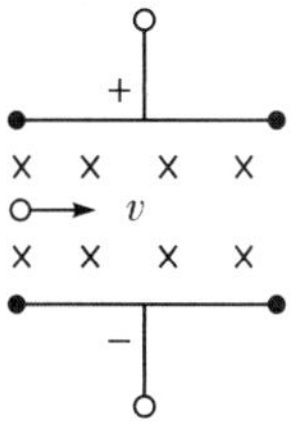

图 7 - 40

5. 下列说法中，哪个说法是不正确的（　　）。

A. 一小段通电导线放在磁感应强度为零的位置，所受的安培力一定等于零
B. 一小段通电导线在磁场中某点不受磁场力的作用，该点的磁感应强度一定为零
C. 一小段通电导线在磁场中所受安培力的方向、该点的磁感应强度的方向、电流的方向三者一定互相垂直
D. 一小段通电导线在磁场中所受安培力的大小与磁场的磁感应强度成正比

二、填空题

1. 电子的电量和质量分别为 *e* 和 *m*，电子以匀速率 *v* 从 *P* 点沿半圆弧运动到 *Q* 点，*PQ* 点距离为 *L*。如图 7 - 41 所示，则在电子运动的区域中匀强磁场的方向是_____，磁感应强度的大小是_____，电子由 *P* 点至 *Q* 点所用的时间是_____。

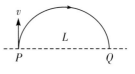

图 7 - 41

2. 质子和 α 粒子垂直射入同一匀强磁场做匀速圆周运动的半径相同。则质子与 α 粒子动量之比为_____，动能之比为_____，周期之比为_____。

3. 在匀强磁场中，有一根长 1.5 m 的通电导线，导线中的电流为 6.0 A，当这根通电导线与磁场方向垂直时，所受安培力为 2.0 N，则这个磁场的磁感应强度是_____。

4. 如图 7 - 42 所示，把一根柔软的弹簧竖直地悬挂起来，使它的下端刚刚跟导电液体接触，给弹簧通入电流时，会发生_____。

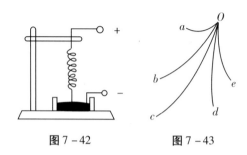

图 7 - 42   图 7 - 43

5. 图 7 - 43 表示由 O 点发出的电子和正电子（质量和电量跟电子相同，但带的是正电荷）在 B 的方向背向读者的匀强磁场中运动的径迹。_____径迹是电子的，_____径迹是正电子的；a、b、c 三条径迹中，_____粒子的能量最大，_____粒子的能量最小。

三、计算题

1. 如图 7 - 44 所示，A 和 B 之间的距离为 0.1 m，位于 A 点的电子的速度 $v = 1.0 \times 10^7$ m/s。求：

   ①要使电子沿半圆周由 A 运动到 B，磁感应强度的大小和方向；

   ②电子从 A 运动到 B 需要的时间。

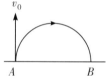

图 7 - 44

2. 带电粒子穿过过饱和蒸汽时，在它走过的路径上，过饱和蒸汽便凝结成小液滴，从而使得它运动的轨迹（径迹）显示出来，这就是云室的原理。今在云室中有 $B = 1$ T 的匀强磁场，观测到一个质子的径迹是圆弧，半径 r 为 20 cm。已知质子的电荷为 1.6×10^{-19} C，质量为 1.67×10^{-27} kg，求它的动能。

3. 图 7 - 45 所示的速度选择器加在 S_2 和 S_3 之间。已知速度选择器的电场强度为 E，磁感应强度为 B_1。某一带电粒子从 S_2 射入速度选择器后，从 S_3 进入磁感应强度为 B_2 的匀强磁场中，做匀速圆周运动的半径为 r，求该带电粒子的荷质比。

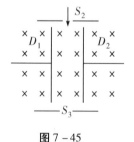

图 7 - 45

4. 有一回旋加速器，它的交变电压的频率为 1.2×10^6 Hz，半圆形电机的半径为 0.53 m。加速氘核所需的磁感应强度要多大？氘核的最大动能是多大？（已知氘核的质量为 3.3×10^{-27} kg，电量为 1.6×10^{-19} C）

5. 目前世界上正在研究一种新型发电机，叫作磁流体发电机，它可以把气体的内能直接转化为电能。图 7 - 46 表示出了它的发电原理：将一束等离子体（即高温下电离的气体，含有大量带正电和带负电的微粒，但从总体来说呈中性）喷射入磁场，磁场中有两块金属板 1 和 2，这时金属板上就会聚集电荷，产生电压。说明：

   ①金属板上会聚集电荷的原因；

   ②在磁极正如图中所示的情况下，电路中的电流方向。

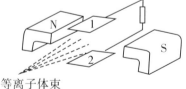

等离子体束

图 7 - 46

6. 图 7-47 表示两个平行金属板，它们之间的距离为 d，分别接在电源的两极上。在两平行金属板当中的空间存在着彼此垂直的电场和磁场，电场强度为 E，磁感应强度为 B。从负极板的小孔射入一个电子，经过有电场和磁场同时存在的空间，并打在正极板上。射入电子的初速度为 v_0，方向跟竖直方向成 θ 角。求电子打在正极板上的速度大小。

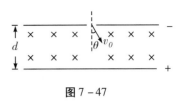

图 7-47

7. 图 7-48 为某封闭容器固定在倾角为 $\theta = 37°$ 的斜面上，容器 AB 和 CD 边内表面平行斜面且光滑，AB 和 CD 为金属板，其间有垂直纸面向外的匀强磁场，磁感应强度为 $B = 1$ T，两端半圆面绝缘且半径为 $R = 0.5$ m。质量为 $m = 0.3$ kg、电荷量为 $q = +0.2$ C 的小滑块（接触面绝缘），它在 AB 间 P 处由静止开始下滑，在 A 处对斜面的压力恰好为零，并能沿半圆面通过 C 点。设 AB 足够长，重力加速度 $g = 10$ m/s^2。

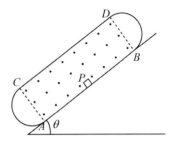

图 7-48

（1）求小滑块在 A 点的速度大小及 AP 距离。

（2）小滑块通过 C 点时撤去磁场并在 CD、AB 间接入电压 $U = -6$ V，不考虑小滑块对电场的影响，它恰好落到 AP 中点，求小滑块从 A 运动到 C 克服摩擦所做的功。

第八章　电磁感应、交变电流、电磁波

电磁感应现象的发现，是电磁学领域中最伟大的成就之一。在理论上，它为揭示电与磁之间的相互联系和转化奠定了基础，而且电磁感应定律本身就是麦克斯韦（J. C. Maxwell）电磁理论的基本组成部分之一；在实践上，它为人类获取巨大而廉价的电能开辟了道路，标志着一场重大的工业和技术革命的到来。

第一节　电磁感应现象

电磁感应现象的发现　　1820 年，奥斯特发现了电流的磁效应，从侧面揭示了长期以来一直被认为是彼此独立的电现象和磁现象之间的联系。既然电流可以产生磁场，那磁场是否能够产生电流？当时的许多科学家开始围绕这个问题进行研究探索。

法拉第（M. Faraday）深信磁产生电流一定会成功，并决心用实验来证实这一猜想。然而，在早期的实验中，法拉第发现恒定电流对它附近的导线并没有产生可察觉的影响，这种现象使他感到迷惑。从 1822 年到 1831 年，经过一次又一次的失败，法拉第终于发现，感应电流（induced current）并不是与原电流本身有关，而是与原电流的变化有关。1831 年，法拉第在关于电磁感应（electromagnetic induction）的第一篇重要的论文中，总结出以下五种情况都可以产生感应电流：变化着的电流、变化着的磁场、运动着的恒定电流、运动着的磁铁、在磁场中运动着的导体。

1832 年，法拉第发现，在相同的条件下，不同金属导体中产生的感应电流的大小与导体的电导率成正比。他由此意识到，感应电流是由与导体的性质无关的感应电动势（induced electromotive force）产生的；即使不形成闭合回路，这时不存在感应电流，但感应电动势仍然有可能存在。在解释电磁感应现象的过程中，法拉第把他自己首先提出的描述静态相互作用的力线图像发展到动态。他认为，当通过回路的磁感应线根数（即磁通量）变化时，回路里就会产生感应电动势，从而出现感应电流。

磁感应现象　　怎样才能获得电流呢？下面的实验是获得电流的典型实验。

实验 1：如图 8 - 1 所示，导体 AB 在磁场中向左或者向右运动，电流表的指针发生偏转，表明电路中有了电流；导体 AB 停下来，电流随之消失；导体 AB 在磁场

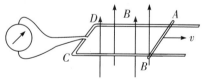

图 8 - 1

中向上或向下运动，电路中却不产生电流；磁场可以用磁感应线形象地表示出来；导体 AB 向左或向右运动时切割磁感应线，向上或向下运动时不切割磁感应线。可见，闭合电路的一部分导体做切割磁感应线的运动时，电路中才有电流产生。

实验 2：如图 8-2 所示，把一个磁铁插入螺线管或者从螺线管里拿出来时可以看到，磁铁相对于螺线管运动的时候，电流表的指针发生偏转，表明螺线管电路中有了电流，如果保持磁铁在螺线管中不动，或者让二者以统一速度运动，即保持相对静止，螺线管中就没有电流了。在这个实验中，磁铁相对于螺线管运动时，螺线管的导线总是切割磁感应线。可见，无论是导体运动，还是磁场运动，只要闭合电路的一部分导体切割磁感应线，电路中就有电流产生。

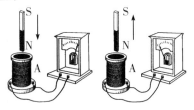

a. 磁铁插入螺线管　　b. 磁铁从螺线管里拿出
图 8-2

实验 3：如图 8-3 所示，把螺线管 B 套在螺线管 A 的外面，合上电键使螺线管 A 通电时，电流表的指针发生偏转，螺线管 B 中有了电流；当螺线管 A 中的电流达到稳定时，螺线管 B 中的电流消失；打开电键使螺线管 A 断电时，螺线管 B 中

图 8-3

也有电流产生；如果用变阻器来改变电路中的电阻，使螺线管 A 中的电流发生变化，螺线管 B 中也有电流产生。在这个实验中，螺线管 B 处在螺线管 A 的磁场中，当 A 通电和断电或者 A 中的电流发生变化时，A 的磁场随之发生变化。因此，这个实验表明：在导体和磁场不发生相对运动的情况下，只要闭合电路中的磁场发生变化，即穿过闭合电路的磁通量发生变化，闭合电路中就会有电流产生。

分析以上 3 个实验可以得出下列结论：无论是闭合电路的一部分导体做切割磁感应线的运动，还是闭合电路中的磁场发生变化，只要穿过闭合电路的磁感应线条数发生了变化，这时闭合电路中就有电流产生。利用磁通量的概念，可以总结出如下的结论：无论用什么方法，只要穿过闭合电路的磁通量发生变化，闭合电路中就有电流产生。这种利用磁场产生电流的现象叫作电磁感应，产生的电流叫作感应电流。

电磁感应现象是法拉第经过十多年的实验研究后在 1931 年发现的。这一重大发现进一步揭示了电和磁的密切联系，为后来麦克斯韦建立完整的电磁理论奠定了基础。根据这一发现，后来人们发明了发电机、变压器等电气设备，开辟了电能在生产和生活中广泛应用的道路。

练习一

1. 在图 8-4 所示的匀强磁场中有一个线圈框，线圈平面垂直于磁力线，当线圈框在磁场中上下运动时，是否会在线圈框中引起感应电流（见图 8-4a）？当线圈框在磁场中左右运动时，是否会在线圈框中引起感应电流（见图 8-4b）？为什么？

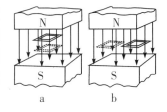

a　　　　b
图 8-4

2. 如图 8-5 所示，线圈在匀强磁场中绕 OO' 轴转动时线圈是否有感应电流？为什么？

3. 磁通量是研究电磁感应现象的重要物理量。如图 8-6 所示，通有恒定电流的导线 MN 与闭合线框共面，第一次将线框由 1 平移到 2，第二次将线框绕 cd 边翻转到 2，设先后两次通过线框的磁通量变化量分别为 $\Delta\Phi_1$ 和 $\Delta\Phi_2$，比较 $\Delta\Phi_1$ 和 $\Delta\Phi_2$ 的大小关系。

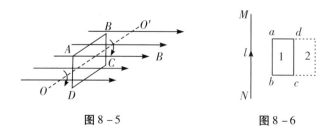

图 8-5　　　　　　　　　图 8-6

4. 矩形线圈 $ABCD$ 位于通电长直导线附近（见图 8-7），线圈跟导线同在一个平面内，且线圈的两个边与导线平行。在这个平面内，线圈远离导线平动时，线圈中有没有感应电流？线圈和导线都不动，当导线中的电流 I 逐渐增大或减小时，线圈中有没有感应电流？为什么？

5. 把一个铜环放在匀强磁场中，使环的平面与磁场的方向垂直（见图 8-8a）。如果使环沿着磁场的方向移动，铜环中是否产生感应电流？为什么？如果磁场是不均匀的（见图 8-8b），铜环中是否产生感应电流？为什么？

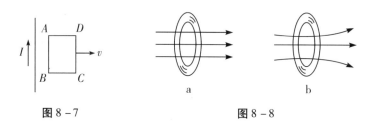

图 8-7　　　　　　　　　图 8-8

第二节　法拉第电磁感应定律

　　要使闭合电路中有电流通过，电路中必须有电源电动势。在电磁感应现象中，如果闭合电路中有感应电流，这个电路中就一定有电动势，在电磁感应现象中产生的电动势叫作感应电动势。产生感应电动势的那部分导体就相当于电源。

　　在电磁感应现象中，不管电路是否闭合，只要穿过这个电路所围面积的磁通量发生变化，电路中就有感应电动势。如果电路是闭合的，电路里就有感应电流，感应电流的强弱取决于感应电动势的大小和电路的电阻。如果电路是断开的，电路中就没有感应电流，但感应电动势仍然存在。

　　在图 8-1 所示的实验中，导体 AB 切割磁力线的速度越大，穿过闭合电路所围面积的磁通量的变化就越快，感应电流和感应电动势就越大；在图 8-2 的实验中，磁铁运动得越快，穿过螺线管的磁通量的变化就越快，感应电流和感应电动势就越大；在图 8-3

的实验中，通电和断电比起逐渐改变电阻器的电阻，A 中电流变化得快，因而穿过 B 的磁通量变化得也快，B 中的感应电流和感应电动势就比较大。因此，实验表明：感应电动势的大小与磁通量变化的快慢有关。磁通量变化的快慢可以用单位时间内磁通量的变化来表示。单位时间内磁通量的变化量通常叫作磁通量的变化率，即感应电动势的大小跟磁通量的变化率有关。

实验表明：电路中感应电动势的大小，跟穿过这一电路的磁通量的变化率成正比。这就是法拉第电磁感应定律（Faraday law of electromagnetic induction）。

设时刻 t_1 时穿过闭合电路的磁通量为 Φ_1，时刻 t_2 时穿过闭合电路的磁通量为 Φ_2，那么，在时间 $\Delta t = t_2 - t_1$ 内磁通量的变化量为 $\Delta\Phi = \Phi_2 - \Phi_1$，磁通量的变化率为 $\dfrac{\Delta\Phi}{\Delta t}$。

根据法拉第电磁感应定律，闭合电路中的感生电动势为：

$$\varepsilon = k\frac{\Delta\Phi}{\Delta t}$$

其中，k 为比例常数。在国际单位制中，$k = 1$。这样上式可以写成：

$$\varepsilon = \frac{\Delta\Phi}{\Delta t}$$

如果闭合电路是一个 n 匝线圈，那么，由于穿过每匝线圈的磁通量变化率都相同，而 n 匝线圈可以看成由 n 个单匝线圈串联而成，因此整个线圈中的感应电动势就是单匝线圈的 n 倍，即 $\varepsilon = n\dfrac{\Delta\Phi}{\Delta t}$。

在实际工作中，为了获得较大的感应电动势，常常采用多匝线圈。

现在根据法拉第电磁感应定律来研究导体做切割磁感应线运动时感应电动势的大小。如图 8 - 9 所示，把矩形线框 ab 放在匀强磁场里，线框平面跟磁感应线垂直。让线框的可动部分 ab 以速度 v 向右运动，设在 Δt 时间内由原来的位置 ab 移到 a_1b_1。设 ab 的长度是 l，这时线框的面积变化量 $\Delta S = lv\Delta t$，将穿过闭合电路的磁通量变化量 $\Delta\Phi = B\Delta S = Blv\Delta t$ 代入公式 $\varepsilon = \dfrac{\Delta\Phi}{\Delta t}$ 中，得到：

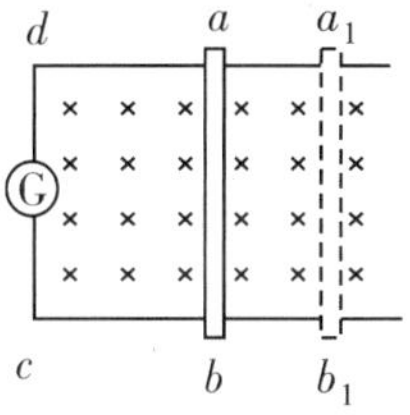

图 8 - 9

$$\varepsilon = Blv$$

如果导体的运动方向跟导体本身垂直，但跟磁感应线方向有一个夹角 θ（见图 8 - 10），我们可以把速度 v 分解为两个分量：

$$v_1 = v\sin\theta$$
$$v_2 = v\cos\theta$$

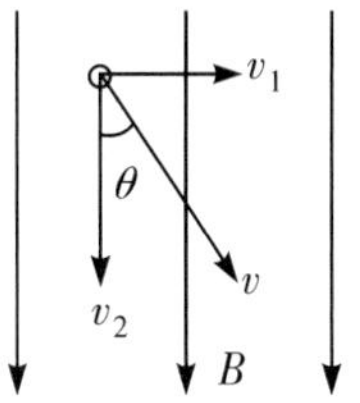

v_2 不切割磁感应线，不产生感应电动势；v_1 切割磁感应线，产生的感应电动势 $\varepsilon = Blv_1$。而 $v_1 = v\sin\theta$，所以

图 8 - 10

$$\varepsilon = Blv\sin\theta$$

可见，导体切割磁感应线时产生的感应电动势的大小，跟磁感应强度 B、导线长度 l、运动速度 v 以及运动方向和磁感应线方向的夹角 θ 的正弦 $\sin\theta$ 成正比。

在国际单位制中，$\varepsilon = Blv$ 式中的 ε、B、l、v 的单位分别用 V、T、m、m/s。可以证明，公式等号两边的单位是一致的，即 $1\ \text{V} = 1\ \text{T} \times \text{m} \times \text{m/s}$。

例题　在图 8 - 9 中，设匀强磁场的磁感应强度 $B = 0.1$ T，导体 ab 的长度 $l =$ 40 cm，向右匀速运动的速度 $v = 0.5$ m/s，框架的电阻不计，导体 ab 的电阻 $R = 0.5$ Ω。试求：感应电动势和感应电流的大小。

解析： 线框中的感应电动势 $\varepsilon = Blv = 0.1 \times 0.4 \times 0.5$ V $= 0.02$ V。

线框中的感应电流 $I = \dfrac{\varepsilon}{R} = \dfrac{0.02}{0.5}$ A $= 0.4$ A。

阅读材料

寻找磁单极子

人们早就发现电和磁有很多相似之处。例如，带电体的周围有电场，磁体的周围有磁场。同种电荷互相排斥，异种电荷互相吸引；同名磁极互相排斥，异名磁极互相吸引。尽管电与磁有这么多的相似之处，它们却不是完全对应的。在电现象里存在电荷，正、负电荷可以单独存在。在磁现象里却没有发现磁荷，南、北极也不能单独存在。一块磁体，无论把它分得多么小，总是有南极和北极。

但是，1931 年，著名的英国物理学家狄拉克（P. A. M. Dirac）从理论上预言了存在着只有一个磁极的粒子——磁单极子（magnetic monopole）。根据磁单极子的理论，电和磁之间的对应将更加完美。理论的动人前景，吸引了一批物理学家用各种方法，在岩石中、在宇宙射线（即从宇宙空间飞来的粒子）中、在加速器实验中，去寻找磁单极子。但是，半个世纪过去了也没有找到磁单极子。因此，人们推测，磁单极子可能是在宇宙形成初期产生的，残存下来的为数较少，而且分散在广漠的宇宙之中，要找到它不是件容易的事。

1982 年，美国物理学家卡布莱拉宣布，在他的实验仪器中通过了一个磁单极子。他的实验所根据的原理就是电磁感应现象。仪器的主要部分是一个由超导体做成的线圈。超导体的电阻为零，一个很微小的电动势就可以在超导线圈中引起感应电流，而且这个电流将长期维持下去，并不减弱。设想有一个磁单极子穿过超导线圈（见图 8 - 11），穿过超导线圈的磁通量将发生改变，而且引起的感应电动势的方向不变，于是在超导线圈中将引起稳定的电流。1982 年 2 月 14 日，这位物理学家发现在超导线圈

图 8 - 11

中出现了稳定的电流，经过周密分析，实验所得的数据跟磁单极子理论符合得很好，因而认定这是磁单极子穿过了超导线圈。不过因为之后没有重复观察到那次实验中观察到的现象，所以这一事例还不能确证磁单极子的存在。目前，寻找磁单极子的实验还在进行中，有关磁单极子的理论，探讨得更深入，如果磁单极子确实存在，现在的电磁理论就要做重大的修改，对整个物理学基础理论的发展也将产生重大的影响。

练习二

1. 下列关于电磁感应的说法，正确的是（　　　）。

　A. 只要磁通量发生变化，就会产生感应电流

　B. 感应电流激发的磁场总是阻碍线圈中磁通量的变化

C. 穿过闭合回路磁通量为零时，感应电流也为零

D. 穿过闭合回路磁通量最大时，感应电流也一定最大

2. 试证明：①1 V = 1 Wb/s；②1 V = 1 T×1 m×1 m/s。

3. 长 10 cm 的导线在 0.05 T 的匀强磁场中运动，运动的方向跟磁感应线垂直，运动的速率 $v = 0.3$ m/s，求感应电动势。

4. 在 0.4 T 的匀强磁场中，长度为 25 cm 的导线以 6 m/s 的速率做切割磁感应线的运动，运动方向跟磁感应线成 30°角，并跟导线本身垂直，求感应电动势。

5. 50 匝的线圈，穿过它的磁通量的变化率为 0.5 Wb/s，求感应电动势。

6. 有一个 100 匝的线圈，在 0.3 s 内穿过它的磁通量从 0.02 Wb 增加到 0.08 Wb，求线圈中的感应电动势。如果线圈的电阻是 10 Ω，把它跟一个电阻为 990 Ω 的电热器串联组成闭合电路时，通过电热器的电流是多大？

7. 图 8 – 12 是法拉第做成的世界上第一个发电机模型的原理图。把一个铜盘放在磁场里，使磁力线垂直穿过铜盘；转动铜盘，就可以获得持续的电流。试解释其作用原理。

图 8 – 12

第三节　楞次定律

在前面的电磁感应实验中，电流表的指针有时向右偏转，有时向左偏转，表示在不同情况下感应电流的方向是不同的。

现在我们利用磁通量的概念，结合图 8 – 2 的实验来研究感应电流的方向问题。当把磁铁的 N 极移近或插入螺线管时（见图 8 – 13a），穿过螺线管的磁通量增加。由实验可知，这时感应电流的方向跟图8 – 13a中的方向相同，它的磁场方向跟磁铁的磁场方向相反，阻碍原来磁通量的增加。当磁铁的 N 极离开螺线管或者从中拿出时（见图 8 – 13b），穿过螺线管的磁通量减少。由实验可知，这时感应电流的方向跟图 8 – 13a 中的方向相反，它的磁场方向

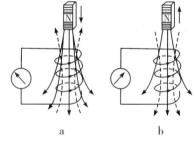

图 8 – 13

跟磁铁的磁场方向相同，阻碍原来磁通量的减少。其他电磁感应现象也有相同的规律，凡是由磁通量的增加引起的感应电流，它所激发的磁场就阻碍原来磁通量的增加；凡是由磁通量的减少引起的感应电流，它所激发的磁场就阻碍原来磁通量的减少。

俄国物理学家楞次（Lenz）概括了各种实验结果，在 1834 年得到如下结论：感应电流具有这样的方向，即感应电流的磁场总要阻碍引起感应电流的磁通量的变化，这就是楞次定律（Lenz's law）。

如图 8 – 13a 所示，当把磁铁的 N 极移近螺线管时，由安培定则可以知道，这时螺线管的上端是 N 极，因而磁铁受到排斥，阻碍磁铁相对于螺线管的运动。如图 8 – 13b 所示，当磁铁的 N 极离开螺线管时，由安培定则可以知道，这时螺线管的上端是 S 极，因而磁铁受到吸引，也要阻碍磁铁相对于螺线管的运动。总之，楞次定律的含义是：从磁通量变化的角度来看，感应电流总要阻碍磁通量的变化；从导体和磁场的相对运动的角度来看，感应电流总要阻碍相对运动。所以利用楞次定律可以判断各种情况下感应电流的方向。

第四节　楞次定律的应用

应用楞次定律来判断感应电流的方向，首先要明确原来磁场的方向，以及穿过闭合电路的磁通量变化情况（是增加还是减少），然后根据楞次定律确定感应电流的磁场方向，最后利用安培定则来确定感应电流的方向。下面用几个例子来说明怎样应用楞次定律。

应用1　确定磁铁的S极移近或离开螺线管时感应电流的方向。如图8-14a所示，把磁铁的S极移近螺线管时，原来的磁场方向向上，穿过螺线管的磁通量增加。由楞次定律可知，感应电流要阻碍磁通量的增加，因此感应电流的磁场方向跟原来的磁场方向相反，即感应电流的磁场方向是向下的，如图8-14a中虚线所示。再由安培定则确定感应电流的方向。如图8-14b所示，当磁铁的S极离开螺线管时，原来的磁场方向向上，穿过螺线管的磁通量减少。由楞次定律可知，感应电流要阻碍磁通量的减少，

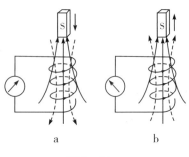

图8-14

因此感应电流的磁场方向跟原来磁场方向相同，方向也是向上的，如图8-14b中虚线所示。再由安培定则确定感应电流的方向。

在图8-14a中，螺线管的上端是S极，磁铁移近时受到排斥。

在图8-14b中，螺线管的上端是N极，磁铁离开时受到吸引。感应电流总要阻碍磁铁和螺线管的相对运动。

应用2　确定图8-3中感应电流的方向。合上电键给螺线管A通电时，或者减小变阻器的电阻，使螺线管A中的电流强度增大时，穿过螺线管B的磁通量增加，如图8-15a所示。设螺线管A中的电流沿着顺时针方向流动，因而原来的磁场方向是向下的，由楞次定律可知，感应电流要阻碍磁通量的增加，因此螺线管B中感应电流的磁场方向跟A的磁场方向相反，即磁感应线

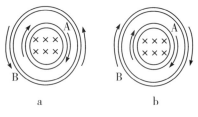

图8-15

的方向是向上的。由此可以知道，感应电流在B中是沿着逆时针方向流动的。打开电键使A断电时，或者增大变阻器的电阻时，B中感应电流是沿着顺时针方向流动的，如图8-15b所示。由楞次定律可知，感应电流要阻碍磁通量的减少，因此螺线管B中感应电流的磁场方向跟A的磁场方向相同，即磁感应线的方向是向下的。感应电流在B中是沿着顺时针方向流动的。

应用3　确定图8-16中感应电流的方向。这种情形可以用右手定则来判断（见图8-16）：伸开右手，让拇指跟其余四指垂直，并且都跟手掌在一个平面内，让磁感应线垂直从手心进入，拇指指向导体运动的方向，其余四指指的就是感应电流的方向。即感应电流是由A流向B。现在用楞次定律来判断，当导体AB向右运动时，穿过闭合电路的磁通量减少。从楞次定律可知，感应电流要阻碍磁通量的减少，因此感应电流的磁场方向跟磁铁的磁场方向相同，即磁感应线的方向也是向下

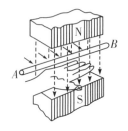

图8-16

的，由安培定则可知，感应电流的方向是由 A 流向 B 的。可见，用楞次定律判定的感应电流的方向跟用右手定则判定的结果是一致的。右手定则可以看作楞次定律的特殊情况。对于闭合电路中一部分导体切割磁感应线而产生感应电流的情形，用右手定则来判断感应电流的方向往往比用楞次定律简便。

例题　如图 8 – 9 所示，设匀强磁场的磁感应强度 $B = 0.2$ T，导体 ab 的长度 $l = 50$ cm，向右匀速运动的速度 $v = 5.0$ m/s，框架的电阻不计，导体 ab 的电阻 $R = 1$ Ω。求：①使导体 ab 向右匀速运动所需的外力；②外力做功的功率；③感应电流的功率。

解析：根据右手定则或楞次定律可以判断，感应电流的方向是 $badc$。

$$\varepsilon = Blv$$

$$I = \frac{\varepsilon}{R} = \frac{0.2 \times 0.5 \times 5}{1} \text{ A} = 0.5 \text{ A}$$

①外力跟感应电流所受的安培力平衡，因此外力的大小为

$$F = IlB = 0.5 \times 0.5 \times 0.2 \text{ N} = 0.05 \text{ N}$$

②外力做功的功率为

$$P = \frac{W}{t} = \frac{Fvt}{t} = Fv = 0.05 \times 5.0 \text{ W} = 0.25 \text{ W}$$

③感应电流的功率为

$$P' = \varepsilon I = 0.5 \times 0.5 \text{ W} = 0.25 \text{ W}$$

我们看到，$P = P'$，符合能量守恒定律。由于线框是纯电阻电路，电流的功全部用来生热，因此热功率 I^2R 也应该等于 P 或 P'。简单的计算表明情况正是如此。

练习三

1. 一种具有独特属性的新型合金能够将热能直接转化为电能。只要略微提高温度，这种合金就会变成强磁性合金，从而使环绕它的线圈中产生电流，其简化模型如图 8 – 17 所示。A 为圆柱形合金材料，B 为线圈，套在圆柱形合金材料上，线圈的半径大于合金材料的半径。现对 A 进行加热，则 B 线圈有收缩还是扩张趋势，为什么？

2. 如图 8 – 18 所示，导线 AB 和 CD 互相平行。试确定在闭合和断开开关时导线 CD 中感应电流的方向。

3. 在图 8 – 19 中 $CDEF$ 是金属框，当导体向右移动时，试确定 $ABCD$ 和 $ABFE$ 两个电路中感应电流的方向。应用楞次定律，我们能不能用这两个电路中的任意一个来判定导体 AB 中感应电流的方向？

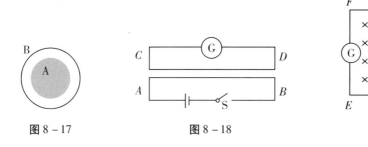

图 8 – 17　　　　图 8 – 18　　　　图 8 – 19

4. 在图 8-20 所示的电路中把滑动变阻器 R 的滑动片向左移动使电流减弱。试确定这时线圈 A 和 B 中感应电流的方向。

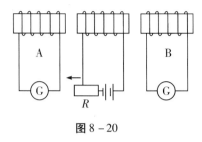

图 8-20

5. 如图 8-21 所示，把一个条形磁铁从闭合螺线管的右端插入，由左端抽出，在整个过程中，螺线管里产生的感应电流的方向是否发生改变？设想存在着一种粒子，它只有一个磁极，比如 N 极（磁单极子），它的磁感应线分布情况是什么样的？那么，当磁单极子穿过螺线管时，感应电流的方向是否发生改变？

6. 图 8-22 中，A 和 B 都是很轻的铝环，环 A 是闭合的，环 B 是断开的。用磁铁的任一极来接近 A 环，会产生什么现象？把磁铁从 A 环移开，会产生什么现象？磁极移近或远离 B 环时，又会产生什么现象？并用所学的知识解释这些现象。

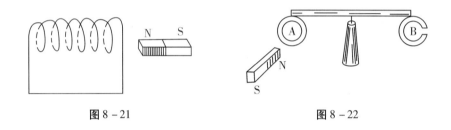

图 8-21   图 8-22

第五节　自　感

在电磁感应现象中，有自感（self-inductance）和互感（mutual inductance）两种特殊情形，这里只研究自感现象。

自感现象　在图 8-23 所示的实验中，先合上开关 K，调节变阻器 R，使同样规格的两个灯泡 A_1 和 A_2 的明亮程度相同。再调节变阻器 R，使两个灯泡都正常发光。然后断开开关 K。再接通电路时可以看到，跟变阻器 R 串联的灯 A_2 立刻正常发光，而跟有铁芯的线圈 L 串联的灯 A_1 却是逐渐亮起来的。原来，在接通电路的瞬间，电路中的电流增大，穿过线圈 L 的磁通量也随之增加。根据电磁感应定律，线圈中必然会产生感应电动势，这个感应电动势阻碍线圈中电流的增大，所以通过 A_1 的电流只能逐渐增大，灯 A_1 只能逐渐亮起来。

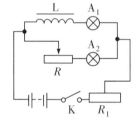

图 8-23

现在再来做图 8-24 中的实验。把灯泡 A 和带铁芯的电阻较小的线圈 L 并联接在直流电路里。接通电路，灯 A 正常发光后，再断开电路，这时可以看到，灯 A 要过一会儿才熄灭。这是因为电路断开的瞬间，通过线圈的电流突然减弱，穿过线圈的磁通量也就很快地减少，因而在线圈中产生感应电动势。虽然这时电源已经断开，但线圈 L 和灯泡 A 组成了闭合电路，线圈中产生的感应电动势使得这个电路中有感应电流 I 通过，所以灯泡不会立即熄灭。

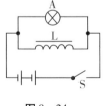

图 8-24

从上述两个实验可以看出，当线圈中的电流发生变化时，线圈本身就产生感应电动势，这个电动势总是阻碍导体中原来电流的变化。这种由于线圈本身的电流发生变化而产生的电磁感应现象叫作自感现象。在自感现象中产生的感应电动势叫作自感电动势。

自感系数　自感电动势跟其他感应电动势一样，是跟穿过线圈的磁通量的变化率$\dfrac{\Delta\Phi}{\Delta t}$成正比的。我们知道，磁通量 Φ 跟磁感应强度 B 成正比，B 又跟产生这个磁场的电流 I 成正比。所以 Φ 跟 I 成正比，$\Delta\Phi$ 跟 ΔI 也成正比。由此可知，自感电动势 $\varepsilon = \dfrac{\Delta\Phi}{\Delta t}$ 跟 $\dfrac{\Delta I}{\Delta t}$ 成正比，即

$$\varepsilon = L\frac{\Delta I}{\Delta t}$$

式中的比例恒量 L 叫作线圈的自感系数，简称自感或电感，它是由线圈本身的特性决定的。线圈越长，单位长度上的匝数越多，截面积越大，它的自感系数就越大。另外，有铁芯的线圈的自感系数，比没有铁芯的线圈要大得多。对于一个现成的线圈来说，自感系数是一定的。

自感系数的单位是亨利，简称亨，国际符号是 H。常用的较小单位有毫亨（mH）和微亨（μH）。

$$1\text{ mH} = 10^{-3}\text{ H}, \ 1\text{ μH} = 10^{-6}\text{ H}$$

自感现象的应用　自感现象在各种电路设备和无线电技术中有广泛的应用。日光灯的镇流器就是利用线圈自感现象的一个例子。

图 8 - 25 是日光灯的电路图，它主要是由灯管、镇流器和启动器组成的。镇流器是一个带铁芯的线圈。启动器的构造如图 8 - 26 所示，它是一个充有氖气的小玻璃泡，里面装有两个电极。一个固定不动的静触片和一个用双金属片制成的 U 形触片。灯管内充有稀薄的水银蒸气。当水银蒸气导电时，就发出紫外线，使涂在管壁上的荧光粉发出柔和的白光。由于激发水银蒸气导电所需的电压比 220 V 的电源电压高得多，因此，日光灯在开始点燃时需要一个高出电源电压很多的瞬时电压。在日光灯点燃后正常发光时，灯管的电阻变得很小，只允许通过不大的电流，电流过强就会烧坏灯管，这时又要使加在灯管上的电压大大低于电源电压。这两方面的要求都是利用跟灯管串联的镇流器来达到的。

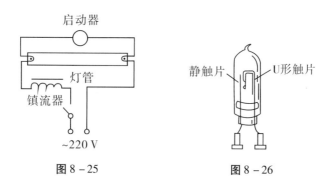

图 8 - 25　　　　　　　　　图 8 - 26

当开关闭合后，电源把电压加在启动器的两极之间，使氖气放电而发出辉光。辉光产生的热量使 U 形触片膨胀伸长，跟静触片接触而把电路接通，于是镇流器的线圈和灯管的灯丝中就有电流通过。电路接通后，启动器中的氖气停止放电，U 形触片冷却收缩，两个触片

分离，电路自动断开。在电路突然中断的瞬间，在镇流器两端产生一个瞬时高电压，这个电压和电源电压加在灯管两端，使灯管中的水银蒸气开始放电，于是日光灯管成为电流的通路开始发光。在日光灯正常发光时，由于交流电不断通过镇流器的线圈，线圈中就有自感电动势，它总是阻碍电流变化。这时镇流器起着降压限流作用，保证日光灯的正常工作。

　　自感现象也有不利的一面。在自感系数很大而电流又很强的电路（如大型电动机的定子绕组）中，在切断电路的瞬间，由于电流强度在很短的时间内发生很大的变化，会产生很高的自感电动势，使开关的闸刀和固定夹片之间的空气电离而变成导体，形成电弧。这会烧坏开关，甚至危及工作人员的安全。因此，切断这类电路时必须采用特制的安全开关。常见的安全开关是将开关放在绝缘性能良好的油中，防止电弧的产生，保证安全。

练习四

1. 制造电阻箱时，要用双线绕法，如图 8 – 27 所示。这样就可以使自感现象的影响减弱到可以略去的程度，为什么？

2. 有一个线圈，它的自感系数是 1.2 H，当通过它的电流在 2×10^{-2} s 内由 0 增加到 5.0 A 时，线圈中产生的自感电动势多大？

3. 一个线圈的电流强度在 0.001 s 内有 0.02 A 的变化时，产生 50 V 的自感电动势，求线圈的自感系数。如果这个电路中电流强度的变化率变为 40 A/s，自感电动势是多大？

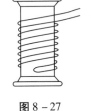

图 8 – 27

4. 根据感应电动势 $\varepsilon = \dfrac{\Delta \Phi}{\Delta t}$ 和 $\varepsilon = L \dfrac{\Delta I}{\Delta t}$，证明 $L = \dfrac{\Delta \Phi}{\Delta I}$。并说明这个式子的物理意义。

第六节　交变电流

　　电流除了大小和方向稳定不变的直流电外，还有大小和方向都随时间作周期性变化的电流，这种电流叫作交变电流，简称交流电。交流电与直流电相比有许多优点，可以利用变压器升高或者降低电压，可以驱动结构简单、运行可靠的感应电动机。因此工业技术和日常生活中普遍使用交流电。

　　交流电的产生　　法拉第发现的电磁感应现象的一个重要应用是制成发电机。交流电就是由交流发电机产生出来的。

　　如图 8 – 28 所示，使矩形线圈 *abcd* 在匀强磁场中匀速转动，电流表的指针就随着线圈的转动而左右摆动，表明电路里产生了交流电。

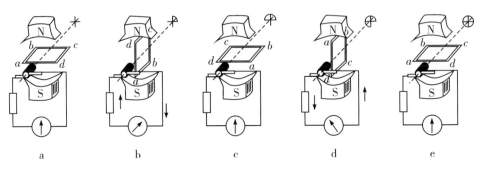

　　　　a　　　　　　　b　　　　　　　c　　　　　　　d　　　　　　　e

图 8 – 28

　　线圈在磁场中转动时，它的 ab 边和 cd 边切割磁感应线，在线圈中产生感应电动势，在电路中就产生感应电流。当线圈平面在图 8－28a 所示的位置时，ab 边向下运动，cd 边向上运动。这时，ab 边和 cd 边的线速度方向和磁感应线平行，都不切割磁感应线，因而没有感应电动势和感应电流。这时 abcd 构成的线圈平面跟磁感应线垂直，也叫作中性面。线圈转过 $\frac{1}{4}$ 周，当线圈平面转到图 8－28b 所示的位置时，ab 边向上运动，cd 边向下运动，感应电动势和感应电流的方向如图中所示。线圈平面每经过中性面一次，感应电动势和感应电流的方向改变一次，因此线圈转动一周，感应电流的方向改变两次。

　　图 8－28 其实就是一个交流发电机的模型。实际的发电机结构比较复杂，但发电机的基本组成部分仍是线圈（通常叫作电枢）和磁极。电枢转动，而磁极不动的发电机，叫作旋转电枢式发电机。磁极转动，而电枢不动，线圈依然切割磁感应线，电枢同样会产生感应电动势，这种发电机叫作旋转磁极式发电机。无论哪种发电机，转动的部分都叫转子，不动的部分都叫定子。

　　旋转电枢式发电机，转子产生的电流必须经过裸露着的滑环和电刷引到外电路，如果电压很高，就容易发生火花放电，有可能烧坏电机。同时电枢可能占有的空间也受到限制，线圈匝数不能很多，产生的感应电动势不能太高。这种发电机提供的电压一般不超过 500 V。旋转磁极式发电机克服了上述缺点，能够提供几千到几万伏的电压，输出功率可达几十万千瓦。所以大型发电机都是旋转磁极式的。发电机的转子是由蒸汽轮机、水轮机或其他动力机带动的。动力机将机械能传递给发电机，发电机把机械能转化为电能输送给外电路。

　　交流电的变化规律　　如图 8－29 所示，假定线圈 abcd 平面从中性面开始转动，角速度是 ω，经过时间 t，线圈转过的角度是 ωt，ab 边的线速度 v 的方向跟磁感应线方向间的夹角也等于 ωt，设 ab 边的长度是 l，磁场的磁感应强度是 B，ab 边产生的感应电动势 $e_{ab} = Blv\sin \omega t$。cd 边在时间 t 内产生的感应电动势跟 ab 边产生的大小相同，而且 ab、cd 边又是串联的，所以整个线圈中的感应电动势 e 可用下式表示：

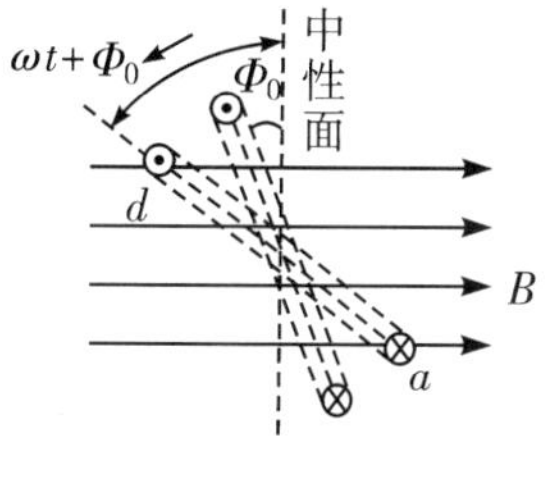

图 8－29

$$e = 2Blv\sin \omega t$$

　　当线圈平面转到跟磁感应线平行的位置时，ab 边和 cd 边的线速度方向都跟磁感应线垂直，两边都垂直切割磁感应线。这时，$\omega t = \dfrac{\pi}{2}$，$\sin \omega t = 1$，感应电动势最大，用 E_{m} 来表示，$E_{\mathrm{m}} = 2Blv$。所以

$$e = E_{\mathrm{m}}\sin \omega t$$

　　上式中的 e 随时间而变化，不同时刻有不同的数值，叫作电动势的瞬时值，E_{m} 叫作电动势的最大值。上式表明，电动势是按照正弦规律变化的。

　　这时电路中电流强度也是按照正弦规律变化的。设整个闭合电路的电阻为 R，电流的瞬时值 $i = \dfrac{e}{R} = \dfrac{E_{\mathrm{m}}}{R}\sin \omega t$，其中令 $I_{\mathrm{m}} = \dfrac{E_{\mathrm{m}}}{R}$，表示电流的最大值，则有

$$i = I_{\mathrm{m}}\sin \omega t$$

外电路的电压同样是按照正弦规律变化的。设这段导线的电阻为 R'，电压的瞬时值 $u = iR' = I_\mathrm{m}R'\sin \omega t$，其中 $I_\mathrm{m}R' = U_\mathrm{m}$，是电压的最大值，所以

$$u = U_\mathrm{m}\sin \omega t$$

可以看出感应电动势 e、电流 i、电压 u 都是按照正弦规律变化的，这种交流电叫作正弦交流电。正弦交流电是一种最简单而又最基本的交流电。

上述各式都是从线圈平面跟中性面重合的时刻开始计时的，如果从线圈平面跟中性面有一夹角 Φ_0 时（见图 8 – 29）开始计时，那么，经过时间 t，线圈平面跟中性面间的角度是 $\omega t + \Phi_0$，感应电动势、电流和电压的公式就变为

$$e = E_\mathrm{m}\sin(\omega t + \Phi_0)$$
$$i = I_\mathrm{m}\sin(\omega t + \Phi_0)$$
$$u = U_\mathrm{m}\sin(\omega t + \Phi_0)$$

可以用图像直观地将交流电变化的规律表示出来，图 8 – 30 是 e、i、u 的图像，这时 $\Phi_0 = 0$。

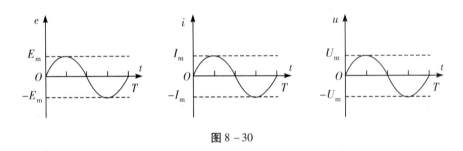

图 8 – 30

表征交流电的物理量　　交流电的电流或电压的大小和方向都随时间做周期性的变化，要描述它们，需要更多的物理量。下面讨论的是表征正弦交流电的物理量。

（1）最大值和有效值。交流电的最大值（I_m，U_m）是交流电在一周期内所能达到的最大数值，可以用来表示交流电的电流强弱或电压高低，在实际运用中有重要的意义。例如把电容器接入交流电路中，电容器所能承受的电压要高于交变电压的最大值，否则电容器可能被击穿，所以在电容器接入电路以前必须知道交变电压的最大值。但是，在研究交流电的功率时，最大值用起来却不够方便，它不适于用来表示交流电产生的效果。在电工技术中通常用有效值来表示交流电的大小。

交流电的有效值是根据电流热效应来规定的。让交流电和直流电分别通过相同阻值的电阻，如果它们在相同时间内产生热量相等，就把这一直流电的数值叫作这一交流电的有效值。例如某一交变电流通过一段电阻丝，在时间 t 内产生的热量为 Q，如果改用 2 A 的直流电通过这段电阻丝，在时间 t 内产生的热量也为 Q，那么，这一交变电流的有效值就是 2 A，同样也可以确定交变电压的有效值。通常用 I 和 U 分别表示交变电流和交变电压的有效值。设交变电流的有效值是 I，电阻为 R，在时间 t 内产生的热量 $Q = I^2Rt$，这与直流电路中焦耳定律的形式完全相同，所不同的是在交流电中电流要用有效值。正弦交流电的有效值与最大值之间的关系是：

$$I = \frac{I_m}{\sqrt{2}} = 0.707 I_m$$

$$U = \frac{U_m}{\sqrt{2}} = 0.707 U_m$$

通常说照明电路的电压是 220 V，就是指有效值。各种使用交流电的电器设备上所标的额定电压和额定电流的数值，一般为交流电流表和交流电压表测定的数值，也都是有效值。以后提到交流电的数值，除非特别说明，一般都是指有效值。

（2）周期和频率。跟其他的周期性过程一样，交流电也要用周期或频率来表示变化的快慢。在图 8 – 29 中线圈匀速转动一周，电动势、电流都按正弦规律变化一周。交流电完成一次周期性变化所需的时间，叫作交流电的周期，通常用 T 表示，单位是秒（s）。交流电在 1 s 内完成周期性变化的次数，叫作交流电的频率，通常用 f 表示，单位是赫兹（Hz）。周期和频率的关系是

$$T = \frac{1}{f} \text{ 或 } f = \frac{1}{T}$$

我国工农业生产和生活中用的交流电，周期是 0.02 s，频率是 50 Hz，电流方向每秒改变 100 次。

（3）相位和相差。从交流电瞬时值的表达式可以看出，交流电瞬时值的大小和方向是由 $\omega t + \Phi_0$ 来确定的。$\omega t + \Phi_0$ 就叫作交流电的相，又称为相位或周相。Φ_0 是 $t = 0$ 时的相，叫作初相。在交流电中，相这个物理量可以用来比较交流电的变化步调。两个交流电的相位之差叫作它们的相差，用 $\Delta\Phi$ 来表示。如果交流电的频率相同，相差就等于初相之差，如一个交流电的相位是 $\omega t + \Phi_1$，另一个的相位是 $\omega t + \Phi_2$，则它们的相差是

$$\Delta\Phi = \omega t + \Phi_1 - (\omega t + \Phi_2) = \Phi_1 - \Phi_2$$

这个相差是恒定的，不随时间变化而改变。

两个频率相同的交流电，如果它们的相位相同，即相差为零，这两个交流电就是同相的，它们的步调一致，同时到达零和正负最大值。两个频率相同的交流电，如果相差为 180°，即 $\Delta\Phi = \pi$，这两个交流电就是反相的，它们的步调恰好相反。

练习五

1. 有人说：线圈平面转到中性面的瞬间，穿过线圈的磁通量最大，因而线圈中的感应电动势最大；线圈平面跟中性面垂直的瞬间，穿过线圈的磁通量为零，因而线圈中的感应电动势为零。这种说法对不对？为什么？

2. 在图 8 – 29 所示的实验中，设线圈 ab 边的长度为 20 cm，ad 为 10 cm，磁感应强度 B 为 0.01 T，线圈的转数为 50 r/s，求电动势的最大值。

3. 已知：$u_1 = 220\sqrt{2}\sin\left(100\pi t + \frac{\pi}{6}\right)$ V，$u_2 = 380\sqrt{2}\sin\left(100\pi t + \frac{\pi}{3}\right)$ V。求这两个交流电压的最大值、周期、频率、角频率和初相。这两个电压哪个超前？相差是多大？

4. 一台发电机产生的电动势的瞬时值表达式为：$e = 311\sin 314t$ V，则此发电机产生的电动势的最大值为_____ V，有效值为_____ V，发电机转子的转速为_____ r/s，产生的交流电的频率为_____ Hz。

5. 将如图 8-31 所示交流电压加在电阻 $R = 10\ \Omega$ 两端，写出通过电阻的交变电流表达式。

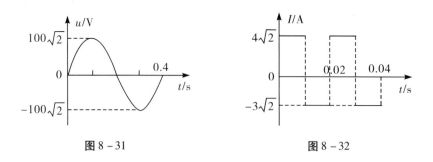

图 8-31　　　　　　　　　　图 8-32

6. 一交变电流随时间变化的图像如图 8-32 所示，此交变电流的有效值是多少？

第七节　变压器、远距离输电

日常生活中，常常需要改变交流电的电压。从发电厂输出的交流电电压高达几十万伏，而发电机发出的交流电只有几万伏。各种家用电器和设备所需的电压也是不相同的。电脑、电灯、电视机等家用电器，一般都接入 220 伏的电压，而电视机显像管却需要一万多伏的高压。这就需要改变电压，来满足各种不同的需要，交流电更便于改变电压，变压器就是改变交流电电压的设备。

变压器的原理　　图 8-33 是变压器的示意图。变压器是由闭合铁芯和绕在铁芯上的两个线圈组成的。与电源连接的线圈叫原线圈（也叫初级线圈）；另一个线圈与负载连接，叫副线圈（也叫次级线圈）。两个线圈都是用绝缘导体绕成的，铁芯由涂有绝缘漆的硅钢片叠合而成，图 8-34 为变压器的符号。

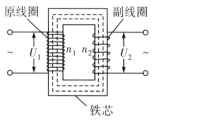

图 8-33　变压器的结构

图 8-34　变压器的符号

在原线圈上加交变电压 U_1，原线圈中就有交变电流，它在铁芯中产生交变磁通量。这个交变磁通量既穿过原线圈，也穿过副线圈，在原、副线圈中都要引起感应电动势。如果副线圈电路是闭合的，在副线圈中就产生交变电流，它也在铁芯中产生交变磁通量。这个交变磁通量既穿过副线圈，也穿过原线圈，在原、副线圈中同样要引起感应电动势。由此可见，互感是变压器的工作原理。

原线圈和副线圈中的电流共同产生的磁通量，绝大部分通过铁芯，只有一小部分漏到铁芯之外，在粗略的计算中可以略去漏掉的磁通量，认为穿过这两个线圈的交变磁通量相同，因而这两个线圈中每匝所产生的感应电动势相等。设原线圈的匝数是 n_1，副线圈的匝数是 n_2，穿过铁芯的磁通量是 Φ，那么原、副线圈中产生的电动势分别是：

$$\varepsilon_1 = n_1 \frac{\Delta\Phi}{\Delta t}$$

$$\varepsilon_2 = n_2 \frac{\Delta\Phi}{\Delta t}$$

由此可得：

$$\frac{\varepsilon_1}{\varepsilon_2} = \frac{n_1}{n_2}$$

在原线圈中，感应电动势起着阻碍电流变化的作用，跟加在原线圈两端的电压 U_1 的作用相反，是反电动势。原线圈的电阻很小，如果略去不计，则有 $U_1 = \varepsilon_1$。副线圈相当于一个电源，感应电动势 ε_2 相当于电源的电动势。副线圈的电阻也很小，如果忽略不计，副线圈就相当于无内阻的电源，因而副线圈的端电压 U_2 等于感应电动势，即 $U_2 = \varepsilon_2$。因此得到

$$\frac{U_1}{U_2} = \frac{n_1}{n_2}$$

由此可知，变压器原、副线圈的端电压之比等于这两个线圈的匝数比。如果 $n_2 > n_1$，则 $U_2 > U_1$，变压器能使电压升高，这种变压器叫作升压变压器。如果 $n_1 > n_2$，则 $U_1 > U_2$，变压器能使电压降低，这种变压器叫作降压变压器。

变压器工作时，输入功率大部分转化为输出功率，由副线圈输出，小部分在变压器内部损耗了。变压器的线圈有电阻，电流通过时要发热，损耗一部分能量，这种损耗叫作铜损。铁芯在交变磁场中反复磁化，也要损耗一部分能量使铁芯发热，这种损耗叫作铁损。变压器的能量损耗很小，在实际计算中常常把损耗的能量略去不计，认为输出功率和输入功率相等，这样的变压器称为理想变压器，即

$$U_1 I_1 = U_2 I_2$$

再将 $\dfrac{U_1}{U_2} = \dfrac{n_1}{n_2}$ 代入上式，则有理想变压器工作时原、副线圈中电流之间的关系是：

$$\frac{I_1}{I_2} = \frac{n_2}{n_1}$$

可见，理想变压器工作时原线圈和副线圈中的电流强度跟线圈的匝数成反比。变压器的高压线圈匝数多而通过的电流小，可用较细的导线绕制；低压线圈匝数少而通过的电流大，应当用较粗的导线绕制。

远距离输电　发电厂一般建在自然资源丰富的野外，从发电厂到用电客户，就常常要把电能输送到远方。用导线把电源和用电设备连接起来，就可以输送电能了。输送电能的基本要求是：保证供电线路可靠地工作，保证输送电压和频率稳定，输电线路建造和运行成本低，电能损耗少。

从电功率角度来看，功率损失为：$\Delta P = I^2 r$，故降低输电损耗有以下两个途径：一是减小输电线的电阻 r，选择电阻率小的金属材料，尽可能增加导线的横截面积，但这有一定限度；二是减小输电导线的电流 I。由于在输送电能时，要保证向用户提供一定的电功率，根据理想变压器的原理，可通过高压送电来实现减小电流 I，达到降低电能损耗的目的。目前，我国远距离输电采用的电压有 110 kV、220 kV、330 kV，输电干线已经采用 500 kV 的

超电压。

现在世界各国都不采用一个电厂与一批用户的"一对一"的供电方式，而是通过网状的输电线、变电站，将许多电厂和广大用户连接起来，形成全国性或地区性的输电网络，即电网送电。这样可以在一次能源产地使用大容量的发电机组，降低一次能源的输送成本，获得最大的经济效益。

练习六

1. 一个 1 000 匝的线圈，在 0.4 s 内穿过每匝的磁通量从 0.02 Wb 均匀地增加到 0.09 Wb，求线圈中的感应电动势。

2. 从发电站输出功率是 200 kW，输电线的总电阻为 0.05 Ω，用 110 V 和 11 kV 两种电压输电。试估算两种情况下输电线上由电阻造成的电压损失。

3. 如图 8 – 35 所示，理想变压器原、副线圈匝数之比 $n_1 : n_2 = 1 : 2$，加在原线圈两端的电压为 220 V，C 为额定电流为 1 A 的保险丝，R 为接在副线圈两端的可变电阻。要使保险丝不会熔断，则可变电阻的阻值不能小于多少？

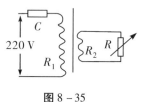

图 8 – 35

第八节　传感器

传感器　　传感器是能将所感受到的物理量（如力、热、光、声等）转换成便于测量的量（一般是电学量）的元件，其应用十分广泛，尤其是在自动绕制和信息处理技术方面。生活中常用的电视遥控接收器、电冰箱、声控/光控电灯、电饭锅、话筒；工业生产用的红外探测仪、自动报警器、恒温烘箱、光电计数器、涂料添加器等都用到了传感器。

根据其使用的元件不同，传感器可分为电阻式传感器、电容式传感器、光电式传感器、电感式传感器、光栅式传感器、热电式传感器、红外线式传感器、光纤式传感器、超声波式传感器、激光式传感器等。但无论哪种传感器，其工作原理都大致相同。

传感器的工作原理　　通过对某一物理量敏感的元件将感受到的信号按一定的规律转换成便于利用的信号，这就是传感器的工作原理。如光敏电阻和气敏电阻分别对光的强度和气体浓度非常敏感，可以将感受到的光信号和气体浓度信号等量转化为电学量——电阻。

气敏传感器是一种能将检测到的气体的成分、浓度等变化转化为电阻值（电压、电流值）变化的传感器。TGS109 型就是当前被广泛应用的一种。图 8 – 36 是 TGS109 型气敏传感器的外形结构。该传感器的核心是一个电阻——气敏电阻（用 SnO_2 半导体制成）。如图 8 – 37 所示，该气敏传感器等效于随气体浓度变化而变化的一个可变电阻 R。在一定浓度范围内，它的电阻值 R 和浓度 C 的关系近似为 $C = \sqrt{\dfrac{R}{R_0}}$。其中，$R_0$ 是在空气中的电阻，C 为被测气体的浓度。可见，测得了电阻 R，便测得了气体浓度 C，这就把非电学量（气体浓度）的测量和控制转化成了对电学量（电阻）的测量和控制，实现了传感器的功能。

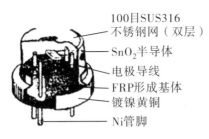

图 8-36 TGS109 型气敏传感器的结构

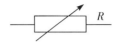

图 8-37 TGS109 型气敏传感器的等效电阻

目前，家用天然气灶和天然气热水器十分普遍。天然气的主要成分是甲烷（CH_4），若天然气灶或天然气热水器等漏气，轻则影响人的健康，重则对人身安全和财产造成损害（甲烷浓度达到 4%～16% 时会发生爆炸）。因此将天然气报警器安装在家中容易漏气的地方，对空气中的天然气进行监控和报警，是有意义和价值的。TGS109 型气敏传感器的制作工艺简单、成本低、功耗小、灵敏度高，其主要用于制作燃气报警器。利用 TGS109 型气敏传感器可以制作简单天然气报警器，原理说明：TGS109 型气敏传感器在空气中的电阻较大、电流较小、蜂鸣器不发声；当室内天然气浓度约为 1% 时，它的电阻较低，流经电路的电流较大（此时电流方向如图 8-38 中箭头所示），可直接驱动蜂鸣器报警。可在天然气报警器的基础上增加部分电路制作成一个自动排风扇，它能感知厨房的油烟、香烟等造成的室内空气污染，开动扇片，自动净化室内空气。

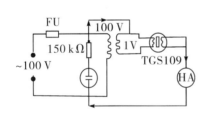

图 8-38 简易天然气报警器电路

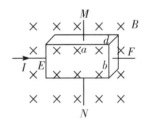

图 8-39 霍尔元件

霍尔元件 霍尔元件是在一个很小的矩形半导体（例如砷化铟）薄片上，制作 4 个电极 E、F、M、N（见图 8-39）。若在 E、F 间通入恒定的电流 I，同时外加与薄片垂直的匀强磁场 B，薄片中的载流子就在洛伦兹力的作用下发生偏转，使 M、N 间出现电压 U。

霍尔元件上的电压 U 与电流 I、磁感应强度 B 的关系：设霍尔元件长为 a，宽为 b，厚为 d，则当薄片中载流子达到稳定状态时，$f_{洛} = Eq$，即 $qBv = \dfrac{U}{b}q$，又因 $I = nqsv = nqbdv$，所以 $U = \dfrac{IB}{nqd}$，即 $U = k\dfrac{IB}{d}$（k 为霍尔系数）。因此可以根据电压 U 的变化得知磁感应强度的变化。霍尔元件能够把磁感应强度这个磁学量转换为电压这个电学量。

练习七

1. 为解决楼道照明问题，在楼道内安装一个传感器，与电灯控制电路相接。当楼道内有人走动而发出声响时，电灯即被接通电源而发光，这种传感器为_____传感器，它输入的是_____信号，经传感器转换后，输出的是_____信号。

2. 一般光敏电阻的阻值随入射光强度的增加而_____。因为它对光照较敏感，所以可以作_____传感器。

3. 传感器能够将感受到的物理量_____转换成便于测量的_____，其工作过程是通过对某一物理量敏感的元件将感受到的信号按一定规律转换成便于利用的电信号，转换后的电信号经过相应的仪器处理，就可以达到自动控制的目的。

第九节　电磁波

电磁振荡的产生　　能够产生振荡电流的电路叫作振荡电路。如图 8 - 40 所示的电路就是由电感线圈和电容器组成的一种简单的振荡电路，简称 *LC* 回路。先把开关扳到电池组一边，给电容器充电，稍后再把开关扳到线圈一边，让电容器通过线圈放电。这时电流表的指针左右摆动，表明电路里产生了大小和方向作周期性变化的交变电流。通常把这样产生的交变电流叫作振荡电流。用示波器来观

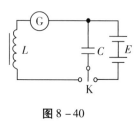

图 8 - 40

察振荡电流，可以看到，在 *LC* 回路里产生的振荡电流也是按正弦规律变化的。

　　如图 8 - 41 所示的 *LC* 回路，我们来分析它产生振荡电流的过程。

　　在开关刚扳到线圈一边的瞬间，已被充电尚未放电的电容器 *C* 里储存的电场能，是整个电路里的能量，电路中没有电流（见图 8 - 41a）。

　　电容器开始放电后，由于线圈的自感作用，电路里的电流不能立刻达到最大值，而是由零逐渐增大。放电过程中，线圈周围产生磁场，并且随着电流的增大而增强，电容器极板上的电荷逐渐减小，电容器里的电场逐渐减弱，这样，电路里的电场能逐渐转化为磁场能。到放电完毕时，电流达到最大值，电容器极板上已经没有电荷，电场能全部转化为磁场能（见图 8 - 41b）。

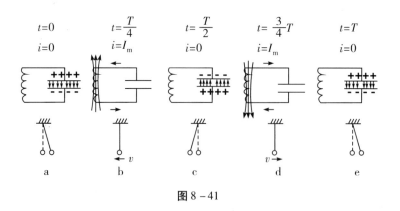

图 8 - 41

　　电容器放电完毕后，由于线圈的自感作用，电路里的电流并不立即减小为零，而是保持原来的方向继续流动，使电容器在反方向上重新充电。在反方向充电过程中，随着电流的减小，线圈周围的磁场逐渐减弱；电容器两极板带上相反的电荷，电容器里的电场随着极板上电荷的增多而增强。这样电路里的磁场能又逐渐转化为电场能。充电完毕时，电流减小到零，电容器极板上的电荷达到最大值，磁场能全部转化为电场能（见图 8 - 41c）。

此后电容器再放电、再充电（见图8-41d、e），这样不断地充电和放电，电路中就有了振荡电流，同时电场能和磁场能发生周期性的转化。这种现象叫作电磁振荡（electromagnetic oscillation）。

电磁振荡跟机械振动中的简谐振动类似，是自由振荡的一种。最初给电容器充电，相当于使单摆偏离平衡位置，给摆锤一定的重力势能。电路中电场能和磁场能的相互转化，相当于单摆中重力势能和动能的相互转化。

电磁振荡的周期和频率 电磁振荡完成一次周期性变化的时间叫作周期，一秒内完成的周期性变化的次数叫作频率。在自由振荡中，如果没有能量损失，振荡应该持续下去，振荡电流的振幅应该保持不变，这种振荡叫作无阻尼振荡。振荡电路里发生无阻尼振荡的周期和频率，叫作振荡电路的固有周期和固有频率，简称振荡电路的周期和频率。

我们改变图8-40电路中的电容和电感的大小，实验表明：电容或电感增加时，周期变长，频率变低；电容或电感减小时，周期变短，频率变高。进一步研究证明，周期T和频率f跟自感系数L和电容C的关系是：

$$T = 2\pi\sqrt{LC}$$

$$f = \frac{1}{2\pi\sqrt{LC}}$$

可以看出，选择适当的电容器和线圈，就可以使振荡电路的周期和频率符合使用的需要。要改变振荡电路的周期和频率，只要通过改变电容或者电感的办法就可以达到目的。

电磁场 19世纪中叶，物理学家麦克斯韦在总结前人对电磁现象研究的基础上，建立了完整的电磁场理论。这个理论全面说明了当时已知的电磁现象，并大胆地预言了电磁波的存在。麦克斯韦用场的观点分析了电磁感应现象，得出结论：变化的磁场产生电场，变化的电场产生磁场。

如图8-42a所示，在变化的磁场中放一个闭合电路，电路中就产生感应电流。有感应电流，说明存在使电荷做定向移动的电场。这个闭合电路中没有其他电源，这个电场可认为是由于磁场的变化而产生的。

麦克斯韦进一步认为，这个电场的产生跟是否存在闭合电路没有关系，只要磁场发生变化，在周围空间就有电场产生（见图8-42b）。所以，变化的磁场所产生的电场是由磁场的变化情况决定的。

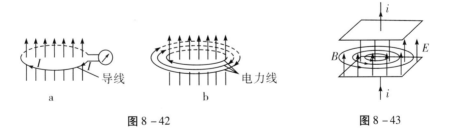

图8-42   图8-43

静止的电荷在其周围空间产生静电场；运动的电荷在其周围空间产生变化的电场。运动的电荷周围的空间也存在着磁场，这个磁场可以理解为是变化的电场产生的。在电容器充放电时，两极板间的电场发生变化，在这个变化的电场周围就存在着磁场（见图8-43）。同样，变化的电场所产生的磁场，也是由电场的变化情况决定的。

变化的磁场产生电场，变化的电场产生磁场，这就是麦克斯韦理论的两大支柱。按照这个理论，变化的电场和磁场总是相互联系的，形成一个不可分离的统一的场，这就是电磁场。电场和磁场只是这个统一的电磁场的两种具体表现。

电磁波　由麦克斯韦的电磁场理论可以知道：如果在空间某处发生了不均匀变化的电场，就会在邻近的空间引起变化的磁场，这个变化的磁场又会在较远的空间引起新的变化的电场，接着又在更远的空间引起新的变化的磁场。这样变化的电场和变化的磁场并不局限于空间某个区域，而要由近及远向周围空间传播开去。电磁场这样由近及远地传播就形成电磁波。

图 8-40 的振荡电路中有振荡电流时，会产生周期性变化的电场和磁场，这种变化的电场和变化的磁场是交替出现的，因而会激起电磁波的产生（见图 8-44）。电磁波向外传播的周期和频率等于激起电磁波的振荡电流的周期和频率。

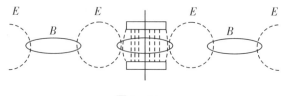

图 8-44

图 8-45 表示作正弦变化的电场或磁场所引起的电磁波在某一时刻的波的图像。在传播方向上的任一点，E 和 B 都是随时间作正弦变化的，即 E 和 B 在振动。E 的振动方向平行于 x 轴，B 的振动方向平行于 y 轴，它们彼此垂直，而且都跟波的传播方向垂直，因此电磁波是横波。

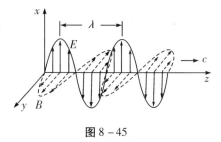

图 8-45

电磁波在空间以速度 v 传播，经过一个周期 T，电磁波的传播距离等于波长 λ。即 $v = \dfrac{\lambda}{T} = \lambda f$，与机械波中波动的规律一样。实验证明：电磁波在真空中传播的速度 $c = 3.00 \times 10^8 \text{ m/s}$。

从能量的角度来看电磁波，电场和磁场都是能量的贮存场所。电场贮存电能，磁场贮存磁能，电磁场贮存电磁能。因此，电磁波的发射过程，也就是辐射能量的过程。电磁波在空间传播，电磁能就随同着一起传播。电磁波可以脱离电荷而独立存在，并且不需要借助媒质就能够在空间传播，电磁波也跟原子、分子组成的物质一样具有能量，传播能量，更不依赖于我们的感觉而客观存在。电磁场是物质的一种特殊形态。

1888 年，赫兹第一次用实验证实了电磁波的存在，并测定了电磁波的波长和频率，得到了电磁波传播的速度，证实了这个速度等于光速。赫兹还证明，电磁波跟所有波动现象一样，能产生反射、折射、干涉、衍射等现象，从而充分证实了麦克斯韦的电磁场理论。现在发射的电磁波可以传到遥远的地方，为科学技术所应用，麦克斯韦的电磁场理论成为无线电技术的基础。

练习八

1. 在图 8-41 所示的电磁振荡中，什么时候电容器里的电场最强？什么时候线圈里的磁场最强？电场能和磁场能是怎样互相转化的？

2. 把 LC 回路中产生的自由振荡跟单摆的简谐振动作对比，说明它们的类似之处。

3. 一个 LC 回路能够产生 535 到 1 605 kHz 的电磁振荡。已知线圈的自感系数是 300 μH，可变电容器的最大电容和最小电容各是多少？

4. LC 回路中的可变电容器可从 30 pF 变到 15 pF。要使这个回路的最低固有频率为 1 000 kHz，线圈的自感系数应该为多大？用这个线圈，回路的最高固有频率是多大？

思考题

1. 有电磁感应是否必有感应电动势？是否必有感应电流？试举例说明。

2. 楞次定律揭示了什么物理规律？楞次定律与法拉第定律有何不同？为什么楞次定律以出现感应电流为前提？

3. 如图 8 – 46 所示，在长直导线 L 中通有电流 I，$abcd$ 为矩形线圈，试确定在下列情况下，$abcd$ 上的感应电动势的方向：
   （1）矩形线圈在纸面内向右移动；
   （2）绕 ad 轴旋转；
   （3）以 L 为轴旋转。

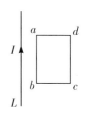

图 8 – 46

4. 矩形线圈在均匀磁场中平动，磁感应强度的方向与线圈平面垂直，如图 8 – 47 所示。问在线圈中有没有感应电流？在线圈中的 a 点和 b 点之间有没有电势差？

5. 什么是自感现象？如何表达自感电动势？

6. 试说明变压器的工作原理。

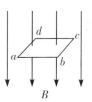

图 8 – 47

7. 电磁波是怎样形成的？电磁场和电磁波的关系如何？电磁波是如何向外传播的？

习题八

一、选择题

1. 如图 8 – 48 所示，一金属圆线圈和一条形磁铁的中轴线在同一竖直平面内，下列情况中能使线圈的磁通量发生变化的是（　　　）。
   A. 将磁铁竖直向上平移
   B. 将磁铁水平向右平移
   C. 将磁铁在图示的平面内，N 极向上、S 极向下转动
   D. 将磁铁的 N 极转向纸外，S 极转向纸内

图 8 – 48

2. 法拉第电磁感应定律可以这样表述：闭合电路中感应电动势的大小（　　　）。
   A. 跟穿过这一闭合电路的磁通量成正比
   B. 跟穿过这一闭合电路的磁感应强度成正比
   C. 跟穿过这一闭合电路的磁通量变化率成正比
   D. 跟穿过这一闭合电路的磁通量变化量成正比

3. 如图 8 – 49 所示，Q 为滑动变阻器的中点，滑动片 P 由 a 移向 b 的过程中，电阻 R 上的电流方向是（　　　）。
   A. 先由 $c \rightarrow d$，再由 $d \rightarrow c$　　B. 先由 $d \rightarrow c$，再由 $c \rightarrow d$
   C. 始终由 $c \rightarrow d$　　　　　　　D. 始终由 $d \rightarrow c$

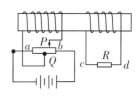

图 8 – 49

4. 如图 8 - 50 所示电路，A、B 灯电阻均为 R。K_1闭合、K_2断开时，两灯亮度一样，若再闭合 K_2，待稳定后，将 K_1断开，则断开瞬间说法错误的是（   ）。

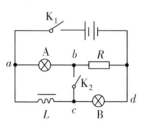

图 8 - 50

A. B 灯立即熄灭

B. A 灯过一会才熄灭

C. 流过 B 灯的电流方向是 $c \rightarrow d$

D. 流过 A 灯的电流方向是 $b \rightarrow a$

5. 矩形线圈绕垂直于匀强磁场的对称轴做匀速转动，当线圈通过中性面时（   ）。

A. 线圈平面与磁感应线方向垂直

B. 线圈中感应电动势的方向将发生改变

C. 通过线圈的磁通量达到最大值

D. 通过线圈的磁通量的变化率达到最大值

6. 一个电热器接在 10 V 的直流电压上，消耗的电功率是 P，当把它接到一交流电压上时，消耗的电功率是 $\dfrac{P}{4}$，则该交流电压的最大值是（   ）。

A. 5 V   B. 7.1 V   C. 10 V   D. 12 V

7. 如图 8 - 51 所示，a、b、c 三个闭合线圈放在同一平面内，当线圈 a 中有电流 I 通过时，穿过三个线圈的磁通量分别为 Φ_a、Φ_b、Φ_c，则（   ）。

A. $\Phi_a < \Phi_b < \Phi_c$ B. $\Phi_a > \Phi_b > \Phi_c$ C. $\Phi_a < \Phi_c < \Phi_b$ D. $\Phi_a > \Phi_c > \Phi_b$

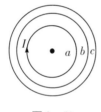

图 8 - 51

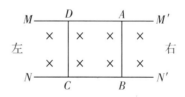

图 8 - 52

8. 如图 8 - 52 所示，平行导体滑轨 MM'、NN'水平放置，固定在匀强磁场中。磁场的方向与水平面垂直向下。滑线 AB、CD 横放其上静止，形成一个闭合电路。当 AB 向右滑动的瞬间，电路中感应电流的方向及滑线 CD 受到的磁场力的方向分别为（   ）。

A. 电流方向沿 $ABCD$；受力方向向右   B. 电流方向沿 $ABCD$；受力方向向左

C. 电流方向沿 $ADCB$；受力方向向右   D. 电流方向沿 $ADCB$；受力方向向左

9. 霍尔元件能转换哪两个物理量（   ）。

A. 把温度这个热学量转换成电阻这个电学量

B. 把磁感应强度这个磁学量转换成电压这个电学量

C. 把力这个力学量转换成电压这个电学量

D. 把光照强弱这个光学量转换成电阻这个电学量

10. 一矩形线圈在匀强磁场中匀速转动，线圈中产生的电动势 $e = E_m \sin \omega t$。若将线圈的转速加倍，其他条件不变，则产生的电动势为（   ）。

A. $E_m \sin 2\omega t$ B. $2E_m \sin \omega t$ C. $2E_m \sin \dfrac{\omega}{2} t$ D. $2E_m \sin 2\omega t$

11. 理想变压器正常工作时，原线圈一侧与副线圈一侧保持不变的物理量是（　　　）。

　　A. 频率　　　　　　　B. 电压　　　　　　　C. 电流　　　　　　　D. 电功率

12. 以下有关在真空中传播的电磁波的说法，正确的是（　　　）。

　　A. 频率越大，传播的速度越大　　　　　B. 频率不同，传播的速度相同

　　C. 频率越大，波长越大　　　　　　　　D. 频率不同，传播的速度也不同

13. LC 回路发生电磁振荡时（　　　）。

　　A. 放电结束时，电路中电流为0，电容器所带电量最大

　　B. 放电结束时，电路中电流最大，电容器所带电量为0

　　C. 充电结束时，电路中电流为0，电容器所带电量最大

　　D. 充电结束时，电路中电流最大，电容器所带电量为0

二、填空题

1. 如图 8-53 所示，将矩形线圈 $abcd$ 与无限长直电流 I 在同一平面内，当线圈从直线电流左侧运动到右侧过程中感应电流方向是＿＿＿＿＿＿，整个过程中感应电流是否有为零的位置？＿＿＿＿（如有要指出在哪里）。

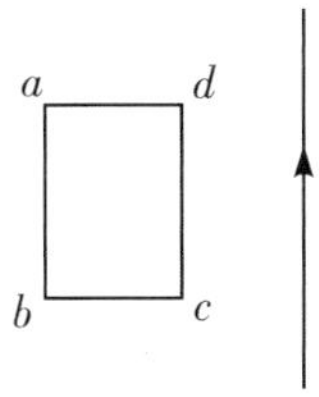

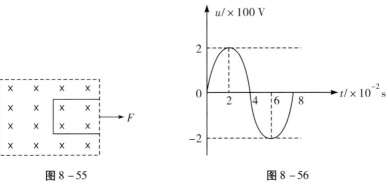

图 8-53 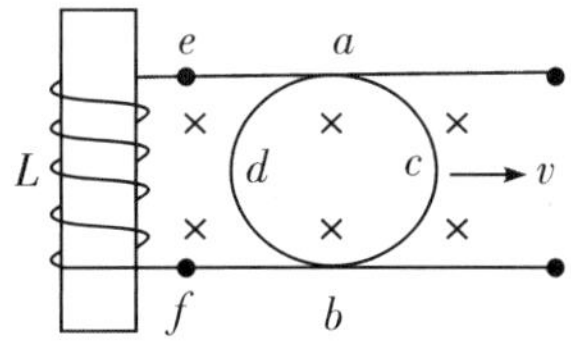　　　　　　　　　　　　图 8-54

2. 如图 8-54 所示，当圆环向右运动时 acb、adb、eLf 中有电流的是＿＿＿＿＿，它们的电流方向是＿＿＿＿＿＿，a、b 两点相比较，＿＿＿＿点的电势较高。

3. 如图 8-55 所示，将矩形线圈从匀强磁场中匀速拉出，第一次速度为 v，第二次速度为 $2v$。

　　则第一、第二次外力做功之比为＿＿＿＿＿，功率之比为＿＿＿＿＿＿，通过导线的感应电流之比为＿＿＿＿＿。

图 8-55　　　　　　　　　　　　图 8-56

4. 交流电压的 $u-t$ 图线如图 8-56 所示，该交流电的频率是＿＿＿＿＿＿，用电压表测量时读数是＿＿＿＿＿，0.06 s 时电压是＿＿＿＿＿。

5. 用220 V的正弦式交变电流通过理想变压器对一负载供电，变压器的输出电压是110 V，则变压器原、副线圈之比为_____。

6. 如图8–57所示，理想变压器次级的负载电阻为R，当把滑动触头向上滑动时，输出电压_____，输出电功率_____，输出电流_____。

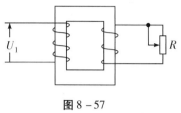

图8–57

7. 某振荡器中线圈的自感系数为L，电容器的电容为C，发射的电磁波的波长为λ，L保持不变，把可变电容的电容调为_____时，发射的电磁波的波长是$\frac{\lambda}{2}$。

8. 在图8–58中，条形磁铁以速度v向螺线管靠近，螺线管中_____产生感应电流；感应电流方向为_____。

9. 在图8–59中，线圈M和线圈P绕在同一铁芯上。当合上电键K的一瞬间，线圈P里_____感应电流；当线圈M有稳恒电流通过时，线圈P里_____感应电流；当断开电键K的一瞬间，线圈P里_____感应电流。

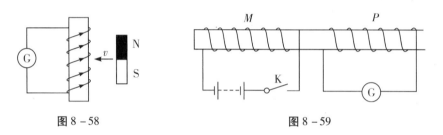

图8–58   图8–59

三、计算题

1. 如图8–60所示，在匀强磁场中有一个线圈。
①当线圈分别以P_1和P_2为轴按逆时针方向转动时（如图中箭头所示），感应电流的方向各是什么？
②当转速恒定，线圈以P_1和P_2为轴转动时，两种情况下感应电流的大小有何关系？
③当转速恒定时，感应电动势的大小跟线圈面积有何关系？
④设磁感应强度B为0.5 T，AB为8 cm，BC为4 cm，转速为120 r/s，分别求出以P_1和P_2为转轴时感应电动势的最大值。

2. 如图8–61所示，在磁感应强度为1.0 T的匀强磁场中，让长为0.4 m的导体AB在无摩擦的框架上以5 m/s的速度向右滑动。如果$R_1 = R_2 = 4\ \Omega$，其他导线的电阻不计，外力做功的功率有多大？感应电流的功率有多大？在电阻R_1和R_2上消耗的功率有多大？验证一下：能量的转化是否符合守恒定律？

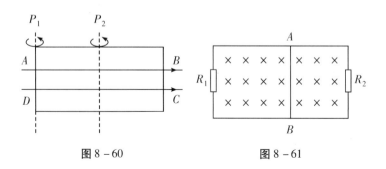

图8–60   图8–61

3. 变压器的原线圈为 1 100 匝, 副线圈为 180 匝。原线圈接到 220 V 的交流电路中, 副线圈上并联了 3 个阻值都是 90 Ω 的用电器。如果原线圈允许通过的最大电流为 0.9 A, 副线圈上最多还可以并联多少个电阻为 60 Ω 的用电器?

4. 如图 8 – 62 所示, 匝数为 n、面积为 S 的矩形闭合线圈, 在磁感应强度为 B 的匀强磁场中按图示 ω 方向做匀速转动。$t = 0$ 时经过图示位置, 规定 $adcba$ 的电流方向为正方向。已知线圈的总电阻为 R。

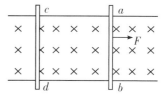

① 写出感应电动势即时值的表达式。

② 由图示位置转过 60° 时即时感应电动势多大?

③ 线圈转动一周的过程中外力做了多少功?

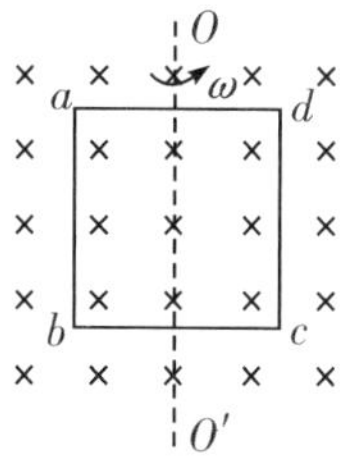

图 8 – 62

5. 交流电压 $u = 311\sin 100\pi t$, 加在 484 Ω 的电阻的两端。

① 如果把一交流电流表与该电阻串联后接上交流电压, 则电流表的读数是多少?

② 画出 $i - t$ 图线。

6. 发电机的端电压是 220 V, 输出的电功率是 44 kW, 输电线的总电阻是 0.2 Ω。

① 用户得到的电功率和用电器两端的电压是多少?

② 若发电站用匝数比是 1 : 10 的升压变压器, 经相同的输电线后, 再用匝数比是 10 : 1 的变压器降压后供给用户, 则用户得到的电功率和用电器两端的电压又是多少?

7. 如图 8 – 63 所示, 两根互相平行间距 $d = 0.4$ m 的金属导轨水平放置于匀强磁场 $B = 0.2$ T 中, 磁场垂直于导轨平面, 导轨上的滑杆 ab、cd 所受摩擦力均为 0.2 N, 两杆电阻均为 0.1 Ω, 导轨电阻不计。当 ab 杆受 $F = 0.4$ N 的恒力时, ab 杆以 v_1 做匀速直线运动, cd 杆以 v_2 做匀速直线运动。求:

① 通过 ab 杆中电流强度大小和方向。

② 速度差 $(v_1 - v_2)$。

图 8 – 63

8. 如图 8 – 64 所示, 有两条光滑、平行相距为 $l = 0.5$ m 的电阻可忽略的长金属导轨, 放在同一水平面上, 在导轨上放两根与导轨垂直的金属杆, 放在竖直向上的磁感应强度大小为 $B = 1$ T 的匀强磁场中, 杆 cd 系一轻绳, 跨过定滑轮后与质量为 $m = 2$ kg 的重物相连, 重物放在地面上, 已知杆 ab 和 cd 的电阻 $R = 0.1$ Ω, 杆 ab 正向左运动。求杆 ab 的速度增大到何值时, 杆 cd 刚好能把重物提起。(滑轮的质量及摩擦忽略不计, $g = 10$ m/s^2)

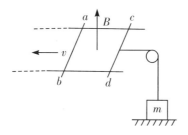

图 8 – 64

第九章 光 学

光给了我们一个明亮的世界，可是它自己却像一团谜。光学既是物理学科中一个古老的基础科学，又是现代科学领域中最活跃的前沿科学之一，具有强大的生命力和不可估量的发展前景。图 9-1 是大家都熟悉的电影放映，利用了光学原理。

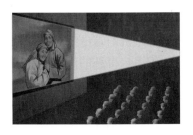

图 9-1　放电影

按照不同的研究目的，光学可以粗略地分为两大类：一是利用几何学的概念和方法研究光的传播规律，称为几何光学；二是研究光的本性以及光与物质相互作用的规律，通常称为物理光学。我们先学习几何光学，然后学习物理光学。

第一节　光的反射

图 9-2 蕴含什么物理原理呢？

光的反射现象　光在同一种均匀媒质里传播时，沿直线传播。当光从一种媒质射入另一种媒质时，在两种媒质的分界面上，光将改变传播方向，一部分光被反射回原来的媒质中去，这种现象叫作光的反射（reflection）现象。

图 9-2　看到不发光的物体

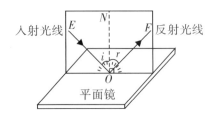

图 9-3　光的反射定律

光遇到水面、玻璃以及其他许多物体的表面都会发生反射。

入射光线和反射光线　从一种媒质射向该媒质与另一种媒质分界面的光线叫作入射光线（incident ray），如图 9-3 中的 EO；从两种媒质分界面反射回原来媒质中去的部分光线叫作反射光线（reflected ray），如图 9－3 中的 *OF*。反射光线、入射光线和两媒质的交点叫作入射点（point of incidence），如图 9－3 中的 *O* 点。从入射点所做的垂直于两媒质分界面的直线叫作法线（normal），如图 9－3 中的 *ON*。法线和入射光线的夹角叫作入射角（angle of incidence），如图 9－3 中的 *i*；法线与反射光线的夹角叫作反射角（angle of reflection），如图 9－3 中的 *r*。

反射定律 光的反射现象遵守反射定律。反射光线、入射光线和法线在同一平面内，反射光线、入射光线分别位于法线的两侧，反射角等于入射角（见图 9－3）。

可归纳为："三线共面，两线分居，两角相等。"

反射现象的光路是可逆的，若入射角为零，则反射光线的方向跟入射光线的方向相反。

镜面反射和漫反射 有些物体的表面，如镜面、高度抛光的金属表面、平静的水面等，它们受到平行光的照射时，反射光也是平行的，如图 9－4 所示，这种反射叫作镜面反射（specular reflection）。物体在平静的水面上发生镜面反射时，会形成美丽的倒影。在镜面反射中，反射光线向着一个方向，其他方向没有反射光线。

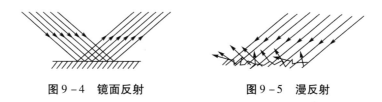

图 9－4 镜面反射　　　　　图 9－5 漫反射

然而大多数物体的表面是粗糙的、不光滑的，受到平行光的照射后，反射光线射向各个方向，这种反射叫作漫反射（diffuse reflection），如图 9－5 所示。只有借助漫反射，我们才能从各个方向看到被照射的物体，把它与周围的物体区分开来。

平面镜成像 应用光的反射定律来研究平面镜的成像情况。

物点和像点 表示光传播方向的直线叫光线，多条光线合在一起叫光束，包括平行光束、会聚光束和发散光束。

物点是发散光束（本身发光或反射光）的顶点。

像点是会聚光束的交点，也可以认为是发散光束的顶点，虚像点是发散光束反向延长线的交点。

平面镜 平面镜是根据光的反射定律来控制光路和成像的光学元件，它不改变光束的性质，经平面镜形成虚像图（见图 9－6）。

平面镜成像的特点是：平面镜成的像是与物体等大、正立的虚像，物、像关于镜面对称。

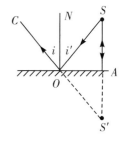

图 9－6

平面镜成像作图法

（1）反射定律法：从物点做任意两条光线射向平面镜，由反射定律作其反射光线，反射光线的反向延长线交点即为虚像点。如图 9－6 中 *S*′ 是 *OC* 及 *AS* 反向延长线的交点。

（2）对称法：根据平面镜的特点，即物像关于镜面对称，作物点到镜面的垂直线，在此垂直线上的镜面的另一侧截取与物点到镜面距离相等的点即为虚像点。如图 9－6 中，*SA* 与镜面垂直，且 *AS*′ = *AS*。

注意：光线要画出表示方向的箭头，虚线、实线要分明；对称法只能用来确定像的位置，作光路图时必须画上光线。

平面镜的应用：生活中用的镜子可以成像或用来改变光的传播方向（见图9－7）。

物或平面镜移动问题的讨论

（1）当物或平面镜平动时（见图9－8），若镜不动，物速为 v 且垂直镜面移动，则像速为 v 且垂直镜面与物运动方向相反。若镜动而物不动，当镜速为 v 时，像对物速度为 $2v$，且方向与镜相同。

（2）当平面镜绕镜上某点转过一微小角度 α 时，根据反射定律，法线也随之转过 α 角，反射光线则偏转 2α 角。

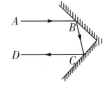

图9－7

平面镜的视场问题　通过平面镜看虚像的情况就像通过与平面镜等大的"窗口"看窗外物体一样，具体观察范围为像点和平面镜的边缘连线所限定。

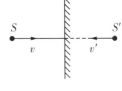

图9－8

（例题1）　不能用光的直线传播来解释的现象是（　　　）：

A．日食和月食

B．影子的形成

C．小孔成像

D．发生雷电时，先看到闪电而后才听到雷鸣声

解析：当月球运行到太阳和地球之间，并且位于同一直线上时，由于光是沿直线传播的，月球挡住了太阳射向地球的光，便产生了日食现象。当地球运行到太阳与月球之间，并且位于同一直线上时，地球挡住了太阳射向月球的光，便产生了月食现象。影子的形成是由于光沿直线传播时遇到不透明的物体而留下的阴影区域。小孔成像是由于光沿直线传播，蜡烛的光通过小孔后在屏上形成倒立的烛焰像。由此可知，选项A、B、C均能用光的直线传播来解释。而发生雷电时，先看到闪电后听到雷鸣声，是空气中光传播速度比声音传播速度快得多的缘故，所以选项D不能用光的直线传播来解释。

（例题2）　打枪瞄准时要闭上一只眼，这是为什么？

解析：我们知道枪管前端有一个瞄准用的准星，我们闭上一只眼观察到准星挡住了目标时，就说明准星、目标和眼睛处于同一直线上，也就是说瞄准了目标。实际上，这就是应用光在同一种均匀介质中沿直线传播的道理。

（例题3）　晚上，在桌上铺一白布，把一块小平面镜镜面朝上平放在白布上，让手电筒的光正对着平面镜照射，从侧面看去，白布被照亮，而平面镜却比较暗，为什么？

解析：因为镜面很光滑，垂直入射到镜面的光被垂直反射回去，射到其他方向的光极少，从侧面看去，基本上没有光线射入眼中，所以，平面镜看起来比较暗。而白布的表面比较粗糙，入射到白布上的光发生了漫反射而不是镜面反射，反射光线能射到各个方向，因此从侧面看，白布比较亮。

（例题4）　光线垂直入射到平面镜上时，反射光线和入射光线的夹角为＿＿＿＿＿＿。若入射光线的方向不变，平面镜转动 α 角时，则反射光线与入射光线的夹角是＿＿＿＿＿。

解析：当光线垂直入射时，则反射光线将逆着入射光线反射，此时入射光线、法线、反射光线三线重合，反射角为0°，入射角为0°，所以反射光线和入射光线的夹角也为0°。

当平面镜转动后，法线与入射光线产生了夹角，这个夹角就是平面镜转过的角度，此时入射角为 α，反射角也为 α，所以反射光线与入射光线的夹角为 2α。

例题5 如图9-9所示，一个点光源 S 放在平面镜前，镜面跟水平方向成30°角，假定光源不动，而平面镜以速度 v 沿 OS 方向向光源平移，求光源 S 的像 S' 的移动速度。

分析：利用物像对称性作出开始时光源 S 的像 S'，如图9-10所示。

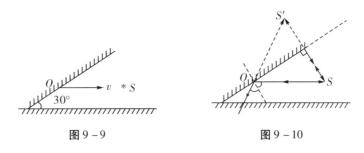

图9-9　　　　　　　　图9-10

解析： 因镜平移而点光源静止，故可知像点 S' 必沿 $S'S$ 方向运动。镜在 Δt 时间移动的距离为：

$$\overline{OS} = v\Delta t$$

像点移动的距离为

$$\overline{SS'} = v'\Delta t$$

又因为

$$\overline{SS'} = 2\,(\overline{OS}\sin 30°) = 2\,(v\Delta t\sin 30°) = v\Delta t$$

所以 $v' = v$，即像点移动的速度大小为 v，方向沿 $S'S$ 方向。

阅读材料

关于平面镜反射的研究

光线另一个重要的性质是反射。我国古代在这方面具有丰富的知识，在许多实际问题上都能反映出来。

对人类来说，光的最大规模的反射现象发生在月球上。我们知道，月球本身是不发光的，它只是反射太阳的光。相传记载夏、商、周三代史实的《书经》就提起过这件事。可见那个时候，人们就已有了光的反射观念。战国时的著作《周髀算经》就明确指出："日兆月，月光乃出，故成明月。"西汉时人们干脆说"月如镜体"，可见对光的反射现象有了深一层的认识。《墨经》专门记载了一个光的反射实验：用镜子把日光反射到人体上，可使人体的影子处于人体和太阳之间。这不但演示了光的反射现象，而且很可能是解释了月魄的成因。

关于球面镜反射的研究

春秋战国时代，还出现了球面反射镜，即所谓球面镜。根据反射面呈凹形和凸形的不同，球面镜分为凹球面镜和凸球面镜。物体置于镜前，能在镜中成像。凹球面镜还能使一束平行光线反射后交于一点，这一点叫作焦点。凸球面镜是发散镜，其焦点是个虚焦点。由于太阳光线中带有热能，光线聚于一点投到物体，不但亮度大，而且发热多，能使物体温度升高而着火。

在西方，传说古希腊时期，罗马人开了大队兵船去进攻叙拉古，当时的物理学家阿基米德（前287—前212）曾用一面巨大无比的凹面镜对着太阳，把光线聚于兵船上，烧掉了它们，因而取得战争的胜利。当然这只是传说而已。在我国古代，凹面镜的确是一种主要的取火工具。

练习一

1. 下列说法中正确的是（   ）。
   A. 光总是沿直线传播
   B. 光在同一种介质中总是沿直线传播
   C. 光在同一种均匀介质中总是沿直线传播
   D. 小孔成像是光沿直线传播形成的

2. 平面镜成像的特点是（   ）。
   A. 像位于镜后，是正立的虚像
   B. 镜后的像距等于镜前的物距
   C. 像的大小跟物体的大小相等
   D. 像的颜色与物体的颜色相同

3. 一束光线沿与水平方向成40°角的方向传播，现放一平面镜，使入射光线经平面镜反射后沿水平方向传播，则此平面镜与水平方向所夹锐角为（   ）。
   A. 20°   B. 40°
   C. 50°   D. 70°

4. a、b、c 三条光线交于一点 P，如图 9-11 所示如果在 P 点前任意放一块平面镜 MN，使三条光线皆能照于镜面上，则（   ）。
   A. 三条光线的反射光线一定不交于一点
   B. 三条光线的反射光线交于一点，该点与 MN 的距离等于 P 点与 MN 的距离
   C. 三条光线的反射光线交于一点，该点与 MN 的距离大于 P 点与 MN 的距离
   D. 三条光线的反射光线的反向延长线交于一点

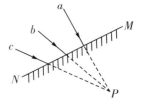

图 9-11

第二节　光的折射

光的折射现象　　如图 9-12 所示，光传播到两种媒质的分界面上，一部分光进入另一种介质，并且改变了原来的传播方向，这种现象叫作光的折射（refraction）。

入射光线与法线间的夹角 i，叫作入射角，折射光线与法线间的夹角 γ，叫作折射角。折射现象遵循光的折射定律，光路是可逆的。

图 9 - 13 中，光线通过晶体发生两次折射。

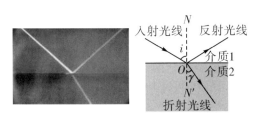

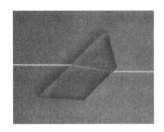

图 9 - 12 光的反射和折射　　　　图 9 - 13 光的折射

折射定律　　折射光线、入射光线和法线在同一平面内，折射光线与入射光线分别位于法线的两侧；入射角的正弦跟折射角的正弦成正比，即

$$\frac{\sin i}{\sin \gamma} = n_{12} \text{（常数）}$$

其中，n_{12} 表示常数，适用于任意两种介质。与表示折射率的 n 不同，折射率 $n = \frac{\sin i}{\sin \gamma}$ 中的 i 与 γ 分别为光由真空射入某介质时的入射角和折射角，故折射率 $n > 1$。

折射率　　把光从真空（或空气）射入某种介质发生折射时，入射角 i 的正弦跟折射角 γ 的正弦之比 n，叫作这种介质的绝对折射率，简称折射率。

$$n = \frac{\sin i}{\sin \gamma}$$

折射率 n 是说明光线从真空射入介质时，发生偏折程度的物理量，其值越大，偏折程度越大，与入射角 i 和折射角 γ 的大小无关。

在入射角相同时，折射率越大，折射角越大，折射光线偏离原方向的程度越大。

某种介质的折射率和光在介质中传播速度有关，也等于光在真空中的速度 c 跟光在这种介质中的速度 v 之比，即

$$n = \frac{c}{v}$$

式中，$c = 3 \times 10^8$ m/s，n 为介质折射率，总大于 1，故光在介质中的速度必小于真空中的光速。

折射率越大，光在介质中传播的速度就越小。

例题 1　　光线从空气射入甲介质中时，入射角 $i = 45°$，折射角 $r = 30°$，光线从空气中射入乙介质中时，入射角 $i' = 60°$，折射角 $r' = 30°$。求光在甲、乙两种介质中的传播速度比。

解析： $\dfrac{v_甲}{v_乙} = \dfrac{\dfrac{c}{n_甲}}{\dfrac{c}{n_乙}} = \dfrac{n_乙}{n_甲} = \dfrac{\sqrt{3}}{\sqrt{2}}$

例题 2　　如图 9 - 14 所示，玻璃三棱镜 ABC 的顶角 A 为 30°，一束光线垂直于 AB 面射入棱镜，由 AC 面射出进入空气，测得出射光线与入射光线间的夹角为 30°，则棱镜的折射率为＿＿＿＿＿。

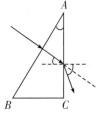

图 9 - 14

解析：如图 9 - 14 所示，光线自 AB 边进入棱镜时方向不变，从 AC 边射出时入射角为 30°，折射角为 60°，所以

$$n = \frac{\sin 60°}{\sin 30°} = \sqrt{3}$$

例题 3　如图 9 - 15 所示，在折射率为 n、厚度为 d 的玻璃平板上方的空气中有一点光源 S，从 S 发出的光线 SA 以角度 θ 入射到玻璃板上表面，经过玻璃后从下表面射出，若沿此光线传播的光到玻璃板上表面的传播时间与在玻璃板中的传播时间相等，问点光源 S 到玻璃板上表面的垂直距离 L 应是多少？

解析：光在空气中的传播速度近似等于真空中的光速 c，光在玻璃中的传播速度为 $v = \dfrac{c}{n}$，如图 9 - 16 所示。

$$SA = \frac{L}{\cos \theta}, \ AB = \frac{d}{\cos r}, \ t = \frac{SA}{c}$$

$$AB = \frac{c}{n}t = \frac{c}{n} \cdot \frac{SA}{c}, \ \text{即} \frac{d}{\cos r} = \frac{L}{n\cos \theta}$$

所以 $L = \dfrac{dn\cos \theta}{\cos r}$，$\sin \theta = n\sin r$

$\because \cos r = \sqrt{1 - \sin^2 r}$

$\qquad = \dfrac{1}{n}\sqrt{n^2 - \sin^2 \theta}$

$\therefore L = \dfrac{dn^2\cos \theta}{\sqrt{n^2 - \sin^2 \theta}}$

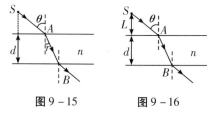

图 9 - 15　　　图 9 - 16

例题 4　如图 9 - 17a 所示，一储油桶，底面直径与高均为 d。当桶内无油时，从某点 A 恰能看到桶底边缘上的某点 B。当桶内油的深度等于桶高的一半时，由点 A 沿方向 AB 看去，看到桶底上的点 C，点 C、B 相距 $\dfrac{d}{4}$。求油的折射率和光在油中的传播速度。

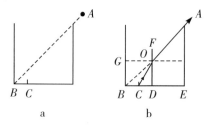

图 9 - 17

解析：如图 9 - 17b 所示，因底面直径与桶高相等，由此可知 $\angle AOF = \angle ABG = 45°$；由 $OD = 2CD$ 可知

$$\sin \angle COD = \frac{CD}{\sqrt{CD^2 + OD^2}} = \frac{1}{\sqrt{5}}$$

油的折射率 $n = \dfrac{\sin \angle AOF}{\sin \angle COD} = \dfrac{\sqrt{10}}{2}$

光在油中的传播速度 $v = \dfrac{c}{n} = 1.9 \times 10^8 \ \text{m/s}$

小结：眼睛在 A 点看到 C 点，实际上是进入眼睛的折射光线 OA 反向延长线上的 C 点的像，且在 C 点的正上方。故放入水中的硬币看上去好像变浅了，水中的筷子向上折了。

阅读材料

海市蜃楼

在平静无风的海面航行或在海边瞭望，往往会看到空中映现出远方船舶、岛屿或城郭楼台的影像；在沙漠旅行的人有时也会突然发现，在遥远的沙漠里有一片湖水，湖畔树影摇曳，令人向往。可是当大风一起，这些景象突然消逝了，原来这是一种幻景，通称海市蜃楼，或简称蜃景，如图 9－18 所示。我国山东蓬莱海面上常出现这种幻景，古人归因于蛟龙之属的蜃，吐气而成楼台城郭，因而得名。

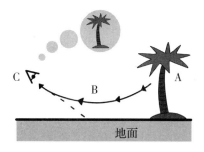

图 9－18　海市蜃楼形成示意图

蜃景不仅能在海上、沙漠中产生，柏油马路上偶尔也会看到。海市蜃楼是光线在垂直于地面方向密度不同的气层中，经过折射造成的结果。蜃景的种类很多，根据它出现的位置相对于原物的方位，可以分为上蜃、下蜃和侧蜃；根据它与原物的对称关系，可以分为正蜃、侧蜃、顺蜃和反蜃；根据颜色可以分为彩色蜃景和非彩色蜃景等。

蜃景有两个特点：一是在同一地点重复出现，比如美国的阿拉斯加上空经常会出现蜃景；二是出现的时间一致，比如我国蓬莱的蜃景大多出现在每年的 5、6 月份，俄罗斯齐姆连斯克附近蜃景往往是在春天出现，而美国阿拉斯加的蜃景一般是在 6 月 20 日以后的 20 天内出现。

自古以来，蜃景就为世人所关注。在西方神话中，蜃景被描绘成魔鬼的化身，是死亡和不幸的凶兆。我国古代则把蜃景看成仙境，秦始皇、汉武帝曾派人前往蓬莱寻访仙境，还屡次派人去蓬莱寻求灵丹妙药。现代科学已经对蜃景作出了正确解释，认为蜃景是地球上物体反射的光经大气折射而形成的虚像，所谓蜃景就是光学幻景。

蜃景与地理位置、地球物理条件以及在特定时间的气象特点有密切联系。气温的反常分布是大多数蜃景形成的气象条件。

夏季沙漠中烈日当头，沙土被晒得灼热，因沙土的比热容小，温度上升极快，沙土附近的下层空气温度上升得很高，而上层空气的温度仍然很低，这样就形成了气温的反常分布。由于热胀冷缩，接近沙土的下层热空气密度小而上层冷空气的密度大，这样空气的折射率是下层小而上层大。当远处较高物体反射出来的光从上层较密空气进入下层较疏空气时，会被不断折射，其入射角逐渐增大，增大到等于临界角时发生全反射。这时，人要是逆着反射光线看去，就会看到下蜃，远处的绿洲就呈现在人们眼前了。由于倒影位于实物的下面，因此又叫下现蜃景。这种倒影很容易给予人们以水边树影的幻觉，以为远处一定是一个湖。凡是曾在沙漠旅行过的人，大都有类似的经历。拍摄影片《登上希夏邦马峰》的一位摄影师，行走在一片广阔的干枯草原上时，也曾看见这样一个下现蜃景，他朝蜃景的方向跑去，想汲水煮饭。等他跑到那里一看，什么水源也没有，才发现是上了蜃景的当。

柏油马路因路面颜色深，夏天在灼热阳光下吸收能力强，同样会在路面上空形成上层空气冷、密度大，而下层空气热、密度小的分布特征，所以也会形成下蜃。

无论哪一种海市蜃楼，只能在无风或风力极微弱的天气条件下出现。当大风一起，引起了上下层空气的搅动混合，上下层空气密度的差异减小了，光线就没有异常折射和全反射，那么所有的幻景就立刻消逝了。

总而言之，这是有趣的，又是科学的。

练习二

1. 人看到沉在水杯底的硬币，其实看到的是（　　）。

   A. 硬币的实像，其位置比硬币的实际位置浅

   B. 硬币的实体，其位置即硬币的实际位置

   C. 硬币的虚像，其位置比硬币的实际位置浅

   D. 硬币的虚像，其位置比硬币的实际位置深

2. 已知光线穿过介质Ⅰ、Ⅱ、Ⅲ时的光路图如图 9-19 所示，下面说法中正确的是（　　）。

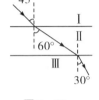

图 9-19

   A. 介质Ⅱ是光密介质   B. 介质Ⅰ的折射率最大

   C. 介质Ⅲ的折射率比Ⅰ大   D. 光在介质Ⅲ中光速最小

3. 光线从真空中入射到一块平行透明板上，入射角为 40°，则反射光线和折射光线的夹角可能是（　　）。

   A. 小于 40°   B. 在 40°到 100°之间

   C. 大于 40°   D. 在 100°到 140°之间

4. 甲介质的折射率是 1.5，乙介质的折射率是 1.8，则某单色光在甲、乙两种介质中的传播速度之比是_____。

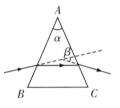

图 9-20

5. 如图 9-20 所示，ABC 为等腰三棱镜，顶角 A 的角度为 α，一条单色光线从 AB 边射入，进入三棱镜内的光线与底边 BC 平行，三棱镜的出射光线与入射光线的偏向角为 β，求该三棱镜的折射率 n。如 $\alpha = 60°$，$\beta = 30°$，那么 n 为多大？

第三节　全反射

   光的全反射现象　　两种介质相比较，把折射率大的介质称为光密介质，折射率小的介质称为光疏介质。

   光密介质和光疏介质是相对的，如酒精相对于水来说是光密介质，酒精相对于水晶来说是光疏介质。

   根据折射定律，光从光疏介质射入光密介质时，例如由空气射入玻璃，折射角小于入射角；光从光密介质射入光疏介质时，例如玻璃射入空气，折射角大于入射角。

   由折射率定义可知，光在光密介质中的传播速度比在光疏介质中的传播速度小。

   如图 9-21 所示，光线射到两种介质的界面时，常常分成两部分，一部分反射回原介质，一部分折射进入另一种介质中。折射光线及反射光线的强度随着入射角的改变而改变。若光线由光密介质射入光疏介质，当入射角增大到某一角度时，折射光完全消失，只剩下反射光，这种现象叫作全反射（total reflection）。

图 9-21　观察全反射现象

   我们把折射角等于 90°时的入射角叫作临界角，用符号 C 表示。

光线从光密介质射入光疏介质，在入射角逐渐增大的过程中，反射光的能量逐渐增强，折射光的能量逐渐减弱。当入射角等于临界角时，折射光的能量已经减少为零，发生了全反射。

当光从光密介质射入光疏介质时，如果入射角等于或大于临界角，就会发生全反射现象。

全反射时，折射角 $r = 90°$，n 表示介质的折射率，由于空气对该介质的折射率等于 $\frac{1}{n}$，$\frac{1}{n} = \frac{\sin C}{\sin 90°}$，因此全反射的临界角 C 与折射率 n 的关系是：

$$\sin C = \frac{1}{n}$$

可见，介质的折射率越大，发生全反射的临界角越小。

全反射是自然界里常见的现象。例如，水中或玻璃中的气泡，看起来特别明亮，就是因为光从水或玻璃射向气泡时，一部分光在界面上发生了全反射的缘故。如图 9 – 22 所示，钻石（金刚石）因为光的全反射而璀璨夺目。

图 9 – 22　金刚石在光照下显得璀璨夺目

光导纤维　光导纤维简称光纤（fiber）。我们常说的"光纤通信"，就是利用了全反射原理。

当光在玻璃棒内传播时，如果光从玻璃射向空气的入射角大于临界角，光会发生全反射，于是光在玻璃棒内沿着锯齿形路线传播。这就是光纤导光的原理，如图 9 – 23 所示。

实用的光导纤维是用纯度极高的玻璃等透明材料拉制成的极细（直径只有几微米到一百微米之间）纤维。它由内芯和外套组成。内芯的折射率比外套大，光传播时在内芯与外套的界面上发生全反射。

如果把光导纤维聚集成束，使光纤在两端排列的相对位置一样，图像就可以从一端传到另一端（见图 9 – 23b）。医学上用光导纤维制成内窥镜，用来检查人体胃、肠、气管等脏器的内部。实际的内窥镜装有两组光纤，一组把光传送到人体内部进行照明，另一组把体内的图像传出，供医生观察，如图 9 – 24 所示。

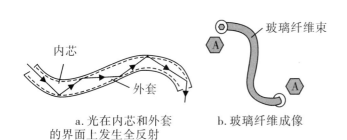

a. 光在内芯和外套的界面上发生全反射

b. 玻璃纤维成像

图 9 – 23　光导纤维原理

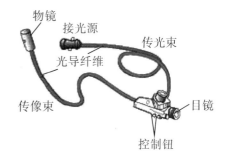

图 9 – 24　内窥镜

光也是一种电磁波，它可以像无线电波那样，作为载体传递信息。载有声音、图像以及各种数字信号的激光从光纤的一端输入，就可以传到千里以外的另一端，实现光纤通信。

光纤通信的主要优点是容量大。例如，一路光纤的传输能力理论值为二十亿路的电话、一千万路的电视。此外，光纤传输还有衰减小、抗干扰性强等多方面的优点。

尽管光纤通信的发展只有几十年的历史，但是发展速度是惊人的。我国的光纤通信起步较早，现已成为技术较为先进的几个国家之一。

例题 1 如图 9−25 所示，直角玻璃三棱镜置于空气中，已知 $\angle A = 60°$，$\angle C = 90°$；一束极细的光于 AC 边的中点垂直 AC 面入射，$\overline{AC} = 2a$，棱镜的折射率 $n = \sqrt{2}$。求：

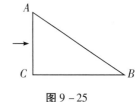

图 9−25

（1）光在棱镜内经一次全反射后第一次射入空气时的折射角；

（2）光从进入棱镜到第一次射入空气时所经历的时间（设光在真空中传播速度为 c）。

解析：（1）如图 9−26 所示，因为光线在 D 点发生全反射，由反射定律和几何知识得 $\angle 4 = 30°$，则

$$\frac{\sin \angle 5}{\sin \angle 4} = n$$

$$\sin \angle 5 = \frac{\sqrt{2}}{2}$$

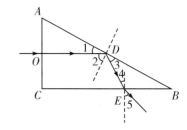

图 9−26

第一次射入空气时的折射角 $\angle 5 = 45°$。

（2）设光线由 O 点到 E 点所需的时间为 t，则

$$t = \frac{\overline{OD} + \overline{DE}}{v}$$

$$v = \frac{c}{n}$$

由数学知识得

$$\overline{OD} = \sqrt{3}a$$

$$\overline{DE} = \frac{2\sqrt{3}}{3}a$$

由以上各式可得 $t = \dfrac{5\sqrt{6}}{3c}a$。

例题 2 图 9−27 是一种折射率 $n = 1.5$ 的棱镜，用于某种光学仪器中，现有一束光线沿 MN 的方向射到棱镜的 AB 界面上，入射角的大小 $i = \arcsin 0.75$。求：

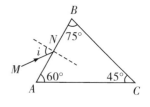

图 9−27

（1）光在棱镜中传播的速率；

（2）此束光线射出棱镜后的方向（不考虑返回到 AB 面上的光线）。

解析：（1）如图 9−28 所示，设光线进入棱镜后的折射角为 r，由 $\dfrac{\sin i}{\sin r} = n = \dfrac{c}{v}$，得

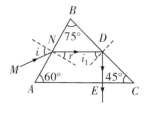

图 9−28

$$\sin r = \frac{\sin i}{n} = 0.5，r = 30°$$

$$v = \frac{c}{n} = 2.0 \times 10^8 \ \text{m/s}$$

（2）光线射到 BC 界面的入射角为

$$i_1 = 90° - (180° - 60° - 75°) = 45°$$

光线沿 DE 方向射出棱镜时不改变方向，故此束光线射出棱镜后方向与 AC 界面垂直。

例题 3 如图 9 - 29 所示，AOB 是 $\frac{1}{4}$ 圆柱玻璃砖的截面图，

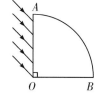

图 9 - 29

玻璃的折射率为 $\sqrt{2}$。现有一束平行光线以 $45°$ 的入射角入射到玻璃砖的 AO 面，这些光线只有一部分能从 $\overset{\frown}{AB}$ 面射出，并假设凡是射到 OB 面上的光线全部被吸收，也不考虑 OA 面的反射作用。试求圆柱 AB 面上能射出光线的面积占 AB 表面积的几分之几？

解析： 正确地画出光路图是解决问题的关键，如图 9 - 30 所示，假设光线从 P 点入射到 C 点恰好发生全反射。

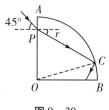

图 9 - 30

由 $n = \dfrac{\sin 45°}{\sin r}$，得 $r = 30°$

$\angle PCO$ 为临界角，则 $\angle PCO = \arcsin \dfrac{1}{\sqrt{2}} = 45°$

则 $\angle POC = 180° - 45° - 60° = 75°$，$\angle COB = 15°$，可以判断出 PC 以下的光线才能从圆柱面射出，即圆柱面上 BC 部分有光线射出。

$\dfrac{\overset{\frown}{BC}}{\overset{\frown}{AB}} = \dfrac{15°}{90°} = \dfrac{1}{6}$，即圆柱面 AB 上有 $\dfrac{1}{6}$ 的表面积能透射出光线来。

例题 4 如图 9 - 31 所示的圆柱形容器中盛满折射率 $n = 2$ 的某种透明液体，容器底部安装一块平面镜，容器直径 $L = 2H$，在圆心正上方高度 h 处有一点光源 S，要使人从液体表面上任意位置处能够观察到点光源 S 发出的光，h 应该满足什么条件？

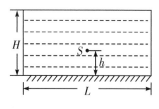

图 9 - 31

解： 点光源 S 通过平面镜所成像为 S'，如图 9 - 32 所示，要使人从液体表面上任意位置处能够观察到点光源 S 发出的光，即相当于像 S' 发出的光，则入射角 $i \leqslant i_0$，i_0 为全反射临界角，有

$$\sin i_0 = \frac{1}{n} = \frac{1}{2}，i_0 = 30°$$

$$\tan i = \frac{\left(\dfrac{L}{2}\right)}{(H + h)} \leqslant \tan i_0，L = 2H$$

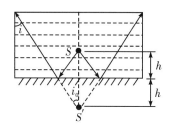

图 9 - 32

得到 $h \geqslant (\sqrt{3} - 1)H$，

正确结果是 $H > h \geqslant (\sqrt{3} - 1)H$。

阅读材料

人造柔性复眼

美国科学家仿照昆虫的复眼制成了第一只具有三维聚合结构的人造眼。这只人造眼由许多排放在圆形壳体上的独立"小眼"或者说单镜头组成，类似于昆虫的复眼。它是由加州大学伯克利分校的 Luke Lee 与同事共同制造的。每只小眼由聚合物微镜头、聚合物光导锥和波导构成，它可以采集和传导光波到一个用于成像的光电子感应器。如果效果良好，这种人造眼将用于医药、环境监测、工业和军事等领域。

动物世界中，各种动物的眼睛可以分成两种，一种是类照相机眼，用单镜头聚焦成像于视网膜；还有一种就是由多只小眼组成的复眼。人类、鸟类和其他许多动物拥有的是类照相机眼，昆虫拥有的是复眼。复眼使昆虫拥有全景视觉，每只小眼都形成一小片图像，同时每个小图像被组合起来，形成一幅大的全景图。

几十年来科学家们一直试图制造一种非机械结构的人造眼。然而直到近些年，随着聚合物技术的发展，人们才有可能制造出柔软的三维曲线结构。只有这样的结构才与自然眼中的镜头相类似。Lee 的小组用柔性材料和光电成像阵列相连制造了类照相机人造眼。现在这些研究者的兴趣转移到复眼上来，他们用一种光敏树脂制成了数千个六角形的口径只有微米尺度的小透镜。每一只人造小眼都用管状波导与光敏阵列相连并成像。这些小透镜排列成一个圆形穹顶，它们指向每个方向。这种形状像真正的复眼一样提供了良好的视角。这种结构还有助于将光线传导进感光阵列，如同自然眼的圆锥细胞将光线传到感光细胞。

这种人造眼可能最终用于高科技成像装置、无人交通工具的导航装置甚至可植入人造视网膜，还可用于360°全景监视器，小型版的人造复眼还可以代替现有的肠镜等。

练习三

1. 主截面为等腰直角三角形的三棱镜，临界角为45°，光线从它的一面垂直入射，在图9-33中，a、b、c 三条出射光线中正确的是（　　）。
   A. a　　　　　　　　　　　　B. b
   C. c　　　　　　　　　　　　D. 都不正确

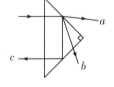

图9-33

2. 用薄玻璃片制成一个密闭而中空的三棱镜，将其放入水中，当一束白光从其一个侧面斜射入并通过三棱镜时，下述正确的是（　　）。
   A. 各色光都向顶角偏折　　　　B. 各色光都向底角偏折
   C. 紫光的偏向角比红光小　　　D. 紫光的偏向角比红光

3. 如图9-34所示，光源 S 发出的光经狭缝进入折射率为 $\sqrt{3}$ 的半圆形玻璃 M。当 M 绕圆心 O 缓慢地沿逆时针旋转时，光线 OA 跟法线之间的夹角 r 逐渐_____，强度逐渐_____；光线 OB 跟法线之间的夹角 i' 逐渐_____，强度逐渐_____；当角 $i =$ _____时，光线 OA 完全消失。

4. 光由空气以45°的入射角射向介质时，折射角是30°，则光由介质射向空气的临界角是_____。

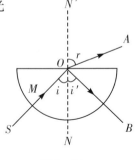

图9-34

5. 水的折射率 $n = \dfrac{4}{3}$，当在水面下 $h = 2$ m 深处放一强点光源时，看到透光水面的最大直径是多大？当此透光水面的直径变大时，光源正在上浮还是正在下沉？

6. 如图 9 - 35 所示，用临界角为 42° 的某材料制成的透明的三棱镜 ABC，$\angle B = 15°$，$\angle C = 90°$，一束光线垂直 AC 面射入，试作出光的传播路线。

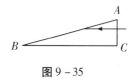

图 9 - 35

第四节　棱　镜

棱镜　　常用的棱镜是横截面为三角形或梯形的三棱镜，通常简称棱镜（prism）。棱镜可以改变光的传播方向，还可以使白光发生色散。

如图 9 - 36 所示，从玻璃棱镜的一个侧面射入的光，从另一个侧面射出，光线通过三棱镜后向着棱镜的底面偏折。这是光在棱镜的两个侧面上发生折射，每次折射都使光线向底面偏折的缘故。

通过三棱镜看物体，看到的是物体的虚像，向棱镜的顶角方向偏移。

全反射棱镜　　全反射棱镜的截面为直角三角形，常用在光学仪器中改变光的方向。玻璃对空气的折射角小于 45°，所以图 9 - 37 所示的几种情况中都会发生全反射。

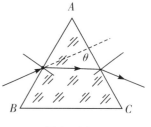

图 9 - 36

与平面镜相比，全反射棱镜的反射率高，几乎可达 100%；由于反射面不必涂覆任何反光物质，因此反射时失真小。

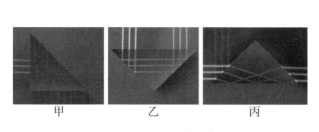

甲　　　　　乙　　　　　丙

图 9 - 37　全反射棱镜

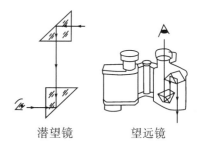

潜望镜　　　望远镜

图 9 - 38

潜望镜和望远镜等光学仪器是全反射棱镜的典型应用，如图 9 - 38 所示。

光的色散　　一束白光通过三棱镜后形成彩色光带的现象，称为光的色散（dispersion of light），如图 9 - 39 所示。

图 9 - 39

光的色散现象说明白光是复色光，是由红、橙、黄、绿、蓝、靛、紫七种单色光组成。各种色光通过棱镜时偏折的角度不同，红光偏折角度最小，紫光偏折角度最大，这是玻璃对不同的色光折射率不同造成的。棱镜对红光的折射率最小，对紫光的折射率最大。

由 $n = \dfrac{c}{v}$ 可知，在同一种介质中，红光的光速最大，紫光的光速最小，但各种颜色的单色光在真空的光速都是 $c = 3 \times 10^8$ m/s。再由 $\sin C = \dfrac{1}{n}$ 可知，在同一种介质中，红光发生全反射的临界角最大，紫光的临界角最小。

光从真空进入介质时，频率不变，速度减小，波长变短。由 $\dfrac{\sin i}{\sin \gamma} = n = \dfrac{c}{n} = \dfrac{\lambda_0}{\lambda}$（$\lambda_0$、$\lambda$ 分别是光在真空中和介质中的波长）可知，在同一介质中，频率较高的光速较小，波长较短。

利用棱镜把复色光分解成光谱，可以制成各种光谱仪，如分光镜、单色仪、摄谱仪等。

阅读材料

40 岁为什么是老花眼的一道坎？

老花是一种正常的生理老化现象，每个人到了一定的年龄都会出现这样的情况，主要表现为看近处的物体不太清楚，通常需要把目标放远一点才能看清。随着年龄的增长，这种症状会越来越明显。

老花的影响因素有很多，除了每个人基因上的差异外，还有屈光不正、身体素质、地理位置、气候条件、本身视力等，这些因素都会影响老花症状出现的早晚和严重程度。

眼睛为什么会老花？

正常情况下，光线进入眼球后，会先经过眼角膜和晶状体，光线在这里发生折射，再经过玻璃体，最后聚焦于视网膜，然后电信号沿视神经传导到大脑，经过大脑的处理，我们才能看清东西。

在对光线进行处理的过程中，晶状体发挥了主要的聚焦作用。看远处物体时，睫状肌舒张，将晶状体拉伸成扁平状，使眼球折射能力下降；而看近处的物体时，睫状肌收缩，晶状体呈凸起状，使得眼球屈光能力增加。

但是随着年龄的增长，特别是超过 40 岁后，视网膜敏感度和色觉都会逐渐变差，睫状肌的收缩能力逐渐下降，晶状体的弹性也会逐渐减弱，它们将导致我们在观察近处时眼部调节能力下降，无法再顺利地完成远近的对焦，也就是看不清楚东西，出现老花的症状。

红光能治疗老花眼？

近日，一项关于视网膜方面的研究吸引了人们的目光。据外媒报道，英国伦敦大学学院的科学家发表在《科学报告》上的一项研究指出，红光对于改善我们的视力、延缓老花有相当程度的帮助，平均每星期让眼睛暴露在深红光下一次，可减缓视力的自然下降。

（资料来源：上海科普网，2022 - 09 - 03）

练习四

1. 一细束复色平行光中含有红、黄、绿三种颜色的单色光，利用下列哪些方法能将这三种单色光分开（　　）。

A. 使该平行光斜射入厚平板玻璃后射出

B. 使该平行光斜射向平面镜后反射

C. 使该平行光斜射入三棱镜经两次折射后从另一边射出

D. 使该平行光垂直于直角边射入全反射棱镜，从另一个直角边射出

2. 太阳光经三棱镜后将得到一彩色光带，按折射率从小到大的顺序排列应是_____，其中偏折角最大的是_____光。

3. 白光通过玻璃三棱镜发生色散现象，出现彩色光带，其中_____色光的偏折角最大，_____色光在玻璃中的传播速度最大，玻璃对_____色光的折射率最大。

第五节 光的干涉

干涉现象是波动独有的特征。

两束振动方向平行、相位差恒定、频率相同的光相遇发生叠加时，在一些位置互相加强，在另一些位置互相削弱，加强与减弱的区域相互间隔，形成明暗相间的条纹，这是单色光做光源的情况。用白光做光源时，就出现彩色条纹。这种现象叫作光的干涉（interference of light）。

光产生干涉的条件是两束光的振动方向平行、频率相同、相差恒定。

能够产生干涉现象的两束光叫作相干光（coherent light）。

在室内打开两盏电灯，为什么看不到干涉现象？

室内的两盏白炽灯是各自独立的光源，不符合产生干涉的条件，所以房间里两盏灯发出的光不会发生干涉。

双缝干涉 英国人托马斯·杨于1801年做了下述实验：把点光源发出的一束光分离成两束光，这两束光是相干光，实验如图9-40a所示，这时在光屏得到干涉条纹。后来用狭缝代替小孔，用单色光代替太阳光来做实验，得到更清晰明亮的干涉图样。这就是杨氏双缝干涉（Young's double-slit interference）实验。

双缝干涉实验规律 以下讨论双缝干涉实验中决定两个相邻亮条纹距离的条件。如图9-40b所示，S_1 和 S_2 相当于两个相干波源，它们到屏上 P_0 点的距离相同。因为 S_1 和 S_2 发出的两列波到达 P_0 点的路程一样，所以两列波的波峰或波谷同时到达 P_0 点。这两列波总是波峰与波峰叠加、波谷与波谷叠加，它们在 P_0 点互相加强，因此这里出现一个亮条纹（中央条纹）。若用白光实验，该点是白色的亮条纹。

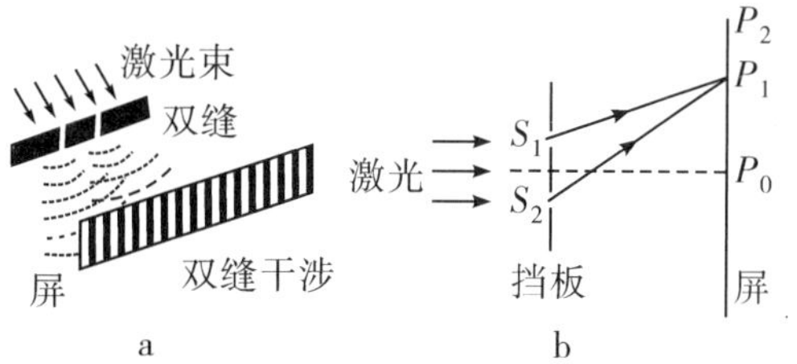

再考察 P_0 点上方另外一个点。例如 P_1 点，两列波到达该点的路程分别为 r_1 和 r_2，由图中可以知道双缝 S_1 和 S_2 到屏上 P_1 的路程之差为 δ（波程差或光程差），相干光在同一介质中传播，

$$\delta = r_2 - r_1$$

若光程差 δ 是波长 λ 的整数倍，即

$$\delta = n\lambda \quad (n = 0, 1, 2, 3, \cdots)$$

P_1 点将出现亮条纹，两列光波互相增强，如

图9-40 距离中心 P_0 点越远的点，两条狭缝射来的光的路程差越大

图9–41a 所示。

若光程差 δ 是半波长的奇数倍，即

$$\delta = (2n+1)\frac{\lambda}{2}(n=0,1,2,3,\cdots)$$

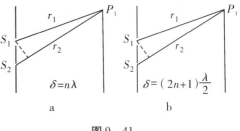

图9–41

P_1 点将出现暗条纹，如图9–41b 所示。

若用单色光实验，在屏上得到明暗相间的条纹；若用白光实验，中央条纹是白色条纹，两侧是彩色条纹。

屏上明条纹、暗条纹之间的距离总是相等的，其距离大小 Δx 与双缝之间距离 d、双缝到屏的距离 L 及光的波长 λ 有关，由理论和实验得：

$$\Delta x = \frac{L}{d}\lambda$$

在 L 和 d 不变的情况下，Δx 和波长 λ 成正比，应用上式可测光波的波长 λ。

如果用同一实验装置做双缝干涉实验，红光干涉条纹的间距 $\Delta x_{红}$ 最大，紫光干涉条纹的间距 $\Delta x_{紫}$ 最小，则可知：$\lambda_{红}$ 大于 $\lambda_{紫}$，红光的频率 $f_{红}$ 小于紫光的频率 $f_{紫}$。

对于波来说，波长与频率的乘积等于波速。各种色光在真空中的速度都等于 c。由此可知，有色光的波长越长，频率越小；波长越短，频率越大。

薄膜干涉　雨后公路积水上面常常漂着一层看起来是彩色的薄薄的油膜，肥皂泡常常出现变换的彩色花纹，这都是光的干涉现象，如图9–42 所示。这种干涉现象出现在薄膜上，叫作薄膜干涉（thin-film interference）。

一束光照射在薄膜上，分别从薄膜的前表面和后表面反射回来，这两列光波是同一列入射光波产生的，有相同的频率，是两列相干光波，可以产生干涉现象。

图9–42　肥皂泡的干涉现象

薄膜干涉的原理　如图9–43 所示，竖直的肥皂薄膜，由于重力的作用，形成上薄下厚的楔形，光照射到薄膜上时，在膜的前表面 AA' 和后表面 BB' 分别反射回来，形成两列相干波，并且叠加。

在 P_1、P_2 处，两个表面处反射回来的两列光波，光程差

$$\delta = n\lambda$$

其光程差等于波长的整数倍，波峰和波峰叠加，波谷和波谷叠加，使光波振动加强，形成亮条纹。

在 Q 处，两列反射回来的光波的波程差 δ 等于半波长的奇数倍

$$\delta = (2n+1)\frac{\lambda}{2}$$

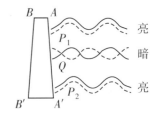

图9–43　薄膜前后两个表面的反射光发生了干涉

反射回来的两列光，波峰和波谷叠加，使得光波振动抵消，形成暗条纹。根据以上分析，可知单色光在薄膜表面产生明暗相间的干涉条纹；如果白光照在薄膜上，则产生彩色条纹。

薄膜干涉的应用　光的干涉现象在生产技术中有重要应用。

在磨制各种镜面或其他精美的光学平面时，可以用干涉法检查平面平整程度。如图 9-44所示，在被测平面上放一个透明的样板，在样板一端垫一个薄片，使样板的标准平面和被测平面间形成楔形空气薄层，用单色光从上面照射，入射光在空气层的上、下表面反射的两列光波发生干涉。如果被测平面是平的，干涉条纹就是一组平行的直线；如果干涉条纹发生弯曲，就说明被测表面不平，这种测量的精度可达 10^{-6} cm。

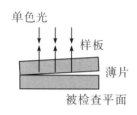
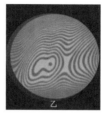

a. 干涉法检查表面平整度　　　　b. 从干涉条纹可以判断被测表面是否平整

图 9-44

如果被检测的表面是球面，如凸透镜，把它的凸面放在标准平面上，其间形成由中心向外逐渐加厚的空气层（见图 9-45a），以单色光从上向下照射，如果凸面是规则的球面，条纹的形状就是规则的同心圆（见图 9-45b）。这种环形的干涉条纹是牛顿最早发现的，因此叫作牛顿环。如果条纹不规则，就说明被检查的凸面某些方面有缺陷。磨制眼镜片时，工人常用这种方法检验镜片的加工质量。

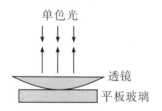
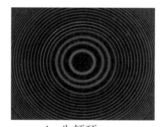

a. 用牛顿环检查球面是否规则　　　　b. 牛顿环

图 9-45

利用薄膜干涉可以减弱反射光或加强反射光。例如，照相机、望远镜的镜头表面常常被镀上一定厚度的透光薄膜，当薄膜的厚度是入射光在薄膜中波长的 $\frac{1}{4}$ 时，在薄膜的两个面上的反射光，其光程差恰好等于半波长，反射光由于干涉而削弱，达到减少反射光强、增大透射光强的作用。由于阳光中各种色光的波长不同，通常选择一定厚度的膜，使对视觉最敏感的黄绿光反射损失最小。因此，镀有这种膜的镜头看起来呈蓝紫色。

选择适当厚度的膜，也可以使反射光由于干涉加强，同时使透射光减弱。这种膜叫作高反射膜。登山运动员和滑雪者戴的眼镜片上常镀有这种膜，以保护使用者的眼睛不受强光损害。

练习五

1. 下列现象中由光的干涉产生的是（　　　）。
   A. 天空出现彩虹
   B. 肥皂泡在阳光照耀下呈现彩色条纹
   C. 阳光通过三棱镜形成彩色光带
   D. 光线通过一个很窄的缝呈现明暗相间的条纹

2. 如图9－46所示，左图为双缝干涉实验的装置示意图，右图甲为用绿光进行实验时屏上观察到的现象，乙为换用另一颜色的单色光实验时观察到的条纹情况，则下列说法中正确的是（　　　）。

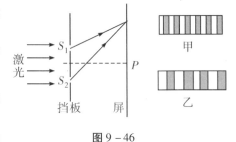

图9－46

   A. 乙图可能是用紫光实验产生的条纹，表明紫光波长较长
   B. 乙图可能是用紫光实验产生的条纹，表明紫光波长较短
   C. 乙图可能是用红光实验产生的条纹，表明红光波长较长
   D. 乙图可能是用红光实验产生的条纹，表明红光波长较短

3. 一束白光通过双缝后在屏上观察到的干涉条纹，除中央白色条纹外，两侧还有彩色条纹，该现象产生的原因是（　　　）。
   A. 各色光的波长不同，因而各色光分别产生的干涉条纹间距不同
   B. 各色光的速度不同，因而各色光分别产生的干涉条纹间距不同
   C. 各色光的强度不同
   D. 各色光从双缝到达屏上某点的路程不同

4. 用单色光做双缝干涉实验，在屏上观察到干涉条纹。如果将双缝的间距变大，则屏上的干涉条纹的间距将变_____；如果增大双缝与屏之间的距离，则屏上的干涉条纹的间距将变_____；如果将红光改为紫光做双缝干涉实验，则屏上的干涉条纹的间距将变_____。

第六节　光的衍射

光的衍射　　光在传播过程中，遇到障碍物或小孔时，不是沿直线传播，而是绕过了缝的边缘或障碍物，传播到了相当宽的地方，这就是光的衍射（diffraction of light）现象，如图9－47、图9－48所示。

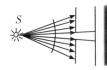

孔较大时，屏上有清晰的光斑
孔较小时，屏上出现了衍射花样

图9－47　圆孔衍射

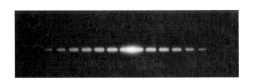

图9－48　单缝衍射花样

光的衍射现象的原理　　在单缝衍射或圆孔衍射的照片中，都有一些亮线和暗线。这是来自单缝或圆孔上不同位置的光，通过缝或孔之后叠加时光波加强或者削弱的结果，其中明条纹是光波叠加后的加强区，暗条纹是光波叠加后的减弱区，如图 9 - 49 所示。这和两列波干涉时的道理相似。如果用白光做衍射实验，得到的亮线是彩色的，这也是由于不同波长的光在不同位置得到了加强。

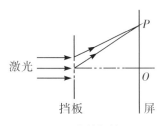

图 9 - 49　光的衍射原理

常见的光的衍射现象

（1）光通过狭缝：单色光通过狭缝时，在屏幕上出现明暗相间的条纹，中央为较宽的亮条纹。狭缝越窄，衍射后在屏上产生的中央亮条纹越宽。白光通过狭缝时，在屏上出现彩色条纹，中央为白条纹。

（2）光通过小孔：光通过小孔时（孔很小），在屏上会出现明暗相间的圆环，中间很亮。

（3）光照到小圆板上：当光照到不透明的小圆板上时，在屏上圆板的阴影中心出现亮斑（泊松亮斑），如图 9 - 50 所示。

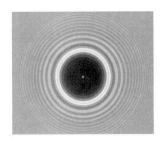

图 9 - 50　泊松亮斑

图 9 - 51　透射平面光栅

（4）衍射光栅：单缝干涉的条纹比较宽，而且距离中央较远的条纹，亮度也很低。如果增加狭缝的个数，衍射条纹的宽度将变窄，亮度将增加。光学仪器中用的衍射光栅就是据此制成的。它是由许多等宽的狭缝等距离地排列起来形成的光学仪器。在一块很平的玻璃上，用金刚石刻出一系列等距的平行刻痕，刻痕产生漫反射而不太透光，未刻部分相当于透光的狭缝，这就做出了透射平面光栅，如图 9 - 51 所示。如果在高反射率的金属上刻痕，就可以做出反射光栅。

衍射的条件　　在障碍物或小孔的尺寸可以跟光的波长相比拟，甚至比光的波长还要小的时候，就会出现明显的衍射现象。这时就不能说光沿直线传播了。光在没有障碍物的均匀介质中是沿直线传播的。

练习六

1. 在用单色平行光照射单缝观察衍射现象的实验中，下列说法中正确的是（　　）。
   A. 缝越窄，衍射现象越显著　　　　　　　B. 缝越宽，衍射现象越显著
   C. 照射光的波长越短，衍射现象越显著　　D. 照射光的频率越高，衍射现象越显著
2. 关于光的干涉和衍射，以下说法中正确的是（　　）。
   A. 在波峰跟波峰叠加的地方，光就互相加强，出现亮条纹

B. 在波谷跟波谷叠加的地方，光就互相削弱，出现暗条纹

C. 在双缝干涉的实验条件不变的情况下，红光的条纹间距比紫光的大

D. 双缝干涉的明条纹或暗条纹之间的距离相等，单缝衍射的明暗条纹间距也相等

第七节　电磁波谱和光谱分析

电磁波谱　　干涉现象和衍射现象是波动的特征性现象，光能产生上述现象，证明光具有波动性。

光也是电磁波。光和电磁波的传播速度是相同的，在真空中的速度皆为 $c = 3 \times 10^8$ m/s，光和电磁波在传播时都不需要介质。电磁波是一个很大的家族，频率范围很广，无线电波、可见光、红外线、紫外线等都是电磁波。按电磁波的频率或波长大小的顺序，把它们排列成谱，叫作电磁波谱（electromagnetic spectra），如图 9 – 52 所示。

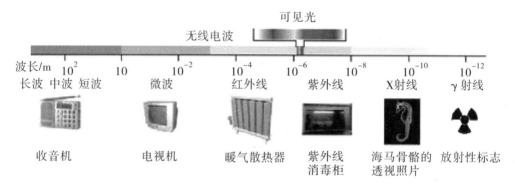

图 9 – 52　电磁波谱

不同电磁波具有不同的波长（频率），因此具有不同的特性与应用。

无线电波　　波长大于 1 mm（频率小于 300 GHz）的电磁波是无线电波（radio wave），主要用于通信和广播。广播电台和电视台都有发射无线电波的设备，如图 9 – 53 所示。天文学家用射电望远镜接收天体辐射的无线电波，进行天体物理研究。

红外线　　红外线（infrared）是一种光波，它的波长比无线电波短，比可见光长。

所有物体都会发射红外线，图 9 – 54 是利用人体发出的红外线测量体温的装置。热物体的红外辐射比冷物体的红外辐射强。肉眼看不见红外线，但人能感受它。当你在炉火旁感受到温暖时，你的皮肤正在接收红外线。

图 9 – 53　电视塔能发射无线电波

图 9 – 54　红外体温计

图 9 – 55　红外夜视仪

　　红外探测器能在较冷的背景中探测出较热物体的红外辐射，这是夜视仪（见图 9 - 55）和红外摄影的基础。用灵敏的红外探测器吸收远处物体发出的红外线，然后用电子线路对信号进行处理，这就是红外遥感技术。利用红外遥感技术可以在飞机或人造地球卫星上勘测地热、寻找水源、监测森林火情、预报风暴和寒潮以及实现军事用途。

　　可见光　　可见光（visible light）的波长在 400 nm 到 700 nm 之间。

　　天空为什么是亮的？因为大气把阳光向四面八方散射。在没有大气的太空，即使太阳高悬在空中，它周围的天空也是黑暗的。因为波长较短的光比波长较长的光更容易被散射，所以在地球上天空看起来是蓝色的。大气对波长较短的光吸收也比较强，傍晚的阳光在穿过厚厚的大气层时，蓝光、紫光大部分被吸收掉了，剩下红光、橙光透过大气射入我们的眼睛，因此傍晚的阳光比较红。

　　紫外线　　在紫光之外，波长范围在 5 nm 到 370 nm 之间的电磁波是紫外线（ultraviolet）。紫外线具有较高的能量，足以破坏细胞核中的物质。因此，可以利用紫外线灭菌消毒，如图 9 - 56 所示。太阳光里有许多紫外线，人体接受适量的紫外线，能促进钙的吸收，但过强的紫外线会伤害眼睛和皮肤。

　　许多物质在紫外线照射下会发出荧光，根据这一点可以设计防伪措施。

图 9 - 56　紫外线消毒柜

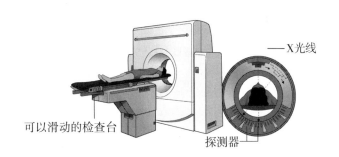

图 9 - 57　CT机

　　X 射线和 γ 射线　　波长比紫外线更短的电磁波就是 X 射线（X-ray）和 γ 射线（gamma ray）。

　　X 射线能穿透物质，可以用来检查人体内部器官，如图 9 - 57 所示。"CT"是"计算机辅助 X 射线断层摄影"的简称。X 射线以不同角度照射人体，计算机对其投影进行分析，给出类似于生理切片一样的人体组织照片。医生可以从中看出是否发生了病变。

　　在工业上，利用 X 射线检查金属零件内部缺陷。机场等地利用 X 射线进行安全检查，窥见行李箱内的物品。过量的 X 射线辐射会引起生物体病变。

　　γ 射线具有很高的能量，可以摧毁病变的细胞，用来治疗某些癌症。γ 射线穿透力强，也可用于探测金属内部缺陷。γ 射线还可以用于水果保鲜。

　　电磁波的能量　　微波炉的工作应用了一种电磁波——微波。如图 9 - 58 所示，食物中的水分子在微波的作用下热运动加剧，温度升高，内能增加。增加的能量是微波给它的，可见电磁波的确具有能量。

　　太阳辐射　　太阳辐射出的电磁波中含有可见光、无线电波、

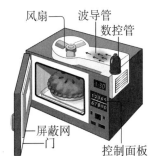

图 9 - 58　微波炉

红外线、紫外线、X 射线和 γ 射线。太阳辐射的能量集中在可见光、红外线和紫外线三个区域。黄绿光附近辐射的能量最强，我们的眼睛正好对这个区域的电磁辐射最敏感。

光谱　　光谱分类方法很多，其中一种将光谱分为两大类，即发射光谱和吸收光谱。

发射光谱　　由于物体本身发光而直接产生的光谱叫发射光谱（emission spectra），发射光谱分为明线光谱和连续光谱两种。

稀薄气体发光时产生的光谱是由不连续的亮线组成的，叫作明线光谱（bright line spectrum），又叫原子光谱。每种元素的原子都有独自的明线光谱，据此可测定发光的原子属于何种元素。

高压气体及炽热的液体、固体发光时产生的光谱，是由从红光到紫光的连续分布的一切波长的光组成的，叫作连续光谱（continuous spectra）。

吸收光谱　　高温物体发出的白光通过其他物质时，某些波长的光被该物质吸收后产生的光谱，叫作吸收光谱（absorption spectra）。例如让白光通过温度较低的钠气，产生的连续光谱的背景中有两条靠得很近的暗线，这就是钠原子的吸收光谱。各种原子的吸收光谱中的每一条暗线都跟该种原子的发射光谱中的一条明线相对应。太阳光谱就是吸收光谱。

光谱分析　　各种元素的原子只能发出和吸收具有本身特征的某些波长的光，故明线光谱和吸收光谱都是原子的特征谱线，因此可通过谱线鉴定物质及其化学成分，这种方法叫作光谱分析（spectral analysis）。

光谱分析在科学技术中有广泛的应用。光谱分析的精确度、灵敏度很高，例如能检查物质中含量很少的某种元素，也可以通过它分析天体的化学成分，发现新元素，检测材料的纯度等。

例题　　在真空中，波长分别为 0.750 μm 的红光、0.550 μm 的黄光和 0.400 μm 的紫光，频率各是多大？

解析：由公式 $f = \dfrac{c}{\lambda}$ 得

$$f_1 = \frac{c}{\lambda_1} = \frac{3 \times 10^8}{0.750 \times 10^{-6}} \text{ Hz} = 4.00 \times 10^{14} \text{ Hz}$$

$$f_2 = \frac{c}{\lambda_2} = \frac{3 \times 10^8}{0.550 \times 10^{-6}} \text{ Hz} = 5.45 \times 10^{14} \text{ Hz}$$

$$f_3 = \frac{c}{\lambda_3} = \frac{3 \times 10^8}{0.400 \times 10^{-6}} \text{ Hz} = 7.50 \times 10^{14} \text{ Hz}$$

练习七

1. 按频率由小到大，电磁波谱的排列顺序是（　　　）。
   A. 红外线、无线电波、紫外线、可见光、γ 射线、X 射线
   B. 无线电波、红外线、可见光、紫外线、X 射线、γ 射线
   C. γ 射线、X 射线、紫外线、可见光、红外线、无线电波
   D. 无线电波、紫外线、可见光、红外线、X 射线、γ 射线

2. 有甲、乙两种单色光，它们在真空中的波长分别为 λ_1 和 λ_2，且 $\lambda_1 > \lambda_2$，则这两种单色光相比较，有（　　　）。
   A. 单色光甲的频率较小　　　　　　B. 在玻璃中，单色光甲的速度较小
   C. 单色光甲的光子能量较大　　　　D. 玻璃对单色光甲的折射率较大

3. 现在大多数家用电器都可用遥控的方式进行操作，遥控（发射）器发出的"光"是
（　　）。

A. 红外线　　　　　B. 红色光　　　　　C. 白色光　　　　　D. 紫外线

4. 电磁波在日常生活和生产中已经被大量应用了。下面列举的应用中，分别利用了哪一种
电磁波：

（1）控制电视、空调等家用电器用的遥控器：＿＿＿＿＿＿；

（2）银行和商店用来鉴别大额钞票真伪的验钞机：＿＿＿＿＿＿；

（3）手机通话使用的电磁波：＿＿＿＿＿＿；

（4）汽车制造厂生产出的新车喷漆后进入烘干车间烘干：＿＿＿＿＿＿；

（5）机场、车站用来检查旅客行李包的透视仪：＿＿＿＿＿＿。

第八节　光电效应

如图 9–59 所示的装置，照射到金属表面的光，能使金属中的电子从表面逸出，这种现象叫作光电效应（photoelectric effect）。在光电效应中物质释放的电子叫光电子。图 9–60 是研究光电效应的电路图，图 9–61 是光电效应的原理简图。

弧光灯的光使锌板失去电子

图 9–59　观察光电效应

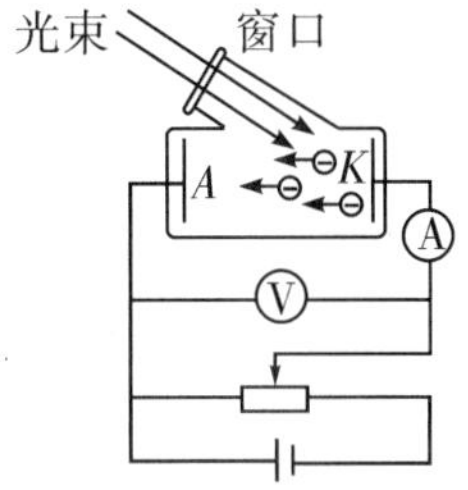

图 9–60　研究光电效应的电路图

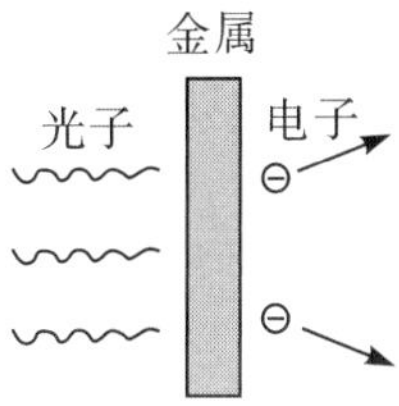

图 9–61　光电效应原理简图

光电效应的规律

（1）存在饱和电流。在光照条件不变的情况下，随着所加电压的增大，光电流趋于一个饱和值，如图 9–62 所示。

实验表明，入射光越强，饱和电流越大。这说明入射光越强，单位时间内发射的光电子数越多。

"光电流的强度"指的是光电流的饱和值（对应从阴极发射出的电子全部被拉向阳极的状态），因为光电流未达到饱和值之前，其大小不仅与入射光的强度有关，还与光电管两极间的电压有关。

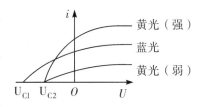

图 9–62　光电流与电压的关系

（2）存在遏止电压和截止频率。使光电流减小到零的反向电压称为遏止电压（stopping voltage）。遏止电压的存在意味着光电子具有一定的初速度。

当入射光的频率减小到某一数值 ν_c 时，不能发生光电效应。ν_c 称为截止频率（cut off frequency）或极限频率。

实验表明，光电子的能量与入射光的频率有关，而与入射光的强度无关。当入射光的频率低于截止频率时，不能发生光电效应。不同金属的截止频率不同。

（3）光电效应具有瞬时性。当频率超过截止频率时，入射光照到金属上立即产生光电流，几乎是瞬时的，一般不超过 10^{-9} s。

（4）逸出功（work function）。在光电效应中，金属表面的自由电子吸收光子的能量后，其动能大到足以克服金属离子的引力而逃逸出金属表面，成为光电子。对一定的金属来说，逸出功是一定的。照射光的频率越大，光子的能量越大，从金属中逸出的光电子的初动能就越大。如果入射光的频率较低，它的能量小于金属的逸出功，就不能发生光电效应，这就是存在极限频率的原因。

光子说   爱因斯坦于 1905 年提出光子说：光本身就是由一个个不可再分割的能量子组成的，频率为 ν 的光的能量子为 $h\nu$，h 为普朗克常量，$h = 34$ J·s。这些能量子后来被称为光子。

爱因斯坦光电效应方程   用频率是 ν 的光照射某一金属发生光电效应，电子吸收光子能量后，从金属表面逸出，其中金属表面电子在克服逸出功飞出金属表面时具有最大初动能：

$$\frac{1}{2}mv_{\mathrm{m}}^2 = h\nu - W_0$$

该方程称为爱因斯坦光电效应方程，其中 $\frac{1}{2}mv_{\mathrm{m}}^2$ 为光电子的最大初动能，逸出功 $W_0 = h\nu_0$，ν_0 是金属的极限频率。入射光的频率只有大于极限频率才能发生光电效应。

爱因斯坦光电效应方程表明，光电子的最大初动能与入射光频率有关，与光强无关。入射光的能量，一部分克服金属原子核的引力做功（逸出功 W_0），另一部分转化为逸出的光电子的最大初动能。

电子一次性吸收光子的全部能量，不需要积累能量的时间，所以光电流几乎是瞬时发生的。

入射光的强度，实际是指单位时间内入射到金属表面单位面积上的光子的总能量。在入射光频率不变的情况下，光强正比于单位时间内照射到金属表面上单位面积的光子数，所以饱和电流与光强成正比。

光的波粒二象性   光是一种电磁波，光的干涉、衍射等现象使人们认识到光具有波动性；光电效应显示光又是粒子（光子），也具有能量。光具有波动性和粒子性，这种性质叫作光的波粒二象性（wave-particle duality）。只有从波粒二象性出发，才能说明光的各种现象。

在认识光的波粒二象性时，不可以把光看成宏观概念中的波，也不能把光子看成宏观概念中的粒子。

光的波动性和粒子性是统一的。大量光子产生的效果显示出波动性，个别光子产生的效果显示粒子性。光在传播时显示波动性，与物体发生作用时，往往显示粒子性。

波粒二象性在客观现象中是相互矛盾的，但对于光子这样的微观粒子的能量是 $E = h\nu$，其中的频率 ν 表示的仍是波的特征。可见，对于宏观物体来说是不可想象的波粒二象性，在微观世界却是不可避免的。

例题 1 使锌产生光电效应的光子的最长波长是 0.372 0 μm，锌的逸出功是多少？

解析：
$$W = h\nu_0 = \frac{6.63 \times 10^{-34} \times 3.00 \times 10^8}{0.372\ 0 \times 10^{-6} \times 1.60 \times 10^{-19}}\ \text{J}$$
$$= 3.34\ \text{eV}$$

例题 2 用波长为 0.200 0 μm 的紫外线照射钨的表面，释放出来的光电子最大的动能是 2.94 eV。用波长为 0.160 0 μm 的紫外线照射钨的表面，释放出来的光电子的最大动能是多少？

解析： 根据 $\frac{hc}{\lambda} - W = E_{k1}$，

$$\frac{hc}{\lambda_1} = \frac{6.63 \times 10^{-34} \times 3.00 \times 10^8}{0.200 \times 10^{-6}}\ \text{J} = 9.945 \times 10^{-19}\ \text{J}$$
$$= 6.22\ \text{eV}$$

所以 $W = \frac{hc}{\lambda_1} - E_{k1} = 6.22\ \text{eV} - 2.94\ \text{eV}$
$$= 3.28\ \text{eV}$$

又 $\frac{hc}{\lambda_2} = \frac{6.63 \times 10^{-34} \times 3.00 \times 10^8}{0.160 \times 10^{-6}}\ \text{J} = 12.43 \times 10^{-19}\ \text{J}$
$$= 7.77\ \text{eV}$$

$$E_{k2} = \frac{hc}{\lambda_2} - W = 7.77\ \text{eV} - 3.28\ \text{eV} = 4.49\ \text{eV}$$

例题 3 如图 9-63 所示，相距为 d 的两平行金属板 A、B 足够大，板间电压恒为 U，有一波长为 λ 的细激光束照射到 B 板中央，使 B 板发生光电效应，已知普朗克常量为 h，金属板 B 的逸出功为 W，电子质量为 m，电荷量为 e。求：

（1）从 B 板运动到 A 板所需时间最短的光电子，到达 A 板时的动能；

（2）光电子从 B 板运动到 A 板时所需的最长时间。

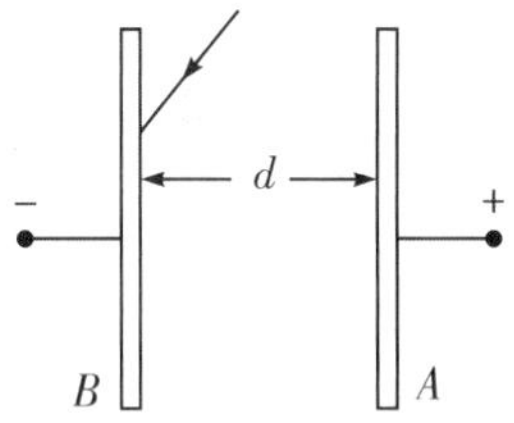

解析：（1）根据爱因斯坦光电效应方程 $E_k = h\nu - W$，光子的频率为 $\nu = \frac{c}{\lambda}$。

图 9-63

所以，光电子的最大初动能 $E_k = \frac{hc}{\lambda} - W$。

能以最短时间到达 A 板的光电子，是初动能最大且垂直于板面离开 B 板的电子，设到达 A 板的动能为 E_{k1}，由动能定理，得 $eU = E_{k1} - E_k$，

所以 $E_{k1} = eU + \frac{hc}{\lambda} - W$。

（2）能以最长时间到达 A 板的光电子，是离开 B 板时的初速度为零或运动方向平行于 B 板的光电子。则 $d = \frac{1}{2}at^2 = \frac{Uet^2}{2dm}$，

得 $t = d\sqrt{\frac{2m}{Ue}}$。

例题 4 在实验室做了以下光学实验：在一个密闭的暗箱里依次放上小灯泡（紧靠暗

箱的左内壁)、烟熏黑的玻璃、狭缝、针尖、感
光胶片(紧靠暗箱的右内壁),整个装置如图
9-64所示,小灯泡发出的光通过熏黑的玻璃
后变得十分微弱,经过三个月的曝光,在感光
胶片上针头影子周围才出现非常清晰的衍射条
纹。对感光胶片进行光能量测量,得出每秒到

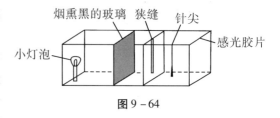

图 9-64

达感光胶片的光能量是 5×10^{-13} J。假如起作用的光波波长约为 500 nm,且当时实验测得暗
箱的长度为 1.2 m,若光子依次通过狭缝,普朗克常量 $h = 6.63 \times 10^{-34}$ J·s。求:

(1) 每秒到达感光胶片的光子数;

(2) 光束中相邻两光子到达感光胶片相隔的时间和相邻两光子之间的平均距离;

(3) 根据第(2)问的计算结果,能否找到支持光是概率波的证据?请简要说明理由。

解析:(1) 设每秒到达感光胶片的光能量为 E_0,对于 $\lambda = 500$ nm 的光能量为

$$E = h\frac{c}{\lambda} \quad\quad ①$$

因此每秒达到感光胶片的光子数为

$$n = \frac{E_0}{E} \quad\quad ②$$

由①②式及代入数据得 $n = 1.25 \times 10^6$ 个。

(2) 光子是依次到达感光胶片的,光束中相邻两光子到达感光胶片的时间间隔

$$\Delta t = \frac{1}{n} = 8.0 \times 10^{-7} \text{ s}$$

相邻两光子间的平均距离为

$$s = c\Delta t = 2.4 \times 10^2 \text{ m}$$

(3) 由第(2)问的计算结果可知,两光子间距为 2.4×10^2 m,而小灯泡到感光胶片之
间的距离只有 1.2 m,所以在熏黑玻璃右侧的暗箱里一般不可能有两个光子同时同向在运
动。这样就排除了衍射条纹是由于光子相互作用产生的波动行为的可能性。因此,衍射图形
的出现是许多光子各自独立行为积累的结果,在衍射条纹的亮区是光子到达可能性较大的区
域,而暗区是光子到达可能性较小的区域。这个实验支持了光波是概率波的观点。

练习八

1. 关于近代物理学的结论,下列叙述中正确的是 ( )。

   A. 宏观物体的物质波波长非常小,极易观察到它的波动性

   B. 光电效应现象中,光电子的最大初动能与照射光的频率成正比

   C. 光的干涉现象中,干涉亮条纹部分是光子到达概率大的地方

   D. 氢原子的能级是不连续的,但辐射光子的能量是连续的

2. 一细束平行光线经玻璃三棱镜折射后分解为相互分离的三束光,
   分别照射到相同的金属 a、b、c 上,如图 9-65所示。已知金属
   板 b 有光电子放出,则可知 ( )。

   A. 板 a 一定不放出光电子   B. 板 a 一定放出光电子

   C. 板 c 一定不放出光电子   D. 板 c 一定放出光电子

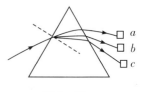

图 9-65

3. 下列关于光电效应的说法，正确的是（　　　）。

    A. 入射光频率决定了金属电子的逸出功大小

    B. 入射光的强度决定了光电子的最大初动能

    C. 光电子的最大初动能与入射光的频率成正比

    D. 入射光的频率决定了光电子的最大初动能

4. 如图 9 – 66 所示，线路中的元件都完好。当光照射到光电管上时，灵敏
电流计中没有电流通过，则其可能的原因是（　　　）。

    A. 入射光太弱

    B. 光照时间太短

    C. 入射光的频率太小

    D. 电源的正负极接反了

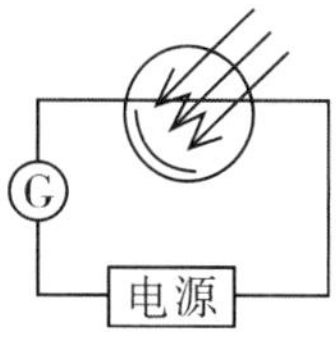

图 9 – 66

5. 已知铯的极限频率为 4.545×10^{14} Hz，钠为 6.000×10^{14} Hz，银为 1.153×10^{15} Hz，铂
为 1.529×10^{15} Hz，当用波长为 $0.375\ \mu\mathrm{m}$ 的光照射它们时，可以发生光电效应的是
_____。（普朗克常量 $h = 6.63 \times 10^{-34}$ J·s）

思考题

1. 如果光不沿直线传播，世界会变成什么样？

2. 玻璃是一种透明介质，光从空气入射到玻璃的界面上会发生折射，如何把玻璃的折射率
测出来？

3. 太阳光从小孔射入室内时，我们从侧面可以看到这束光；白天的天空到处都是亮的；宇
航员在大气层外飞行时，尽管太阳的光线耀眼刺目，其他方向的天空却是黑的，甚至可
以看见星星。这些都是为什么？

4. 近年来，数码相机开始普及，我们可以通过阅读数码相机说明书和查阅资料，研究如何
在不同条件下拍出好照片。

习题九

一、选择题

1. 两平面镜间夹角为 θ，从任意方向入射到一个镜面的光线经两个镜面上两次反射后，出
射线与入射线之间的夹角为（　　　）。

    A. $\dfrac{\theta}{2}$ B. θ

    C. 2θ D. 与具体入射方向有关

2. 如图 9 – 67 所示，一平面镜放在圆筒内的中心处，平面镜正对筒壁上一
点光源 S，平面镜从如图所示的位置开始以角速度 ω 绕圆筒轴 O 匀速转
动，在其转动 45° 角的过程中，下列说法中正确的是（　　　）。

    A. 点光源在镜中所成的像与反射光斑运动的角速度相同，都是 2ω

    B. 点光源的像运动的角速度小于反射光斑运动的角速度，反射光斑运
动的角速度为 2ω

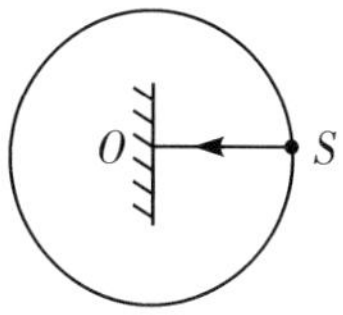

图 9 – 67

C. 点光源的像运动的角速度大于反射光斑运动的角速度，反射光斑运动的角速度为 2ω

D. 点光源在镜中的像与反射光斑运动的角速度均为 ω

3. 如图 9-68 所示，激光液面控制仪的原理是：固定的一束激光 AO 以入射角 i 照射到水平面上，反射光 OB 射到水平放置的光屏上，屏上用光电管将光讯号转换为电讯号，电讯号输入控制系统来控制液面的高度，若发现光点在屏上向右移动了 Δs 距离，即射到 B'，则液面的高度变化是（　　）。

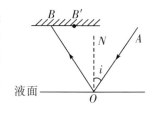

图 9-68

A. 液面降低 $\dfrac{\Delta s}{\sin i}$

B. 液面升高 $\dfrac{\Delta s}{\sin i}$

C. 液面降低 $\dfrac{\Delta s}{2\tan i}$

D. 液面升高 $\dfrac{\Delta s}{2\tan i}$

4. 一束光由空气射入某介质时，入射光线与反射光线间的夹角为 $90°$，折射光线与反射光线间的夹角为 $105°$，则该介质的折射率及光在该介质中的传播速度分别为（　　）。

A. $\sqrt{2}$，$\sqrt{2}c$　　　B. 1.2，$\dfrac{\sqrt{2}}{2}c$　　　C. $\sqrt{3}$，$\sqrt{3}c$　　　D. $\sqrt{2}$，$\dfrac{\sqrt{2}}{2}c$

5. 图 9-69 为光由玻璃射入空气中的光路图，直线 AB 与 CD 垂直，其中一条是法线。入射光线与 CD 的夹角为 α，折射光线与 CD 的夹角为 β，$\alpha > \beta$（$\alpha + \beta \neq 90°$），则该玻璃的折射率 n 等于（　　）。

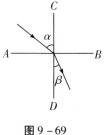

A. $\dfrac{\sin \alpha}{\sin \beta}$

B. $\dfrac{\sin \beta}{\sin \alpha}$

C. $\dfrac{\cos \alpha}{\cos \beta}$

D. $\dfrac{\cos \beta}{\cos \alpha}$

图 9-69

6. 一束单色光由空气射入截面为半圆形的玻璃砖，再由玻璃砖射出，入射光线的延长线沿半径指向圆心，则在下面四个光路图中，有可能用来表示上述光现象的是（　　）。

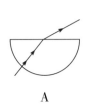　　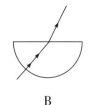　　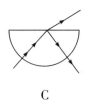　　

　　　　A　　　　　　　　B　　　　　　　　C　　　　　　　　D

7. 水、水晶、金刚石的折射率依次是：$n_1 = 1.33$，$n_2 = 1.55$，$n_3 = 2.42$。那么，这 3 种介质对真空的临界角 C_1、C_2、C_3 的大小关系是（　　）。

A. $C_1 > C_2 > C_3$

B. $C_3 > C_2 > C_1$

C. $C_2 > C_3 > C_1$

D. $C_2 > C_1 > C_3$

8. 一束平行单色光从真空射向一个半圆形的玻璃块，入射方向垂直直径平面，如图 9-70 所示，已知该玻璃的折射率为 2，下列判断中正确的是（　　）。

A. 所有光线都能通过玻璃块

图 9-70

B. 只有距圆心两侧 $\dfrac{R}{2}$ 范围内的光线才能通过玻璃块

C. 只有距圆心两侧 $\dfrac{R}{2}$ 范围内的光线不能通过玻璃块

D. 所有光线都不能通过玻璃块

9. 如图 9 – 71 所示，用临界角为 42° 的玻璃制成的三棱镜 ABC，∠B = 15°，∠C = 90°，一束光线垂直 AC 面射入，它在棱镜内发生全反射的次数为（　　）。

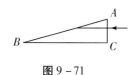

图 9 – 71

A. 2 次　　　　　　　　　　　B. 3 次

C. 4 次　　　　　　　　　　　D. 5 次

10. 如图 9 – 72 所示，空气中有一块横截面呈扇形的玻璃砖，折射率为 $\sqrt{2}$。现有一细光束垂直射到 AO 面上，经玻璃砖反射、折射后，经 OB 面平行返回，∠AOB 为 135°，圆的半径为 r，则入射点 P 距圆心 O 的距离为（　　）。

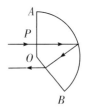

图 9 – 72

A. $\dfrac{r}{4}$　　　　　　　　　　B. $\dfrac{r}{2}$

C. $r\sin 7.5°$　　　　　　　　D. $r\sin 15°$

11. 在没有月光的夜间，一个池面较大的水池底部中央有一盏灯（可看作光源），小鱼在水中游动，小鸟在水面上方飞翔，设水中无杂质且水面平静，下列说法中正确的是（　　）。

A. 小鱼向上方水面看去，看到水面到处都是亮的，但中部较暗

B. 小鱼向上方水面看去，看到的是一个亮点，它的位置与鱼的位置无关

C. 小鸟向下方水面看去，看到水面中部有一个圆形区域是亮的，周围是暗的

D. 小鸟向下方水面看去，看到的是一个亮点，它的位置与鸟的位置有关

12. 酷热的夏天，在平坦的柏油公路上你会看到在一定的距离之外，地面显得格外的明亮，仿佛是一片水面，似乎还能看到远处车、人的倒影。但当你靠近"水面"时，它也随你的靠近而后退。对此现象的正确解释是（　　）。

A. 与海市蜃楼的光学现象具有相同的原理，是光的全反射作用造成的

B. "水面"不存在，是由于酷热难耐，人产生的幻觉

C. 太阳辐射到地面，使地表温度升高，折射率大，发生全反射

D. 太阳辐射到地面，使地表温度升高，折射率小，发生全反射

13. 在玻璃中有一个三棱镜形状的气泡，当一束白光从这个空气棱镜的一个侧面斜射入并通过后，下面说法中正确的是（　　）。

A. 各色光都向顶角偏折　　　　B. 各色光都向底面偏折

C. 红光的偏向角比紫光的大　　D. 红光的偏向角比紫光的小

14. 如图 9 – 73 所示，MN 是暗室墙上的一把直尺，一束宽度为 a 的平行白光垂直射向 MN，现将一横截面积是直角三角形（顶角 A 为 30°）的玻璃三棱镜放在图中虚线位置，且使其截面的直角边 AB 与 MN 平行，则放上三棱镜后，射到直尺上的光将（　　）。

A. 被照亮部分下移

B. 被照亮部分的宽度不变

C. 上边缘呈紫色，下边缘呈红色

D. 上边缘呈红色，下边缘呈紫色

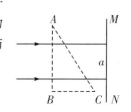

图 9 – 73

15. 如图 9 – 74 所示，MN 是位于水平平面内的光屏，放在水平面上的半圆柱形玻璃砖的平面部分 ab 与屏平行，由光源 S 发出的一束白光从半圆沿半径射入玻璃砖，通过圆心 O 再射到屏上，在竖直平面内以 O 点为圆心沿逆时针方向缓缓转动玻璃砖，在光屏上出现了彩色光带，当玻璃砖转动角度大于某一值时，屏上彩色光带中某种颜色的色光首先消失，彩色光的排列顺序和最先消失的色光是（   ）。

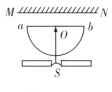

图 9 – 74

    A. 左红右紫，红光   B. 左红右紫，紫光

    C. 左紫右红，红光   D. 左紫右红，紫光

16. 如图 9 – 75 所示，劈尖干涉是一种薄膜干涉，其装置如图 9 – 75a 所示。将一块平板玻璃放置在另一块平板玻璃上，在一端夹入两张纸片，从而在两玻璃表面之间形成一个劈形空气薄膜，当光垂直入射后，从上往下看到的干涉条纹如图 9 – 75b 所示。干涉条纹有如下特点：①任意一条明条纹

图 9 – 75

或者暗条纹所在位置下面的薄膜厚度相等；②任意相邻明条纹或暗条纹所对应的薄膜厚度差恒定。现若在图 9 – 75a 装置中抽去一张纸片，则当光垂直入射到新的劈形空气薄膜后，从上往下观察到的干涉条纹（   ）。

    A. 变疏   B. 变密   C. 不变   D. 消失

17. 在杨氏双缝干涉实验装置中，用红光做实验，在屏上呈现明暗相间、间隔距离相等的红色干涉条纹。若将其中一条缝挡住，另一条缝仍然可以通过红光，那么在屏上将看到（   ）。

    A. 形状与原来一样的明暗相间、间距相等的红色条纹

    B. 形状与原来相似的明暗相间、间距相等的红色条纹，只是间距变窄了

    C. 形状与原来不同的明暗相间、间距不等的红色条纹

    D. 没有条纹，只是一片红光

18. 在研究材料 A 的热膨胀特性时，可采用如图 9 – 76 所示的干涉实验法，A 的上表面是一光滑平面，在 A 的上方放一个透明的平行板 B，B 与 A 上表面平行，在它们间形成一个厚度均匀的空气膜，现在用波长为 λ 的单色光垂直照射，同时对 A 缓慢加热，在 B 上方观察到 B 板的亮度发生周期性的变化，当温度为 t_1 时最亮，然后亮度逐渐减弱至最暗；当温度升到 t_2 时，亮度再一次回到最亮，则（   ）。

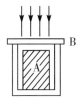

图 9 – 76

    A. 出现最亮时，B 上表面反射光与 A 上表面反射光叠加后加强

    B. 出现最亮时，B 下表面反射光与 A 上表面反射光叠加后相抵消

    C. 温度从 t_1 升至 t_2 过程中，A 的高度增加 $\dfrac{\lambda}{4}$

    D. 温度从 t_1 升至 t_2 过程中，A 的高度增加 $\dfrac{\lambda}{2}$

19. 抽制高强度纤维细丝时可用激光监控其粗细，如图 9 – 77 所示，观察激光束经过细丝时在光屏上所产生的条纹即可判断细丝粗细的变化（   ）。

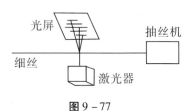

图 9 – 77

A. 这主要是光的干涉现象

B. 这主要是光的衍射现象

C. 如果屏上条纹变宽，表明抽制的丝变粗

D. 如果屏上条纹变宽，表明抽制的丝变细

20. 图 9-78 是光电效应中光电子的最大初动能 E_k 与入射光频率 ν 的关系图线。从图可知：①图像的斜率表示（　　）；②图像中 OB 的长度表示（　　）。

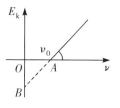

图 9-78

A. 逸出功

B. 极限波长

C. 普朗克常量

D. 入射光子的能量

21. 2003 年全世界物理学家评选出"十大最美物理实验"，排名第一的为 1961 年物理学家利用"托马斯·杨双缝干涉实验"装置进行电子干涉的实验。如图 9-79 所示，从辐射源射出的电子束经两个靠近的狭缝后在显微镜的荧光屏上出现干涉条纹，该实验说明（　　）。

图 9-79

A. 光具有波动性

B. 光具有波粒二象性

C. 微观粒子也具有波动性

D. 微观粒子也是一种电磁波

二、填空题

22. 一激光束从地面竖直向上投射到与光束垂直的平面镜上，平面镜距地面的高度为 h。如果将平面镜绕着光束的投射点在竖直面内转过 θ 角，则反射到水平地面上的光斑移动的距离为＿＿＿＿＿＿。

23. 有人在游泳池边上竖直向下观察池水的深度，看上去池水的视深约为 h，已知水的折射率 $n=\dfrac{4}{3}$，那么，水的实际深度约为＿＿＿＿＿＿。

24. 如图 9-80 所示，将刻度尺直立在装满某种透明液体的宽口瓶中（液体未漏出），从刻度尺上 A、B 两点射出的光线 AC 和 BC 在 C 点被折射和反射后都沿直线 CD 传播。已知刻度尺上相邻两条长刻度线间的距离为 1 cm，刻度尺右边缘与宽口瓶右内壁间的距离 $d=2.5$ cm。由此可知，瓶内液体的折射率 $n=$＿＿＿＿＿＿（可保留根号）。

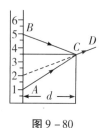

图 9-80

25. 有一块用折射率 $n=2$ 的透明材料制成的光学元件，其横截面如图 9-81 所示，弧 AB 是半径为 R 的圆弧，AC 与 BC 边垂直，图中 $\angle AOC=60°$。当一束宽度恰好等于 AC 的平行光线垂直照射到 AC 面上时，弧 AB 部分的外表面只有一部分是明亮的，其明亮部分的弧长是＿＿＿＿＿＿。

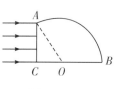

图 9-81

26. 某同学用圆柱形玻璃砖做测定玻璃折射率的实验，先在白纸上放好玻璃砖，在玻璃砖的一侧插上两枚大头针 P_1 和 P_2，然后在玻璃砖另一侧观察，调整视线使 P_1 的像被 P_2 的像挡住，接着在眼睛所在一侧相继又插上两枚大头针 P_3、P_4，使 P_3 挡住 P_1、P_2 的像，使 P_4 挡住 P_3 和 P_1、P_2 的像，在纸上标出的大头针位置和圆柱形玻

璃砖的边界如图 9 - 82 所示。

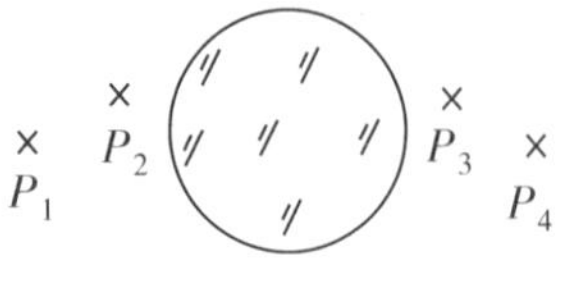

（1）在图上画出所需的光路。

（2）为了测量出玻璃砖折射率，需要测量的物理量有 _____
_____ （要求在图上标出）。

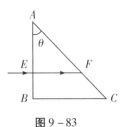

图 9 - 82

（3）写出计算折射率的公式 $n =$ _____ 。

27. 光线从真空射入某介质时，若光线与介质表面的夹角为 30°，反射光线与折射光线刚好垂直，则该介质的折射率为 _____ 。

28. 玻璃的折射率是 1.50，水晶的折射率是 1.55，让一块厚度为 1 cm 的玻璃片与一块水晶片叠放在一起，若光线垂直射入时，通过它们所用的时间相等，则水晶片厚度是 _____ cm。

29. 如图 9 - 83 所示，一条光线垂直射到一个玻璃三棱镜的 AB 面，玻璃的折射率为 $\sqrt{2}$，临界角为 45°，若要求光线在 AC 面上发生全反射，θ 角最小值为 _____ 。若将此三棱镜置于折射率为 1.5 的介质中，其他条件不变，则光在 AC 面上一定 _____ （填"会"或"不会"）发生全反射。

图 9 - 83

30. 在用游标卡尺观察光的衍射现象的实验中，日光灯作为被观察的对象，有关做法和观察结果如下：

A. 卡尺的两个测脚间距很小，大约是 0.5 mm 或更小。

B. 卡尺的两个测脚形成的狭缝要与灯管平行。

C. 狭缝离日光灯近一些效果较好。

D. 眼睛要紧靠狭缝，通过狭缝观察日光灯。

E. 观察到的是在灯管上下边缘形成的黑白相间的条纹。

F. 观察到的是在灯管上下边缘形成的彩色条纹。

以上所述的内容中，正确的是 _____ （填字母序号）。

31. 某同学设计了一个测定激光的波长的实验装置如图 9 - 84 所示，激光器发出一束直径很小的红色激光，激光进入一个一端装有双缝、另一端装有感光片的遮光筒，感光片的位置上出现一排等距的亮线。

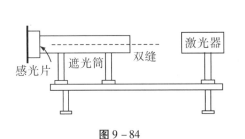

图 9 - 84

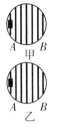 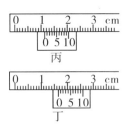

图 9 - 85

（1）这个现象说明激光具有 _____ 性。

（2）某同学在做"用双缝干涉测光的波长"实验时，第一次分划板中心刻度线对齐 A 条纹中心线时如图 9 - 85 甲所示，游标卡尺的示数如图 9 - 85 丙所示；第二次分划板中心刻度线对齐 B 条纹中心线时如图 9 - 85 乙所示，游标卡尺的示数如图 9 - 85 丁所示。已知双缝间距为 0.5 mm，从双缝到屏的距离为 1 m，则图 9 – 85 丙中游标卡尺的示数为_____mm。图 9 – 85 丁中游标卡尺的示数为_____mm。实验时测量多条干涉条纹宽度的目的是_____，所测光波的波长为___m。（保留两位有效数字）

（3）如果实验时将红色激光换成蓝色激光，屏上相邻两条纹的距离将_____。

32. 在做光电效应实验时能否产生光电效应由_____决定；光电流的最大值由____决定。

33. 光的_____和_____等现象表明光子具有波动性，而_____现象表明光子具有粒子性。按波动说，光的能量是由_____决定的，按光子说，光子能量跟_____成正比。

34. 使金属钠产生光电效应的光最长波长是 500 nm，因此，金属钠的逸出功 $W_0 = $ _____。现用频率在 $3.90 \times 10^{14} \sim 7.5 \times 10^{14}$ Hz 范围内的光照射钠，使钠产生光电效应的频率范围是_____。（普朗克常量 $h = 6.63 \times 10^{-34}$ J·s）

三、计算题

35. 折射率为 $\sqrt{3}$ 的玻璃球，被一束光线照射，若入射角 i 为 60°。求：
（1）入射处反射光线和折射光线的夹角；
（2）光线从球射入空气的折射角。

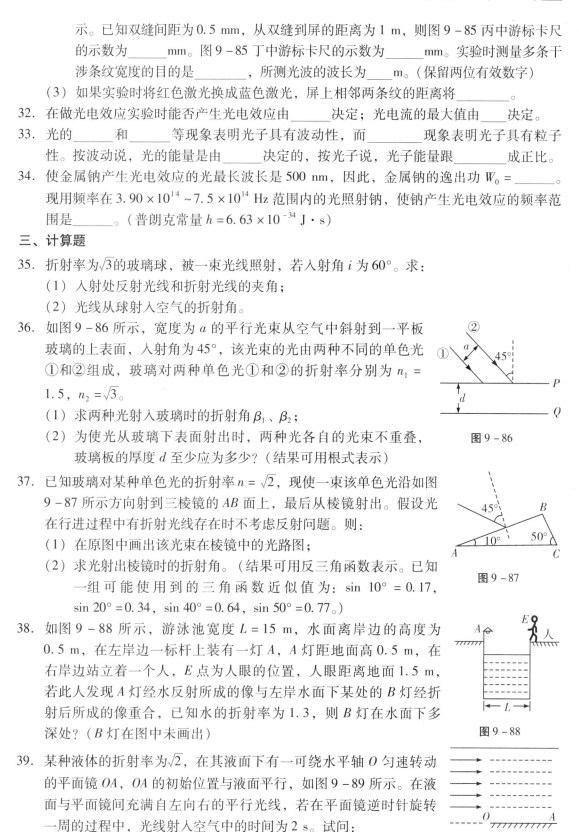

36. 如图 9 – 86 所示，宽度为 a 的平行光束从空气中斜射到一平板玻璃的上表面，入射角为 45°，该光束的光由两种不同的单色光①和②组成，玻璃对两种单色光①和②的折射率分别为 $n_1 = 1.5$，$n_2 = \sqrt{3}$。
（1）求两种光入玻璃时的折射角 β_1、β_2；
（2）为使光从玻璃下表面射出时，两种光各自的光束不重叠，玻璃板的厚度 d 至少应为多少？（结果可用根式表示）

图 9 – 86

37. 已知玻璃对某种单色光的折射率 $n = \sqrt{2}$，现使一束该单色光沿如图 9 – 87 所示方向射到三棱镜的 AB 面上，最后从棱镜射出。假设光在行进过程中有折射光线存在时不考虑反射问题。则：
（1）在原图中画出该光束在棱镜中的光路图；
（2）求光射出棱镜时的折射角。（结果可用反三角函数表示。已知一组可能使用到的三角函数近似值为：sin 10° = 0.17，sin 20° = 0.34，sin 40° = 0.64，sin 50° = 0.77。）

图 9 – 87

38. 如图 9 – 88 所示，游泳池宽度 $L = 15$ m，水面离岸边的高度为 0.5 m，在左岸边一标杆上装有一灯 A，A 灯距地面高 0.5 m，在右岸边站立着一个人，E 点为人眼的位置，人眼距离地面 1.5 m，若此人发现 A 灯经水反射所成的像与左岸水面下某处的 B 灯经折射后所成的像重合，已知水的折射率为 1.3，则 B 灯在水面下多深处？（B 灯在图中未画出）

图 9 – 88

39. 某种液体的折射率为 $\sqrt{2}$，在其液面下有一可绕水平轴 O 匀速转动的平面镜 OA，OA 的初始位置与液面平行，如图 9 – 89 所示。在液面与平面镜间充满自左向右的平行光线，若在平面镜逆时针旋转一周的过程中，光线射入空气中的时间为 2 s。试问：

图 9 – 89

（1）平面镜由初始位置转过多大角度时，光线开始进入空气？

（2）平面镜旋转的角速度是多大？

40. 在双缝干涉实验中，S_1 和 S_2 为双缝，P 是光屏上的一点。已知 P 点与 S_1 和 S_2 距离之差为 2.1 μm，现分别用 A、B 两种单色光在空气中做双缝干涉实验，问 P 点处是亮条纹还是暗条纹？

（1）已知 A 光在折射率为 $n = 1.5$ 的介质中波长为 4×10^{-7} m。

（2）已知 B 光在某种介质中波长为 3.15×10^{-7} m，当 B 光从这种介质射向空气时，临界角为 37°。

第十章 原子和原子核

第一节 放射性的发现

X 射线的发现 X 射线的发现是 19 世纪末 20 世纪初物理学的三大发现（X 射线 1895 年、放射线 1896 年、电子 1897 年）之一，这一发现标志着现代物理学的诞生。

19 世纪末，阴极射线是物理学热点研究课题，许多物理实验室都开展了这方面的研究。1895 年 11 月 8 日，德国物理学家伦琴将阴极射线管放在一个黑纸袋中，关闭实验室的灯，他发现当开启放电线圈电源时，一块涂有氰亚铂酸钡的荧光屏发出荧光。用一本厚书，2 ~ 3 厘米厚的木板或几厘米厚的硬橡胶插在放电管和荧光屏之间，仍能看到荧光。他又用盛有水、二硫化碳或其他液体的容器进行实验，实验结果表明，它们也是"透明的"：铜、银、金、铂、铝等金属也能让这种射线透过，只要它们不太厚。伦琴意识到这可能是某种特殊的从来没有被观察到的射线，它具有特别强的穿透力。他一连许多天将自己关在实验室里，集中全部精力进行彻底研究。6 个星期后，伦琴确认这的确是一种新的射线。图 10 - 1 是伦琴像。

图 10 - 1　伦琴

图 10 - 2　第一张 X 光照片

1895 年 12 月 22 日，伦琴和他夫人拍下了第一张 X 射线照片（见图 10 - 2）。1895 年 12 月 28 日，伦琴向德国维尔兹堡物理和医学学会递交了第一篇研究通讯《一种新射线——初步研究》。伦琴在他的通讯中把这一新射线称为 X 射线，因为他当时无法确定这一新射线的本质。

伦琴对科学有崇高的献身精神，他无条件地把 X 射线的发现奉献给全人类，自己却没有申请专利。1901 年首届诺贝尔物理学奖授给了伦琴，但他非常谦虚，没有在颁奖大会上发表演说。伦琴晚年生活十分困苦，他的双手由于受 X 射线照射，在晚年干枯得像干柴一般。

尽管 X 射线并非来自原子核的内部，但是 X 射线的研究导致了天然放射性的发现，为研究微观物质的结构开辟了一个新的时代。

天然放射性的发现　　1895 年，德国物理学家伦琴发现了 X 射线，他的工作开拓了一个新的研究领域，引起了科学界的极大震动。1896 年初，法国科学家彭加勒（Jules Henri Poincaré，1854—1912）收到伦琴寄给他的论文预印本和有关照片，他在 1896 年 1 月 20 日的法国科学院每周例会上展示了这些资料。法国科学院院士贝克勒尔（见图10−3）出席了这次会议，他立即对新发现产生了兴趣。他问彭加勒："射线是从阴极射线管的哪一个区域发出的？"彭加勒说，X 射线看来是从管子正对着阴极的区域发出的，就是玻璃管发出荧光的区域。

图 10−3　贝克勒尔

贝克勒尔受到启发，他提出这样的猜测：X 射线和荧光之间可能存在着某种联系，能够发出荧光的物质可能同时也可发出 X 射线。科学院例会之后，贝克勒尔立即动手进行实验来检验他的猜测，此后几周内进行的一系列实验导致了天然放射性的发现。

要研究荧光现象，贝克勒尔有得天独厚的条件。贝克勒尔家族是一个物理学世家，而这个家族对磷光和荧光有特殊的兴趣，作过长期广泛的观察研究。亨利·贝克勒尔的祖父和父亲都是杰出的物理学家，法国科学院院士。

贝克勒尔的实验是这样设计的：把照相底片用黑色的厚纸包严，使其不受阳光的作用，但可以受到 X 射线的作用，因为伦琴已经证明 X 射线可以穿过厚纸包层使照相底片感光。在照相底片包封附近放两块能发出荧光的材料，其中一块用一枚银币与纸封隔离，然后把它们拿到阳光下曝晒，使材料发出荧光。如果发出荧光的物体可以产生 X 射线，那么底片上将留下明显不同的感光痕迹。贝克勒尔家中收藏有大量可以发出荧光和磷光的物质材料，他把它们分别拿出来曝晒，进行实验。贝克勒尔最初的实验得到的结果是否定的，照相底片没有感光，发出荧光和磷光的物质并不同时发射 X 射线。这时，彭加勒在《大众科学杂志》上发表了一篇文章，文中提出："是不是所有荧光足够强的物体都会同时发射光线和伦琴的 X 射线，而不管引发荧光的原因是什么？"这个看法促使贝克勒尔再次投入实验，以弄清荧光与 X 射线之间是否确有必然的联系。

贝克勒尔重新开始实验，他选择了一块硫酸铀盐，这次他发现照相底片感光了。1896 年 2 月 24 日，他向法国科学院报告了这一发现，认为 X 射线与荧光有关。他在报告中说："我用两张厚纸包住一张照相底片，包得很厚以至于在太阳下曝晒一整天也不会曝光。我在纸上放了一层荧光物质，把它们放在太阳下几小时。在我将底片显影时，我看见了荧光物质在底片上的黑色轮廓……我又做了同样的实验，在荧光物质和纸之间放一块玻璃，这样可以排除当荧光物质被太阳光照热后可能会有蒸汽，从而发生化学反应的可能性。因此我们可以从这些实验得出这样的结论：该荧光物质能发射出穿透不透光的纸的辐射……"贝克勒尔还用发射光和折射光反复进行实验，都得到同样的结果。

看来，贝克勒尔已经找到了他所猜测的 X 射线与荧光物质之间的关系，但是他并没有中止他的实验。2 月 26 日，当他进一步做实验时，恰遇上一连几个阴天，他无法将实验材料曝晒，不能进行实验，就把铀盐和密封的底片一起放进了抽屉。3 月 1 日，太阳出现了，他准备继续这个实验。一向严谨细心的贝克勒尔取出底片，想预先检查一下，冲洗了其中的一张，他意外地发现底片已经曝光，上面有很明显的铀盐的像。贝克勒尔来不及进行全面的研究，第二天，又是科学院举行例会的时间，贝克勒尔作了新的报告。他说明了前一次的报告有误：即使不在阳光下曝晒，铀盐也能够自身发出一种神秘的射线。这才是贝克勒尔的真正科学新发现。贝克勒尔在报告中说："因为太阳几天都没露面，所以我在 3 月 1 日才把照相底片显影，本指望看到非常微弱的影像。但恰恰相反，一个极度深的黑色轮廓出现了。我立刻想到这一反应可能在黑暗中也能进行。"

此后贝克勒尔集中精力对铀元素和铀的化合物进行研究，进而发现，铀盐所发出的射线不仅能使照相底片感光，还能像 X 射线一样穿透大多数物质，能使气体电离，引起验电器放电。

天然放射性是原子核的性质，贝克勒尔的工作已经使人类的认识向微观领域又深入了一个层次，从对原子的认识进入了对原子核的研究，这是人类认识史上划时代的伟大发现。由于在长期着迷的研究中受到放射性物质的伤害，贝克勒尔的健康受到了损害。1901 年，贝克勒尔因内衣口袋里装着居里夫妇提取的放射性元素样品而被严重地灼伤，许多高级医学专家为他会诊也无能为力，只好劝他去疗养。

将贝克勒尔的工作推向深入的是皮埃尔·居里夫妇。1897 年，玛丽·居里（Marie Curie，1867—1934；见图 10 - 4）为获得博士学位，选择贝克勒尔射线作为研究课题。在对铀盐的放射强度进行测量之后，她打破贝克勒尔的局限，提出这样一个问题：是否还有别的元素也具有这种性质。因此她系统地研究了当时已知的各种元素和化合物。

图 10 - 4　玛丽·居里

1898 年，她和德国科学家施米特（G. C. Schmidt，1856—1949）同时发现了钍也具有这种性质，她建议把这种性质叫作放射性（radioactivity），具有放射性的元素叫作放射性元素（radioactive element）。原子序数大于 83 的所有天然存在的元素都具有放射性，原子序数小于 83 的元素，有的也具有放射性。

在对铀和钍的混合物进行测量时，玛丽·居里观察到有些铀和钍的混合物的放射性辐射强度比其中铀和钍的含量所应发射的强度高很多。她认为这些矿石中必定含有少量还没有被发现的化学元素，同时这种元素具有放射性。她的丈夫皮埃尔·居里（Pierre Curie，1859—1906）也立即意识到这一研究的重要性，他放下自己的研究课题，和妻子一起投入寻找这种新元素的艰巨的化学分析工作中。1898 年，他们得到了一种新元素，为了纪念玛丽·居里已被俄国占领的祖国波兰，他们将这元素命名为钋，它的放射性比纯铀强几百倍。到1902 年，通过 45 个月艰苦繁重的劳动，在数万次的提炼后，他们从数吨沥青铀矿渣中提炼出了 0.12 克的氯化镭，并初步测定了镭的原子量是 225，其放射性比铀强二百多万倍，证实了镭元素的存在。

至此，天然放射性的发现和研究在科学界引发了一场真正的革命，开创了原子能研究的应用领域，使人类迈向了现代文明。1903 年，居里夫妇和贝克勒尔同时获得了诺贝尔物理学奖。

射线到底是什么　　放射性元素放出的射线通常有三种，即 α 射线、β 射线、γ 射线。

α 射线：氦核流（$_2^4He$），速度约为光速的十分之一，贯穿本领弱，电离作用强。

β 射线：电子流（$_{-1}^0e$），速度接近光速，贯穿本领强，电离作用弱。

γ 射线：波长极短的电磁波，γ 粒子就是光子，贯穿本领最强，电离作用最弱。

图 10-5　国际通用的放射性物质标志

图 10-5 是国际上通用的放射性物质标志。放射性元素中有的原子核放出 α 射线，有的放出 β 射线，多余的能量以 γ 光子的形式射出。三种射线在电场和磁场中偏转方向不同（见图 10-6、图10-7），贯穿本领也不相同（见图 10-8）。

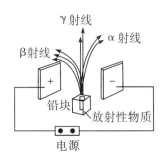

图 10-6　三种射线在电场中发生不同的偏转

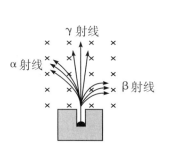

图 10-7　三种射线在磁场中的运动轨迹不同

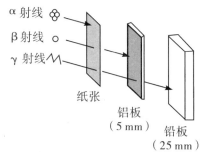

图 10-8　三种射线的贯穿本领比较

阅读材料

使原子钟走得更准

在人们想要知道现在几点钟的时候，恐怕没人会考虑到温度的影响，除非他的表被冻住或是熔化掉。但是在原子钟的超精准计时世界里，温度是事关生死的大事情，因为这些原子钟给全球的空运、船运和全球定位系统等提供一个公共的时间标准，它们对工作环境温度要求得非常严格。

美国和澳大利亚的两个物理学家小组各自计算了受黑体辐射影响时，铯原子跃迁频率的微小变化。虽然这种变化以前就被人注意到并有各种补偿方法，但不同计量组织所用的方法之间相差超过 10%，这给原子钟的计时带来很大的不确定性。

1967 年的第 13 届国际度量衡会议通过了一项决议，采纳以下定义代替"秒"的天文定义：1 秒为铯-133 原子基态两个超精细能级间跃迁辐射 9 192 631 770 个周期所持续的时间。当前通用的这些原子钟的精度可以达到 $\frac{1}{10^{15}}$ 秒，也就是三千万年才误差一秒。然而如果正确地解决了黑体辐射引起的频率漂移问题，则至少可以使这个精度再提高一个数量级。当然，如果把原子钟置于绝对零度可以完全解决频率漂移的问题，但这在实际使用中并不现实。

美国内华达大学和澳大利亚新南威尔士大学的两个科学家小组各自独立地发现以前对原子钟黑体漂移问题的估计产生偏差的原因是铯原子存在一个以前没有听说过的"中间连续态"。美国科学家根据高精度的实验数据运用第一原理计算方法将最后得到的黑体辐射系数的不确定度降到 6×10^{-17}，这个值使在室温下使用的原子钟的精度提高了一个数量级。澳大利亚小组也得到了相似的结论。

总之，他们的研究使原子钟更加精确，也使人类对自然常量随时间变化的研究变得更为精确。

练习一

1. 关于 α、β、γ 射线，下列说法中正确的是（　　　）。
   A. α 射线是原子核自发放射出的氢核流，它的穿透力最强
   B. β 射线是原子核外电子电离形成的电子流，它具有中等的穿透能力
   C. γ 射线一般伴随着 α 或 β 射线产生，它的穿透能力最强
   D. γ 射线是电磁波，它的穿透能力最弱

2. 关于天然放射现象，以下叙述正确的是（　　　）。
   A. 若使放射性物质的温度升高，其半衰期将减小
   B. β 衰变所释放的电子是原子核内中子转变为质子时产生的
   C. 在 α、β、γ 这三种射线中，γ 射线的穿透能力最强，α 射线的电离能力最强
   D. 铀核（$^{238}_{92}U$）衰变为铅核（$^{206}_{82}Pb$）的过程中，要经过 8 次 α 衰变和 10 次 β 衰变

3. 如图 10-9 所示，铅盒 A 中装有天然放射性物质，放射线从其右端小孔中水平向右射出，在小孔和荧光屏之间有垂直于纸面向里的匀强磁场，则下列说法中正确的有（　　　）。
   A. 打在图中 a、b、c 三点的依次是 α 射线、β 射线和 γ 射线
   B. α 射线和 β 射线的轨迹是抛物线
   C. α 射线和 β 射线的轨迹是圆弧
   D. 如果在铅盒和荧光屏间再加一竖直向下的匀强电场，则屏上的亮斑可能只剩下 b

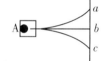

图 10-9

第二节　原子核的组成

在汤姆孙发现电子之后，对于原子中正负电荷如何分布的问题，科学家们提出了许多模型。

较有影响的是汤姆孙提出的原子结构模型：枣糕模型。即原子是一个球体，正电荷均匀分布在整个球内，而电子却像枣糕里的枣子那样镶嵌在原子里面，原子受到激发后，电子开始振动，形成原子光谱。

汤姆孙的原子结构模型很容易就解释了原子发光现象，但稍后一些的 α 粒子的散射实验则完全否定了汤姆孙的模型。

α 粒子散射实验　　卢瑟福在 1909 年做了著名的 α 粒子散射实验，实验的目的是想证实汤姆孙原子模型的正确性，实验结果却成了否定汤姆孙原子模型的有力证据。在此基础

上，卢瑟福提出了原子的核式结构模型。

卢瑟福和他的助手用 α 粒子轰击金箔来进行实验，图 10 - 10 与图 10 - 11 是这个实验装置的示意图和粒子轨迹示意图。

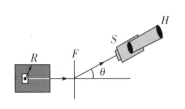

图 10 - 10　α 粒子散射实验

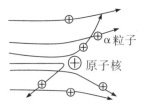

图 10 - 11　粒子轨迹

在一个铅盒里放有少量的放射性元素钋（Po），它发出的 α 射线从铅盒的小孔射出，形成一束很细的射线射到金箔上。当 α 粒子穿过金箔后，射到荧光屏上产生一个个的闪光点，这些闪光点可用显微镜来观察。为了避免 α 粒子和空气中的原子碰撞而影响实验结果，整个装置放在一个抽成真空的容器内，带有荧光屏的显微镜能够围绕金箔在一个圆周上移动。

实验结果表明，绝大多数 α 粒子穿过金箔后仍沿原来的方向前进，但有少数 α 粒子发生了较大的偏转，并有极少数 α 粒子的偏转超过 90°，有的甚至几乎达到 180° 而被反弹回来，这就是 α 粒子的散射（α-particle scattering）现象。

发生极少数 α 粒子的大角度偏转现象是出乎意料的。根据汤姆孙模型的计算，α 粒子穿过金箔后偏离原来方向的角度是很小的，因为电子的质量不到 α 粒子的 $\frac{1}{7\ 400}$，α 粒子碰到它，就像飞行着的子弹碰到一粒尘埃一样，运动方向不会发生明显的改变。正电荷又是均匀分布的，α 粒子穿过原子时，它受到原子内部两侧正电荷的斥力大部分相互抵消，α 粒子偏转的力就不会很大。然而事实却出现了极少数 α 粒子大角度偏转的现象。

卢瑟福后来回忆说："这是我一生中从未有的最难以置信的事，它好比你对一张纸发射出一发炮弹，结果被反弹回来打到自己身上……"卢瑟福对实验的结果进行了分析，认为只有原子的几乎全部质量和正电荷都集中在原子中心的一个很小的区域，才有可能出现 α 粒子的大角度散射。

原子的核式结构模型　　卢瑟福（见图 10 - 12）在 1911 年提出了原子的核式结构模型，如图 10 - 13 所示，认为在原子的中心有一个很小的核，叫作原子核（atomic nucleus），原子的全部正电荷和几乎全部质量都集中在原子核里，带负电的电子在核外空间里绕着核旋转。

图 10 - 12　卢瑟福

图 10 - 13　氦原子核式结构

原子核所带的正电荷数（以基本电荷为单位）等于核外的电子数，所以整个原子呈电中性。

由于原子中全部正电荷和几乎所有的质量都集中到一个很小的核上，大部分的 α 粒子穿过金箔时离原子核很远，受到的库仑力很小，它们的运动几乎不受影响。只有极少数 α 粒子从原子核附近飞过，明显地受到原子核的库仑斥力而发生较大的偏转。

原子核的组成　　人为地利用高能粒子的作用，使一种原子核变成性质不同的另一种原子的原子核，这种核反应过程，叫作原子核的人工转变。

质子的发现　　1919 年，卢瑟福做了用 α 粒子轰击氮核的实验，其核反应方程为：

$$^{14}_{7}\mathrm{N} + {}^{4}_{2}\mathrm{He} \rightarrow \left({}^{18}_{9}\mathrm{F}^{*} \right) \rightarrow {}^{17}_{8}\mathrm{O} + {}^{1}_{1}\mathrm{H}$$

图 10 – 14 是该反应的核反应示意图。

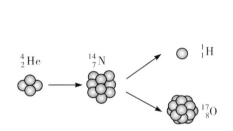

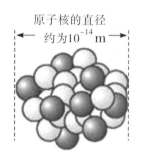

原子核的直径
约为 10^{-14} m

图 10 – 14　核反应示意图　　　　图 10 – 15　原子核示意图

用同样方法轰击原子序数在 21 以下的轻元素，几乎都可以释放出质子（$^{1}_{1}\mathrm{H}$），用 P 表示。质子带正电荷，电荷量与一个电子所带电荷量相等。图 10 – 15 是原子核示意图。

中子的发现　　1932 年，英国物理学家查德威克（卢瑟福的学生）做了用 α 粒子轰击铍核的人工转变实验，发现了中子（$^{1}_{0}\mathrm{n}$），其核反应方程式如下

$$^{9}_{4}\mathrm{Be} + {}^{4}_{2}\mathrm{He} \rightarrow \left({}^{13}_{6}\mathrm{C}^{*} \right) \rightarrow {}^{12}_{6}\mathrm{C} + {}^{1}_{0}\mathrm{n}$$

中子（$^{1}_{0}\mathrm{n}$）用符号 n 表示，质量近似等于质子的质量，不带电，很难使气体电离，具有很强的穿透力。

原子核的组成　　我们将从轰击原子核得到的质子、中子统称为核子（nucleon）。在发现质子和中子的基础上，提出原子核组成学说：原子核是由质子和中子组成的。

$$质子数 = 核电荷数\,Z = 原子序数\,Z$$
$$中子数 = 质量数\,A - 质子数\,Z = 质量数\,A - 原子序数\,Z$$

也可以说，原子核是由 Z 个质子（$^{1}_{1}\mathrm{H}$）和（$A-Z$）个中子（$^{1}_{0}\mathrm{n}$）组成的，表示方法为

$$\begin{array}{c}质量数 \\ 质子数\end{array}\!\!\!\diagdown\,{}^{A}_{Z}\mathrm{X}——元素符号$$

放射性同位素　　具有相同质子数而中子数不同的同一类原子互称同位素。如氢有三种同位素氕、氘、氚，其符号分别是 $^{1}_{1}\mathrm{H}$、$^{2}_{1}\mathrm{H}$、$^{3}_{1}\mathrm{H}$。

具有放射性的同位素，称为放射性同位素。放射性同位素是约里奥·居里夫妇于 1934 年发现的，其核反应方程式：

$$^{27}_{13}\mathrm{Al} + {}^{4}_{2}\mathrm{He} \rightarrow {}^{30}_{15}\mathrm{P} + {}^{1}_{0}\mathrm{n}$$
$$^{30}_{15}\mathrm{P} \rightarrow {}^{30}_{14}\mathrm{Si} + {}^{0}_{+1}\mathrm{e}$$

放射性同位素的应用

（1）利用它的射线。放射性同位素也能放出 α 射线、β 射线和 γ 射线。γ 射线由于贯穿本领强，可以用来检查金属内部有没有沙眼或裂纹，所用的设备叫 γ 射线探伤仪（见图 10 - 16）。α 射线的电离作用很强，可以用来消除机器在运转中因摩擦而产生的有害静电。生物体内的 DNA（脱氧核糖核酸）承载着物种的遗传密码，但是 DNA 在射线作用下可能发生突变，所以通过射线照射可以使种子发生变异，培养出新的优良品种。射线辐射还能抑制农作物害虫的生长，甚至直接消灭害虫。人体内的癌细胞比正常细胞对射线更敏感，因此用射线照射可以治疗恶性肿瘤，这就是医生们说的"放疗"，如图 10 - 17 所示。

图 10 - 16　γ 射线探伤仪

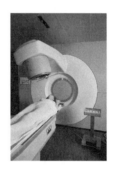

图 10 - 17　用射线治疗肿瘤

和天然放射性物质相比，人造放射性同位素的放射强度容易控制，特别是它们的半衰期比天然放射性物质短得多，因此放射性废料容易处理。由于这些优点，在生产和科研中凡是用到射线的，用的都是人造放射性同位素，不用天然放射性物质。

（2）作为示踪原子。一种放射性同位素的原子核跟这种元素其他同位素的原子核具有相同数量的质子数（只是中子的数量不同），因此核外电子的数量也相同。由此可知，一种元素的各种同位素都有相同的化学性质。这样，我们就可以用放射性同位素代替非放射性同位素来制成各种化合物，这种化合物的原子跟通常的化合物一样参与所有化学反应，却带有放射性标记，用仪器可以探测出来。这种原子叫作示踪原子。

棉花在结桃、开花的时候需要较多的磷肥，把磷肥喷在棉花叶子上棉花也能将其吸收。但是，什么时候的吸收率最高、磷能在作物体内存留多长时间、磷在作物体内的分布情况等，用通常的方法很难研究。如果用磷的放射性同位素制成肥料喷在棉花叶面上，然后每隔一定时间用探测器测量棉株各部位的放射性强度，上面的问题就很容易解决。人体甲状腺的工作需要碘，碘被吸收后会聚集在甲状腺内。给人注射碘的放射性同位素碘 131，然后定时用探测器测量甲状腺及邻近组织的放射强度，有助于诊断甲状腺的器质性和功能性疾病。

放射性的污染与防护　　人类从来就生活在有放射性的环境之中。例如，地球上的每个角落都有来自宇宙的射线，我们周围的岩石，其中也有放射性物质。我们身边有些日常用品也有放射性，例如一些夜光表上的荧光粉就含有放射性物质；平时吃的食盐和有些水晶眼镜片中含有的钾 40 也是放射性同位素；X 光透视更是剂量比较大的辐射照射。不过这些辐射的强度都在安全剂量之内，对我们没有伤害。

然而过量的射线对人体组织有破坏作用，这些破坏往往是对细胞核的破坏，有时不会马上察觉。

（1）高强度的射线能杀灭细胞。这种情况称为放射性灼伤，例如核武器爆炸时的光辐射会严重灼伤生物组织。

（2）电离作用会损害细胞中的 DNA，使它们停止发挥作用或发生变异。变异的 DNA 可能会引起细胞失控分裂，从而导致恶性肿瘤的生长。这就是放射性致癌的原因。如果生殖细胞中的 DNA 受到损害，可能会造成物种变异。

因此，使用放射性同位素时，必须注意人身安全，同时要防止放射性物质对空气、水源、用具的污染。由于某些岩石中放射性物质衰变时会产生放射性元素——氡，我们应尽量避免采用这种石材作为装饰材料。

阅读材料

回收能量，利用废热：粒子加速器欲向"绿色"转型

欧洲核子研究中心（CERN）的大型强子对撞机（LHC）已于 2010 年开始收集数据，其下一代加速器——未来环形对撞机（FCC）的建造也已经提上日程。这些"庞然大物"有助于科学家揭示宇宙间的奥秘，但同时也是耗能大户。

美国《大众科学》杂志网站在近日的报道中指出，业内越来越意识到，这些粒子加速器设施需要降低能源消耗，向"绿色"挺进。为此，不同团队采用了不同的办法：回收投入的能量、采用永磁体、高效利用排放出的废热等。

尽管 LHC 有可能获得举世瞩目的发现，正如它于 2012 年发现希格斯玻色子一样，但它需要使用足够供一座小城市用的电力。美国康奈尔大学官网早在 2020 年 1 月 21 日的报道中就指出，大型粒子加速器消耗的电力高达 5 千兆瓦——大约是核电站容量的一半。

除 LHC 外，科学家们已经在为 FCC 制订计划，FCC 的周长几乎是 LHC 的 4 倍，计划于 2040 年左右开始工作，预计其能量将达到 100 万亿电子伏特，能耗可能也会非常巨大。

"绿色加速器"技术方兴未艾

为提高效率并节约能源，科学家正在研究一些使大型粒子加速器向"绿色"转型的技术。

据美国康奈尔大学官网报道，2019 年，来自该校、布鲁克海文国家实验室以及其他 9 个机构的研究人员研制出了一台名为"康奈尔—布鲁克海文 ERL 试验加速器"（CBETA）的加速器原型机。在一次关键演示中，该加速器可以回收 99.8% 的能量。

CBETA 首席科学家、康奈尔大学物理学家格奥尔格·霍夫施泰特解释说，CBETA 会发射高能电子，通过一个跑道形状的环路，电子每跑"一圈"就获得一次能量提升。4 圈后，加速器可以使电子减速，并存储它们的能量以供再次使用。CBETA 使物理学家们第一次能在电子跑了多圈之后回收能量。

此外，CBETA 还通过使用不同的磁体（永磁体）来节能。大多数粒子加速器使用电磁铁来引导粒子沿圆弧前进，电磁铁通过在其周围通电来获得磁力，关闭开关，磁场消失；而 CBETA 则使用不需要电力的永磁铁替代电磁铁，从而减少能源使用。加速器也使用超导射频装置来加速光束，从而节省能源。

（资料来源：中国科普网，2022 - 08 - 30）

练习二

1. 英国物理学家卢瑟福通过 α 粒子散射实验的研究提出了原子的核式结构学说，该学说包括（　　）。

   A. 原子的中心有一个很小的原子核

   B. 原子的全部正电荷集中在原子核内

   C. 原子的质量几乎全部集中在原子核内

   D. 原子是由质子和中子组成的

2. 在卢瑟福的 α 粒子散射实验中，某一 α 粒子经过某一原子核附近时的轨迹如图 10 – 18 所示。图中 P、Q 为轨迹上的点，虚线是经过 P、Q 两点并与轨迹相切的直线，两虚线和轨迹将平面分为四个区域。不考虑其他原子核对 α 粒子的作用，则关于该原子核的位置，正确的是（　　）。

   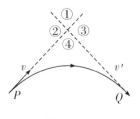

   图 10 – 18

   A. 一定在①区域　　　　　B. 可能在②区域

   C. 可能在③区域　　　　　D. 一定在④区域

3. 如图 10 – 19 所示为卢瑟福和他的同事们做 α 粒子散射实验的装置示意图，荧光屏和显微镜一起分别放在图中的 A、B、C、D 四个位置时，下面关于观察到的现象的说法正确的是（　　）。

   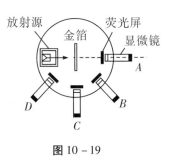

   图 10 – 19

   A. 放在 A 位置时，相同时间内观察到荧光屏上的闪光次数最多

   B. 放在 B 位置时，相同时间内观察到屏上的闪光次数只比 A 位置时稍少些

   C. 放在 C、D 位置时，屏上观察不到闪光

   D. 放在 D 位置时，屏上仍能观察一些闪光，但次数极少

4. 关于 α 粒子散射实验的下述说法中正确的是（　　）。

   A. 在实验中观察到的现象是绝大多数 α 粒子穿过金箔后，仍沿原来方向前进，少数发生了较大偏转，极少数偏转超过 90°，有的甚至被弹回接近 180°

   B. 使 α 粒子发生明显偏转的力是来自带正电的核及核外电子，当 α 粒子接近核时，是核的排斥力使之发生明显偏转，当 α 粒子接近电子时，是电子的吸引力使之发生明显偏转

   C. 实验表明原子中心有一个极小的核，它占有原子体积的极小部分

   D. 实验表明原子中心的核带有原子的全部正电及全部质量

5. 卢瑟福对 α 粒子散射实验的解释是（　　）。

   A. 使 α 粒子产生偏转的主要力是原子中电子对 α 粒子的作用力

   B. 使 α 粒子产生偏转的力主要是库仑力

   C. 原子核很小，α 粒子接近它的机会很少，所以绝大多数的 α 粒子仍沿原来的方向前进

   D. 能产生大角度偏转的 α 粒子是穿过原子时离原子核近的 α 粒子

6. 卢瑟福 α 粒子散射实验的原子核和两个 α 粒子的径迹，其中可能正确的是（　　　）。

A　　　　　　B　　　　　　C　　　　　　D

7. 第一次发现电子的科学家是_____，他提出了_____原子模型。

第三节　玻尔的原子模型

　　丹麦物理学家玻尔意识到了经典理论在解释原子结构方面的困难。在普朗克关于黑体辐射的量子论和爱因斯坦关于光子的概念的启发下，他在 1913 年通过对氢光谱的研究，提出了新的原子结构假说，建立了玻尔原子模型。

　　玻尔的原子模型　　玻尔认为，围绕原子核运动的电子轨道半径只能是某些分立的数值，这种现象叫作轨道量子化，如图 10 - 20 所示；不同的轨道对应着不同的状态，在这些状态中，尽管电子做变速运动，却不能辐射能量，因此这些状态是稳定的；原子在不同的状态中具有不同的能量，所以原子的能量也是量子化的。

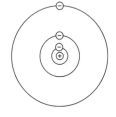

图 10 - 20　分立轨道示意图

　　玻尔的原子模型是以假说的形式提出的，其主要内容是：

　　（1）定态假设。原子只能处于一系列不连续的能量状态中，在这些状态中的原子是稳定的。电子虽然绕核做加速运动，但并不向外辐射能量，这些状态叫作定态。

　　（2）跃迁假设。原子从一种定态（设能量为 $E_{末}$）跃迁到另一种定态（设能量为 $E_{末}$）时，它辐射（或吸收）一定频率的光子，如图 10 - 21、图 10 - 22 所示，光子的能量由这两种定态的能量差决定，即

$$h\nu = E_{初} - E_{末}$$

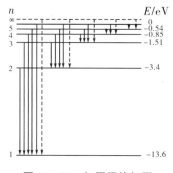

图 10 - 21　氢原子能级图

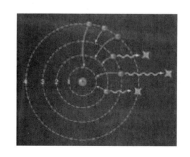

图 10 - 22　单电子原子可能存在的能级

　　（3）轨道量子化假设。原子的不同能量状态跟电子沿不同的圆形轨道绕核运动相对应。原子的定态是不连续的，因此电子的可能轨道的分布也是不连续的。

　　公式 $h\nu = E_{初} - E_{末}$。说明若 $E_{初} > E_{末}$，则辐射光子；若 $E_{初} < E_{末}$，则吸收光子。原子只辐射或吸收能级间的光子。由于原子的能级不连续，因此辐射或吸收光波的频率是若干分立

值，这也是原子光谱是线状的原因。

氢原子的能级　　根据玻尔的理论，可以算出氢的电子的各条可能轨道的半径和电子在各条轨道上运动时的能量（包括动能和电势能），定义原子在各个定态时的能量值为原子的能级。

（1）能级公式：$E_n = \dfrac{E_1}{n^2}$

其中，$n = 1,2,3,\cdots$，$E_1 = -13.6$ eV（E_1代表电子在 $n=1$ 时的能量）。

（2）半径公式：$r_n = n^2 r_1$

其中，$n = 1,2,3,\cdots$，$r_1 = 0.53 \times 10^{-10}$ m（r_1代表第一条轨道的半径）。

式中，r_n、E_n分别代表第 n 条轨道的半径和电子在第 n 条轨道时的能量，n 是正整数，叫作量子数。

由量子数 n 决定的氢原子各个定态的能量值，叫作氢原子的能级，上面的计算公式就是氢原子的能级公式。氢原子的能级可用图 10-21 表示。在正常情况下 $n=1$，原子处于最低能级，电子在离核最近的轨道运动的定态叫作基态（ground state）。$n=2,3,\cdots$时，原子处于较高能级，电子在较远的轨道上运动的定态叫作激发态（excited state）。原子由基态向激发态跃迁时吸收能量，原子由较高的激发态向较低的激发态或基态跃迁时，放出能量，通常以光子的形式辐射出去，这就是原子发光现象，如图 10-22 所示。

玻尔的理论成功地引进量子的概念，提出了原子状态的假设，说明了原子稳定的原因，解释了氢光谱。但由于玻尔的理论中较多保留经典物理理论，在解释较复杂的原子的光谱时，就遇到了很大的困难。它的不足之处在于保留了经典粒子的观念，把电子的运动仍然看作经典力学描述下的轨道运动。

练习三

1. 下列叙述中，符合玻尔理论的是（　　）。
   A. 电子可能轨道的分布是不连续的
   B. 电子从一条轨道跃迁到另一个轨道上时，原子将辐射或吸收一定的能量
   C. 电子在可能轨道上绕核做加速运动，不向外辐射能量
   D. 电子没有确定的轨道，只存在电子云

2. 大量原子从 $n=5$ 的激发态向低能态跃迁时，产生的光谱线数是（　　）。
   A. 4 条　　　　　　B. 10 条　　　　　　C. 6 条　　　　　　D. 8 条

3. 氢原子核外电子分别在第 1、2 条轨道上运动时，其有关物理量的关系是（　　）。
   A. 半径 $r_1 > r_2$　　　　　　　　B. 电子转动角速度 $\omega_1 > \omega_2$
   C. 电子转动向心加速度 $a_1 > a_2$　　　　D. 总能量 $E_1 > E_2$

4. 氢原子从能级 A 跃迁到能级 B，吸收频率 ν_1 的光子，从能级 A 跃迁到能级 C 释放频率 ν_2 的光子，若 $\nu_2 > \nu_1$，则当它从能级 C 跃迁到能级 B 将（　　）。
   A. 放出频率为 $\nu_2 - \nu_1$ 的光子　　　　B. 放出频率为 $\nu_2 + \nu_1$ 的光子
   C. 吸收频率为 $\nu_2 - \nu_1$ 的光子　　　　D. 吸收频率为 $\nu_2 + \nu_1$ 的光子

5. 已知氢原子的基态能量是 $E_1 = -13.6$ eV，第二能级 $E_2 = -3.4$ eV。如果氢原子吸收 _____ eV 的能量，可立即由基态跃迁到第二能级。如果氢原子再获得 1.89 eV 的能量，它还可由第二能级跃迁到第三能级，因此氢原子第三能级 $E_3 = $ _____ eV。

第四节 放射性元素的衰变

原子核的衰变 在古代，无论是东方还是西方，都有一大批人追求"点石成金"之术，他们妄想将一些普通的矿石变成黄金。当然，这些炼金术士的希望都破灭了，因为他们不知道一种物质变成另一种物质的根本在于原子核的变化。不过，类似于"点石成金"的事一直就在自然界中进行着，这就是伴随着天然放射现象发生的"衰变"。

放射性元素原子核由于放出某种粒子而转变为新核的变化叫作原子核的衰变。在衰变中，电荷数和质量数都是守恒的。

（1）原子核放出一个 α 粒子的衰变叫作 α 衰变（alpha decay）。例如：

$$^{238}_{92}\text{U} \rightarrow ^{234}_{90}\text{Th} + ^{4}_{2}\text{He}$$

衰变后的新核质量数比原来减少4，正电荷数减少2，在元素周期表中的位置向前移动两位，如图 10-23 所示。

（2）原子核放出一个 β 粒子的衰变叫作 β 衰变（beta decay）。例如：

$$^{234}_{90}\text{Th} \rightarrow ^{234}_{91}\text{Pa} + ^{0}_{-1}\text{e}$$

新元素的核质量数不变，而正电荷数比原来增加1，在元素周期表中位置向后移动一位，如图 10-24 所示。

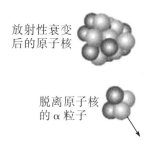

放射性衰变后的原子核

脱离原子核的 α 粒子

图 10-23 α 衰变

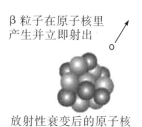

β 粒子在原子核里产生并立即射出

放射性衰变后的原子核

图 10-24 β 衰变

半衰期 放射性元素的原子核有半数发生衰变需要的时间叫作这种元素的半衰期（half-life），半衰期表示放射性元素衰变的快慢。图 10-25 描述了氡的衰变。

半衰期是由核内部本身的因素决定的，跟原子所在的物理和化学状态无关。例如，一种放射性元素，不管它是以单质的形式存在，还是与其他元素形成化合物，或者对它施加压力、提高温度，都不能改变它的半衰期。

半衰期只对大量原子核衰变有意义，因为放射性元素的衰变规律是统计规律，对少数原子核衰变不起作用。对于特定的一个原子，我们只知道它发生衰变的概率，而不知道它将何时发生衰变。

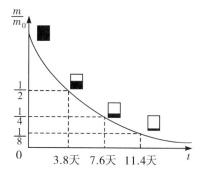

氡的衰变，纵坐标表示的是任意时刻氡的质量 m 与 $t=0$ 时的质量 m_0 的比值

图 10-25

半衰期的计算公式：$N' = N_0 \left(\dfrac{1}{2}\right)^n$ 或 $m' = m_0 \left(\dfrac{1}{2}\right)^n$，其中，$n = \dfrac{t}{\tau}$。

式中，N'、m'为衰变后剩余的原子数和质量，N_0、m_0为衰变前的原子数和质量，n为半衰期的个数，t是所用时间，τ为半衰期。

阅读材料

第 113 号元素

2004 年 9 月 28 日，日本理化研究所宣布，该所研究人员成功合成了第 113 号元素。

根据理化研究所发布的新闻公报，研究人员利用线型加速器，使第 30 号元素锌原子加速，轰击第 83 号元素铋原子。在实验中，研究人员每秒钟让 2.5 万亿个锌原子轰击铋原子，如此实验持续了 80 天，共轰击 1 700 亿亿次，结果合成了第 113 号元素，其原子核的质量数是 278。

在元素周期表中，第 92 号元素铀以后的元素在自然界中几乎不存在，重量更大的元素都由人工合成。

练习四

1. α 射线的本质是（　　　）。
   A. 电子流　　　　　　　　　　B. 高速电子流
   C. 光子流　　　　　　　　　　D. 高速氦核流

2. 关于 β 粒子的说法，正确的是（　　　）。
   A. 它是从原子核放射出来的　　B. 它和电子有相同的性质
   C. 当它通过空气时电离作用很强　D. 它能贯穿厚纸板

3. 关于 γ 射线的说法，错误的是（　　　）。
   A. γ 射线是处于激发状态的原子核放射的
   B. γ 射线是从原子内层电子放射出来的
   C. γ 射线是一种不带电的中子流
   D. γ 射线是一种不带电的光子流

4. A、B 两种放射性元素，原来都静止在同一匀强磁场中，磁场方向如图 10 – 26 所示，其中一个放出 α 粒子，另一个放出 β 粒子，α 粒子与 β 粒子的运动方向跟磁场方向垂直，图中 a、b、c、d 分别表示 α 粒子、β 粒子以及两个剩余核的运动轨迹（　　　）。
   A. a 为 α 粒子轨迹，c 为 β 粒子轨迹
   B. b 为 α 粒子轨迹，d 为 β 粒子轨迹
   C. b 为 α 粒子轨迹，c 为 β 粒子轨迹
   D. a 为 α 粒子轨迹，d 为 β 粒子轨迹

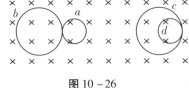

图 10 – 26

5. A、B 两种放射性元素，它们的半衰期分别为 $t_A = 10$ 天，$t_B = 30$ 天，经 60 天后，测得两种放射性元素的质量相等，那么它们原来的质量之比为（　　　）。
   A. 3∶1　　　　　B. 48∶63　　　　　C. 1∶16　　　　　D. 16∶1

6. 放射性同位素可做示踪原子，在医学上有可以确定肿瘤位置等用途，今有四种不同的放射性同位素 R、P、Q、S，它们的半衰期分别为半年、38 天、15 天和 2 天，则我们应选用的同位素应是（　　）。

A. S B. Q C. P D. R

7. 某放射性元素质量为 M，测得每分钟放出 1.2×10^4 个 β 粒子，21 天后再测，发现每分钟放出 1.5×10^3 个 β 粒子，该放射性元素的半衰期是多少？

第五节　裂变和聚变

重核的裂变　　重核（如铀 235）分裂成中等质量的核时，同时放出 2～3 个中子，并有一部分能量释放出来，称为核裂变，如图 10-27 所示。

$$_{92}^{235}U + _{0}^{1}n \rightarrow _{56}^{141}Ba + _{36}^{92}Kr + 3_{0}^{1}n + 200\ MeV$$

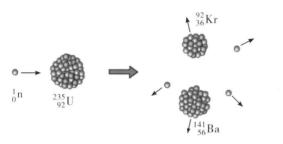

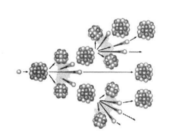

图 10-27　铀 235 核裂变　　　　　　图 10-28　链式反应

　　如果上式中分裂出来的中子再引起其他铀 235 核裂变，就可以使裂变反应不断地进行下去，这种反应叫作链式反应（chain reaction），如图 10-28 所示。利用链式反应可以制造出杀伤力极强的原子弹。铀块大小是链式反应能否进行的重要因素。铀核裂变产生链式反应的条件是：裂变物质的体积≥临界体积，临界体积是能够发生链式反应的铀块的最小体积。

　　图 10-29、图 10-30 是核电站和核反应堆的示意图，图 10-31 是我国第一颗原子弹爆炸的情景。

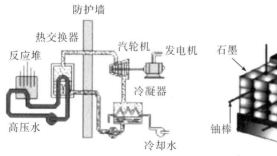

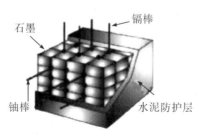

图 10-29　核电站示意图　　　图 10-30　核反应堆示意图　　　图 10-31　我国第一颗原子弹爆炸后升起的蘑菇云

轻核的聚变 把轻核结合成质量较大的核，同时释放出大量核能的核反应叫作核聚变，如图 10 – 32 所示。

$$_1^2H + _1^3H \rightarrow _2^4He + _0^1n + 17.6 \text{ MeV}$$

轻核产生聚变反应须在几百万至几千万度的超高温下进行，故也称为热核反应。太阳内部进行的核反应就是热核反应。热核反应一旦发生，就不再需要外界继续提供能量，靠自身产生的热就可以进行下去。

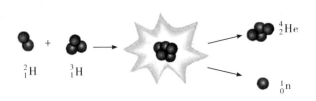

图 10 – 32 一个氘核和一个氚核的聚变反应

图 10 – 33 氢弹

利用热核反应可以制造出大规模杀伤武器——氢弹，如图 10 – 33 所示。氢弹是通过原子弹爆炸所产生的高温、高压来引发氢核聚变的。目前还没有办法和平利用核聚变释放的巨大能量。

核力 在原子核中核子之间存在着一种很强的作用力，将核子紧紧拉在一起，这种力称为核力。核力只作用在相邻的核子之间，其作用范围是 2×10^{-15} m，核力比质子间的库仑力大得多，即核力的特点是短程、强大，是万有引力、电磁力之外的另一种力。核力只在短距离内起作用，超出这个距离，核力迅速减小为零。

由于核子间存在核力，因此原子核分裂成核子或核子结合成原子核都伴随着巨大的能量变化，这种能量称为核能。例如一个质子和一个中子结合成一个氘核要放出 2.2 MeV 的能量。

爱因斯坦质能方程 爱因斯坦（见图 10 – 34）的相对论指出，物体的质量和能量存在着密切关系：

$$E = mc^2$$

这就是爱因斯坦质能方程。它揭示了质量和能量之间存在着简单的正比关系，物体的能量增大了，质量也增大；能量减少了，质量也减少。如果能量增加（或减少）ΔE，质量相应增加（或减少）Δm。即：

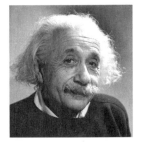

图 10 – 34 爱因斯坦

$$\Delta E = \Delta mc^2$$

质量亏损 由于核子结合成原子核时放出结合能，故核的质量与组成它的每个核子的质量总和相比要小一些。组成原子核的核子的质量与原子核的质量之差叫作核的质量亏损（mass defect）。

设稳定核的质量为 M_A，质子的质量为 M_P，中子的质量为 M_n，则质量亏损

$$\Delta m = ZM_P + NM_n - M_A$$

式中，Z 为质子数，N 为中子数。

1. 根据质量亏损计算核能

（1）根据核反应方程，计算核反应前和核反应后的质量亏损 Δm。

（2）根据爱因斯坦质能方程 $E = mc^2$ 或 $\Delta E = \Delta mc^2$ 计算核能。

（3）计算过程中 Δm 的单位是千克，ΔE 的单位是焦耳。

2. 利用原子质量单位 u 和电子伏特计算核能

（1）明确原子单位 u 和电子伏特间的关系。

由 1 u = $1.660\ 6 \times 10^{-27}$ kg，1 eV = 1.6×10^{-19} J，

得 $E = mc^2 = 931.5$ MeV。

（2）根据 1 u 相当于 931.5 MeV 能量，用核子结合成原子核时质量亏损的原子质量单位数乘以 931.5 MeV，即：$\Delta E = \Delta m \times 931.5$ MeV。

（3）上式中，Δm 的单位是 u，ΔE 的单位是 MeV。

3. 根据能量守恒和动量守恒计算核能

参与核反应的粒子所组成的系统，在核反应过程中的动量和能量是守恒的，因此，在题目中没有涉及质量亏损，或者核反应所释放的核能全部转化为生成的新粒子的动能而无光子辐射的情况下，从动量和能量守恒可以计算出核能的变化。

4. 应用阿伏伽德罗常数计算核能

若要计算具有宏观质量的物质中所有原子核都发生核反应所放出的总能量，应用阿伏伽德罗常数计算核能较为简便。

（1）根据物体的质量 m 和摩尔质量 M，由 $n = \dfrac{m}{M}$ 求出摩尔数，并求出原子核的个数：

$$N = N_A n = N_A \frac{m}{M}$$

（2）由题设条件求出一个原子核与另一个原子核反应放出或吸收的能量 E_0（或直接从题目中找出 E_0）。

（3）再根据 $E = NE_0$ 求出总能量。

例题 已知氘核质量为 2.013 6 u，中子质量为 1.008 7 u，${}_2^3\text{He}$ 核的质量为 3.015 0 u。两个速率相等的氘核对心碰撞聚变成 ${}_2^3\text{He}$ 并放出一个中子，释放的核能也全部转化为机械能。（质量亏损为 1 u 时，释放的能量为 931.5 MeV。除了计算质量亏损外，${}_2^3\text{He}$ 的质量可以认为是中子的 3 倍。）

（1）写出该核反应的反应方程式；

（2）该核反应释放的核能是多少？

解析：（1）核反应方程为：${}_1^2\text{H} + {}_1^2\text{H} \rightarrow {}_2^3\text{He} + {}_0^1\text{n}$

（2）质量亏损为：$\Delta m = 2.013\ 6 \times 2\ \text{u} - (3.015\ 0 + 1.008\ 7)\ \text{u} = 0.003\ 5$ u

释放的核能为 $\Delta E = \Delta mc^2 = 931.5 \times 0.003\ 5$ MeV = 3.26 MeV

注意：应用爱因斯坦质能方程时，要注意单位的使用。当 Δm 用 kg 做单位，c 用 m/s 做单位时，ΔE 的单位是 J，也可像本题利用 1 u 质量对应的能量为 931.5 MeV。

阅读材料

加蓬的天然核反应堆

根据铀－235 在商业反应堆中的裂变过程和铀在地层中的巨大蕴藏量，保罗·酷鲁达（Paul Kuroda）预言在某种特定环境下自然界存在天然的核反应堆。时至今日，在地壳中

铀 - 235 与铀 - 238 的比率为 0.7%，由于铀 - 235 的半衰期较铀 - 238 短，因此很多年以前这个比率应该会高得多。

能够自我持续的裂变反应要具有以下的条件：在一个铀的堆积中，铀 - 235 的含量为 3%（现代核反应堆的水平）；拥有吸收使裂变产生的中子减速的物质（如水、石墨或大部分有机物）；不能存在能完全吸收中子的物质（如铁、钾、铍）。

在 1972 年，在西非加蓬的奥克罗矿山发现了这样的一个反应堆。这是一个存了 20 亿年的沉积铀，它约有 5~10 米厚，600~900 米宽，沐浴着一条古老的河流。据估算，这个反应堆释放了大约 15G 瓦年（1.3×10^{11} 千瓦时）的能量，运行的平均功率达到了 100 千瓦。华盛顿大学的物理学家提出了一个相似模型以支持关于这种自调节机理的猜测。根据麦什克（Alex Meshik）的说法，这个反应堆是间歇性的工作方式，它先启动大约 30 分钟放出热量使周围的水沸腾，然后就因没有足够的水来中和裂变中子而关闭 2.5 小时，等水充入之后再次启动。

科学家用质谱仪对这一地区的岩石样本进行检测，推断出了这种奇妙的循环方式。麦什克说在这个古老反应堆物质中发现的细小的磷酸铝结晶保留了关于这种反应堆模式的信息。

练习五

1. 关于核能，下列说法中正确的有（　　）。

　A. 是核子结合成原子核时，需吸收的能量

　B. 是核子结合成原子核时，能放出的能量

　C. 不同的核子结合成原子核时，所需吸收的能量相同

　D. 使一个氘核分解成一个中子和一个质子时，吸收的能量是一个恒定值

2. 质子的质量 m_P，中子的质量为 m_n，它们结合成质量为 m 的氘核，放出的能量应为（　　）。

　A. $(m_P + m_n - m)c^2$　　B. $(m_P + m_n)c^2$　　C. mc^2　　D. $(m - m_P)c^2$

3. 关于我国已建成的秦山和大亚湾两座核电站，下面说法正确的是（　　）。

　A. 它们都是利用核裂变释放的原子能

　B. 它们都是利用核聚变释放的原子能

　C. 一座是利用核裂变释放原子核能，一座是利用核聚变释放原子核能

　D. 以上说法均不对

4. 在计算核子和原子核的质量时，以 u 为单位比较方便，下列关于 u 的说法，正确的是（　　）。

　A. 1 u ≈ 1.66×10^{-27} kg　　　　B. 1 u 等于碳 12 质量的 $\frac{1}{12}$

　C. 1 u 相当于 931.5 MeV 能量　　　D. u 表示一个核子的质量

5. 已知质子的质量为 1.006 722 7 u，中子的质量为 1.008 665 u，它们结合成碳核 $^{12}_6C$ 的质量为 12.000 000 u，放出的能量为_____。

6. 一个 α 粒子轰击硼核 $^{11}_5B$，生成碳 14，并放出 0.75×10^6 eV 的能量，其核反应方程是_____，反应过程中质量亏损是_____kg。

7. 正负电子对撞后，转化为两个光子的总能量是_____（正负电子质量 $m = 0.91 \times 10^{-30}$ kg，光子的静止质量为零）。

8. 原来静止的氡核 $^{222}_{86}Rn$ 放出一个 α 粒子后变成钋核 $^{218}_{84}Po$，已知氡核、α 粒子和钋核的质量分别为 222.017 5 u、4.002 6 u 和 218.008 9 u。试求：

（1）此核反应中释放的能量为多少？

（2）若这些能量全部转化为钋核和 α 粒子的动能，则钋核的动能为多少？

9. 四个氢核变成一个氦核，同时放出两个正电子，释放出多少能量？若 1 g 氢完全聚变，能释放多少能量？（氢核质量为 1.008 142 u，氦核质量为 4.001 509 u）

思考题

1. 有什么事实和理由可以说明放射性元素放出的射线来自原子核的内部？天然放射性现象的发现对物质微观结构的研究有什么意义？

2. "γ 射线是能量很高的电磁波，波长很短"，为什么说电磁波的光子能量高，它的波长就一定短？

3. 当人们发现质子，并在许多原子核中打出了质子以后，有什么理由可以认定原子核中一定还存在着另外不同种类的粒子？

4. 如何利用碳 14 进行年代测定？

5. 请分析：在地球上实现受控热核反应的必要性、可能性和困难是什么？

6. 查阅资料，或到当地的地矿所、防疫站、环保局访问，了解 A、B、C 三类控制标准的具体内容。了解家庭装修中使用石材应该注意的问题。

习题十

一、选择题

1. α 粒子散射实验观察到的现象是：当 α 粒子束穿过金箔时（　　）。

A. 绝大多数 α 粒子发生很大偏转，极少数 α 粒子不发生偏转

B. 绝大多数 α 粒子不发生偏转，少数 α 粒子发生很大偏转，有个别 α 粒子反弹回来

C. 绝大多数 α 粒子只有很小角度的偏转

D. 大多数 α 粒子不发生偏转，少数 α 粒子发生小角度偏转

2. 某放射性原子核 A，经一次 α 衰变成为 B，再经一次 β 衰变成为 C，则（　　）。

A. 原子核 C 的中子数比 A 少 2　　　　B. 原子核 C 的质子数比 A 少 1

C. 原子核 C 的中子数比 B 少 1　　　　D. 原子核 C 的质子数比 B 少 1

3. 一个静止的放射性原子核处于垂直纸面向里的匀强磁场中，由于发生了衰变而形成了如图 10 - 35 所示的两个圆形轨迹，两圆半径之比为 1 : 16，以下说法正确的是（　　）。

A. 该原子核发生了 α 衰变

B. 反冲核沿小圆做逆时针方向运动

C. 原静止的原子核的原子序数为 15

D. 沿大圆和沿小圆运动的粒子的周期相同

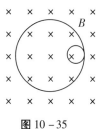

图 10 - 35

4. α 粒子轰击铍后生成 $^{12}_{6}C$，同时放出一种射线，有关这种射线说法不妥的是（　　）。

A. 源于原子核　　　　　　　　B. 能穿透几厘米的铅板

   C. 在磁场中不偏转   D. 它是一种带电粒子流

5. 不同元素都有自己独特的光谱线,这是因为各元素的 (　　　)。

   A. 原子序数不同   B. 原子质量数不同

   C. 激发源能量不同   D. 原子能级不同

6. 氢原子核外电子从第 3 能级跃迁到第 2 能级时,辐射的光照在某金属上能发生光电效应, 那么,以下几种跃迁能辐射光子且能使金属发生光电效应的有 (　　　)。

   A. 处于第 4 能级的氢原子向第 3 能级跃迁

   B. 处于第 2 能级的氢原子向第 1 能级跃迁

   C. 处于第 3 能级的氢原子向第 5 能级跃迁

   D. 处于第 5 能级的氢原子向第 4 能级跃迁

7. 图 10 – 36 为氢原子的能级图,若氢原子处于 $n = 2$ 的激发态,则当它发光时,放出的光子能量应当是 (　　　)。

   A. 13.60 eV   B. 12.75 eV

   C. 10.20 eV   D. 1.89 eV

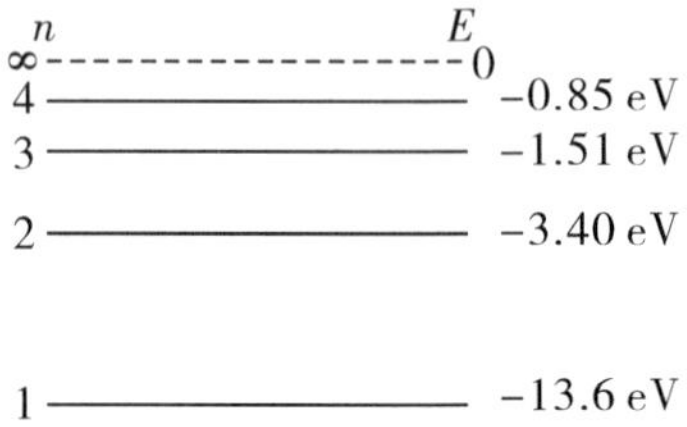

8. 根据玻尔的理论,氢原子辐射一个光子后,下列的说法中正确的是 (　　　)。

   A. 电子的运动半径增大   B. 氢原子的能级增大

   C. 氢原子的电势能增大   D. 电子的动能增大

图 10 – 36

9. 用一束单色光照射处于基态的一群氢原子,这些氢原子吸收光子后处于激发态,并能发射光子,现测得这些氢原子发射的光子频率仅有三种,分别为 ν_1、ν_2 和 ν_3,且 $\nu_1 < \nu_2 < \nu_3$。则入射光子的能量应为 (　　　)。

   A. $h\nu_1$ B. $h\nu_2$ C. $h(\nu_1 + \nu_2)$ D. $h\nu_3$

10. 一原子质量单位为 u,且已知 1 u = 931.5 MeV,c 为真空中光速,当质量分别为 m_1、m_2 千克的两种原子核结合成质量为 M 千克的新原子核时,释放出的能量是 (　　　)。

   A. $(M - m_1 - m_2)c^2$ J   B. $(m_1 + m_2 - M) \times 931.5$ J

   C. $(m_1 + m_2 - M)c^2$ J   D. $(m_1 + m_2 - M) \times 931.5$ MeV

11. 由图 10 – 37 可得出结论 (　　　)。

   A. 质子和中子的质量之和小于氘核的质量

   B. 质子和中子的质量之和等于氘核的质量

   C. 氘核分解为质子和中子时要吸收能量

   D. 质子和中子结合成氘核时要吸收能量

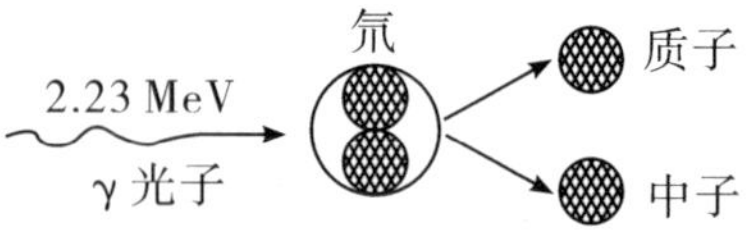

图 10 – 37

12. 原子核科学家在超重元素的探测方面取得重大进展。1996 年科学家们研究某两个重离子结合成超重元素的反应时,发现生成的超重元素的核 $^A_Z X$ 经过 6 次 α 衰变后的产物是 $^{253}_{100} Fm$,由此可以判定生成的超重元素的原子序数和质量数分别是 (　　　)。

   A. 124,259   B. 124,265   C. 112,265   D. 112,277

13. 在下列四个方程,X_1、X_2、X_3 和 X_4 各代表某种粒子,以下判断中正确的是 (　　　)。

$$^{235}_{92} U + {}^1_0 n \rightarrow {}^{92}_{36} Kr + {}^{141}_{56} Ba + 3X_1 \qquad {}^{30}_{15} P \rightarrow {}^{30}_{14} Si + X_2$$

$$^{238}_{92} U \rightarrow {}^{234}_{90} Th + X_3 \qquad\qquad {}^{234}_{90} Th \rightarrow {}^{234}_{91} Pa + X_4$$

   A. X_1 是 α 粒子   B. X_2 是质子

   C. X_3 是中子   D. X_4 是电子

14. 目前，在居室装修中经常用到花岗岩、大理石等材料，这些岩石都不同程度地含有放射性元素，比如，有些含有铀、钍的花岗岩等材料会释放出放射性惰性气体氡，而氡会发生放射性衰变，放出 α、β、γ 射线，这些射线会导致细胞发生癌变及呼吸道等方面的疾病，根据有关放射性知识可知，下列说法正确的是（   ）。

   A. 氡的半衰期为 3.8 天，若取 4 个氡原子核，经 7.6 天后就一定剩下一个原子核了

   B. β 衰变所释放的电子是原子核内的中子转化成质子和电子所产生的

   C. γ 射线一般伴随着 α 或 β 射线产生，在这三种射线中，γ 射线的穿透能力最强，电离能力也最强

   D. 发生 α 衰变时，生成核与原来的原子核相比，中子数减少了 4

15. "轨道电子俘获"也是放射性同位素衰变的一种形式，它是指原子核（称为母核）俘获一个核外电子，其内部一个质子变为中子，从而变成一个新核（称为子核），并且放出一个中微子的过程。中微子的质量很小，不带电，很难被探测到，人们最早就是通过子核的反冲而间接证明中微子的存在的。一个静止的原子的原子核发生"轨道电子俘获"，衰变为子核并放出中微子，下列说法正确的是（   ）。

   A. 母核的质量数等于子核的质量数   B. 母核的电荷数大于子核的电荷数

   C. 子核的动量与中微子的动量相同   D. 子核的动能大于中微子的动能

16. 下列氚反应中属于核聚变的是（   ）。

   A. $^{2}_{1}H + ^{3}_{1}H \rightarrow ^{4}_{2}He + ^{1}_{0}n$

   B. $^{234}_{90}Th \rightarrow ^{234}_{91}Pa + ^{0}_{-1}e$

   C. $^{235}_{92}U + ^{1}_{0}n \rightarrow ^{139}_{54}Xe + ^{95}_{38}Sr + 2^{1}_{0}n$

   D. $^{9}_{4}Be + ^{4}_{2}He \rightarrow ^{12}_{6}O + ^{1}_{0}n$

17. 某原子核的衰变过程为：$X \xrightarrow{\beta \text{衰变}} Y \xrightarrow{\alpha \text{衰变}} P$，则（   ）。

   A. X 的中子数比 P 的中子数少 2   B. X 的质量数比 P 的质量数多 5

   C. X 的质子数比 P 的质子数少 1   D. X 的质子数比 P 的质子数多 1

18. 元素钍 $^{234}_{90}Th$ 的半衰期是 24 天，那么在经过了下列天数之后的情况是（   ）。

   A. 1 g 钍 234 经过 48 天将全部衰变

   B. 1 g 钍 234 经过 48 天，有 0.25 g 发生了衰变

   C. 1 g 钍 234 经过 72 天，剩 0.125 g 未发生衰变

   D. 在化合物中，钍 234 的半衰期比 24 天要短些，1 g 钍 234 要完全衰变用不了 48 天

19. 正电子是电子的反粒子，它跟普通电子的电量相等，而电性相反，科学家设想在宇宙的某些部分可能存在完全由反粒子构成的物质——反物质。1997 年初和年底，欧洲和美国的科学研究机构先后宣布：他们分别制造出 9 个和 7 个反氢原子，这是人类探索反物质的一大进步，由此推测反氢原子的结构是（   ）。

   A. 由一个带正电荷的质子与一个带负电荷的电子构成

   B. 由一个带负电荷的质子与一个带正电荷的电子构成

   C. 由一个不带电的中子与一个带负电荷的电子构成

   D. 由一个带负电荷的质子与一个带负电荷的电子构成

20. 北京奥委会接受专家的建议，大量采用对环境有益的新技术。如奥运会场馆周围80% ~ 90%的路灯将利用太阳能发电技术、奥运会 90% 的洗浴热水将采用全玻璃真空太阳能集热技术。太阳能的产生是由于太阳内部高温高压条件下的热核聚变反应形成的，其核反应方程是（   ）。

A. $4{}_{1}^{1}H \rightarrow {}_{2}^{4}He + 2{}_{1}^{0}e$　　　　　　B. ${}_{7}^{14}N \rightarrow {}_{2}^{4}He + {}_{8}^{17}O + {}_{1}^{1}H$

C. ${}_{92}^{235}U + {}_{0}^{1}n \rightarrow {}_{54}^{135}Xe + {}_{38}^{90}Sr + 10{}_{0}^{1}n$　　　　D. ${}_{92}^{238}U \rightarrow {}_{90}^{234}Th + {}_{2}^{4}He$

二、填空题

21. 某放射性元素经过 m 次 α 衰变和 n 次 β 衰变，变成了一种新原子核，新原子核比原来的原子核的质子数减少_____。

22. 某放射性元素经一系列 α 衰变和 β 衰变，由 ${}_{92}^{238}X$ 变成 ${}_{91}^{234}Y$，这个过程共有_____次 α 衰变，_____次 β 衰变。

23. 完成下列核反应方程式，并注明反应类型：

（1）${}_{92}^{232}U \rightarrow {}_{90}^{228}Th +$ _____　　　　　这是_____

（2）${}_{90}^{234}Th \rightarrow {}_{91}^{234}Pa +$ _____　　　　　这是_____

（3）${}_{1}^{2}H +$ _____ $\rightarrow {}_{2}^{4}He + {}_{0}^{1}n$　　　　这是_____

（4）${}_{92}^{235}U + {}_{0}^{1}n \rightarrow {}_{38}^{90}Sr + {}_{54}^{136}Xe +$ _____${}_{0}^{1}n$　这是_____

（5）${}_{7}^{14}N +$ _____ $\rightarrow {}_{8}^{17}O + {}_{1}^{1}H$　　　这是_____

三、计算题

24. 氢原子基态的轨道半径为 0.53×10^{-10} m，基态能量为 -13.6 eV，将该原子置于静电场中使其电离，静电场场强大小至少为多少？静电场提供的能量至少为多少？

25. ${}_{90}^{232}Th$（钍）经过一系列 α 衰变和 β 衰变，变成 ${}_{82}^{208}Pb$（铅），问：在此过程中，经过多少次 α 衰变，经过多少次 β 衰变？

26. 如图 10-38 所示，静止在匀强磁场中的 ${}_{3}^{6}Li$ 核俘获一个速度为 $v_0 = 7.7 \times 10^4$ m/s 的中子而发生核反应：

$${}_{3}^{6}Li + {}_{0}^{1}n \rightarrow {}_{1}^{3}H + {}_{2}^{4}He$$

若已知 He 的速度为 $v_2 = 2.0 \times 10^4$ m/s，其方向跟中子反应前的速度方向相同。

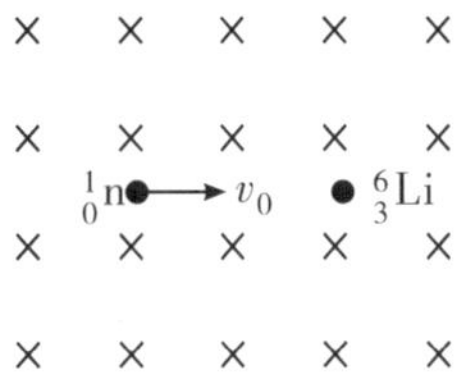

（1）${}_{1}^{3}H$ 的速度是多大？

（2）在图中画出粒子 ${}_{1}^{3}H$ 和 ${}_{2}^{4}He$ 的运动轨迹，并求它们的轨道半径之比。

（3）当粒子 ${}_{2}^{4}He$ 旋转了 3 周时，粒子 ${}_{1}^{3}H$ 旋转几周？

图 10-38

27. 氢原子基态的能量为 -13.6 eV，电子绕核运动的最小半径 $r_1 = 0.53 \times 10^{-10}$ m。求氢原子处于 $n=2$ 的激发态时：

（1）原子系统具有的能量；

（2）电子在轨道中运动的动能；

（3）电子具有的电势能。

28. 氢原子的核外电子可以在半径为 2.12×10^{-10} m 的轨道上运动，试求在这个轨道上运动时，电子的速度是多少？（$m_e = 9.1 \times 10^{-30}$ kg）

29. 核聚变能是一种具有经济性能优越、安全可靠、无环境污染等优势的新能源。近年来，受控核聚变的科学可行性已得到验证，目前正在突破关键技术，最终将建成商用核聚变电站。一种常见的核聚变反应是由氢的同位素氘（又叫重氢）和氚（又叫超重氢）聚合成氦，并释放一个中子。若已知氘原子的质量为 $2.014\ 1$ u，氚原子的质量为 $3.016\ 0$ u，氦原子的质量为 $4.002\ 6$ u，中子的质量为 $1.008\ 7$ u，1 u $= 1.66 \times 10^{-27}$ kg。

（1）写出氘和氚聚合的反应方程。

（2）试计算这个核反应释放出来的能量。

（3）若建一座功率为 3.0×10^5 kW 的核聚变电站，假设聚变所产生的能量有一半变成了电能，每年要消耗多少氘的质量？

（一年按 3.2×10^7 s 计算，光速 $c = 3.00 \times 10^8$ m/s，结果保留两位有效数字）

30. 1930 年，科学家发现钋放出的射线贯穿能力极强，它甚至能穿透几厘米厚的铅板。1932 年，年轻的英国物理学家查德威克用这种未知射线分别轰击氢原子和氮原子，结果打出一些氢核和氮核。若未知射线均与静止的氢核和氮核正碰，测出被打出的氢核最大速度为 $v_H = 3.5 \times 10^7$ m/s，被打出的氮核的最大速度 $v_N = 4.7 \times 10^6$ m/s，假定正碰时无机械能损失，设未知射线中粒子质量为 m，初速为 v，质子的质量为 m'。

（1）推导被打出的氢核和氮核的速度表达式；

（2）根据上述数据，推算出未知射线中粒子的质量 m 与质子的质量 m' 之比（已知氮核质量为氢核质量的 14 倍）。

参考答案

第一章

1. 在研究航空母舰行驶的距离时可以看成质点；不能。
2. 倾斜落向东南方向。在竖直方向上，雨滴相对飞机向下运动；在水平方向上雨滴相对飞机向东运动，综合竖直和水平两个方向雨滴相对飞机向东南方向运动。
3. 诗人提到了"飞花""榆堤""云""我"的运动；其中"飞花"是以船为参考系，"卧看满天云不动"是"云与我"以船为参考系，"云与我俱东"是"云与我"以两岸的"榆堤"为参考系。
4. 24 分钟，48 分钟，73 分钟
5. 第一个问题：这句话的重点在形容坐标系，它是真实存在的，是依附于一个客观实在的实物参考系上的。尽管坐标都是用数字表现出来的，有标准的刻度，有标准的方向，但相同的两个坐标，放在不同的地方（即它依附的实物），其内容表示的含义就不一样。就火车上的人，这个坐标可能是在大地上，可能是在火车上，车里的人按照火车上的坐标运动就是一个点，而对于大地的坐标就是一个运动曲线。所以坐标系是需要根据实物来确定的，坐标系是参考系的数学抽象。要描述物体的运动，需要建立坐标系。

   第二个问题：描述某一个物理过程，就需要量度的标准，对于运动而言，这个标准就是参考系，只有有了一个运动方式确定的参考系，才能对要描述的运动过程进行准确的定量描述。若是参考系不确定，运动就不确定，因此描述运动一定要有参考系。而无坐标系能否准确描述运动的问题，严格上讲，无坐标系是不能描述的。坐标能够准确反映运动过程中任意时刻的位置。

1. 始终向着同一方向运动的直线运动。
2. 200 km/h 是平均速度，600 m/s 是瞬时速度。
3. 不对，加速度与速度没有必然的联系。

4. 0.5 m/s^2

5. 32 m；2s

6. 7.12；1.85；2.22

练习三

1. 2 m/s^2；7 m/s

2. 400 000 m/s^2；0.001 s

3. 13 m/s；图略

4. 21 m/s；16.89 m

5. 8 m/s

6. 经过 2.0 s，3.0 s，4.0 s，物体的位移分别是 40 m，45 m，40 m；通过的路程分别是 40 m，45 m，50 m；各秒末的速度分别是 10 m/s，0，−10 m/s。

练习四

1. A. h；B. v_0、h；C. v_0、h

2. 5.37 m/s

3. 落地速度 $\sqrt{401}$ m/s；方向不与地面垂直；水平距离 2 m

4. 射高 Y 和飞行时间 T 都是垂直方向的分运动决定的，即竖直上抛运动决定的。

5. 见课本，略。

6. 当炮筒的仰角是 30°、45°、60° 时，炮弹的射高依次增大，而射程是仰角 45° 时最大，仰角 30°、60° 时相等，小于仰角 45° 时的射程。

练习五

1. 物理公式中正比、反比是有前提的，应该说：当线速度 v 相同时，a_N 与 r 成反比；当角速度 ω 相同时，a_N 与 r 成正比。

2. 周期、角速度相等，线速度不等。

3. 25∶18

4. ①1∶4；②2∶1；③1∶2；④1∶3

5. $w = \sqrt{\dfrac{g}{r}}$

习题一

一、选择题

1. B　2. B　3. B　4. D　5. C　6. C　7. B　8. D　9. A　10. C　11. A　12. A　13. AD　14. B　15. C　16. D　17. D　18. A　19. B　20. CD

二、填空题

21. 1∶1；$(2\sqrt{2}+1)∶3$

22. BDFAEC

23. 1.5；0.075

24. 12；12

25. 4 m/s

26. $\dfrac{L}{4}$

27. 20 m

28. 0.4 s

29. 25 m/s

30. 1∶1；2∶1；2∶1

31. 3∶1

三、计算题

32. 加速度 2 m/s²；速度分别为 0.2 m/s，2.2 m/s，4.2 m/s。

33. 10 m

34. (1) 115 s；(2) 77.46 s；51.64 m/s

35. 10 s

36. 不能追上，最小距离 7 m。

37. (364 − 168) m = 196 m > 180 m，相撞。

38. 125 m

39. 3.3 s

40. 1 275 m

41. 先抛物体运动 4 s 后相遇。

42. (1) 20 m　60 m　100 m　140 m　180 m；(2) 400 m　800 m　1 200 m　1 600 m　2 000 m

43. 起跳速度 $10\sqrt{3}$ m/s；飞行时间 2 s。

44. 2∶4∶1

45. (1) 1∶1∶1；(2) 1∶2∶4

第二章

练习一

1. 测力计的读数是 5 N。

2. 重量为 30 N。

3. 启动时，前轮受到的是滑动摩擦力，方向向后；后轮受到的是静摩擦力，方向向前。匀速运动时，车轮受到的是滑动摩擦力，方向向后。

4. 当 F 的大小由 0 N 增至 56 N 时，地面所受的摩擦力是静摩擦力，大小与 F 相等，即也由 0 N 增至 56 N；当 F 的大小由 70 N 减小到 56 N 时，地面受到的摩擦力是滑动摩擦力，大小为 50 N。

5. 图略。

6. $F = \dfrac{1}{6}mg$

练习二

1. （1）运动员跑到终点以后，脚虽然停住，但是由于上身还处于惯性作用下，仍保持向前运动的状态，为了保持身体平衡，运动员仍需逐渐降低速度继续向前跑。

   （2）不能击中目标。因为炸弹被投下后，由于惯性，仍保持与飞机相同的水平速度，如果目标是静止的，炸弹会落到目标前方。

   （3）由于锤柄碰到地面就停住了，而锤头由于惯性还要向前运动，因此锤子就牢固了。

   （4）我们跳起来的时候，身体由于惯性，仍然保持与地球同样的运动状态，因此还落回原地。

2. 如果去掉 F_3，物体的加速度是 2 m/s^2。

3. 小迈没有注意到，相互平衡的两个力是作用在同一物体上的，而作用力和反作用力是分别作用在发生相互作用的两个物体上的，它们不可能是相互平衡的力。

4. 4 对作用力和反作用力：油桶的重力和油桶对地球的吸引力、油桶对汽车的压力和汽车对油桶的支持力、汽车对地球的压力和地球对汽车的支持力、汽车的重力和汽车对地球的吸引力。汽车对油桶的支持力和油桶的重力。

5. 4 N

6. 相等，是作用力与反作用力。

7. $\dfrac{20 - 10\sqrt{3}}{3} \text{ m/s}^2$

练习三

1. 45 N

2. $v = 4.8 \text{ m/s}$

3. $T_m = 500 \text{ N}$

4. 1.4 h

5. 你受到太阳的引力为 0.356 N，受地球的引力为 582.322 N，由此可以得到的结论：太阳对人的引力与地球对人的引力相比几乎可以忽略不计。秤上的示数将是白天的示数与晚上的示数相等。

6. $\dfrac{v^3 t}{2\pi G}$; $\dfrac{2\pi v}{t}$

7. 180 N

练习四

1. 做正功；$mgl\sin\theta\cos\theta$

2. 2 000；400；2 400；$240\sqrt{10}$

3. 50，25；62.5；62.5；75

4. 40 m/s；20 m/s

5. 证明略。

练习五

1. 530 m

2. $\dfrac{s}{8}$

3. 2 000 N

4. 5 m/s

5. A

练习六

1. AB

2. 证明略。

3. $-mgh$；mgh；mgh

4. 50 J；150 J

练习七

1. A：斜抛出去的铅球在空中飞行只有重力做功，机械能守恒。

   B：看研究对象是谁，如果是对小球和弹簧组成的系统而言，压缩并弹回的过程中只有弹力做功，小球和弹簧系统机械能守恒；如果只对小球而言，弹力是小球受到的外力，小球除了重力以外的力做功不为零，故小球的机械能不守恒。

   C：游艇受到的外力做功，机械能不守恒。

   D：忽略过山车受到摩擦阻力的情况下，机械能是守恒的。

2. $\sqrt{2gl(1-\cos\theta)}$

3. 2 s

4. 1.25×10^{6} J；3.125×10^{5} J；9.375×10^{5} J

5. $\sqrt{\dfrac{2(M-m\sin\alpha)gh}{M+m}}$

练习八

1. 人的动量大

2. 是；否；否

3. 钉钉子时用铁锤是因为铁锤形变很小，铁锤和钉子之间的相互作用时间很短，由动量定理，对于动量变化一定的铁锤，受到钉子的作用力大，根据牛顿第三定律，铁锤对钉子的作用力大，所以能把钉子钉进去。但在铺地砖时，需要较小的作用力，否则容易把地砖敲碎，因此铺地砖时用橡皮锤而不用铁锤。

4. 有；1.2 kg·m/s

5. 1 260 N

练习九

1. 是，动量守恒以及碰后动能也是守恒的。

2. 0.5 kg 的这个物体速度为 -0.1 m/s（负号表示与初始速度方向相反），1.5 kg 的物体速度为 0.1 m/s。

3. 非弹性碰撞，碰前总动能为 19 J，碰后总动能为 17 J，总动量守恒而总动能减小。

4. 1.5 m/s

5. $v = \dfrac{Mv_0 + mv_1}{M - m}$

6. $v_0 = \dfrac{M + m}{m} \sqrt{2gL(1 - \cos\theta)}$

习题二

一、选择题

1. B 2. D 3. AC 4. A 5. C 6. (1) D；(2) D 7. C 8. D 9. C 10. A
11. D 12. C 13. AC 14. C 15. C 16. B 17. B 18. ABD 19. C 20. AD
21. AB 22. A 23. C 24. D 25. AB 26. B 27. C 28. B 29. C 30. D
31. C

二、填空题

32. 一切；质量

33. 合外力；恒定；变化

34. $\sqrt{\dfrac{2ms}{F}}$；$\sqrt{\dfrac{2Fs}{m}}$；2；$\dfrac{1}{2}$

35. $\dfrac{a_1 a_2}{a_1 + a_2}$

36. 2；6

37. 216

38. G 与 N；N 与 F

39. 2；木块 A 对木块 B 的压力；弹力；弹力；摩擦力；滑动；静

40. $\dfrac{1}{7}$；$\dfrac{10}{7}$；$\dfrac{35}{4}$

41. 0；6；水平向右；6；水平向左

42. 1.5×10^6；1.5×10^6

43. 4 : 1

44. $\dfrac{P}{mg\sin\alpha + kmg}$

45. $\dfrac{mv}{M - m}$

46. 100

三、计算题

47. 20 N

48. $\mu = 0.3$

49. 4 N，方向水平向右。

50. $h = \dfrac{v^2}{2a} = \dfrac{(2M + m)v^2}{2mg}$

51. 1.92×10^6 W

52. 临界，B 刚脱离斜面飘起时，$F_0 = \dfrac{(M+m)}{\tan \theta}$，$T_0 = \dfrac{mg}{\sin \theta}$。

　　当 $F > F_0$ 时，$T = m\sqrt{g^2 + \dfrac{F^2}{(M+m)^2}}$；当 $F < F_0$ 时，$T = mg\sin \theta + \dfrac{m}{m+M}F\cos \theta$。

53. $F_0 = \dfrac{3}{4}mg$，$v_C = \dfrac{\pi}{T}\sqrt{5Rr}$

54. 5.2×10^{26} kg

55. （1）0.74；（2）3.8 m/s^2

56. 子弹落地处离杆距离 100 m；子弹的动能有 1 160 J 转化成了热能。

57. 抛出时的动能 160 J；克服重力所做的功 160 J；最高点重力势能 160 J。

58. 汽车的牵引力 5 625 N（牵引力做功 5.625×10^5 J，汽车增加机械能 3.125×10^5 J，动能减小 1.875×10^5 J、重力势能增加 5×10^5 J，汽车克服摩擦产热 2.5×10^5 J）。

59. $s_1 = \dfrac{h}{\mu}$；s 不变。

60. （1）$\sqrt{2gR}$；（2）$2\sqrt{R(H-R)}$

61. （1）$3mg$；（2）$2.5R$

62. 速度大小为 10 m/s，方向与原方向相反。

63. $\dfrac{m}{M+m}L$

64. （1）能，6.68×10^{-27} kg；（2）不能求出相互作用力，因为不知道相互作用的时间。

65. $\Delta v = \dfrac{nm}{m_1 + nm}(v - v_1)$

66. $\dfrac{\left(v_0 - \dfrac{M}{m}\sqrt{2gH}\right)^2}{2g}$

67. $\theta = \arccos \dfrac{3}{4}$

68. $\dfrac{\sqrt{2h_1} + \sqrt{2h_2}}{\sqrt{5R}}m$

69. $\sqrt{10}$ m/s

第三章

练习一

1. 略。

2. 1.2 s；0.2 m

3. 0.993 m

4. $t = \pi\sqrt{\dfrac{R}{g}}$

5. 应增长摆长，摆长的改变量是原来长度的 0.007 倍。

练习二

1. 如雪崩现象；汽车刚启动时抖动得厉害等。

2. 开始时，脱水桶转动的频率远高于洗衣机的固有频率，振幅较小，振动比较弱；当洗衣机脱水桶转动的频率等于洗衣机的固有频率时发生共振，振动剧烈。

3. 5.3 m/s

4. $0.5mg$；$2A$

5. $\dfrac{\pi m}{2}\sqrt{gL}$；$m\sqrt{2gL(1-\cos\alpha)}$；0

练习三

1. a 质点向下振动，b 质点速度为 0，c 质点向上振动，d 质点向上振动，由于 b 质点向平衡位置运动，则 b 质点的振动速度增大，a、c、d 质点远离平衡位置运动，则 a、c、d 质点的振动速度减小；此时刻起经过四分之一周期内，质点 a、d 先到达最大振幅处又返回，在最大位移处附近运动，速度较慢，通过的路程小于一个振幅，即 10 cm。

2. 质点 A 向上振动，波向左传播。

3. 地震的震源距这个观测站 31.2 km。

4. $\dfrac{10}{3}$ s

5. $\dfrac{8}{3}$ m/s

6. 等于波长的 $\dfrac{1}{2}$

习题三

一、选择题

1. AC　2. A　3. B　4. C　5. AC　6. B　7. D　8. BD　9. D　10. A

二、填空题

11. 0.2 s；5

12. 向下；0

13. 水；在水中波长大

14. 向右传播时，波速为 5（1+4n）；向左传播时，波速为 5（3+4n），其中两式中 $n=0$，1，2，3，…

15. 沿 y 轴负方向

16. $\dfrac{\lambda}{2}$

三、计算题

17. 略，用周期公式计算摆长即可。

18. 小球运动过程中的最大速度值为 0.08π m/s

解析：由图 3-37b 可知摆球的振幅 $A = 0.08$ m，周期 $T = 2$ s

以摆球为研究对象，由周期公式：$T = 2\pi\sqrt{\dfrac{L}{g}}$

由机械能守恒：$mgL(1 - \cos\theta) = \dfrac{1}{2}mv_{max}^2$

由三角函数知识：$1 - \cos\theta = 2\sin^2\dfrac{\theta}{2} \approx \dfrac{\theta^2}{2}$

由圆的知识：$\theta = \dfrac{A}{L}$

联立解得：$v_{max} = 0.08\pi$ m/s

19. $\dfrac{5}{2\pi^2}$

20. 41.0 m/s

21. 4.37 倍

22. A、B 两点相位同相和 A、C 两点相位反相。

23. 证明略。

第四章

练习一

1. D 2. CD 3. CD 4. A 5. A 6. FCBAED

7. ①分子重新分布；②一部分分子间隙被分子占据

8. 62.5；1 429

9. 1.5×10^{23}；3×10^{-9}

练习二

1. A 2. D 3. BC；A 4. B 5. CD 6. A 7. AD 8. C

练习三

1. A 2. D 3. A 4. B 5. BD 6. BCD

7. 放出；2.5×10^3

习题四

一、选择题

1. A 2. D 3. BC 4. B 5. A 6. B 7. BD 8. B 9. A 10. B 11. C（斥力比吸引力变化快） 12. A 13. D 14. C 15. D 16. D 17. C 18. B 19. D 20. A

二、填空题

21. $\dfrac{6M\rho s^2}{\pi m^2}$

22. 1.9×10^{23}

23. $\dfrac{5}{nNs}$

24. （1）120；（2）6.3×10^{-10}；（3）为了油膜在水面上形成单分子薄膜

25. 5.4×10^{23}

26. $\sqrt[3]{\dfrac{6M}{\pi \rho N_A}}$

27. 空气分子撞击灰尘颗粒；空气分子的无规则运动使灰尘受力不均；发生无规则运动

28. 5.49×10^5；183

29. 改变物体内能；内能；其他形式的能；内能

30. 化学；内；机械

31. 增加；180

32. 放；5×10^4

三、计算题

33. 2.0×10^{16} 个；3.3×10^8 分钟

34. 4×10^{-10} m；20 cm^3

35. 7.0×10^{21} 个；2.2×10^{-10} m

36. （1）1 到 2 是等压升温，体积变大；2 到 3 是等温变化，压强减小，体积变大；3 到 4 是等压变化，温度降低，体积减小；4 到 1 是等温变化，压强增大，体积减小。（2）图略。

37. 1 300 J

第五章

练习一

1. 6.25×10^{18}

2. 吸引力；排斥力

3. 8×10^{-16} N

4. $\dfrac{3}{4}$

5. 8.64×10^{-11} N；3.6×10^{-12} N

6. 1.6×10^{-11} N；方向水平向左

7. ①765 N；②$1.14 \times 10^{29}$ m/s²

练习二

1. 令 $Q_A = 1.0 \times 10^{-8}$ C，$Q_B = 2.0 \times 10^{-8}$ C，$Q_C = 3.0 \times 10^{-9}$ C；
   则 $F_A = 1.26 \times 10^{-5}$ N，方向由 B、C 指向 A；$F_B = 1.08 \times 10^{-5}$ N，方向由 B 指向 A；
   $F_C = 2.34 \times 10^{-5}$ N，方向由 A、B 指向 C。

2. 不对，电场线是人为假想的，电子粒子的具体轨迹还要分析受力。

3. 能，电场中任何两条电场线都不相交，因为任何一点只有一个电场方向。

4. $\dfrac{1}{n}$；n；不能；E 与电场本身相关，与 q、F 无关。

5. 5.1×10^{11} N/C，指向电子；8.2×10^{-8} N，指向质子。

6. $E = \dfrac{F}{q}$；重力场强度的方向与重力方向相同；重力场跟负电荷形成的电场相似。

练习三

1. （1）否；否
   （2）否；否
   （3）否；否
   （4）否；否

2. 减小；增大

3. C 点最高，B 点最低；200 V、-300 V、-100 V

4. -2×10^{-7} C

5. ①15 J；②30 J；③-15 J；④-30 J

6. M 点电势高；负值；M 点电势高；正值

7. 重力场强度 $E = \dfrac{G}{m}$；重力势：重力势是描述重力场能性质的物理量，在重力场中某一物体的重力势能与它质量的比值，叫作物体在这一点的重力势，$h = \dfrac{E_P}{mg}$；电场强度对应重力加速度，电势对应重力势（即高度），接地的负极板（电势为零）对应零高度面，电势能对应重力势能。

练习四

1. 电容减小，电量不变，电压变大，电场强度不变；电容减小，电量减小，电压不变，电场强度减小。

2. 60 V；48 V

练习五

1. 2.56×10^{-17} J；有两种解法，用动能定理更简便。

2. 4.8×10^{-26} kg

3. 1.9×10^{7} m/s，arctan 0.15

4. 只要电压相同，无论是否为匀强电场，电场力对带电粒子的作用都相同。

5. 27.2 eV，4.4×10^{-18} J

练习六

1. 是，第二次更多。

2. 2.0×10^{-9} F

3. ①不变；②减小；③增大

4. ①不变；②减小；③减小

一、选择题

1. A　2. A　3. B　4. C　5. D　6. A　7. B　8. C　9. C　10. D　11. D　12. C　13. A

14. C　15. A　16. A

二、填空题

17. $\dfrac{5F}{4}$

18. 2.0×10^5 N/C；水平向左；2.0×10^5 N/C；水平向右

19. b；c；125

20. 400

三、计算题

21. 负电，放在距离 $+Q$ 0.1 m 处，电量为 $+Q$ 的 $\dfrac{9}{16}$。

22. $2L\sin\theta\sqrt{\dfrac{mg\tan\theta}{k}}$

23. 2.2×10^{-18} J

24. $\dfrac{1}{3}$；1

25. 8.0×10^{-5} J；4.0×10^5 N/C，电势能转化为重力势能。

26. 24 V；8 V

27. 2.0×10^4 N/C

28. 2.0×10^{-4} N，10^{-3} N

29. （1）$U = \dfrac{E_{k0}}{e}$；（2）$s_y = \dfrac{d(E_k - E_{k0})}{eU_y}$

30. （1）U_1 为加速电场，U_2 为偏转电场

对 ${}_1^1\text{H}$ 有 $q_1 U_1 = \dfrac{1}{2}m_1 v_1^2$，$m_1 a_1 = q_1 E$（$E = \dfrac{U_2}{d}$）

设水平方向位移为 x，即 $x = v_1 t_1$

则 $\Delta y = \dfrac{1}{2}a_1 t_1^2 = \dfrac{Ex^2}{4U_1}$

同理，对 ${}_2^4\text{He}$ 有 $\Delta y = \dfrac{1}{2}a_2 t_2^2 = \dfrac{Ex^2}{4U_1}$

则两粒子轨迹相同

（2）$\dfrac{\sqrt{2}}{4}$；$\dfrac{1}{2}$

第六章

练习一

1. 7.5×10^{22}

2. 0.375 A

3. 40 V；安全电压为 40 V，220 V 高于 40 V，因此有危险，1.5 V 没有危险。

4. 电流一定时，功率与电阻成正比；电压一定时，功率与电阻成反比。

5. 略。

6. $\dfrac{U_{铜}}{U_{铁}} = 0.18$；铁导线中电场强度更大。

练习二

1. 将固定端 A 和接线柱 C 接入电路，就是将滑动变阻器的左端接入电路，所以当滑动端从 B 向 A 移动时，接入电路的阻值就变小。

2. $1 : 4$

3. 2.04×10^{-2} Ω；1.7 Ω；实验时电阻很小，可以忽略，实际电阻较大，不能忽略。

4. C

练习三

1. 不相同，电烙铁是纯电阻电路，日光灯和电风扇都不是纯电阻电路。

2. 电流过大，超过额定值，保险丝就会断掉。

3. 3.6×10^6 J

4. 电饭煲功率为 1 100 W；洗衣机功率为 110 W。

5. 1 120 s

练习四

1. ①会改变，电压表与元件并联，总电阻减小，电流增大，元件两端电压减小。
   ②不是，会变小。
   ③选择内阻更大的电压表。

2. 2.1×10^5 Ω

3. 逐渐增大；6 V 和 13.6 V

4. $\dfrac{\sqrt{5}}{10}$

练习五

1. 10 J

2. K 闭合前，总电阻 $R_1' = 10$ Ω，$I_1 = 0.6$ A，$I_2 = 0$，$P_1 = 3.6$ W，$P_2 = 0$；
   K 闭合后，总电阻 $R_2' = 7.5$ Ω，$I_1 = 0.6$ A，$I_2 = 0.2$ A，$P_1 = 3.6$ W，$P_2 = 1.2$ W。

3. 0.17 Ω

4. C

练习六

1. 19 700 Ω

2. ① $R_串 = \dfrac{n I_g R_g - I_g R_g}{I_g} = (n-1)R_g$;

   ② $R_并 = \dfrac{I_g R_g}{n I_g - I_g} = \dfrac{R_g}{n-1}$

3. 电流表被烧坏

练习七

1. 8 W；36 W

2. 不一定；可能 $R_1 = R_2$ ，也可能 $R_1 R_2 = r^2$ ；使用 R_1 更好，电源内阻消耗功率更少。

3. 5 A；18 V

4. 并联小灯泡越多，外电阻越小，外电压越小，伏特表读数变小。

练习八

1. 外电路电阻变化引起干路电流变化，最后引起路端电压变化。

2. 内电阻小的路端电压大。

3. 安培表读数变大，伏特表读数变小；P 在左端时，伏特表读数最接近电动势。

4. 225 V；219 V；用电器增多，加在用电器上的电压变小。

练习九

1. 150 Ω；157.9 Ω；小

2. 500 Ω；499.8 Ω；大

3. 电流表采用外接法；图略。

习题六

一、选择题

1. A　2. D　3. A　4. D　5. D　6. A　7. D　8. C　9. B　10. B　11. A　12. A　13. D

二、填空题

1. 1 : 1　2. 12；6　3. 6 : 1；6 : 1；6 : 1　4. 6 V　5. 80；40

三、计算题

1. 无电流；顺时针

2. 12.5 km

3. 不能，会烧坏其中一个灯泡；调节变阻器阻值，使得它和大电阻灯泡并联的阻值等于另外一灯泡电阻，再将两部分串联到电路中即可。

4. $R_1 = 35\ \Omega$，$R_2 = 175\ \Omega$

5. $R_1 = 0.41\ \Omega$，$R_2 = 3.67\ \Omega$

6. 192 V

7. 略。

8. 外接法误差小；内接法误差小；测量小电阻采用外接法，测量大电阻采用内接法。

9. 0.25 A ~ 3 A

10. （1）1.8 V；（2）14 V，4 Ω

11. 1.7×10^{-5} C

第七章

练习一

1. 顺时针转动，静止时 N 极水平向右。

2. B 到 A

3. 顺时针方向

4. 静止时 N 极水平向左。

5. 都是环形磁场，顺时针方向。

6. C

练习二

1. 7.36×10^{-12} N，向北

2. 1.92×10^{-14} N，3.33×10^{-14} N

3. ①不正确，电荷有正负之分；②正确；③正确

4. 4.55×10^{-2} m；1.8×10^{-7} s

5. 电流垂直纸面指向读者；磁场平行纸面竖直向上；安培力平行纸面竖直向下。

6. 0.72 N

7. 3.6 A，b 到 a

练习三

1. ①从上往下看逆时针转动；②左边 N 极右边 S 极；③电流沿顺时针方向

2. 5.625×10^{-3} N·m

3. 会，当线圈平面跟磁力线垂直时，力矩为零，线圈会停下来。

4. 影响磁电式电流表灵敏度的因素有线圈匝数、弹簧劲度系数、磁铁的磁性等。

习题七

一、选择题

1. CD　2. AC　3. C　4. B　5. BC

二、填空题

1. 垂直纸面向里；$\dfrac{2mv}{eL}$；$\dfrac{\pi m}{eB}$

2. $1:2$；$1:1$；$1:2$

3. 0.22 T

4. 弹簧上下振动

5. a、b、c；d、e；c；a

三、计算题

1. ① 1.14×10^{-3} T，方向垂直纸面向里；
   ② 1.57×10^{4} s

2. 3.08×10^{-13} J

3. $\dfrac{E}{rB_1B_2}$

4. 0.155 T；2.63×10^{-14} J

5. 运动的带电粒子在磁场作用下，正电荷聚集到下极板，负电荷聚集到上极板；外电路电流方向从下到上，内电路电流方向从上到下。

6. $\sqrt{v_0^2 + \dfrac{2eEd}{m}}$

7. （1）$v = 12$ m/s；$x = 12$ m
   （2）2.325 J

第八章

练习一

1. 都不会引起感应电流，因为线圈磁通量没有发生变化。

2. 会引起感应电流，因为线圈磁通量发生了变化。

3. $\Delta\varPhi_1 < \Delta\varPhi_2$

4. 都会引起感应电流，因为线圈磁通量发生了变化。

5. 前者不会产生感应电流，因为磁通量没有变化；后者会产生感应电流，因为磁通量发生了变化。

练习二

1. B

2. 证明：因为 $\varepsilon = \dfrac{\Delta\varPhi}{\Delta t}$ 及 $\varepsilon = Blv$，将各个物理量带入国际单位，即可得 1 V = 1 Wb/s 和
   1 V = 1 T × 1 m × 1 m/s。

3. 0.001 5 V

4. 0.3 V

5. 25 V

6. 20 V, 0.02 A

7. 将铜盘看作无数个导体棒的组合，转动铜盘时相当于导体棒切割磁感应线，且存在闭合回路，就会产生感应电流。

练习三

1. 线圈有扩张趋势。A 外侧的磁场方向与 A 内侧的磁场方向相反，B 的面积越大，则其磁通量越小。当 A 与 B 中磁通量增大时，则线圈产生的感应电流方向阻碍磁通量的增大，因此线圈面积有扩大趋势。

2. 闭合时从 C 到 D，断开时从 D 到 C。

3. *ABCD* 中感应电流沿顺时针方向，*ABFE* 中感应电流沿逆时针方向。导体棒向右运动时，*ABFE* 和 *ABCD* 中的磁通量分别增大和减小，根据楞次定律，即可判断出两者感应电流方向。

4. A、B 线圈中感应电流都沿逆时针方向。

5. 螺线管里产生的感应电流的方向会发生改变；N 极（磁单极子）的磁感应线从 N 极出发，处于发散状态；当磁单极子穿过螺线管时，感应电流的方向会发生改变。

6. 磁铁靠近或者远离 A 环时，根据楞次定律，体现出"来拒去留"的特性；B 环因为不闭合，没有感应电流产生，因此始终处于静止状态。

练习四

1. 双线绕法使得导线中电流产生的磁场相互抵消，因而自感现象的影响可以忽略。

2. 300 V

3. 2.5 H；10 V

4. 将 $\varepsilon = \dfrac{\Delta \Phi}{\Delta t}$ 和 $\varepsilon = L \dfrac{\Delta I}{\Delta t}$ 两式联立，即可得到 $L = \dfrac{\Delta \Phi}{\Delta I}$。该式表明，自感系数为磁通量的变化量与对应电流变化量的比值。

练习五

1. 该说法错误。线圈平面转到中性面的瞬间，穿过线圈的磁通量最大，但磁通量的变化率为零，因而线圈中的感应电动势为零；线圈平面跟中性面垂直的瞬间，穿过线圈的磁通量为零，但磁通量的变化率最大，因而线圈中的感应电动势最大。

2. 0.02π V

3. $U_{1m} = 220\sqrt{2}$ V，$T_1 = 0.02$ s，$f_1 = 50$ Hz，$\omega_1 = 100\pi$，$\theta_1 = \dfrac{\pi}{6}$；

   $U_{2m} = 380\sqrt{2}$ V，$T_2 = 0.02$ s，$f_2 = 50$ Hz，$\omega_2 = 100\pi$，$\theta_2 = \dfrac{\pi}{3}$；

   U_2 超前，相差 $\dfrac{\pi}{6}$。

4. 440；311；50；50

5. $i = 10\sqrt{2} \sin 15.7t$

6. 5 A

练习六

1. 175 V

2. $\dfrac{1\,000}{11}$ V；$\dfrac{10}{11}$ V

3. 55 Ω

练习七

1. 声控；声音；电

2. 减小；光敏

3. 力、热、光、声等；电学量

练习八

1. 充电完毕时电容器里电场最强；放电完毕时线圈里磁场最强；电场能和磁场能通过电容器的充放电相互转化。

2. LC 回路和单摆的简谐振动：忽略阻力的情况下，两者的物理过程可以无限循环进行下去，且过程中伴随着能量的相互转化。

3. 1.58×10^{-4} F；5.26×10^{-5} F

4. 8.44×10^{-4} H；1 414 kHz

习题八

一、选择题

1. D　2. C　3. D　4. C　5. ABC　6. B　7. B　8. C　9. B　10. D　11. AD　12. B　13. BC

二、填空题

1. 先顺时针后逆时针再顺时针；无

2. acb、adb 和 eLf；b 到 c 到 a、b 到 d 到 a、e 到 L 到 f；a

3. 1∶2；1∶4；1∶2

4. 12.5 Hz；140 V；200 V

5. 2∶1

6. 不变；变小；变小

7. 原来电容的四分之一

8. 会；由下向上

9. 产生；没有；产生

三、计算题

1. ①均为顺时针方向；②相等；③$E = Bs\omega$；④1.2 V

2. 2 W；2 W；$P_1 = P_2 = 1$ W；符合能量守恒。

3. 7 个

4. ① $\varepsilon = nBS\omega \sin \omega t$；② $\dfrac{\sqrt{3}}{2} nBS\omega$；③ $\dfrac{\pi n^2 B^2 S^2 \omega}{R}$

5. ① 0.45 A；② 略

6. ① 36 000 W，180 V；② 43 920 W，219.6 V

7. ① 2.5 A；b 到 a；② 6.25 m/s

8. 8 m/s

第九章

练习一

1. CD　2. ABCD　3. AC　4. B

练习二

1. C　2. CD　3. D

4. 6：5

5. $\sqrt{2}$

练习三

1. C　2. AD

3. 增大；减弱；增大；增强；$\arcsin\dfrac{\sqrt{3}}{3}$

4. 45°

5. 4.54 m；下沉

6. 光的传播路线如右图所示。

练习四

1. C

2. 红橙黄绿蓝靛紫；紫

3. 紫；红；紫

练习五

1. B　2. C　3. A

4. 小；大；小

练习六

1. A　2. AC

练习七

1. B　2. A　3. A

4. （1）红外线；（2）紫外线；（3）无线电波；（4）红外线；（5）X 射线

练习八

1. C 2. D 3. D 4. CD
5. 铯、钠

习题九

一、选择题

1. C 2. A 3. D 4. D 5. D 6. CD 7. A 8. B 9. B 10. C 11. BD
12. AD 13. AD 14. AD 15. B 16. A 17. C 18. D 19. BD 20. ①C；②A
21. C

二、填空题

22. $h\tan 2\theta$

23. $\dfrac{4}{3}h$

24. $\dfrac{5\sqrt{17}}{17}$

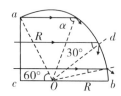

25. $\dfrac{\pi R}{6}$（如图）

26. （1）如图所示；（2）入射角 i 和折射角 r；（3）$\dfrac{\sin i}{\sin r}$

27. 1.732

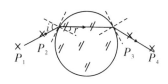

28. $\dfrac{6}{7}$

29. 45°；不会

30. ABDF

31. （1）波动；（2）11.4；16.7；减小条纹宽度的误差；6.6×10^{-7}；（3）变小

32. 光的频率；光的强度

33. 干涉；衍射；光电效应；频率；频率

34. 3.98×10^{-19} J；$6.0\times10^{-14}\sim7.50\times10^{-14}$ Hz

三、计算题

35. （1）90°；（2）60°

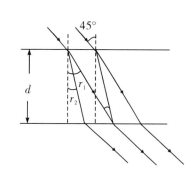

36. （1）$\beta_1=\arcsin\dfrac{\sqrt{2}}{3}$；$\beta_2=\arcsin\dfrac{\sqrt{6}}{6}$

（2）$d=\dfrac{7\sqrt{10}+10\sqrt{7}}{3}a$（光路图如图所示）

37. （1）如图所示；（2）$\arcsin 0.905$

38. B 灯在水面下 4.35 m

39. （1）22.5°；（2）$\omega=\dfrac{\pi}{8}$ rad/s

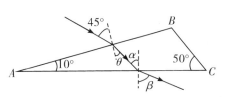

40. （1）暗条纹；（2）明条纹

第十章

练习一

1. C　2. BC　3. C

练习二

1. ABC　2. A　3. AD　4. AC　5. BCD　6. A

7. 汤姆孙；枣糕

练习三

1. ABC　2. B　3. BC　4. D

5. 10.2；−1.51

练习四

1. D　2. ABD　3. BC　4. C　5. D　6. A

7. 7天

练习五

1. BD　2. A　3. A　4. ABC

5. 88.8 MeV

6. $_2^4\text{He} + _5^{11}\text{B} \rightarrow _6^{14}\text{C} + _1^1\text{H}$；$1.3 \times 10^{-30}$

7. 1.02 MeV

8. （1）5.589 MeV；（2）0.1 MeV

9. 4.625×10^{-12} J；6.96×10^{11} J

习题十

一、选择题

1. B　2. B　3. BC　4. D　5. D　6. B　7. C　8. D　9. CD　10. C　11. C　12. D
13. D　14. B　15. AB　16. A　17. D　18. C　19. B　20. A

二、填空题

21. $2m - n$

22. 1；1

23. （1）$_2^4\text{He}$，α 衰变；（2）$_{-1}^0\text{e}$，β 衰变；（3）$_1^3\text{H}$，核聚变；（4）10，链式反应；
　　（5）$_2^4\text{He}$，质子的发现

三、计算题

24. 5×10^{11} V/m; 2.2×10^{-18} J

25. 6 次 α 衰变和 4 次 β 衰变

26. (1) -1.0×10^3 m/s; (2) 如图所示; 3:40; (3) 2 周

27. (1) -3.4 eV; (2) 3.4 eV; (3) -6.8 eV

28. 1.09×10^6 m/s

29. (1) ${}_1^2H + {}_1^3H \rightarrow {}_2^4He + {}_0^1n$; (2) 2.8×10^{-12} J; (3) 23 kg

30. (1) $v_H = \dfrac{2m}{m + m_H} v$; $v_N = \dfrac{2m}{m + m_N} v$

    (2) 1.016 5

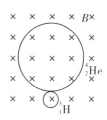

附 录 基本实验

一、实验的重要性

（一）实验推动了物理学的发展

物理学中，概念的形成、规律的发现、理论的建立，都有赖于实验，其正确性要不断受到实验的检验。历史上和现实中有无数事例表明，物理学离不开实验。

今天大家对电磁波已经非常熟悉，而在 19 世纪中叶，没有人知道电磁波为何物。麦克斯韦的预言正确吗？谁也不能肯定。23 年后，德国科学家赫兹制造了一套能够发射和接收电磁波的装置，用实验证明了电磁波的存在，并且证明，大家习以为常的光，的确如麦克斯韦所说，是一种电磁波。这样，麦克斯韦的理论才为人们所接受。20 世纪中叶，以麦克斯韦电磁波理论和其他科学成果为基础的无线电电子学，以前所未有的速度和规模改变了我们的生活。

研究质子、中子、电子及其他各种粒子的物理学分支叫作粒子物理学。在粒子物理学中有一个物理量叫宇称。物理学家们曾经认为粒子经历的各种过程中宇称都是守恒的。1956年，杨振宁和李政道通过理论分析，认为一个过程中如果只有强相互作用和电磁相互作用，宇称的确守恒；但是如果是弱相互作用的过程，例如发射 β 射线的过程，宇称并不守恒。1956 年末到 1957 年初，华裔美国物理学家吴健雄和她的同事设计了实验，统计钴 60 同位素在 β 衰变时向各个方向发射的电子数，结果证明这个过程中宇称真的不守恒。

（二）预科学生为什么做实验

1. 树立科学的价值观

尽管课本选择的物理实验比较简单，但是"麻雀虽小，五脏俱全"。我们的各类学生实验，已经包括了科学实验的大多数要素，即做出假设、设计实验、进行实验操作、数据处理等环节。同学们通过做实验，体会所用的方法、受到科学价值观的熏陶、熟悉技术化的环境。

2. 体验科学工作的乐趣

实验时会接触新鲜的器材、看到新奇的现象，经过一番巧妙的设计、谨慎的操作、详尽的计算与分析之后，得到的结果证实了当初的猜想、激发了新思想的火花……这样的乐趣和幸福感只有亲身经历才能体会。

3. 学习科学知识，提高操作技能

做实验要综合运用学到的科学知识，练习许多操作技能，也许你将来的职业并不需要这些具体的技能，但是，做过一些物理实验，你会发现"原来这些操作也没什么了不起!"。当你在生活、工作中需要学习某种新技能时，你就多了一份勇气，学习的速度会比别人快得多。物理实验使你不仅"心灵"，而且"手巧"。

二、怎样做好物理实验

1. 不仅动手，而且动脑

做物理实验不是一种简单的技艺，它需要开动脑筋。实验之前要明确实验目的、实验原理、实验器材的工作原理等。

2. 实事求是，尊重事实

实验中观察到的现象、测量的数据、得出的结论，很可能跟预期不一样、跟其他同学不一样、跟已有的知识不一样。这时，要记住：实事求是，尊重事实。出现了这种情况，首先要检查一下，实验设计是不是有问题？操作有没有失误？出现了这种情况是好事，也许能帮助你找出学习中的误区，甚至可能有新的发现。

3. 谨慎操作，细心观察

操作中要保证人身安全。凡涉及电的器材，都要小心处理。特别注意保护眼睛。

要保证器材的安全。对于不熟悉的仪器，先弄清它的要领，学会借助说明书了解仪器的原理、使用方法。操作要谨慎。

三、误差和有效数字

做物理实验，不仅要观察物理现象，还要找到现象中的数量关系，这就需要知道有关物理量的数值。

通过测量得到物理量的数值，测量的结果不可能是绝对精确的。例如，用刻度尺量长度，用天平称质量，用温度计测温度，用电流表或电压表测电流或电压，测量出来的数值跟被测物理量的真实值都不完全一致，测出的数值与真实值的差异叫作误差。从来源看，误差可以分成系统误差和偶然误差两种。

系统误差是由于仪器本身不精确，或实验方法粗略，或实验原理不完善而产生的。例如，天平的两臂不严格相等或砝码不准、称质量时没有考虑空气浮力的影响、做热学实验时没有考虑散热损失等，都会产生系统误差。系统误差的特点是在多次重复同一实验时，误差总是同样地偏大或偏小，不会出现这几次偏大另几次偏小的情况。要减小系统误差，必须校准测量仪器，改进实验方法，设计在原理上更为完善的实验。

偶然误差是由各种偶然因素对实验者、测量仪器、被测物理量的影响而产生的。例如，用毫米刻度的尺量物体的长度，毫米以下的数值只能用眼睛来估计，各次测量的结果就不一致，有时偏大，有时偏小。偶然误差总是有时偏大，有时偏小，并且在多次重复实验时偏大和偏小的机会相同。因此，需要进行多次测量，几次测得的数值的平均值比一次测得的数值更接近真实值。

测量既然总有误差，测得的数值就只能是近似值。例如，用毫米刻度的尺量出书本的长度是 184.2 毫米，最末一位数字 2 是估计出来的，是不可靠数字，但是仍然有意义，仍要写出来。这种带有一位不可靠数字的近似数字，叫作有效数字。

在有效数字中，数 2.7、2.70、2.700 的含义是不同的，它们分别代表二位、三位、四位有效数字。数 2.7 表示最末一位数字 7 是不可靠的，而数 2.70 和 2.700 则表示最末一位数字 0 是不可靠的。因此，小数最后的零是有意义的，不能随便舍弃或添加。但是，小数的第一个非零数字前面的零是用来表示小数点位置的，不是有效数字。例如，0.92、0.085、0.006 3 都是两位有效数字。大的数目，例如，36 500 米，如果这五个数字不全是有效数字，可以写成有一位整数的小数和 10 的乘方的积的形式，如果是三位有效数字，就写成 3.65×10^4 米。

在实验中，测量时要按照有效数字的规则读数。在处理实验数据进行加减乘除运算时，本来也应该按照有效数字的规则来运算，但由于这些规则比较复杂，这里暂时不作要求，运算结果一般取两位或三位数字就可以了。

四、实验过程

实验过程主要包括：实验前的准备，实验时的操作、观测和记录，数据的分析与处理。

（一）实验前的准备

实验前需做好的准备有：①明确实验目的，弄懂实验原理；②了解所用仪器的性能，弄清楚实验时如何正确操作及注意事项，明确实验步骤；③设计好记录数据的表格。

实验前的准备是保证实验得以正确进行和取得较大收获的重要前提。只有实验前做好准备，才能自主地、有目的地做好实验。反之，实验前不做好必要的准备，实验时只是按照拟定的实验步骤盲目地操作，观察时不把注意力集中到重要的现象上，记录数据时不记下这些数据产生的原因，这种实验即使做了，也不会有多大收益。

（二）实验时的操作、观测和记录

做好实验前的准备后，就可以按实验步骤进行操作和观测。

操作中，要按照要求正确地使用仪器，集中精神进行观测，避免出现错误。仔细记录必要的数据，并注意标明单位。数据要记录在事先设计好的表格中，原始数据记录不能零乱，否则整理时容易出现错误。观测和记录要尊重客观事实，绝不能乱凑数据。在实验中要培养实事求是的科学态度。

实验中要手脑并用，努力培养自己的实验技能。要爱护仪器，遵守实验规则。

（三）数据的分析与处理

实验后要对所得到的数据进行分析、处理，得出合理的结论。要学会写简明的实验报告。实验报告应该自己独立完成，不要只按照现成的格式填写。实验报告的内容包括实验目的、器材、步骤等，还可根据不同的情况写出简要的原理和误差分析等。实验报告不要格式化，要根据实际情况有所侧重。

分析和处理实验数据，是一项很重要的实验能力。如果不善于分析、处理实验数据，即使准确地记录了数据，也不会得到正确的结论。

实验一　基本测量

一、实验目的

（1）练习正确使用刻度尺和游标卡尺测量长度。

（2）测量一段金属管的长度、内径和外径；测量一个小量筒的深度。

二、实验原理

游标卡尺主要是由主尺和游标尺构成的。主尺的最小分度是1 mm，游标尺上有10个小等分刻度，总长是9 mm，故游标尺的每一分度比主尺的最小分度少0.1 mm。两测量爪合并时，两尺的零刻度线重合，游标尺的第十条刻度线与主尺的9 mm刻度线重合。其余刻度线均不重合，游标尺第一条刻度线在主尺1 mm刻度线左边0.1 mm处，游标尺第二条刻度线在主尺2 mm刻度线左边0.2 mm处，依次类推，见图实1－1所示。

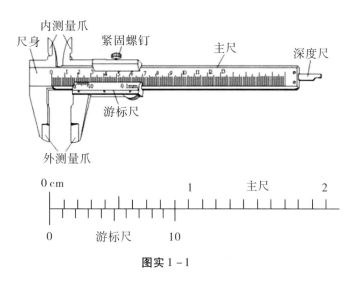

图实1－1

在两测量爪间放一张厚0.1 mm的纸片，游标尺就向右移动0.1 mm，这时它的第一条刻度线与主尺的1 mm刻度线重合，其余刻度线都与主尺上的刻度线不重合。同样，在两测量爪间放一张0.6 mm的薄片，游标尺的第六条刻度线将与主尺的6 mm刻度线重合，其余刻度线都与主尺的刻度线不重合，所以，被测薄片的厚度不超过1 mm时，游标尺的第几条刻度线与主尺的某一刻度线重合，就表示薄片的厚度是零点几毫米。

在测量大于1 mm的长度时，整的毫米数由主尺上读出，十分之几毫米从游标尺上读出。

这种游标尺上有10个小等分度的游标卡尺，准确度是$\frac{1}{10}$ mm = 0.1 mm，另外还有游标尺为20个或50个小等分度的游标卡尺，其准确度分别是$\frac{1}{20}$ mm = 0.05 mm和$\frac{1}{50}$ mm = 0.02 mm。

假设我们测量某一长度时，游标尺与主尺的相对位置如图实1-2所示，这时的测量值是多少？

图实1-2

游标尺上第七条刻线（不计0刻线）与主尺刻线对齐了，所以结果是23.7 mm。用卡尺的下测量爪可测长度、外径，上测量爪可测内径，固定在游标尺上的深度尺可测筒的深度。

三、实验器材

刻度尺，游标卡尺，金属管，小量筒。

四、实验步骤

（1）用刻度尺测量金属管的长度。每次测量后让金属管绕轴转过约45°，再测量下一次，共测量四次。把测量的数据填入表格中，求出平均值。

（2）用游标卡尺测量金属管的内径和外径。测量时先在管的一端测量两个方向互相垂直的内径（或外径），再在管的另一端测量两个方向互相垂直的内径（或外径），把测量的数据填入表格中，分别求出内径和外径的平均值。

（3）用游标卡尺测量小量筒的深度，共测量三次，把测量的数据填入表实1-1中，求出平均值。

表实1-1

	金 属 管			小量筒
	长度 l/mm	内径 $d_内$/mm	外径 $d_外$/mm	深度 h/mm
1				
2				
3				
平均值				

五、注意事项

对于游标卡尺的使用和读数应注意：

（1）明确游标卡尺的准确度是多少。

（2）读数时可应用如下公式：

测量值 = 主尺读数 + 游标尺与主尺刻度线对齐的格数 × 准确度，单位是"毫米"。

（3）"主尺读数"一定是读距游标零刻度线左边最近的主尺刻度线的值。

（4）游标卡尺使用时，无论分度为多少都不用估读。20分度的游标卡尺，读数的末位数字一定是0或5；50分度的游标卡尺，读数的末位数字一定是偶数。

实验二　验证动量守恒定律

一、实验目的

验证碰撞中的动量守恒。

二、实验原理

质量为 m_1 和 m_2 的两个小球发生正碰，若碰前 m_1 运动，m_2 静止，根据动量守恒定律，应有 $m_1v_1 = m_1v'_1 + m_2v'_2$。小球从斜槽上滚下后做平抛运动，由平抛运动知识可知，只要小球下落的高度相同，在落地前运动的时间就相同，则小球的水平速度若用飞行时间作时间单位，在数值上就等于小球飞出的水平距离。所以只要测出小球的质量及两球碰撞前后飞出的水平距离，代入公式就可验证动量守恒定律。

三、实验器材

斜槽，两个大小相等质量不同的小钢球，重垂线，白纸，复写纸，天平，刻度尺，圆规，游标卡尺。

四、实验步骤

（1）先用天平测出入射球质量 m_1 和靶球质量 m_2，用游标卡尺测出小球直径 d。

（2）按图实 2-1 所示安装好实验装置，将斜槽固定在桌边，使槽的末端点切线水平，把靶球放在斜槽前的小支柱上，调节实验装置使两小球碰时处于同一水平高度，且碰撞瞬间，入射球与靶球的球心连线与轨道末端的切线平行，以确保正碰后的速度方向水平。

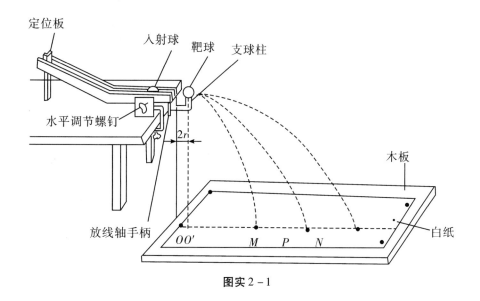

图实 2-1

（3）在地上铺一张白纸，白纸上铺放复写纸。

（4）在白纸上记下重垂线所指的位置 O，它表示入射球 m_1 碰前的位置。

（5）先不放靶球，让入射球从斜槽上同一高度处滚下，重复 10 次。用圆规画尽可能小的圆把所有的小球落点圈在里面，圆心就是入射球不碰靶球时的落地点 P。

（6）把靶球放在小支柱上，让入射小球从同一高度滚下，使它们发生正碰，重复 10 次，模仿步骤（5）求出入射小球落点的平均位置 M 和靶球落点的平均位置 N。

（7）过 O 和 N 在纸上作一直线，取 $\overline{OO'} = 2r$，O' 就是靶球碰撞时的球心投影位置。

（8）用刻度尺量出线段 $\overline{OM}$，$\overline{OP}$，$\overline{O'N}$ 的长度。把两小球的质量和相应的速度数值代入 $m_1\,\overline{OP} = m_1\,\overline{OM} + m_2\,\overline{O'N}$。

（9）整理实验器材，并将其放回原处。

五、注意事项

（1）要调节好实验装置，将其固定在桌边的斜槽末端点的切线水平，使小支柱与槽口间距离等于小球直径，而且两球相碰时处在同一高度，碰撞后的速度方向在同一直线上。

（2）应使入射小球的质量大于靶球的质量。

（3）每次入射小球从槽上相同位置由静止滚下。可在斜槽上适当高度处固定一挡板，使小球靠着挡板，然后释放小球。

（4）白纸铺好后不能移动。

六、实验误差的主要来源及分析

实验所研究的过程是两个不同质量的金属球发生水平正碰，因此"水平"和"正碰"是操作中应尽量予以满足的前提条件。实验中若两球球心高度不在同一水平面上，就会给实验带来误差。每次静止释放入射小球的释放点越高，两球相碰时作用力就越大，动量守恒的误差就越小。应进行多次碰撞，落点取平均位置来确定，以减小偶然误差。

实验三　用单摆测定重力加速度

一、实验目的

利用单摆测定当地的重力加速度，巩固和加深对单摆周期公式的理解。

二、实验原理

单摆在偏角很小（小于 $5°$）时的摆动，可以看成简谐振动，其固有周期为 $T = 2\pi\sqrt{\dfrac{l}{g}}$，由此可得 $g = \dfrac{4\pi^2 l}{T^2}$，只要测出摆长 l 和周期 T，即可计算出当地的重力加速度 g 的值。

三、实验器材

铁架台及铁夹，中心有小孔的金属小球，约 1 m 长的细线，秒表，刻度尺，游标卡尺。

四、实验步骤

（1）将线的一端穿过小球的小孔，然后打一个比小孔大一些的线结，做成单摆。

（2）把线的上端用铁夹固定在铁架台上，把铁架台放在实验桌边，使铁夹伸到桌面以外，让小球自由下垂，在单摆平衡位置处做上标记，如图实 3−1 所示。

（3）用刻度尺测量单摆的摆线长度，用游标卡尺测量摆球的直径。单摆的摆长等于摆线长度与摆球半径之和。

（4）将小球从平衡位置拉开一个很小的角度（不超过 5°），然后放开小球让它摆动，用秒表测出单摆完成 30 次或 50 次全振动的时间，计算出平均完成一次全振动的时间，这个时间就是单摆的振动周期。

（5）改变摆长，重做几次实验，

（6）根据单摆的周期公式，计算出每次实验的重力加速度，求出几次实验得到的重力加速度的平均值，即是本地区的重力加速度的值。

（7）将测得的重力加速度数值与当地重力加速度数值加以比较，分析产生误差的可能原因。

图实 3−1

标记　观察点

五、注意事项

（1）选择材料时应选择细、轻又不易伸长的线，长度一般在 1 m 左右，小球应选用密度较大的金属球，直径应较小，最好不超过 2 cm。

（2）单摆悬线的上端不可随意卷在铁夹的杆上，应夹紧在铁夹中，以免摆动时发生摆线下滑导致摆长改变的现象。

（3）摆动时控制摆线偏离竖直方向不超过 5°，可通过估算振幅的办法调节。

（4）摆球振动时，要使之保持在同一个竖直平面，不要形成圆锥摆。

（5）计算单摆的振动次数时，应以摆球通过最低位置时开始计时，以后摆球从同一方向通过最低位置时进行计数，且在数"零"的同时按下秒表，开始计时计数。计数值为 N，则全振动的次数为 $k = \dfrac{N}{2}$（小球两次经过最低位置，完成一次全振动）。

六、实验误差的主要来源及分析

（1）本实验系统误差主要源于单摆模型本身是否符合要求。即：悬点是否固定，是单摆还是复摆，球、线是否符合要求，振动是圆锥摆还是在同一竖直平面内振动以及测量哪段长度作为摆长，等等。

（2）本实验偶然误差主要来自时间（即单摆周期）的测量上。因此，要注意测准时间（周期）。要从摆球通过平衡位置开始计时，并采用倒数计时计数的方法，不能多记或漏记振动次数。为了减小偶然误差，应进行多次测量后取平均值。

（3）本实验中进行长度（摆线长、摆球的直径）的测量时，读数读到毫米位即可（即使用游标卡尺测摆球直径也只需读到毫米位）。时间的测量中，秒表读数的有效数字的末位在"秒"的十分位即可。

实验四　测定金属的电阻率

一、实验目的

（1）练习使用螺旋测微器。
（2）学会用伏安法测量电阻的阻值。
（3）测定金属的电阻率。

二、实验原理

根据电阻定律公式 $R = \rho \dfrac{l}{S}$，只要测量出金属导线的长度 l 和它的直径 d，计算出导线的横截面积 S，并用伏安法测量出金属导线的电阻 R，即可计算出金属导线的电阻率。

三、实验器材

螺旋测微器，毫米刻度尺，电池组，电流表，电压表，滑动变阻器，电键，被测金属导线，导线若干。

四、实验步骤

（1）用螺旋测微器在被测金属导线上的三个不同位置各测一次直径，求出其平均值作为直径 d 测量值，并计算出导线的横截面积 S。

（2）按图实 4－1 所示的原理电路图连接好电路，用伏安法测导线电阻。

（3）用毫米刻度尺测量接入电路中的被测金属导线的有效长度，反复测量 3 次，求出其平均值。

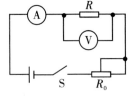

图实 4－1

（4）把滑动变阻器的滑动片调节到使其接入电路中的电阻值最大的位置，电路经检查确认无误后，闭合电键 S。改变滑动变阻器滑动片的位置，读出几组相应的电流表、电压表的示数 I 和 U 的值，记入记录表格内，断开电键 S。求出导线电阻 R 的平均值。

（5）将测得 R、l、d 的值，代入电阻率计算公式 $\rho = R \dfrac{S}{l} = \dfrac{\pi d^2 U}{4lI}$ 中，计算出金属导线的电阻率。

（6）拆除实验线路，整理好实验器材。

五、注意事项

（1）本实验中被测金属导线的电阻值较小，为了减小实验的系统误差，实验电路必须采用电流表外接法。

（2）实验连线时，应先从电源的正极出发，依次将电源、电键、电流表、待测金属导线、滑动变阻器连成主干线路（闭合电路），然后再把电压表并联在待测金属导线的两端。

（3）测量被测金属导线的有效长度，是指测量待测导线接入电路的两个端点之间的长度，即电压表两并入点间的部分待测导线长度，测量时应将导线拉直。

（4）闭合电键S之前，一定要使滑动变阻器的滑动片处在有效电阻值最大的位置。

（5）在用伏安法测电阻时，通过待测导线的电流 I 的值不宜过大（电流表用 $0\sim0.6A$ 量程），通电时间不宜过长，以免金属导线的温度过高，造成其电阻率在实验过程中增大。

（6）求 R 的平均值可用两种方法：第一种是用 $R=\dfrac{U}{I}$ 算出各次的测量值，再取平均值；第二种是图像法，即用图像 $U-I$（图线）的斜率来求出。若采用图像法，在描点时，要尽量使各点间的距离拉大一些，连线时要让各点均匀分布在直线两侧，个别明显偏离较远的点可以不予考虑。

（7）连接实物图时，所连的导线不要交叉，且接到接线柱上。

（8）记录电流表与电压表的读数时，注意有效数字的位数。

实验五　伏安法测电阻

一、实验目的

（1）学习伏安法测电阻的基本方法及减小系统误差的方法。

（2）学习分压控制电路的连接方法、调节特性及其变阻器的选择。

（3）学习正确选择电表的方法。

二、实验原理

1. 伏安法测电阻的两种接法

伏安法测电阻有两种接法：内接法（见图实 5-1）和外接法（见图实 5-2）。

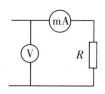
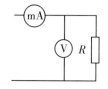

图实 5-1　内接法　　　　图实 5-2　外接法

伏安法的缺点是测量的准确度不高，一方面是电表的准确度等级使电流和电压的测量有误差，另一方面是电表有一定的内阻，在测量电流或电压时存在系统误差（也称为电表的接入方法误差）。

（1）内接法引入的误差。

①测量值大于实际值；

②当 $R_A \ll R$ 时，可用内接法。

（2）外接法引入的误差。

①测量值小于实际值；

②当 $R_V \gg R$ 时，可用外接法。

消除外接法系统误差的接线方法，可用补偿法。

2. 控制电路接法的选择

变阻器控制电路有限流电路和分压电路两种接法，其功能分别为限流和分压。从安全性考虑，分压电路电压可从 0 调起，故建议选择分压电路为本实验的控制电路。

三、实验器材

伏特计（0 ~ 1.5 V/0 ~ 3 V /0 ~ 7.5 V /0 ~ 15V 四个量程，0.5 级），毫安表（0 ~ 25 mA/0 ~50 mA 两个量程，0.5 级），检流计（AC5 直流指针式检流计），滑动变阻器（1.9 kΩ，0.3 A），滑动变阻器（190 Ω，1A），直流电源（DF1731 系列），待测电阻 R_x，开关1个，导线若干根。

四、实验步骤

（1）按图实 5 - 3 接好线路。（注意：选择合适的滑动变阻器规格、电表量程，并根据负载额定功率、电表量程等选择电源输出电压。）

（2）检查分压电路（两个输出端、调节范围、线性和精细程度），并将滑动变阻器置于安全位置。

（3）用万用表粗测待测电阻，记录 R 值。

（4）用内接法、外接法测一待测电阻 R_x（约 120 Ω）的伏安特性。

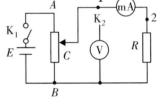

图实 5 - 3　伏安法接线图

（5）用实验结果对内接法和外接法的系统误差进行分析比较，说明是否验证了理论分析。

五、注意事项

1. 分压器的选择

当待测电阻 R_x 不是比变阻器 R 大很多时，分压电路输出电压就不再与滑动端的位移成正比了。实验研究和理论计算都表明，$\dfrac{R_x}{R}$ 越小，曲线越弯曲，这就是说当滑动端从 B 端开始移动，在很大一段范围内分压增加很小，接近 A 端时，分压急剧增大，这样调节起来不太方便。因此作为分压电路的变阻器通常要根据外接负载的大小来选用。必要时，还要同时考虑电压表内阻对分压的影响。

2. 实验线路的比较与选择

在测量电阻 R 的伏安特性的线路中，常有两种接法，即图实 5 - 1 中电流表内接法和图实 5 - 2 中电流表外接法。电压表和电流表都有一定的内阻（分别设为 R_V 和 R_A），这两种接法都有一定的系统误差。为了减小上述系统误差，测量电阻的线路方案可以粗略地按下列办法来选择：

（1）当 $R \ll R_V$，且 R 较 R_A 大得不多时，宜选用电流表外接法。

（2）当 $R \gg R_A$，且 R_V 和 R 相差不多时，宜选用电流表内接法。

（3）当 $R \gg R_A$，且 $R \ll R_V$ 时，则必须先用电流表内接法和外接法测量，然后再比较电流表的读数变化大还是电压表的读数变化大。根据比较结果再选择采用电流表内接法还是外接法，具体方法如下：

选择测量线路如图实 5 – 3 所示。将 K_2 置于位置 1 并合上 K_1，调节分压输出滑动端 C，使电压表（可设置电压值 $U_1 = 5.00$ V）和电流表有一合适的指示值，记下这时的电压值 U_1 和电流值 I_1，然后将 K_2 置于位置 2，调节分压输出滑动端 C，使电压表示数不变，记下 U_2 和 I_2。将 U_1、I_1 与 U_2、I_2 进行比较，若电流表示数有显著变化（增大），R 便为高阻（相对电流表内阻而言），采用电流表内接法。若电压表示数有显著变化（减小），R 即为低阻（相对电压表内阻而言），采用电流表外接法。按照系统误差较小的连接方式接通电路（即确定电流表内接还是外接）。但若无论电流表内接还是外接，电流表示值和电压表示值均没有显著变化，则采用任何一种连接方式均可。

实验六 测定电源电动势和内阻

一、实验目的

测定电源的电动势和内电阻。

二、实验原理

如图实 6 – 1a 所示，改变 R 的阻值，从电压表和电流表中读出几组 U、I 值，利用闭合电路的欧姆定律求出 E、r 值，最后分别算出它们的平均值。

此外，还可以用作图法来处理数据，即在坐标纸上以 I 为横坐标，U 为纵坐标，用测出的几组 I、U 值画出 U – I 图像（见图实 6 – 1b），所得直线跟纵轴的交点即为电动势值，图线斜率的绝对值即为内电阻 r 的值。

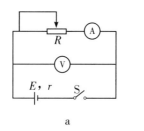
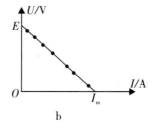

图实 6 – 1

三、实验器材

电压表，电流表，滑动变阻器，电池，开关，导线。

四、实验步骤

（1）电流表用 0.6 A 量程，电压表用 3 V 量程，按图实 6 – 1 连接好电路。

（2）把变阻器的滑动片移动到一端使阻值最大。

（3）闭合电键，调节变阻器，使电流表有明显示数并记录一组数据（I_1、U_1）。用同样

方法测量几组 I、U 值。

（4）打开电键，整理好器材。

（5）处理数据，用公式法和作图法两种方法求出电动势和内电阻的值。

五、注意事项

（1）为了使电池的路端电压变化明显，电池的内阻宜大些（使用过一段时间的干电池）。

（2）电池在大电流放电时极化现象较严重，电动势 E 会明显下降，内阻 r 会明显增大，故长时间放电不宜超过 $0.3\ A$，短时间放电不宜超过 $0.5\ A$。因此，实验中不要将 I 调得过大，读电表要快，每次读完后应立即断电。

（3）测出不少于 6 组 U、I 数据，且变化范围要大些。用方程组求解时，要将测出的 U、I 数据中，第 1 和第 4 为一组，第 2 和第 5 为一组，第 3 和第 6 为一组，分别解出 E、r 值再求平均。

（4）画 U-I 图线时，要使较多的点落在这条直线上，或使各点均匀分布在直线的两侧，个别偏离直线太远的点可不予考虑。这样，就可使偶然误差得到部分抵消，从而提高精确度。

（5）干电池内阻较小时，U 的变化较小，此时，坐标图中数据点将呈现如图实 6-2 所示的状况，即下部大面积空间得不到利用。为此，可使坐标不从零开始，如图实 6-3 所示，把坐标的比例放大，可使结果的误差减小。此时图线与横轴交点不表示短路电流。另外，计算内阻要在直线上任取两个相距较远的点，用 $r = \left| \dfrac{\Delta U}{\Delta I} \right|$ 计算出电池的内阻。

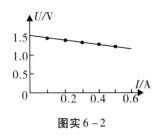

图实 6-2

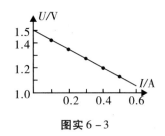

图实 6-3

实验七　传感器的简单应用

一、实验目的

（1）认识光敏电阻、热敏电阻等传感器的特性。

（2）了解传感器在技术上的简单应用。

二、实验原理

传感器能够将感受到的物理量（力、热、光、声等）转换成便于测量的量（一般是电学量），其工作过程是通过对某一物理量敏感的元件，将感受到的信号按一定规律转换成便于利用的电信号,转换后的电信号经过相应的仪器处理,就可以达到自动控制的目的。

三、实验器材

热敏电阻,光敏电阻,多用电表,铁架台,烧杯,冷水,热水,小灯泡,学生电源,继电器,滑动变阻器,开关,导线等。

四、实验步骤

1. 热敏电阻特性

(1)按照图实 7 – 1 将热敏电阻连入电路中,多用电表的两只表笔分别与热敏电阻的两端相连,烧杯中倒入少量冷水。

(2)将多用电表的选择开关置于欧姆挡,选择合适的倍率,并进行欧姆调零。

(3)待温度计示数稳定后,把测得的温度、电阻值填入表实 7 – 1 中。

(4)分几次向烧杯中倒入少量热水,测得几组温度、电阻值并填入表实 7 – 1 中。

(5)在坐标纸上(见图实 7 –2),描绘出热敏电阻的阻值 R 随温度 t 变化的 $R - t$ 图线。

(6)结论:该热敏电阻的阻值随温度的升高而_____;变化是否均匀?_____

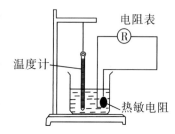

图实 7 – 1

表实 7 – 1

测量次数	$t/℃$	R/Ω
1		
2		
3		
4		
5		
6		

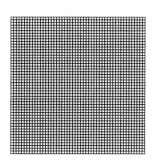

图实 7 – 2

2.光敏电阻特性

（1）按照图实 7 - 3 将光敏电阻连入电路中，多用电表的两只表笔分别与光敏电阻的两端相连。

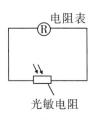

（2）将多用电表的选择开关置于欧姆挡，选择合适的倍率，并进行欧姆调零。

（3）在正常的光照下，把测得的电阻值填入表实 7 - 2 中。

图实 7 - 3

表实 7 - 2

光照强度	强	中	弱
R/Ω			

（4）将手张开，放在光敏电阻的上方，上下移动手掌，观察阻值的变化，记录不同情况下的阻值，将测量结果填入表实 7 - 2 中。

（5）结论：_____。

五、实验探究

（1）让学生自己设计一个由热敏电阻作为传感器的简单自动报警器。当温度过高时，灯亮或者响铃，以向人报警。

可供选择的器材有：小灯泡（或门铃），学生电源，继电器，滑动变阻器，开关，导线等。

在右侧方框中画出电路图。

引导学生思考，可以将这样的装置用在哪些方面？

（2）图实 7 - 4 是利用光敏电阻自动计数的示意图，其中 A 是 _____，B 是 _____，B 中的主要元件是 _____。

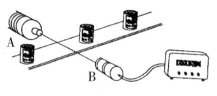

图实 7 - 4

实验八　用双缝干涉测光的波长

一、实验目的

（1）了解光波产生稳定的干涉现象的条件。
（2）观察双缝干涉图样。
（3）测定单色光的波长。

二、实验原理

单色光通过单缝后，经双缝产生稳定的干涉图样，图样中相邻两条亮（暗）纹间的距离 Δx 与双缝间的距离 d、双缝到屏的距离 l、单色光的波长 λ 之间满足 $\lambda = \dfrac{d}{l}\Delta x$。

三、实验器材

双缝干涉仪，米尺，测量头。

四、实验步骤

（1）如图实 8 - 1 所示，把直径约 10 cm、长约 1 m 的遮光筒水平放在光具座上，筒的一端装有双缝，另一端装有毛玻璃屏。

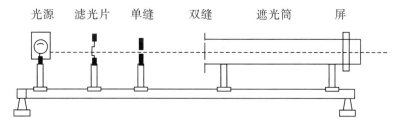

光源　滤光片　单缝　双缝　　遮光筒　　屏

图实 8 - 1

（2）取下双缝，打开光源，调节光源的高度，使它发出的一束光能够沿着遮光筒的轴线把屏照亮。

（3）放好单缝和双缝，单缝和双缝间的距离为 5～10 cm，使缝相互平行，中心大致位于遮光筒的轴线上。这时在屏上就会看到白光的双缝干涉图样。

（4）在单缝和光源间放上滤光片，观察单色光的双缝干涉图样。

（5）分别改变滤光片和双缝，观察干涉图样的变化。

（6）已知双缝间的距离 d，测出双缝到屏的距离 l，用测量头测出相邻两条亮（暗）纹间的距离 Δx，由 $\lambda = \dfrac{d}{l}\Delta x$ 计算单色光的波长，为了减小误差，可测出 n 条亮纹（或暗纹）间的距离 a，则 $\Delta x = \dfrac{a}{n-1}$。

（7）换用不同颜色的滤光片，观察干涉条纹间距的变化，并求出相应色光的波长。

五、注意事项

（1）单缝双缝应相互平行，其中心位于遮光筒的轴线上，双缝到单缝的距离应相等。

（2）双缝到屏的距离 l 可用米尺测多次，取平均值。

（3）测条纹间距 Δx 时，用测量头测出 n 条亮（暗）纹间的距离 $\Delta x = \dfrac{a}{n-1}$。

参考文献

［1］人民教育出版社课程教材研究所物理课程教材研究开发中心．普通高中教科书·物理：必修第一册、第二册、第三册，选择性必修第一册、第二册、第三册［M］．北京：人民教育出版社，2020．

［2］课程教材研究所等．普通高中课程标准实验教科书·物理：必修 1、2、3，选择性必修 1、2、3［M］．北京：人民教育出版社，2019．

［3］赵凯华，张维善．新概念高中物理读本：第一、二、三册［M］．北京：人民教育出版社，2008．

［4］东南大学等七所工科院校（马文蔚等改编）．物理学：上、下册［M］．北京：高等教育出版社，2014．

［5］人民教育出版社课程教材研究所物理课程教材研究开发中心．义务教育教科书·物理：八年级上册、下册，九年级全一册［M］．北京：人民教育出版社，2012．

［6］杨文斌．高考必刷题［M］．北京：首都师范大学出版社，2021．

［7］黄俊琨．高中物理黄夫人讲义［M］．长春：东北师范大学出版社，2021．

［8］程守珠，江之永．普通物理学：第三册［M］．北京：人民教育出版社，1998．

［9］薛金星．高中物理基础知识手册［M］．北京：现代教育出版社，2010．

［10］董子桥，王立博．蝶变笔记［M］．延吉：延边大学出版社，2020．

［11］王铁航．名师大招：高考物理［M］．沈阳：沈阳出版社，2019．

［12］曲一线．知识清单［M］．北京：首都师范大学出版社，2013．

［13］武宏等．医用物理学［M］．北京：科学出版社，2004．

［14］冯戬云等．高级程度物理［M］．北京：朗文出版社中国有限公司，1993．

［15］林明瑞．高级中学物理：上、下册：［M］．台北：南一书局，2000．

［16］人民教育出版社物理室．高级中学课本·物理：选修本［M］．北京：人民教育出版社，1993．

［17］人民教育出版社物理室．高级中学课本·物理：必修本［M］．北京：人民教育出版社，1995．

［18］人民教育出版社物理室．高中物理读本［M］．北京：人民教育出版社，1995．

［19］陆果．基础物理学教程［M］．北京：高等教育出版社，1998．

［20］程守珠，江之永．普通物理学［M］．北京：人民教育出版社，1979．

［21］湖南师范学院物理系．基础物理［M］．长沙：湖南人民出版社，1981．

［22］赵凯华，罗蔚茵．新概念物理教程：力学［M］．北京：高等教育出版社，1995.

［23］王楚，李椿，周乐柱，等．基础物理教程：力学［M］．北京：北京大学出版社，1999.

［24］王楚，吴锦富，刘志雄，等．基础物理教程：基础物理中的数学方法［M］．北京：北京大学出版社，1999.

［25］王楚，李椿，周乐柱，等．基础物理教程：电磁学［M］．北京：北京大学出版社，2000.

［26］吴永盛．大专物理学［M］．武汉：华中理工大学出版社，1989.

［27］王永久．空间、时间和引力［M］．长沙：湖南教育出版社，1993.

［28．福州市教师进修学院，福州市物理学会．物理：下册［M］．天津：天津科学技术出版社，1983.

［29］北京市教育局．奥林匹克物理［M］．北京：北京师范大学出版社，1993.

［30］陈培林，等．高中物理50讲［M］．北京：北京师范大学出版社，1992.

［31］陈育林．特级教师帮你学［M］．上海：华东师范大学出版社，1997.

［32］俞贯中．高中物理解题辞典［M］．广州：广东教育出版社，1995.

［33］任守乐．光的传播［M］．济南：山东教育出版社，1998.

［34］丁慎训，张孔时．物理实验教程［M］．北京：清华大学出版社，1992.

后 记

  物理是一门基础科学，它揭示了事物产生和发展的客观规律，与我们的生活有密切的联系，在生活中有广泛的应用。我们可以用物理知识解释各种自然现象，正确并深刻地认识我们身边的事物，提高我们的生活品质。

  为帮助港澳台侨预科学生夯实物理基础知识，顺利升入大学本科，2000 年，我们编写了大学预科《物理》。此教材的出版，填补了国内大学预科物理教育的空白。2010 年，我们重新编写了这本教材。现在，根据暨南大学预科物理教学大纲的要求，我们对 2010 年姚蓓主编的大学预科《物理》进行了必要的修订。为方便使用，练习题和习题增设了答案。

  本教材的编者都是多年从事港澳台侨学生物理教学的教师，有丰富的经验。本教材由李莹担任主编并负责统稿，教材编写分工如下：吴步军：第一章、第二章、第三章；张彪：第五章、第六章、第七章、第八章；李莹：第四章、第九章、第十章、附录。

  本教材在编写过程中，得到了一些领导、专家的指导和帮助，暨南大学出版社的彭琳惠编辑为本书的出版付出了辛勤的劳动，在此一并表示衷心的感谢。

  由于时间仓促，编者水平有限，书中错漏在所难免，恳请读者给予宝贵意见和建议。

编　者

2024 年 3 月